塔里木盆地构造沉积与成藏

TALIMUPENDIGOUZAOCHENJIYUCHENGCANG

李丕龙　冯建辉　樊太亮　武恒志　等著
钱一雄　林畅松　于炳松　胡建中

地质出版社

·北京·

内 容 提 要

　　塔里木盆地是我国最大的含油气盆地，也是我国较早发现油气的沉积盆地之一。20世纪40年代以来，许多地质工作者曾从不同侧面对塔里木盆地进行过较深入的研究，提出了自己的观点，加深了对塔里木盆地石油地质条件的认识。

　　本书阐述了塔里木盆地古生界盆地演化背景和构造古地理、海相沉积体系与储层特征，以及油气成藏组合及分布；对海相烃源岩和再生烃源岩进行了探讨。在盆地演化背景和构造古地理研究方面，对古地貌、古隆起、不整合，以及与地层圈闭关系，对塔西南山前带逆冲构造及盆山耦合等进行了深入细致的研究，提出了许多新的观点；在海相沉积体系与储层特征研究方面，按照层序地层学原理，对古生界各个系、统的地层和沉积相特征进行了研究，对有利储层和相带进行了划分和预测；在油气成藏研究方面，通过综合分析，预测并提出了"古隆起控制的岩溶储层油气成藏组合"等六种油气成藏组合模式，为今后油气勘探指出了方向；在海相烃源岩研究方面，对再生烃源岩开展了大量的研究工作，提出了一些独到的认识，可供勘探工作者参考。

图书在版编目（CIP）数据

塔里木盆地构造沉积与成藏 / 李丕龙等著．—北京：

地质出版社，2010.3

ISBN 978-7-116-06608-3

Ⅰ.①塔…　Ⅱ.①李….　Ⅲ.①塔里木盆地－构造油气

藏－研究　Ⅳ.① P618.130.2

中国版本图书馆 CIP 数据核字 (2010) 第 046383 号

责任编辑：	郑长胜
责任校对：	李 玫
出版发行：	地质出版社
社址邮编：	北京海淀区学院路31号, 100083
咨询电话：	(010) 82324575 (编辑室)
网　址：	http://www.gph.com.cn
电子邮箱：	zbs@gph.com.cn
传　真：	(010) 82310749
印　刷：	北京地大彩印厂
开　本：	889mm×1194mm $\frac{1}{16}$
印　张：	17
字　数：	400千字
印　数：	1—5000册
版　次：	2010年3月北京第1版·第1次印刷
定　价：	168.00元
书　号：	ISBN 978-7-116-06608-3

前　言

　　塔里木盆地是我国最大的含油气盆地，也是我国较早发现油气的沉积盆地之一。1958年在盆地北缘钻探发现高产油气流，发现塔里木盆地第一个油田——依奇可里克油田，从此拉开了塔里木盆地油气勘探开发的序幕；1977年盆地西南缘柯参1井发现高产油气流，预示着塔里木盆地具有广阔的油气勘探开发前景；1986年盆地北部沙7井获工业油流，证明塔里木盆地是一个多层系、大面积含油的大型含油气盆地；1988年轮南2井发现厚油层并获高产油气流，使塔里木盆地进入了大规模油气勘探开发新阶段。截至2008年，盆地共发现油气田33个，累计探明石油地质储量约14.81亿t，累计探明天然气地质储量约10956亿m^3。

　　作为"四世同堂"、"古老又年轻"的大型复合—叠合盆地，其石油地质研究工作经过几代人的努力，取得了诸多的研究认识和成果。20世纪40年代以来，黄汲清、李春昱、王鸿祯等老一辈地质工作者，曾从不同侧面对塔里木盆地进行过较深入的研究。特别是80年代后，随着塔里木盆地大规模勘探开发，中国石油天然气集团公司、新星石油公司均不同程度地组织了盆地整体评价研究。其间，邱中健、贾承造、康玉柱、梁狄刚、黄第藩等数以百计的地质工作者或学者，在认识和实践基础上，提出了自己的观点，加深了塔里木盆地石油地质条件的认识。

　　2001年中国石化集团公司成立"西部新区勘探指挥部"，全面进入塔里木盆地，并先后组织中国地质大学（北京）、中国石油大学、中国地质科学院等院所，以及中国石化勘探开发研究院西部研究分院、胜利油田地质科学研究院、胜利油田物探院、河南油田地科院、江汉油田研究院、西北石油局研究院、东方物探公司西部研究院等研究单位，在勘探实践的同时和前人研究认识的基础上，进行了新一轮、全面的石油地质研究工作。尤其是"中国石化西部新区联合研究会战"，进一步促进了塔里木盆地的研究和认识，本书便是前一阶段主要研究认识的总结。

　　本书研究重点是塔里木盆地古生界盆地演化背景和构造古地理、海相沉积体系与储层特征以及油气成藏组合及分布。另外，还对海相烃源岩和再生烃源岩进行了探讨。在盆地演化背景和构造古地理研究方面，基本沿用了前人盆地构造单元划分方案，对古地貌、古隆起、不整合以及与地层圈闭的关系进行了深入研究。同时，从野外地质剖面丈量和室内数据分析两方面，对塔西南山前带逆冲构造及盆山耦合进行了深入细致研究，提出了许多新的观点；在海相沉积体系与储层特征研究方面，利用大量钻井岩心、岩屑、地震剖面和野外露头资料，按照层序地层学原理，对古生界各个系、统的地层和沉积相特征进行了全面深入细致的研究，对有利储层和相带进行了划分和预测；在油气成藏研究方面，通过综合分析，预测并提出了"古隆起控制的岩溶储层油气成藏组合"、"台缘坡折带控制的礁滩储层油气成藏组合"、"白云岩储层油气成藏组合"、"坳陷区斜坡扇与海底扇油气成藏组合"、"不整合控制的地层圈闭油气成藏组合"和"山前冲断带构造圈闭油气成藏组合"等六种油气成藏组合模式，为今后油气勘探指出了方向；在海相烃源岩研究方面，尝试对再生烃源岩开展了大量的研究工作，提出了一些独到的认识，以供勘探工作者参考。

本书第一章由林畅松、胡建中执笔，第二章由于炳松、李丕龙、姜再兴执笔，第三章由钱一雄、冯建辉、李惠莉执笔，第四章由樊太亮、李丕龙、高志强执笔。宗国洪、张洪安、邵志兵、陈践发、张金川、丁文龙、刘景彦等做了大量的资料搜集和部分文字工作，冯建辉、樊太亮、武恒志、牟泽辉对全书进行了统稿和审核，李丕龙对全书进行了最终统稿和审定。

由于塔里木盆地的极其复杂性和中国石化集团勘探地域的局限性，又由于时间较短，本次研究范围存在较大的局限性和不均衡性，有一些观点和认识，难免有谬误之处，请广大读者批评指正。

著　者

2009 年 4 月

目　录 *Contents*

第一章
盆地演化背景和构造古地理

第一节 构造单元划分和构造演化

塔里木盆地大地构造背景和构造演化，对现存构造格局的定型起着决定性作用。作为叠合盆地，其大地构造背景和构造演化非常复杂。多年来，我国许多地质学家对塔里木盆地的大地构造背景进行过较多的论述。黄汲清等曾指出，塔里木地台是夹持在天山地槽与昆仑地槽之间，和中朝地台一起构成古亚洲构造域中的古老地块。李春昱等认为，中朝－塔里木板块与西伯利亚板块、印度板块之间存在广阔的大洋，在地壳不断扩张和收缩作用下，板块挤压碰撞，导致了塔里木盆地的发生、发展和消亡。王鸿祯（1981，1985，1990）对中国大地构造分区及构造发展阶段作过许多精辟论述，认为塔里木大陆地台及其边缘区属于亚洲中轴（中朝－塔里木）构造域，其北界西段在中亚西天山与南天山之间，东段自哈尔克套山向东，经吐鲁番地块之南至明水与居延海对接带相连，塔里木亚构造域的南界为昆中断裂。贾承造（1995，1997）认为塔里木板块是在晚古生代固结形成的古大陆板块，包括塔里木盆地稳定区和周边的多期边缘活动带，塔里木作为古生代一个独立的板块，其四周边界分别为北部南天山北界断裂带（即尼古拉耶夫线）、西南部康西瓦断裂带、东南部阿尔金断裂带。

一、构造单元划分

依据盆地基底性质及其地球物理特征、地层层序的发育和分布特征、大型断裂系的发育展布和构造变形样式及演化历史的差异等，本书仍将塔里木盆地划分为 7 个一级构造单元，即库车坳陷、塔北隆起、北部坳陷带、中央隆起带、西南坳陷、东南坳陷、塔东南隆起（图 1-1）。其基本特征简述如下。

1. 库车坳陷

库车坳陷位于塔里木盆地最北部，北以南天山山前断裂带为界，南以索格当他乌—温宿北—亚南断裂带为界，东起库尔勒，西至阿合奇，呈近东西向延伸 600km 以上，宽 10 ~ 70km，面积约 31200km^2，为三叠纪塔里木地块向天山俯冲碰撞背景下形成的前渊或山前边缘坳陷。中、新生界总厚度达 9000m 以上，沉积中心由山前不断向盆内迁移，并逐层向南超覆。中、新生界发育典型的前陆薄皮构造样式，以成排展布的褶皱－冲断带为特征。从北向南，变形程度逐渐变强，发育多条断褶带。从北向南可大体划分为天山南缘冲断带、北缘山前冲断－单斜带、中部凹陷变形带及南部斜坡－前隆带等次级构造单元。天山南缘冲断带由多个向南逆冲的断褶带组成，南天山古生代浅变质岩和三叠－侏罗系逆冲到新生代地层之上，形成大规模的地表冲断构造和隐伏的楔入构造。北缘山前冲断－单斜带包括巴什基奇克、塔桑哈克等强烈挤压冲断带，构成坳陷的逆冲变形主体。中部的凹陷变形带由中、新生代的线型逆冲断褶带及其间的次级凹陷或微型盆地所组成，包括秋立塔克线型逆冲断褶带和拜城、库车、阳霞等次级凹陷。由于古近系盐层的存在，在强烈挤压作用下形成了盐层上、下不协调的极为复杂的构造样式。

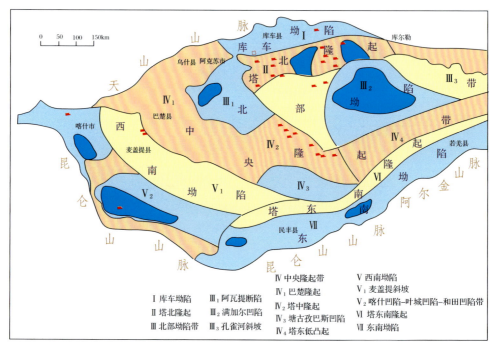

图 1-1　塔里木盆地构造单元分布

2. 塔北隆起

塔北隆起北以亚南断裂带和库车坳陷分界，南部是一个过渡性界线，大致位于塔里木河附近。东起库尔勒，西至喀拉玉尔滚－柯吐尔断裂一线，呈近东西向延伸约400km，南北宽60～80km，面积约31600km²。塔北隆起具有基底隆起的特征，其最初形成时期可以追溯到塔里木运动（晋宁运动）。加里东期该隆起继承性发育，海西早期运动在该区表现强烈，隆起幅度加大，地层遭受强烈剥蚀，造成下古生界和泥盆系剥蚀尖灭线逐层往南迁移。石炭－二叠系不整合超覆于下伏地层之上，海西晚期运动是塔北隆起又一重要发展阶段，以断块活动和强烈剥蚀为特征，隆起基本定型。该区中生代仍保持隆起状态，在构造高部位缺失三叠－侏罗系。白垩纪开始，库车前陆盆地往南扩展，塔北隆起转化为一个往北倾斜的斜坡。

3. 北部坳陷带

本区位于塔北隆起和中央隆起之间，呈近东西向延伸1000km以上，宽100～200km，面积约134200km²。可进一步分为阿瓦提断陷、满加尔凹陷和孔雀河斜坡3个二级构造单元。

（1）阿瓦提断陷

阿瓦提断陷基底埋深达15500m，受周边先存基底断裂控制，该断陷最初形成于塔里木运动，震旦纪－早奥陶世为一重要的沉积中心。中、晚奥陶世－泥盆纪坳陷状态不明显。海西早期运动使周边断裂强烈活动，石炭纪－早二叠世该区强烈沉陷，晚二叠世坳陷状态不明显，三叠纪又一次发生沉降。印支运动使该区反转抬升遭受剥蚀，缺失侏罗系，白垩系－古近系厚度及展布范围也较小。中新世以来，周边断裂强烈复活，阿瓦提再次剧烈沉陷，中新统－第四系厚达6000m以上。由此可见，阿瓦提断陷是震旦纪－早奥陶世、石炭纪－早二叠世、三叠纪和新近纪－第四纪多期沉积中心相叠合的结果。

（2）满加尔凹陷

满加尔凹陷基底埋深达16000m，凹陷轴部总体呈近东西向，并有一个分支插入塔北隆起草湖凹陷。该凹陷最早形成于塔里木运动，属于受基底构造控制的一个大型凹陷。从地层展布及厚度分析，该凹陷除二叠纪和新近纪－第四纪外，均表现为沉陷状态，是一个长期继承性发育的沉降和沉积中心，其中以寒武－泥盆纪沉降最为强烈。

（3）孔雀河斜坡

孔雀河斜坡是满加尔凹陷往库鲁克塔格隆起方向抬升的斜坡部分，北东方向与库鲁克塔格隆起相邻，北西方向接塔北隆起，西南与满加尔凹陷相接，东南为中央隆起，平行于库鲁克塔格隆起方向延伸。孔雀河斜坡寒武－泥盆系厚度很大，海西早期运动随着库鲁克塔格裂陷槽的反转而成为构造斜坡。该区基底及古生界往北东方向上倾，群克断裂带、孔雀河断裂带和库鲁克塔格山前断裂带将该斜坡切割成一个断阶带。

4．中央隆起带

本带横亘于塔里木盆地中部，夹持在北部坳陷、西南坳陷和塔东南隆起之间，总体呈近东西向展布，略呈向南凸出的弧形，延伸1200km以上，宽60～150km，面积大于$12 \times 10^4 km^2$。可进一步分为4个二、三级构造单元。

（1）巴楚隆起

该区在震旦纪就已存在一个宽缓的隆起，寒武－奥陶纪继承了震旦纪时的面貌，雏形巴楚隆起的范围进一步扩大，可能包括现今的巴楚隆起和西南坳陷的大部，成为一个十分宽缓的隆起，并一直持续到泥盆纪。石炭－二叠纪，巴楚地区隆起幅度加大，与西南坳陷之间仍呈斜坡过渡关系。海西晚期，基性岩浆活动强烈，表明这一阶段主要表现为张性断裂活动。印支运动在该区表现为较强烈的差异升降，巴楚、柯坪和西南坳陷大部上升成为剥蚀区，这种状态一直持续到早白垩世末。燕山晚期运动使西南部前陆盆地的范围扩大，上白垩统－古近系往巴楚隆起方向上超，呈北西方向展布的巴楚凸起的概貌开始显现出来。喜马拉雅运动使皮恰克逊－吐木休克断裂带和牙扎塔格－玛扎塔格断裂带强烈活动，呈断隆性质的巴楚隆起最终定型。显而易见，在燕山晚期运动前，巴楚地区与塔西南有着密切的亲缘关系，在很长的地史时期中作为一个大型而宽缓的隆起存在。现今的巴楚隆起是燕山晚期运动、特别是喜马拉雅运动以来的产物。

（2）塔中隆起

塔中隆起区震旦系与其两侧坳陷相比要薄，表明塔里木运动已经造成了该区平缓隆起的背景，因而具有基底隆起的性质。寒武纪－早奥陶世隆起幅度较小，中、晚奥陶世隆起已十分明显，反映加里东中期运动在该区有一定影响。海西早期运动在该区表现十分强烈，形成一系列逆冲断层，并发育背冲断块构造，地壳抬升，遭受强烈剥蚀，塔中隆起基本定型。石炭－二叠系超覆沉积在下伏地层之上。

海西晚期运动在该区表现不明显，局部有断裂重新活动。印支运动也影响到塔中隆起，使该区缺失侏罗系。此后，塔中隆起在构造上一直处于高部位，成为塔里木北部前陆盆地的前隆构造带。

（3）唐古孜巴斯凹陷

唐古孜巴斯凹陷的形成也受基底构造控制，塔里木运动使基底下沉，震旦－志留纪继承性沉降，凹陷形态十分明显，其中充填了巨厚的震旦－志留系。海西早期运动使该区上升遭受剥蚀，石炭纪再度沉降接受沉积。此后，凹陷性质发生转化，中、新生代演化历程与塔中隆起接近。

（4）塔东低凸起

塔东低凸起的发展演化与满加尔凹陷有着千丝万缕的联系，根据沉积相和地层剥蚀厚度推测，寒武－泥盆纪时，塔东地区属于满加尔凹陷的组成部分。海西早期运动使之反转成为隆起，其上泥盆系、志留系和中－上奥陶统遭受强烈剥蚀。海西晚期运动和印支运动在该区均有强烈表现，侏罗系角度不整合于下伏地层之上。

5. 西南坳陷

本区位于塔里木盆地西南部，北东与中央隆起带相接，西南为铁克里克隆起和西昆仑褶皱山系，北为柯坪隆起和天山褶皱山系，东南与塔东南隆起相邻，呈北西向延伸550km，宽200～250km，面积大于$12\times10^4km^2$，可分为4个二级构造单元。

（1）麦盖提斜坡

本区为巴楚断隆往西南方向延伸的一个斜坡，震旦－泥盆纪该区与巴楚断隆可能是一个统一的平缓隆起，到石炭－二叠纪才呈现出斜坡特征。印支运动使该区上升成为隆起剥蚀区，并一直持续到早白垩世末。燕山晚期运动之后，斜坡特征清楚地显现出来。

（2）喀什凹陷—叶城凹陷—和田凹陷带

这3个凹陷在相当长的地史时期中，有着相似的发展演化历程。震旦－泥盆纪时，该区没有明显的坳陷形态。石炭－二叠纪时，该区成为沉降和沉积中心。三叠系－下白垩统展布范围主要局限在山前地带。喜马拉雅期该区岩石圈强烈挠曲沉陷。这是一个石炭－二叠纪和中、新生代沉陷构造带，尤以中新世以来沉陷强烈。该区构造变形复杂，以发育前陆薄皮褶皱－冲断带为特征，呈雁行状成排成带展布。

6. 塔东南隆起

塔东南隆起受策勒－罗布庄逆冲断裂带控制，为一大型逆冲推覆构造带，呈NE向延伸1000km以上，面积约$3.38\times10^4km^2$。构成断隆的推覆体主体为前震旦系变质岩及上覆的石炭系、白垩系和新生界，逆冲推覆在海相下古生界之上。该隆起基底最大埋深为2500m，是塔里木盆地基底抬升最高的构造带。

7. 东南坳陷

受东昆仑山和阿尔金山山前断裂带控制，东南坳陷呈NE向延伸1000km以上，面积约$7.23\times10^4km^2$，可进一步分为民丰凹陷和若羌凹陷2个二级构造单元，其中若羌凹陷可能有下古生界残存，民丰凹陷有上古生界分布。断陷中以侏罗纪－新生代沉积为主，中、新生界总厚4000～5000m。

二、盆地演化阶段及构造背景

塔里木盆地是在前震旦纪陆壳基底上发展起来的。从盆地构造背景和沉积充填演化上，塔里木盆地经历了4个大的发育演化阶段，即加里东构造旋回、海西构造旋回、印支－燕山构造旋回、喜马拉雅构造旋回（图1-2）；盆地构造古地理和隆坳格局发生了多次重要变革，导致了原盆地在纵、横向上的叠加改造和并列复合，形成了独特的复杂地质结构（图1-3）。

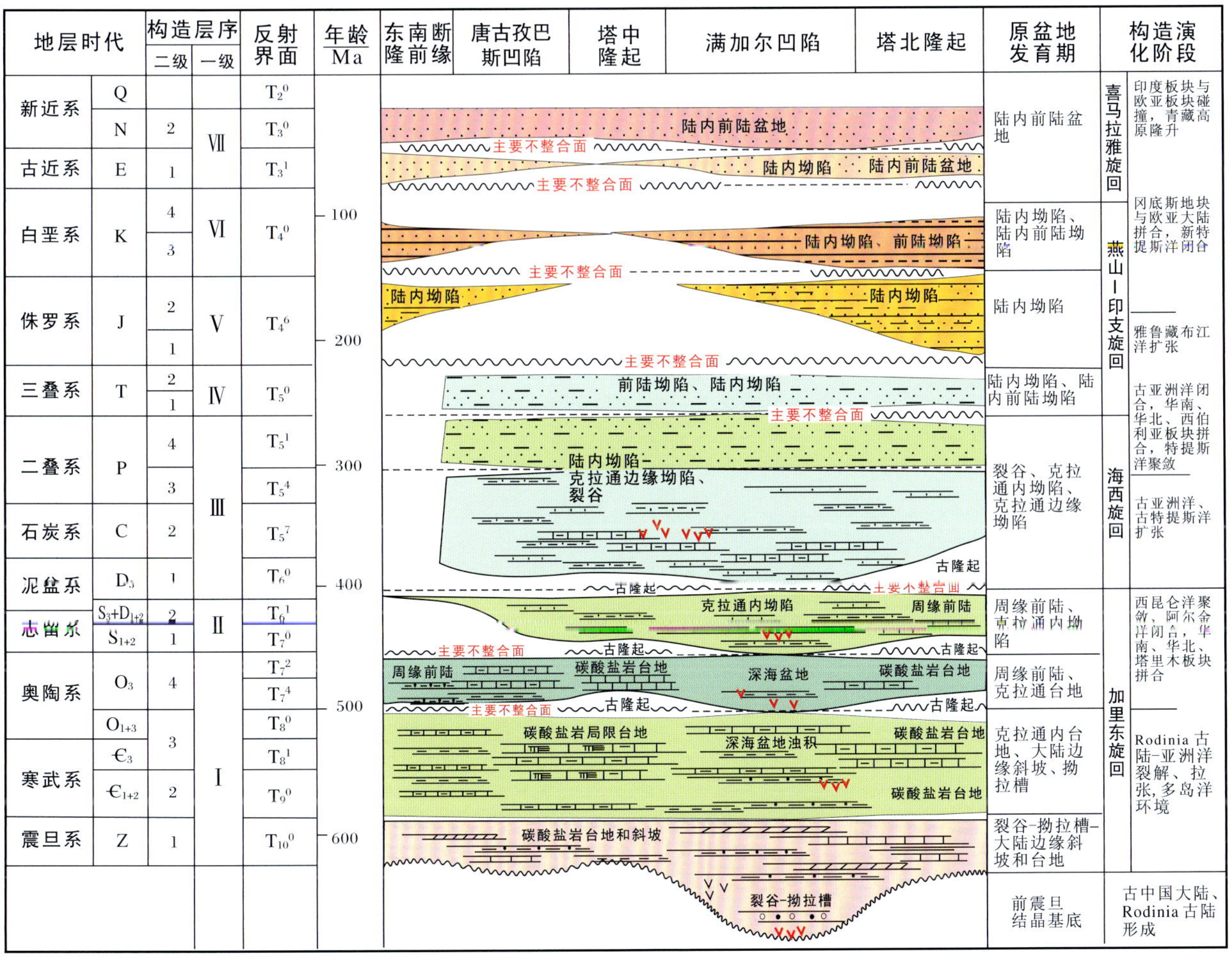

地层时代	构造层序(二级)	构造层序(一级)	反射界面	年龄 Ma	东南断隆前缘	唐古孜巴斯凹陷	塔中隆起	满加尔凹陷	塔北隆起	原盆地发育期	构造演化阶段
新近系 Q		VII	T2^0				陆内前陆盆地			陆内前陆盆地	喜马拉雅旋回 印度板块与欧亚板块碰撞，青藏高原隆升
新近系 N	2		T3^0		主要不整合面						
古近系 E	1		T3^1	~100			陆内坳陷　陆内前陆盆地			陆内坳陷、陆内前陆坳陷	冈底斯地块与欧亚大陆拼合，新特提斯洋闭合
白垩系 K	4	VI	T4^0		主要不整合面			陆内坳陷、前陆坳陷		陆内坳陷、陆内前陆坳陷	燕山－印支旋回
	3										雅鲁藏布江洋扩张
侏罗系 J	2	V	T4^6	~200	陆内坳陷			陆内坳陷		陆内坳陷	
	1				主要不整合面						
三叠系 T	2	IV	T5^0		前陆坳陷、陆内坳陷			主要不整合面		陆内坳陷、陆内前陆坳陷	古亚洲洋闭合，华南、西伯利亚板块拼合，特提斯洋聚敛
	1										
二叠系 P	4	III	T5^1	~300	陆内坳陷 克拉通内坳陷、裂谷					裂谷、克拉通内坳陷、克拉通边缘坳陷	海西旋回 古亚洲洋、古特提斯洋扩张
	3		T5^4								
石炭系 C	2		T5^7								
泥盆系 D3			T6^0	~400	古隆起	古隆起	克拉通内坳陷	周缘前陆	古隆起	周缘前陆、克拉通内坳陷	西昆仑洋聚敛，阿尔金洋闭合，华南、华北、塔里木板块拼合
志留系 S3+D1+2	2	II	T6^0 / T7^0		主要不整合面	周缘前陆	碳酸盐岩台地 深海盆地	周缘前陆 碳酸盐岩台地		周缘前陆、克拉通台地	
志留系 S1+2	1		T7^0						古隆起		加里东旋回
奥陶系 O3	4		T7^2 / T7^4	~500	主要不整合面	古隆起			古隆起		
奥陶系 O1+3	3		T8^0		碳酸盐岩局限台地		深海盆地浊积	碳酸盐岩台地		克拉通内台地、大陆边缘斜坡、拗拉槽	Rodinia古陆-亚洲洋裂解、拉张，多岛洋环境
寒武系 ∈3		I	T8^1						碳酸盐岩台地		
寒武系 ∈1+2			T9^0								
震旦系 Z	1		T10^0	~600	碳酸盐岩台地和斜坡					裂谷-拗拉槽-大陆边缘斜坡和台地	古中国大陆、Rodinia古陆形成
							裂谷-拗拉槽			前震旦结晶基底	

图1-2　塔里木原盆地形成演化阶段综合分析

1. 加里东构造旋回

塔里木叠合盆地在加里东构造旋回（Z－D_2）的形成演化经历了从早期的大陆裂解、伸长背景到克拉通坳陷、周缘前陆的原盆地演化。从震旦纪到中奥陶世，发育了处于伸长背景的克拉通碳酸盐岩台地、边缘斜坡及裂谷或拗拉槽。中奥陶世末盆地背景发生了从伸长向挤压环境转化的重大变化，从中奥陶世至晚奥陶世末经历了不断加剧的多期挤压构造作用。奥陶纪末盆地进入周缘前陆、前隆、克拉通内坳陷等滨浅海碎屑岩盆地发育阶段。中、晚泥盆世的构造变革结束了基底分块和盆内隆坳分异明显的台盆区发育演化。这一构造演化阶段形成了以早古生代克拉通台地和古隆起带碳酸盐岩储层与陆架斜坡烃源为主的成藏体系。

加里东旋回的盆地演化可划分为以下4个演化阶段：①震旦－早中寒武世区域伸长背景：裂谷、拗拉槽、被动大陆边缘和碳酸盐岩台地发育阶段；②晚寒武－早奥陶世区域弱伸长背景：克拉通碳酸盐岩台地和斜坡；③中－晚奥陶世区域挤压背景：周缘前陆、前隆－克拉通碳酸盐岩台地；④志留纪－早中泥盆世区域挤压背景：周缘前陆、克拉通内碎屑岩坳陷－区域挤压背景。

上述原盆地的演化包括了5次重要的构造变革期：①震旦纪末的区域隆升剥蚀，形成了震旦系与寒武系之间的平行、微角度不整合面（地震反射界面 T_9^0）；②中奥陶世末期的挤压隆起剥蚀，形成了中、上奥陶统之间的角度或微角度不整合面（地震反射界面 T_7^4）；③晚奥陶世中期的挤压隆起

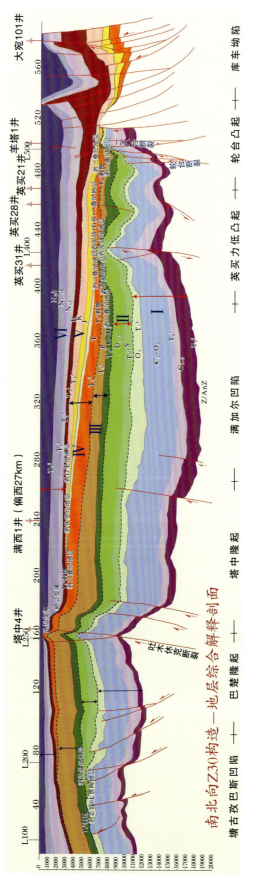

图 1-3 塔里木盆地 Z30 测线示盆地叠合结构和构造单元划分

剥蚀，形成了上奥陶统中部的平行或微角度不整合面（地震反射界面 T_7^2）；④晚奥陶世末的强挤压隆起变形和剥蚀，形成了上奥陶统与志留系之间的广泛分布的角度不整合面（地震反射界面 T_7^0）；⑤中泥盆世末强烈挤压隆起剥蚀，形成了中、上泥盆统之间的广泛分布的角度不整合面（地震反射界面 T_6^0）。

2. 海西构造旋回

从晚泥盆世到二叠纪末的海西构造旋回，塔里木原盆地发育演化经历了从弱伸长背景的裂谷、克拉通边缘坳陷至挤压背景的前陆盆地的总体演化。石炭-二叠纪大面积基性岩浆活动和盆地西北缘石炭系巨厚深水浊积岩的存在，表明盆地处于伸长的构造背景。晚二叠世末至三叠纪转为挤压背景，进入陆内前陆坳陷的盆地发育阶段。晚古生代的盆地构造古地理格局相对于早古生代发生了翘翘板式的重大变化，盆地东北高、西北低，边缘隆起和坳陷带呈北东东向展布。从晚二叠世末到三叠纪挤压构造作用不断加强，三叠纪末结束了台盆区海相为主的沉积历史。这一阶段形成了海相碎屑岩为主的成藏体系，并仍然以台盆区古隆起、古斜坡为主要的油气聚集带。

这一构造旋回的原盆地演化可划分为下列两个阶段：①晚泥盆世-石炭纪弱伸长背景：裂谷、克拉通边缘坳陷发育阶段；②二叠纪弱伸长背景：裂陷、陆内坳陷，这一期间发生的主要构造变革期包括晚泥盆世末至早石炭世的热隆升、早二叠世末的弱挤压隆起、晚二叠世末挤压隆起等构造作用。

3. 印支-燕山构造旋回

塔里木板块自三叠纪以来处于欧亚大陆内部，欧亚大陆南缘的一系列构造事件对盆地的形成与演化产生了深刻的影响。侏罗纪-古近纪是新特提斯洋的发育与消亡阶段，塔里木盆地即是在这一大构造背景中演化的。印支-燕山构造旋回原盆地演化包括三大阶段：①三叠纪前陆挤压、挠曲坳陷背景：前陆盆地和陆内坳陷；②侏罗纪弱伸长背景：陆内坳陷；③早白垩世挤压、挠曲沉降背景：前陆坳陷、陆内坳陷。印支-燕山构造旋回主要构造变革期为：①三叠纪末强烈挤压变形和隆升剥蚀（地震反射界面 T_4^6）；②侏罗纪末的挤压隆升剥蚀（地震反射界面 T_4^6）；③晚白垩世的挤压隆起剥蚀（地震反射界面 T_3^1）。

4. 喜马拉雅构造旋回

喜马拉雅构造旋回原盆地演化包括两个阶段：①古近纪挤压挠曲沉降背景：陆内坳陷、前陆坳陷；②新近纪强烈挤压挠曲、隆升背景：陆内坳陷、前陆坳陷。盆地的主要构造变革期为：①古近纪末挤压隆起变形（地震界面 T_2^1）；②新近纪中晚期挤压隆起变形（地震反射界面 T_2^0）。

第二节　塔西南山前带逆冲构造及盆山耦合

一、塔西南山前带逆冲推覆构造特征

塔西南山前带处于塔里木盆地与西昆仑造山带的过渡部位——塔里木盆地西南坳陷边缘的山前地带。该带发育了西起帕米尔构造以东，经齐姆根、柯克亚，至和田以东的呈反"S"形分布的弧形冲断带（图1-4）。塔西南坳陷是在塔里木盆地形成和发展过程中造就的由多时代、多类型的盆地（坳陷）叠加复合形成的大型坳陷，其形成经历了震旦纪—志留纪、石炭纪—三叠纪和侏罗纪—第四纪三期伸展—聚敛旋回的波动演化，最后定形于新生代前陆盆地的构造格局，具有多旋回的发展历史（杨克明，1992；丁道桂等，1996；汤良杰，1996；张光亚，2000，姜春发，1992）。

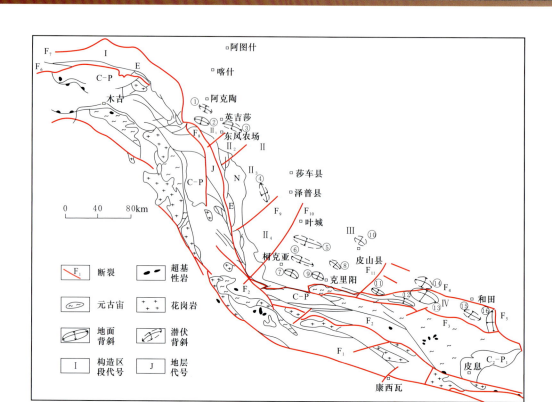

图1-4 塔西南山前带构造东西向分段性

F₁—康西瓦断裂；F₂—铁克里克南缘断裂；F₃—铁克里克北缘断裂；F₄—和田断裂；F₅—阿其克断裂；F₆—帕米尔北缘断裂；F₇—乌泊尔断裂；F₈—库斯拉甫断裂；F₉—叶尔羌河断裂；F₁₀—吐孜拉普河断裂；F₁₁—桑株河西断裂；F₁₂—民丰-且末断裂；①—阿克陶南构造；②—苏盖特构造；③—英吉莎背斜；④—棋北鼻状构造；⑤—固满背斜；⑥—柯克亚背斜；⑦—甫沙背斜；⑧—合什塔克背斜；⑨—克里阳潜伏背斜；⑩—皮北构造；⑪—桑株背斜；⑫—南杜瓦鼻状构造；⑬—皮牙曼背斜；⑭—皮牙曼北构造；⑮—和田南背斜；⑯—阿其克鼻状构造；Ⅰ—帕米尔弧形逆冲构造段；Ⅱ—齐姆根弧形构造段；Ⅱ₁—苏盖特-英吉莎背斜带，Ⅱ₂—依格孜牙构造带，Ⅱ₃—齐姆根三角带，Ⅱ₄—棋盘三角带；Ⅲ—甫沙-克里阳三角带构造段；Ⅳ—和田冲断推覆体构造段

塔西南山前带由南向北由3排褶皱-冲断构造组成。第一排构造带由杜瓦-克里阳-甫沙背斜-帕米尔前缘推覆构造带组成，第二排构造带为皮牙曼-桑株-合什塔克-柯克亚背斜-棋盘鼻状构造，第三排构造带为皮牙曼北-固满背斜-棋北鼻状构造-齐姆根主弧-达尔鼻状构造-依格孜牙背斜构成。这些与西昆仑走向平行的断层相关褶皱具有由南向北形成时代依次变新、变形强度依次递减、构造圈闭闭合度依次减小的特征。

1. 逆冲推覆构造分带与分段性

（1）逆冲推覆构造的分带性

山前带逆冲推覆构造的分带性表现为从造山带到前陆盆地，逆冲构造系统各部位的挤压强度逐渐减小，挤压收缩应变由大变小。以铁克里克北缘-帕米尔前缘断裂、和田南-乌泊尔断裂等边界断裂为界，自南向北可具体划分为逆冲推覆构造的根带、中带、锋带、锋外带和被动反冲带（图1-5）。

1）根带

主要由铁克里克逆冲推覆系统、西昆仑逆冲推覆系统组成，其北界断裂为铁克里克北缘-帕米尔前缘断裂。铁克里克逆冲推覆系统卷入地层主要为下元古界埃连卡特群变质岩，岩性为绢云母绿泥石片岩、片麻岩，发育流变褶皱与韧性断裂；西昆仑逆冲推覆系统卷入地层为中、新元古界变质岩以及石炭-二叠系，地表发育次级断面南倾的逆冲断层。这两个逆冲体系构造变形以韧性剪切带系统构成了逆冲断裂的特色，发育强烈固态流变条件下的流褶皱和糜棱岩。剖面上逆冲推覆构造系由一系列倾向南的逆冲断层构成叠瓦扇，为基底卷入的厚皮构造。

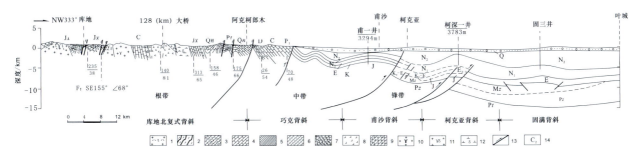

图 1-5　西昆仑库地-塔西南叶城地质构造剖面

1—岩体与混染片麻岩；2—片岩；3—凝灰岩；4—灰岩；5—页岩；6—砂岩；7—砾岩；8—枕状玄武岩；
9—玄武岩；10—花岗岩；11—花岗闪长岩；12—闪长岩；13—断层；14—地层时代

　　铁克里克北缘-帕米尔前缘断裂为根带与中带的分界断裂。该断裂沿西昆仑-铁克里克山前分布，但在不同段落走向发生变化。在帕米尔一带自东向西由走向北西变为近东西再转变为北东东向，呈向北凸出的弧形；在齐姆根一带，断裂呈北北西向，再向东至和田一带断裂为北西西或近东西向分布，平面上呈反"S"形。断面总体倾向南或南西。在露头上，断面倾角较陡，一般在60°～80°不等，在MT剖面和地震剖面上断面隐约具上陡下缓的特征，如在和田MT168剖面上，高电阻层（古元古界）明显掩覆在低电阻层（Pz_2-Mz）之上，表明该断裂具有滑脱性质，且在近地表部分断裂产状接近于直立。铁克里克断裂主要由两条主断裂和多条次级断裂组成，断裂带宽150～250m左右。断裂带内发育糜棱岩、挤压构造透镜体、碎裂岩、断层-揉皱等构造岩，从主断裂向外侧（向南），构造岩表现出挤压透镜化带、糜棱岩带、碎裂岩带、断层-揉皱带与褶皱带的变化规律（图1-6），反映了该断裂变形强度随远离断裂带而逐渐减弱，断裂活动经历了早期韧性、晚期脆性多期变形叠加的特点。在主断层经过处，发育30cm厚的紫红色断层泥。穿越西昆仑的MT大剖面可以清晰地看出，铁克里克逆冲断隆与和田凹陷间接触边界陡立，断隆被一系列高角度逆断层切割，具有显著的根带特征。根据区

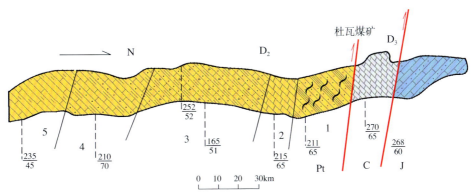

图 1-6　杜瓦煤矿铁克里克断裂带剖面

（野外实测，2005）

1—挤压透镜化带；2—挤压糜棱岩带；3—挤压-碎裂带；4—挤压-断层揉皱带；5—挤压褶皱带；
J—侏罗系；C—石炭系；Pt—元古宙

域上古元古界逆掩在西域砾岩之上的现象及断裂带切割前期褶皱的轴线等事实，可以认为该断裂带形成于上新世末。断裂南盘（上升盘）与北盘不仅出现明显的地形高差，而且断裂南盘（上升盘）的古元古界变质岩系等老地层逆掩在北盘（下降盘）的石炭－二叠系、侏罗系、白垩系、古近系、新近系、第四系（西域组砾岩）等新地层之上。

2）中带

介于铁克里克北缘断裂与山前带杜瓦断层之间的地区，即所谓的塔西南山前带第一排构造带，主要为显露型构造，如杜瓦背斜、柯克亚背斜等。地表构造为古生界卷入变形的断弯背斜、断展背斜，背斜轴向NWW，平面上呈雁列状。背斜核部在和田地区由志留系－下泥盆统浅变质岩组成，南翼地层发育较完整，依次出露上石炭统卡拉乌依组、阿孜干组、塔哈奇组，二叠系克孜里奇曼组、普司格组、杜瓦组及下三叠统乌尊萨依组，古近系巴什布拉克组，渐新统－上新统乌恰群，第四系西域组，北翼地层常因次级逆断层的错动而发育不全。核部志留系－下泥盆统变质岩推覆体变形复杂，原始层理被构造面置换，后者也发生了塑流褶皱变形。两翼沉积岩层构造变形相对简单，但倾角不对称，南翼缓（倾角24°～44°），北翼陡（倾角44°～60°），轴面向南倾斜。为轴面倒向前陆的斜歪褶皱，背斜核部及陡翼发育显露型次级逆冲断层。

3）锋带

位于和田－乌帕尔逆冲断层的上盘，这是冲断带大规模位移得以发生的构造部位，表现为外来大型推覆体覆于准原地地层系统之上。卷入变形的地层主要为古生界及其以上地层，冲断作用主要沿着下古生界软弱岩层或基底与盖层界面滑动而发生的，在锋带以断坡状切错上古生界，冲断顶界面向上并入古近系底部膏盐层。构造样式表现为大型断坡背斜、双重构造、叠覆背斜、三角带等。

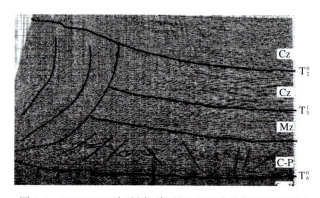

图1-7　HT96-116地震剖面解释示和田隐伏断裂带呈犁式

作为锋带主干断裂的和田断裂是一条隐伏断裂，该断裂呈东西向延伸，东起洛浦附近，向西延伸至桑株以西，长约320km。在布格重力异常图上，和田断裂带为近东西向的线性密集梯度变化带，是山前推覆构造带与凹陷体系的分界线。地震剖面上，和田隐伏断裂带为犁式逆冲断裂带，断面倾向南，下盘地层产状平缓，向北进入深凹陷区（图1-7）。电法剖面上，和田隐伏断裂带表现为3～5条逆冲断裂组合，呈叠瓦排列，倾角较大，下起自元古界，上切入新近系。和田断裂带在空间分布上是不连续的，自东向西具有明显的分段性，各构造段间被一些横向斜冲－走滑断裂所分割。

4）锋外带

位于逆冲推覆前锋逆冲断层的下盘，即位于冲断前锋作用带的外侧，与前陆凹陷带呈过渡关系。在锋带外侧，冲断作用主要发生在古生界地层中，断层向下消失于基底与盖层间的滑脱面，向上并于古近系底界的膏岩层，主要表现为叠瓦状构造、冲起构造等，向前陆方向，构造变形逐渐减弱，转变为向北倾的单斜状态，与凹陷逐渐过渡。

5）被动反冲带

被动反冲带主要分布在逆冲推覆构造锋带的外侧，特别发育在山前带逆冲推覆构造的三角带地区，如桑株－齐姆根三角带，主要由新生代地层组成。被动反冲带的形成与推覆体锋带的构造楔的楔入密切相关。推覆体锋带古生界地层所组成的双重构造、叠覆背斜等构造楔持续不断地向前陆楔入，造成前陆新生代地层沿古近系阿尔塔什组膏泥岩发育被动反冲断裂系统，使前陆新生界地层翘起，并被动地逆掩在山前带上。被动反冲断裂系统与构造楔组成三角带构造。

（2）山前带逆冲推覆构造的分段性

印度板块与欧亚板块的俯冲、拼接、碰撞，导致青藏高原陆壳水平尺度上的缩短、垂向上加厚、高原隆升。高原北部的西昆仑在受到自南向北的推挤力作用的同时，还受到塔里木板块的阻滞作用，导致两大块体间产生不均匀的挤压，从而在青藏高原北缘的西昆仑地区形成反"S"形构造形迹。这种反"S"形构造不同部位所受的应力强度、运动方式不同，所形成的构造变形与构造样式就存在明显差异。这种差异性是由于各构造段与主逆冲方向的交角不同而引起的，并通过北东向横向调节断层来实现各段间的转换。根据构造变形特点、构造样式的差异，可将塔西南山前带构造东西向分为四个段：乌帕尔弧形构造段、齐姆根弧形构造段、甫沙－克里阳三角带构造段以及和田南逆冲推覆体段。

1）帕米尔弧形逆冲构造带

该构造段为帕米尔北缘弧形推覆构造带东段前缘的最新变形带，由卡孜克阿尔特推覆构造及其北缘逆掩断裂带组成，总体形态为向北东凸出的弧形构造，由卡巴加特弧和乌泊尔弧两个次级弧形构造组成，是一南翼缓、北翼陡倾、直立甚至倒转的线性褶皱构造（曲国胜等，2004）。

中巴公路克鲁格阿特至奥依塔格阿孜地质构造剖面揭示，推覆体前缘构造变形、岩浆活动强烈，次级背斜南翼缓、北翼陡，轴面倾向南；向斜则与此相反，南陡北缓。石炭系、侏罗系、白垩系、古近系至新近系地层倒转，老地层依次逆掩在新地层之上，显示其为一大型斜歪背斜的倒转翼，且轴面倾向南。倒转翼发育一系列断面南倾的逆冲断层，断面产状地表较陡，倾角大于70°。这些断层在剖面上组合成叠瓦状，显示强烈的自南向北的挤压作用（图1-8）。

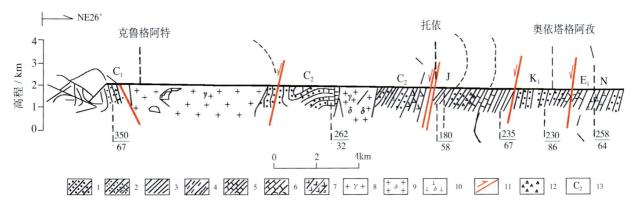

图1-8　中巴公路克鲁格阿特—奥依塔格阿孜地质构造剖面

1—砾岩；2—砂岩；3—页岩；4—泥岩；5—泥灰岩；6—灰岩；7—玄武岩；8—花岗岩；9—花岗闪长岩；10—闪长岩；11—断层；12—角砾破碎带；13—地层时代及代号

地震剖面揭示推覆体上盘为由古生界组成的大型复背斜的陡翼，下盘为帕米尔前缘，由古近系－中更新统组成。卡孜克阿尔特逆冲断裂带北缘逆冲前锋带以大型平卧褶皱和推覆体发育为特征，其前缘逆冲断裂带是帕米尔前缘的最新活动断裂（陈杰等，1997；1998）；推覆体前锋呈弧形展布，前锋端向上挠曲，表现为强显露型冲断层；推覆体形态为褶皱－上叠式叠瓦状。

逆冲推覆的根带位于西昆仑北缘大断裂以南的广大区域内，发育了元古界向N、NE逆掩在不同时代地层之上的现象。中、新元古界地层褶皱倒转，推覆体与下伏地层接触部位形成较大的糜棱岩带、构造片岩带，滑脱面表现出韧性剪切带的特点。

分析表明，外来推覆体是从康西瓦－塔什库尔干－木吉河以南的根带逆掩过来的，推覆距离在100km以上。木吉河现今为断陷沉积，反映在全新世以来，推覆体后缘发生了拉张作用。帕米尔前缘的冲断前锋是乌泊尔大断裂，在第四纪内有3个剧烈活动时期，证明帕米尔突刺在第四纪的强烈挤压和运动的不均一性。

2）齐姆根弧形构造带

齐姆根弧形构造带总体呈 NNW 或近 SN 向分布，与区域挤压方向斜交，山前带的冲断在此转变为斜冲与右行走滑，自西向东分为四个构造亚段：①苏盖特－英吉莎弧形构造段：由山前带逆冲推覆构造、苏盖特构造与阿克陶南构造组成。山前逆冲断裂（库斯拉甫断裂）呈上陡下缓的犁形，地表为薄皮逆冲，可见中生界逆掩在新生界之上。深层古生界断层彼此平行排列，呈叠瓦状逆冲，其形态也为铲形，断层向下大多合并于主干断层，并大多消失在古近系底界的膏盐层，少数可切错上新世－早更新世地层，说明断裂活动时代较新。断层的消失常形成传播褶皱，导致苏盖特构造与阿克陶南构造的形成（图1-9）。②依格孜牙弧形构造段以表层薄皮弧形推覆构造和深部依格孜牙背斜和达尔鼻状构造褶皱－逆冲断裂为特征。③齐姆根主弧形构造段以由 SW 向 NE 的表层中生界卷入的薄皮推覆构造系统、深层古生界卷入的双重构造系统和以古近系底界膏盐层为滑脱层的前缘被动反冲构造系统组成，具有三角带构造特征。④叶尔羌河－棋盘弧形构造段以石炭系、二叠系等由 SW 向 NE 弧形斜冲－走滑型推覆构造系统与由 NE 向 SW 棋盘向斜和棋盘鼻状构造构成的对冲构造为特征。各构造段之间以横向走滑－斜冲断层为界。齐姆根弧形构造主段向北西斜冲到依格孜牙弧形段之上，向南东斜冲到叶尔羌河－棋盘弧形构造段之上。

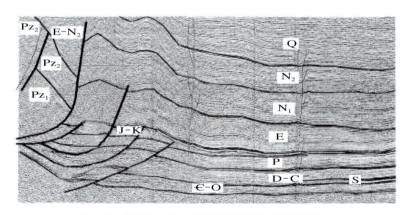

图 1-9　苏盖特－英吉莎弧形构造段地震解释剖面

地表地质调查及地震剖面解释揭示齐姆根弧形构造的被动反冲构造系统由沿新近系泥岩、古近系底部膏岩和白垩系内部泥岩多层顺层反冲的白垩系－新生界单斜层组成。这些反冲断裂系统和新生界总体以低倾角的单斜层倾向北北东、北东和北东东，反冲断裂和地层总体倾向为围绕齐姆根弧形构造的弧形，倾角一般变化在 10°～40°间，构成区域上由北东向南西由盆地方向（被动）逆掩反冲到西昆仑－帕米尔前缘构造带上的被动反冲构造系统。

西昆仑（库斯拉甫断裂）逆冲推覆系统是齐姆根弧形逆冲构造带的根带，主要由二叠系－泥盆系及前寒武系基底岩席和岩片组成。齐姆根弧形构造在地表主体被白垩系大面积覆盖，仅在背斜核部出露泥盆纪－二叠纪地层。主弧外侧的白垩系、古近系、新近系呈单斜状向北东倾斜，并在古生界构造楔向北楔入过程中发生向南的被动反冲，致使白垩纪－新生代地层反冲逆掩在西昆仑造山带之上。

齐姆根三角带构造系统位于齐姆根弧形构造核部及其北侧中、新生界单斜层之下。地表及多条地震反射剖面解释表明齐姆根三角带构造核部发育由侏罗系－泥盆系组成的断坡、断坪及冲起构造，构造组合表明由南向北逆冲楔入的深层双重构造系统向北的活动时间依次变新，变形程度依次减弱。齐姆根弧形构造段北缘上新统与下伏地层明显呈角度不整合，表现为南薄北厚的多序次生长地层，标志着齐姆根弧形构造较强隆升开始于上新世，第四纪以来阶段性强烈隆升（曲国胜等，2004）。

3）甫沙－克里阳构造带

该带构造线总体呈近 EW 向，与区域逆冲推覆方向直交，但由于远离帕米尔突刺，构造应力强度有所减弱。该带有 3 个局部构造，基本呈条带状向西撒开，向东收敛。由南向北依次分为：甫沙－玉力群－克里阳断褶带（第一排构造带）、柯克亚－乌鲁克－曲吕西断褶带（第二排构造带）、固满－合什塔克断褶带（第三排构造带）。可以分为两个构造区段：柯克亚段，为隐伏型、前展式、后缘叠瓦推覆构造系统；克里阳三角带段，以浅层推覆体、深部双重构造和前缘被动反冲构造组成，为被改造的三角带构造。

柯克亚推覆构造段由甫沙、柯克亚及固满等 3 排近东西向展布的构造组成，3 排构造均为轴面南倾的不对称背斜，由南而北构造强度减弱，褶皱幅度降低，变形时代渐新，为隐伏型推覆构造系统。甫沙背斜为一轴面南倾的由古生界－新生界组成的不对称背斜，背斜北翼发育一组南倾隐伏铲式逆断层，背斜形成在中新世晚期；柯克亚背斜形成于上新世末，其北翼略陡，在古生界—中生界中发育双重构造，新生界底构成上逆冲断层面；固满背斜为轴向北西西的宽缓背斜，主要为断坡背斜。褶皱主体是古生界构造层，中－新生界构造层褶皱渐趋平缓，幅度降低，下更新统具披覆形态，表明背斜形成在早更新世（图1-10）。

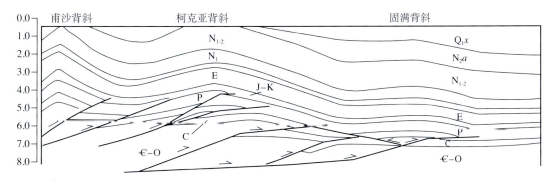

图 1-10　甫沙－柯克亚－固满构造解释剖面

克里阳三角带构造段由铁克里克前缘推覆构造系统、深部三角带双重构造系统及塔西南盆地被动反冲构造系统组成。铁克里克前缘推覆构造系统由太古宇深变质岩、元古宇浅变质岩及古生界组成的逆冲席构成，剖面上由南向北逆冲推覆，平面上呈向北凸出的弧形。地震剖面揭示 T_3^1 以上反射层（新生界）向南迅速抬升，古近系底部发育一组北倾的反冲断层。该断面以下，为一系列发育在前石炭系中的南倾逆冲断层，向上切穿石炭－二叠系至反冲断层面，并沿此面依次向前陆方向插入，从而形成以前石炭系、石炭系、二叠系为主体的双重构造，与反冲断裂及其上新生界单斜组成三角带构造。由南向北构成双重构造的断层活动性变新、变形减弱，由断坡和断坪组成的双重构造逐渐过渡为冲起构造，并在其正北20km的皮山附近，前缘隐伏断裂的现今活动导致地震发生。塔西南盆地被动反冲构造系统由塔里木盆地向北倾的中生界和新生界单斜层组成，地震剖面揭示了反冲断层的存在，同构造生长地层表明反冲开始于早更新世早期。

4) 和田冲断推覆构造带

和田逆冲推覆构造带分布于塔西南的东部，主要构造线呈近东西向分布，大体与区域应力场直交。其南界为铁克里克北缘断裂，西界为桑株河北东向断裂，东为近南北向的阿其克断裂。该构造带包含和田南外来推覆体与桑株－皮牙曼北构造两个构造带。

和田南外来推覆体自西向东包括杜瓦构造、皮牙曼构造、和田南构造与阿其克构造。

杜瓦构造：杜瓦冲断席与皮牙曼冲断席之间以杜瓦冲断层相隔。杜瓦冲断层在杜瓦煤矿剖面上特征清楚，下古生界及塔哈奇组灰岩逆掩在普司格组砂泥岩之上，杜瓦断层上陡（66°～70°）下缓（40°）呈犁式。杜瓦背斜为一北翼陡南翼缓的斜歪褶皱，核部地层为石炭系塔哈奇组灰岩，两翼地层为二叠系普司格组。背斜轴线呈NWW向，轴面倾向南。由于杜瓦断层的破坏，背斜北翼发育不全。在地震剖面上，杜瓦背斜带由准原地系统的上古生界双重构造、叠瓦状冲断以及其上的大型变质岩推覆体组成双层结构（即准原地系统＋推覆体）（图1-11）。

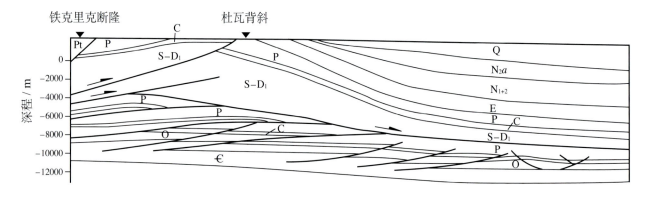

图1-11 杜瓦段构造特征

皮牙曼构造：皮牙曼构造为皮牙曼冲断层与杜瓦冲断层、铁克里克北缘断层围限的部分。皮牙曼冲断层为一隐伏逆冲断层，在重力、电法及地震剖面上都有表现。皮牙曼背斜呈NWW－SEE走向，背斜北西端与皮牙曼断层一起向和田断裂归并。皮牙曼背斜核部为志留系－下泥盆统的变质岩体，两翼分别为石炭系、二叠系及古近系，背斜产状南翼平缓、北翼较陡，为两翼不对称的斜歪褶皱（图1-12），背斜核部发育小的逆冲断层，该断层延伸约12km，断面南倾，在断层西段，它切割皮牙曼背斜轴线，使其错移1km左右。地震解释剖面表明，皮牙曼构造为三层构造样式——上部外来推覆体大型断坡背斜、下部的准原地系统的双重构造以及构造楔外侧弱变形的原地地层系统。

和田南构造：和田南构造为隐伏构造，地震解释剖面为双层构造样式，即上部大型断坡背斜的外来推覆体和下部未变形的原地系统。冲断席东界为阿其克断层，推覆体前缘以生长剥蚀面与前缘新近纪单斜地层分开。上部外来推覆体系统形成一大型背斜形态，褶皱带长200km、宽30～50km，总体呈一北西、南东窄的平行四边形。已被和参1井钻遇，主要由浅变质岩、石炭－二叠系、新生界组成。背斜顶部地层明显减薄，具同沉积褶皱构造样式，为一大型背斜。原地系统在和田断裂面以下，由古

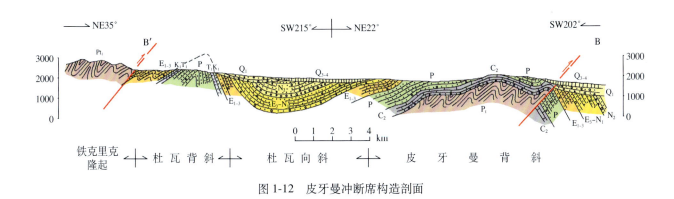

图 1-12 皮牙曼冲断席构造剖面

生界组成，变形微弱，断层不发育。

阿其克构造：阿其克背斜位于研究区东部阿其克、羊达克勒克一带，是一个轴线近南北、向北倾伏的短轴鼻状构造，背斜长轴 24km，短轴 6～7km，圈闭面积 160km²。该背斜与周围其他背斜性质不同，它的特殊性在于其延伸方向与造山带的走向是近于垂直的，而不是平行，因为在一般的山前冲断带中，褶皱构造的枢纽走向一般都是与冲断带的总体走向是一致的。阿其克背斜轴迹为近 SN 向，背斜南倾伏端被铁克里克北缘逆冲断层逆掩，北倾伏端保存完整。背斜核部地层在背斜南段为志留系－下泥盆统的浅变质岩系，在背斜北段核部地层为上泥盆统奇自拉夫组砾岩，区域上该组砾岩与下伏志留系－下泥盆统浅变质岩为角度不整合接触。该套砾岩自身组成一个轴近 SN 的

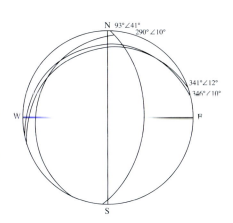

图 1-13 阿其克背斜北段核部地层
赤平投影图

西翼缓（346°∠10°）东翼陡（75°∠45°）的斜歪褶皱，轴面产状：258°∠70°～262°∠74°，枢纽产状：4°∠2°～14°∠10°（图 1-13）。西翼与覆于其上的上石炭统角度不整合接触。阿其克背斜西翼地层出露完整，地层倾向西（255°～282°），倾角 25°～45°，依次为上石炭统阿孜干组、塔哈奇组，下二叠统克孜里奇曼组、普司格组，上二叠统杜瓦组，古新统－始新统齐姆根组，始新统－渐新统巴什布拉克组，渐新统－中新统乌恰群，上新统阿图什组，更新统西域组，其上被全新统角度不整合覆盖。背斜东翼被近 SN 向阿其克逆冲断层所切割，断层东盘（下降盘）大多被第四系覆盖，石炭－二叠系出露零星，地层大多发生倒转，产状 248°∠50°（图 1-14）。由两翼地层确定的轴面产状为：

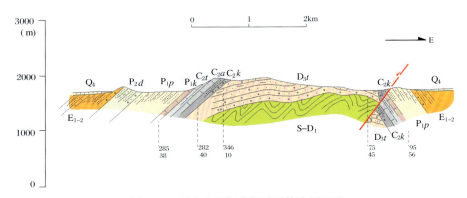

图 1-14 阿其克背斜北部地质构造剖面图

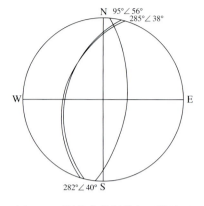

图 1-15　阿其克背斜北段两翼地层
赤平投影图

$254° \angle 80° \sim 258° \angle 80°$，枢纽产状为：$7° \angle 4° \sim 8° \angle 6°$（图 1-15）。

在地震剖面上，阿其克背斜自下而上由原地系统、准原地系统和外来系统的推覆体三层结构构成。原地系统未发生变形和位移；准原地系统发生了断层传播褶皱作用和一定的位移，而推覆体系统则发生了断层转折褶皱作用和大规模的位移。背斜西侧较东侧变形强烈，显示了自西向东的推覆作用。

综合上述，阿其克背斜是一个南部翘起并被铁克里克北缘断层切割、向北逐渐倾没的、枢纽近南北向的鼻状背斜。阿其克背斜与其核部地层上泥盆统奇自拉夫组的斜歪褶皱的角度不整合接触关系表明，两者形成于不同世代。核部斜歪褶皱形成于早海西期（C_2/D_3 角度不整合），而阿其克背斜卷入变形的最新地层为早更新世西域组，其上被中更新统角度不整合覆盖，说明其形成于早更新世末。但两者轴面产状与枢纽产状相近，显示本区经历了不同世代褶皱的共轴叠加的特点。

桑株段位于和田冲断推覆构造带的西段，在构造部位上位于和田主逆冲断层下盘，主要由桑株背斜组成。该背斜在地表表现为南翼缓、北翼陡、轴面倾向南的斜歪褶皱，在其陡翼发育断面南倾的次级逆冲断层（图 1-16）。地震剖面揭示，在地表背斜之下发育复杂的逆冲推覆构造系统，主要表现为顶底板断层以及其内部的次级断层所组成的双重构造，卷入变形地层为上古生界。这些双层构造在剖面上组成 2 ~ 3 个构造楔状体，楔状体的前端指向前陆。由于构造楔的楔入作用，导致前陆的新生代盖层沿古近系底界的膏盐层发生向造山带方向的被动反冲，与构造楔状体共同构成三角带构造。

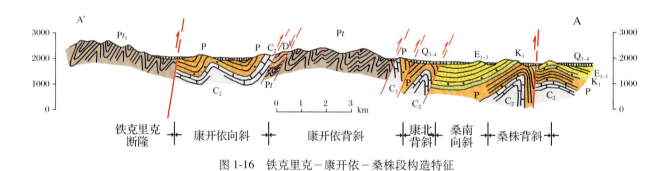

图 1-16　铁克里克－康开依－桑株段构造特征

2. 山前带逆冲推覆结构

（1）区域滑脱层

逆冲推覆构造的发生与发展离不开滑脱层，借助于滑脱层，强大的挤压构造应力才能形成以盖层参与为主的薄皮构造，应力得以释放。塔西南山前带发育三套区域性膏岩层和泥岩层，这三套区域性软弱岩层对山前带逆冲推覆构造的形成与演化、分带性，以及垂向上的构造变异提供了分层拆离的基础和前提条件。

寒武系底部即盖层与基底之间也常是滑脱界面：寒武系底部膏盐层与下伏结晶基底（刚性地层）之间正好构成不同岩石力学性质的界面。因此，构造楔入、其上的调节或被动变形极易沿该界面实现。

下二叠统普司格组（P_1p）滑脱层：塔西南下二叠统普司格组是一套海陆交互相沉积，下部为陆源碎屑与生物屑灰岩、泥岩互层，上部为粉砂岩、泥岩、生物屑灰岩互层夹凝灰岩、玄武岩，区域上分布稳定连续，可追踪对比（何登发等，1998；倪康等，1999），对应地震层序 T_5^0。普司格组顶、底部泥岩厚度巨大，如普司格组顶部泥岩厚度在 $400 \sim 670m$ 之间，虽然这套泥岩在空间上存在变化（主要是厚度变化），但成为区域性滑脱层是完全可能的。它们为海西末期或喜马拉雅期的构造变形提供了可能性。

古近系底部膏盐岩、膏泥岩层：古近系底部的膏盐、泥岩、膏泥岩厚度一般在 $600m$ 以上，占古近系厚度的比例也大都在 70% 以上。它构成一套区域性展布的滑脱层，为新生代构造变形的实现提供了基础。该套地层为一套滨海－浅海－潟湖相沉积。地震剖面上是连续性好、强振幅、中高频的三组强反射，分布于整个塔里木盆地，区域上可追踪对比，是一明显的标志层，对应地震层序 T_3^1。在山前带背斜出露的纵剖面上，可见阿尔塔什组膏泥岩由于挤压局部见增厚或减薄。桑株三角带是由于古生界双重叠加楔沿古近系阿尔塔什组膏泥岩底楔入，上盘被动反冲而形成。此外，中、下寒武统（$\text{\textepsilon}_{1+2}$）局限台地潟湖相和开阔台地相沉积的石膏和云岩、石炭系（C_2）底部细粒泥质岩层也可以成为次级的滑脱层。

（2）逆冲推覆结构

塔西南山前带逆冲推覆构造受西昆仑造山带控制，具有多期构造运动叠加，构造变形不断向前陆迁移的特征。逆冲推覆构造内多个滑脱层的存在使得推覆体内发生层间拆离，形成十分复杂多样的推覆结构。根据大量地表地质调查、地震剖面的解释，并结合非震资料的分析，可以认为塔西南山前带逆冲推覆结构从浅层次到深层次，表现出垂向构造变异的特点。按地质结构特征划分为浅、中、深三个构造层次（图 1-17）。

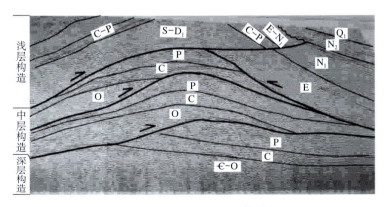

图 1-17　塔西南逆冲推覆结构划分图

浅层构造：位于和田或乌泊尔大型主逆冲断层上盘，对应于山前带逆冲推覆构造的推覆体（外来系统），如和田南逆冲推覆构造杜瓦段、皮牙曼段和和田南段等，均由和田主断层上盘的浅变质岩与其上覆的上古生界及新生界组成的构造系统。构造变形通常表现为以下古生界浅变质岩为核部、上古生界－新生界为翼部的大型断弯或断层扩展背斜形态，背斜两翼不对称，南缓北陡，轴面倾向南。

中层构造：浅层推覆体之下由古生界组成的构造系统，由顶、底板断层及断夹块叠置或数条次级断坪、断坡式褶皱垂向叠置所组成的构造楔状体，楔的尖端指向前陆。对应于准原地地层系统，卷入变形的地层主要是上古生界，可能包括部分下古生界。构造变形表现为由顶、底板断层及断夹块叠置或数条次级断坪、断坡式褶皱组成双重构造、垛形背斜，在地震剖面上常构成 $2 \sim 3$ 个构造楔状体，楔的尖端指向前陆。构造楔的楔入造成前陆新生代盖层被动反冲到构造楔之上，组成三角带构造。

深层构造：位于中部构造层构造楔状体之下，由古生界组成的现今变形、变位较弱（如叠瓦状构造、冲起构造）或未卷入变形的构造层。总的特征是地层的有序延续，水平位移很小或几乎无水平位移，基本上表现了原始的沉积特征，在逆冲推覆系统中将其定名为原地系统。

3. 逆冲推覆构造扩展方式与形成时序

（1）逆冲推覆的扩展方式

Boyer（1982）对不同的逆冲顺序产生的几何形态进行了分析，建立了向前的扩展序列及向后的扩展序列两大类扩展模式，并认为前展式是最主要的断层扩展方式。Dahlstrom（1970）也提出了两种具相反逆冲顺序的叠瓦构造。与这两种经典的断层扩展模式所不同的是，塔西南山前带逆冲推覆构造的扩展方式则表现为比较复杂的类型，既有前展式，也有后展式。图1-18揭示了从山前带向盆地方向，甫沙构造、柯克亚构造和固满构造所控制的生长地层时代向盆地方向是依次变新的，说明中构造层次的双重构造、构造楔状体、叠瓦状冲断系统，它们的构造变形方向、演化是依次向前陆方向变新，即是以前展式背驮状向盆地方向发展的。但从不同冲断席间主逆冲断层的相互切截关系来看，位于前锋带的和田南冲断席完全逆掩在锋外带的桑株构造带之上，即它们为上下掩覆关系。而处于根带的铁克里克推覆体则逆掩在前两者之上。这说明塔西南逆冲推覆主冲断席具有从前陆向后陆方向依次变新的迁移规律，即为后展式模式。同一地区逆冲推覆构造扩展方式的迥异表明，本区逆冲推覆构造并非一次就位，而是经历了多期逆冲事件，即经历了多期次逆冲事件的叠置与改造。

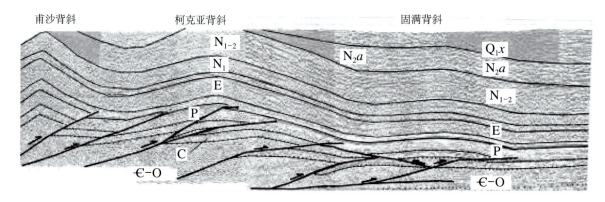

图1-18　甫沙－柯克亚－固满构造解释剖面

（2）形成时序

塔西南山前带逆冲推覆或构造变形时序存有争议，归纳起来大体有以下几种意见：①变形发生在上新世－第四纪（刘胜等，2004）；②主要形成于中新世末－上新世初期（丁道桂等，1997）；③构造变形始于始新世晚期（刘学锋等，1995）。

生长地层是构造变形期沉积于背斜脊部和侧翼的地层，属于同构造期沉积地层，记录了褶皱发生和发展的过程。识别与褶皱相关的生长地层，确定生长地层的层位和时代，可以帮助确定褶皱的起始时间和演化历史（刘胜等，2004；陈杰等，2001；Suppe，1992）。图1-18显示甫沙背斜、柯克亚背斜和固满背斜脊部及侧翼的生长地层时代向北是依次变新的，即甫沙背斜控制了 N_{1-2} 以及以上地层的生长，表明背斜形成于 N_1 中期。柯克亚背斜控制了 $N_2a - Q_1x$ 地层生长，形成于 N_2 中－晚期，固满背斜的生长地层为 Q_1x，显示其形成于 N_2 末期－早更新世初期。因此，山前带构造的形成时代应为中新世中期－早更新世初期。

地层不整合、构造变形所卷入的地层以及前陆盆地磨拉石建造是判断构造形成时序的可靠地质标志。塔西南晚新生代磨拉石建造主要为上新统阿图什组与早更新统西域组。阿图什组（N_2a）、西域组（Q_1x）的巨厚砾岩沉积表明西昆仑山体的急剧隆升、剥蚀与强烈的冲断活动。砾岩成分多为变质岩、花岗岩以及火山岩，说明其来自造山带核部，表明山体已强烈削蚀剥露。从地层不整合与构造变形卷入最年轻地层来看，中更新世砾岩角度不整合于山前带各时代地层之上、铁克里克推覆体逆掩在早更新世西域组之上以及卷入山前带构造变形最年青的地层为早更新世西域组，这些地质现象均反映出逆冲推覆的定型时限应在早更新世末。

对皮牙曼构造HT96—168地震测线平衡剖面正演（图1-19）表明，其形成经历了以下过程：①中更新世末期变质岩推覆体（外来系统）推覆到准原地－原地系统之上，形成大型的断坡背斜（图1-19，a）。②从上新

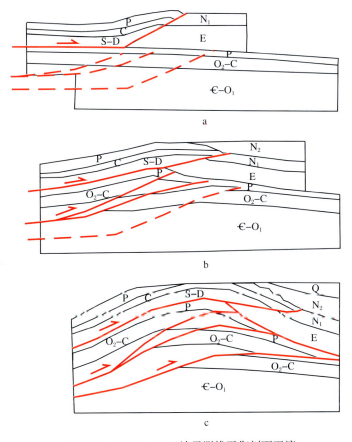

图1-19　HT96－168地震测线平衡剖面正演

世初期开始，推覆体之下的准原地系统逆冲断层开始活动。该逆冲断层及其分支断裂沿底板断层（寒武纪软弱岩层）滑动，在断坡处切错古生界，形成小型断弯褶皱（断夹片），断层顶部并入古近纪底部膏盐层滑动面（图1-19，b）。这种断夹片以前展式向前陆扩展，在剖面上构成双重构造及垛形背斜，并对其上的浅层异地系统的较大型推覆体进行叠加改造，使其隆升变形幅度增大（图1-19，c）。③发育了N_2－Q_1的生长地层，表明双重构造的叠置与隆升持续到早更新世（图1-19，c）。

从上述分析可知，塔西南逆冲推覆构造自中新世中期开始形成，中新世末期发生位移推覆，上新世－早更新世末定型，中更新世－全新世隆升均衡调整。

二、塔西南盆地与西昆仑的盆山耦合

造山带与盆地是岩石圈板块的两个构造单元，它们之间具有紧密的成因联系。造山带是板块间相互作用的产物，是板块间从离散到汇聚过程的体现，经历了离散背景下的裂谷阶段、洋盆形成阶段，汇聚背景下的洋－陆俯冲阶段、弧－陆（陆－陆）碰撞阶段和陆内俯冲（叠覆）阶段。造山带的造山过程就是洋盆（盆地）的俯冲消减，陆壳叠置增厚，造山隆升构造负荷导致岩石圈挠曲变形，新成盆地（前陆盆地）的形成过程。因此，它们之间互为耦合关系。

1. 西昆仑造山带隆升造山过程

西昆仑造山带经历了从板缘到板内的复杂造山过程，是一个多成因造山带。但有关西昆仑造山带的造山过程在学术界是有争议的，一些学者认为其形成于海西期，是海西造山带，加里东期整体处于

隆起构造环境（姜春发等，1992；Yang，1994），二叠纪之后的弧-弧碰撞是昆仑山脉的成因（Hsüetal，1995）；近几年来，随着乌依塔克-库地蛇绿岩带研究的深入，为西昆仑山加里东碰撞造山带的厘定奠定了基础（邓万明，1995；边千韬等，1995；丁道桂等，1996）。西昆仑造山带发育青藏高原最北、形成时代最老的蛇绿岩以及大量不同时代、不同来源的同造山期的中酸性花岗岩，这些岩浆岩带集中分布于构造活动强烈的昆仑山、喀喇昆仑山。研究这些蛇绿岩、花岗岩类的分布、地球化学性质、成因、形成时代及构造环境，对认识塔里木盆地周边构造演化具有重要意义。本书在野外地质调查的基础上，通过主量元素、稀土微量元素以及磷灰石裂变径迹的样品测试，结合前人同位素年龄资料，重点研究了西昆仑造山带的蛇绿岩、加里东期和海西期花岗岩，以期揭示西昆仑多成因、多期、多阶段的造山历史。

（1）库地蛇绿岩的基性熔岩

西昆仑库地蛇绿岩是青藏高原出露最北、时代最老、受到强烈构造肢解的一条蛇绿岩带，被誉为青藏高原"第五缝合线"（潘玉生，1994）。作为古洋壳残片的蛇绿岩记录了塔里木板块的裂解过程，这对于再造古特提斯洋或古昆仑洋壳的演化，重塑古板块的俯冲、碰撞的历史，无疑具有重要意义。

1）地质特征

库地蛇绿岩位于青藏高原北缘的西昆仑北带，沿库地北至乌依塔克断裂带内呈近北西向断续分布，是整个昆仑山地区保存较好的蛇绿岩套之一。前人研究认为库地蛇绿岩主要由变质橄榄岩、堆晶辉长岩、拉斑玄武岩、枕状熔岩、放射虫硅质岩组成，其上发育属于远洋深海扇的蛇绿质浊积岩（杂砂岩）。野外地质研究表明，超镁铁侵入岩与基性熔岩呈断片状彼此分离，混杂状出露于前寒武纪绿片岩相的石英云母片岩、钙质石英片岩、黑云母片岩、绿泥石千枚岩、绢云母石英大理岩、条带状石墨石英大理岩、斜长角闪岩等岩石中。同位素年龄资料证实，库地超镁铁岩年龄（525Ma±2.9Ma）要老于玄武岩（428Ma±19Ma）（张传林等，2004），表明两者形成于不同时代。

库地蛇绿岩的玄武岩分布于库地北，在青藏公路142km处出露最好，岩石普遍遭受蚀变，片理化带发育，构造变形较强，组成一大型复式向斜，内部发育次级背向斜构造（图1-20）。蛇绿岩中玄武岩自下而上大体具有由杏仁状玄武岩、枕状玄武岩、蚀变玄武岩、安山玄武岩、凝灰岩组成的岩石组合特点，玄武岩南界与依莎克群白云岩或蚀变碳酸盐岩呈断层接触，北界被加里东期花岗闪长岩侵入，在侵入界线附近发育玄武岩的捕虏体，表明侵入体形成在后。

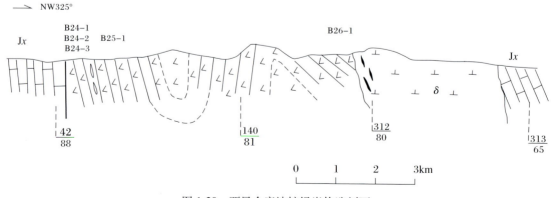

图1-20　西昆仑库地蛇绿岩构造剖面

库地蛇绿岩的形成时代问题是前人争议的焦点之一。汪玉珍（1983）、李嵩龄等（1985）在超镁铁杂岩中获得角闪岩脉的 Rb-Sr 年龄为 860Ma，将该蛇绿岩厘定为新元古代；王东安等（1989）、潘裕生等（1990，1994）、邓万明（1995）、Pan Y.S.（1996）、杨树锋等（1999）认为它形成于早古生代，代表了青藏高原第五缝合带，周辉等（1998，1999）在一些克沟发现早古生代发射虫以及对早古生代晚期韧性剪切带的厘定，极大地支持了上述认识；姜春发等（1992，2000）在库地玄武岩中获得全岩 Rb-Sr 等时线年龄为 359Ma，认为它属于泥盆纪－石炭纪蛇绿岩；丁道桂等（1996）在库地纯橄岩、辉橄岩及辉长岩中获得斜长石单矿物的 Sm-Nd 等时线年龄为 651Ma±53Ma，认为该蛇绿岩形成于震旦纪－早古生代；张传林等（2004）在库地超镁铁岩体中，获得侵入于橄榄岩中的伟晶辉长岩锆石 SHRIMP 年龄为 525Ma±2.9Ma，在库地一些克沟获得块状玄武岩锆石 SHRIMP 年龄为 428Ma±19Ma，表明超镁铁岩和玄武岩不属于同一时代。

从上述的年龄讨论可知，库地蛇绿岩中的超铁镁质岩石同位素年龄为 860Ma、651Ma、525Ma，表明超铁镁质岩石形成时代为新元古代；库地玄武岩同位素年龄为 690～970Ma（邓万明，1995）、359Ma（姜春发等 1992，2000）、428Ma（张传林等，2004），其形成时代应为早古生代。

2）岩石学特征

在库地北剖面中蛇绿岩岩石组合为玄武岩、拉斑玄武岩、枕状玄武岩和安山玄武岩、凝灰岩。

蚀变玄武岩：岩石具变斑状结构，基质具变间隐结构－间粒结构。岩石由斑晶和基质两部分组成。斑晶由斜长石和辉石构成，斜长石呈半自形－自形的板状，已全部被交代，主要为钠黝帘石化；辉石呈半自形短柱状，已全部被交代，主要为纤闪石化和绿泥石化。基质由杂乱分布的斜长石条状微晶所形成的近三角形间隙中充填隐晶－玻璃质，现已脱玻形成绿色近似绿泥石物质，而充填的暗色矿物已蚀变。岩石未见杏仁体及气孔。岩石裂隙发育，其中被硅质、方解石或蚀变的矿物所充填。

杏仁状玄武岩：岩石具间粒－间隐结构，杏仁状构造。岩石矿物成分由斜长石、辉石、磷铁矿和玻璃质组成。斜长石微晶呈板条状杂乱分布，在其形成的近三角形间隙中除充填有呈粒状的辉石及磁铁矿（均为细小颗粒）外还分布呈暗褐色和黑色的玻璃质，具间粒－间隐结构特征。辉石为细小粒状，均已被绿泥石或方解石所交代，局部被绿帘石交代。磁铁矿呈细小粒状，分布在由斜长石微晶构成的三角形间隙中。岩石中分布大小不等的气孔被硅质或绿泥石充填，构成杏仁体。

安山质沉凝灰岩：岩石由火山碎屑物和陆源碎屑沉积物两部分组成，以火山碎屑物为主，占 50%，粒径 < 2mm，一般在 0.10～0.15mm 之间，具沉凝灰结构。其中火山碎屑物主要由长石晶屑和安山质岩屑组成。长石晶屑为具板条状的长石组成，安山岩岩屑具明显的安山结构。两种火山碎屑物以安山岩岩屑为主。正常陆源碎屑物由少量的石英、长石、云母碎屑和泥质物质组成，其中泥质作为碎屑的胶结物存在。

3）主量元素

库地蛇绿岩－玄武岩主量元素见表 1-1。主量元素以 SiO_2、Al_2O_3、ΣFe_2O_3 为主，SiO_2 含量介于 46.9%～52.5%，平均为 49.37%，与洋中脊（49.8%）蛇绿岩相当，低于特罗多斯蛇绿岩的相应含量（51.21%）。TiO_2 含量除一个样品（B26-1）很低外，其余样品含量基本接近于或略大于 1.0%；Al_2O_3 含量在 13.48%～16.25% 之间，平均 15.1%；MgO 为 3.0%～8.35%，平均为 5.24%，其中样品 B26-1 的 MgO>8%，显示出具有原始地幔岩浆的成分特点；CaO 含量为 3.16%～14.78%，平均 7.35%；Na_2O 含量介于 1.6%～6.4%，平均 4.07%；K_2O + Na_2O 含量在玄武岩为 1.96%～4.19%，平均 3.14%，在玄武安山岩中的含量较高，为 6.32%～6.61%，平均 6.46%；Na_2O/K_2O 为 1.8～51.7，平均为 22.5，

$Na_2O \gg K_2O$，属低钾富钠玄武岩。随 SiO_2 含量增高，Na_2O、ΣFe_2O_3 含量亦增高，为正相关关系，而 K_2O、CaO、MgO 含量则降低，呈负相关关系，产生这一现象的原因可能是在原始岩浆上升过程中发生了单斜辉石的结晶分异作用。玄武岩化学成分经计算后的标准矿物分子表明，绝大多数样品含有 SiO_2 不饱和矿物（ol），属 SiO_2 低度不饱和类型，仅样品 B24-3 含有石英标准分子（q），属于 SiO_2 过饱和类型。样品 B25-1 含有刚玉（C）标准分子，属铝过饱和岩石，其他则为正常系列。TAS 图解主要落入玄武岩区，少量落入玄武粗安岩区（图 1-21）。

表 1-1　库地基性熔岩化学成分　　　　　　　　　　　　　　　（w_B%）

样品编号	岩石类型	SiO₂	TiO₂	Al₂O₃	Fe₂O₃	FeO	MnO	MgO	CaO	Na₂O	K₂O	P₂O₅	LOI
B24-1	玄武安山岩	52.51	0.83	15.47	12.11	1.56	0.17	3.93	3.16	6.43	0.18	0.20	2.71
B24-2	玄武安山岩	52.13	0.95	14.00	12.26	1.78	0.21	3.92	4.67	6.20	0.12	0.22	2.81
B24-3	玄武岩	46.92	1.02	13.48	2.68	7.96	0.44	3.00	9.19	2.09	1.18	0.21	11.27
B25-1	玄武岩	47.79	1.18	16.25	2.21	8.10	0.14	6.98	4.94	3.98	0.21	0.13	7.74
B26-1	玄武岩	47.48	0.16	16.12	1.40	5.37	0.14	8.35	14.78	1.64	0.32	0.07	3.65

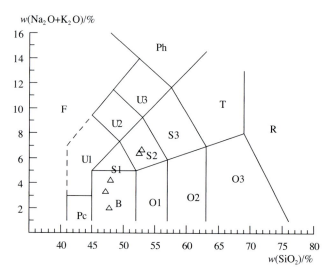

图 1-21　库地玄武岩的 TAS 图解

F—副长石岩；Pc—苦橄玄武岩；B—玄武岩；O1—玄武安山岩；O2—安山岩；
O3—英安岩；S1—粗面玄武岩；S2—玄武粗安岩；S3—粗安岩；T—粗面岩、
粗面英安岩；R—流纹岩；U1—碧玄岩、碱玄岩；U2—响岩质碱玄岩；U3—
碱玄质响岩；Ph—响岩

Rittmann 用组合指数（δ）确定碱性程度，$\delta < 1.8$ 为钙性，$1.8 < \delta < 3.3$ 者称钙碱性岩，$\delta > 3.3$ 为碱性岩。在玄武安山岩 δ 值为 4.38 ~ 4.58，为碱性岩；玄武岩的 δ 值为 0.86 ~ 3.67，为钙碱性－

碱性岩。在火山岩系列划分上，将样品点投入 AFM 图解，绝大部分样品集中在具富铁趋势的拉斑玄武岩区（TH）（图 1-22）。同样，将样品投在 $SiO_2 - FeO'/MgO$ 变异图上（图 1-23），所有样品均落入拉斑玄武岩区。

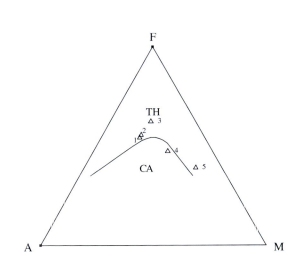

图 1-22　库地玄武岩 F － A － M 图解

TH—拉斑玄武岩系；CA—钙碱性岩系

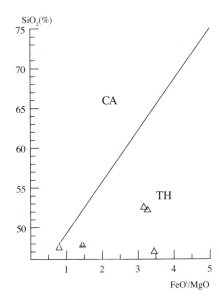

图 1-23　$SiO_2 - FeO'/MgO$ 变异图

TH—拉斑玄武岩系；CA—钙碱性玄武岩系；FeO'—总铁

4）稀土微量元素

稀土元素含量见表 1-2。稀土总量较低，ΣREE 为 $(175 \sim 94.08) \times 10^{-6}$，$LREE = (6.2 \sim 53.14) \times 10^{-6}$，$HREE = (3.97 \sim 15.24) \times 10^{-6}$，$LREE/HREE = 1.56 \sim 3.84$，为轻稀土弱富集型。$\delta_{Eu} = 0.82 \sim 0.95$，具有轻微的铕负异常，表明岩浆经历了斜长石的分离结晶作用。在标准化配分曲线上既有 LREE 亏损型的向左倾斜 $[(La/Yb)_N = 0.55 \sim 0.66[$，又有 LREE 略微富集型的向右倾斜 $[(La/Yb)_N = 2.09 \sim 3.21]$（图 1-24）。如样品 B24-1、B24-2 和 B24-3 配分曲线呈平缓的右倾，为轻稀土略富集型，说明玄武岩浆可能起源于受富 LREE 流体交代的地幔源区。这种稀土配分形式类似于陆缘弧的环境，是一种早期岛弧拉斑玄武岩的配分形式；而样品 B25-1 与 B26-1 配分曲线则为平缓的左倾，属于稀土轻微亏损型。这与大西洋中脊玄武岩稀土配分曲线相一致，反映其为大洋扩张中脊的形成环境。稀土 LREE 的略微亏损型反映出玄武岩浆可能起源于亏损的地幔源区。所有样品重稀土分布的平坦型表明，深部不存在石榴子石残余矿物（陈骏等，2004）。库地蛇绿岩基性熔岩的微量元素丰度见表 1-3，经原始地幔数据标准化后做微量元素比值蛛网图（图 1-25），具有以下特点：①微量元素的分配形式为双隆起式向右倾斜，具有汇聚板块边缘岛弧的曲线形态。各曲线相关性比较差，显示源于软流圈地幔的岩浆具有复杂的成因，如不同地幔单元的混合以及受到陆壳物质的混染。②大离子亲石元素（LILE）Rb、Th、U 强烈富集，而 Sr、Ba 在大多数样品中出现亏损。Sr 在斜长石中为相容元素，Rb 为强不相容元素，随斜长石的分离作用，熔体中 Sr 含量降低，从而导致熔体具有较高的 Rb/Sr 比值。③大部分样品高强场元素（HFSE）Nb、Ta、Zr、Hf、Ti 亏损，这与岛弧和活动大陆边缘玄武岩低 Nb、Ta 和 TiO₂ 的标志性特征相一致（Pearce，1982；Keppler，1996），表明其可能形成于岛弧环境。④绝大部分样品强相容元素 Cr、Ni 强烈亏损，Co 中等程度亏损，表明玄武质岩浆的结晶分异作用。⑤样品 B26-1 曲线形态与其他样品有较大差异，为多峰式锯齿状。大离子亲石元素 Rb、Th、U 与高场强元素 Nb、P 富集，高场强元素 Ce、Zr、Ti 强烈亏损，强相容元素 Cr、Ni 强烈富集，表明岩浆的分离结晶作用微弱，可能代表原始地幔岩浆。

表 1-2 库地玄武岩稀土元素含量   (×10⁻⁶)

样号	La	Ce	Pr	Nd	Sm	Eu	Gd	Tb	Dy	Ho	Er	Tm	Yb	Lu	Y
B24-1	9.87	19.92	2.901	12.22	3.048	0.801	2.829	0.607	3.90	0.875	2.707	0.439	2.667	0.427	21.63
B24-2	10.58	21.55	2.907	13.65	3.445	0.999	2.823	0.648	4.26	0.945	2.737	0.457	2.569	0.426	26.06
B24-3	10.46	21.60	2.804	12.31	3.050	0.853	2.455	0.569	3.69	0.815	2.482	0.420	2.478	0.384	21.18
B25-1	2.830	9.084	1.545	8.468	2.745	0.812	2.441	0.632	4.56	0.973	2.812	0.477	2.896	0.450	25.36
B26-1	0.799	2.351	0.297	1.866	0.700	0.182	0.535	0.164	1.01	0.264	0.701	0.150	0.980	0.158	7.33

表 1-3 库地微量元素含量   (×10⁻⁶)

样号	Cs	Rb	Sr	Ba	Ga	Nb	Ta	Zr	Hf	Th	V	Cr	Co	Ni	U	Ti
B24-1	0.148	9.56	62.23	38.26	13.98	4.86	0.16	61.79	1.92	0.99	207.1	0.22	29.38	11.21	0.40	4729.9
B24-2	0.698	8.35	86.40	62.61	17.33	6.07	0.29	69.02	1.93	1.68	276.3	8.31	44.35	24.29	0.70	5801.5
B24-3	1.408	22.01	105.6	250.30	15.17	5.93	0.29	61.92	1.79	1.67	284.8	7.12	47.01	21.65	0.69	5638.9
B25-1	0.830	8.78	112.6	6.83	17.01	3.98	0.20	73.35	2.05	0.68	317.8	50.59	45.11	43.29	0.33	6427.2
B26-1	1.215	12.28	197.0	29.07	9.62	2.98	0.12	12.24	0.37	0.51	159.6	352.4	49.54	132.9	0.24	1396.8

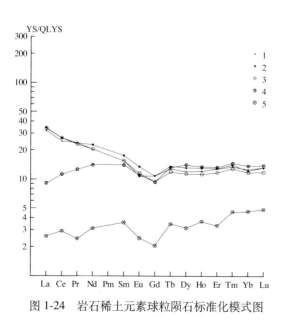

图 1-24 岩石稀土元素球粒陨石标准化模式图

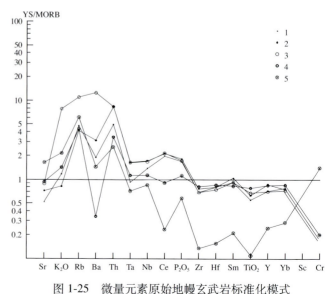

图 1-25 微量元素原始地幔玄武岩标准化模式

5）成因

主量与微量元素地球化学特征可以示踪玄武岩浆的成因与构造环境。库地蛇绿岩中玄武岩的稀土配分曲线出现 LREE 略亏损型与 LREE 略富集型两种形式，表明玄武岩浆来源复杂，既可能是起源于弱亏损的地幔源区，也可能来源于受 LREE 流体交代的地幔源区，或者是这两种地幔单元的混合。主量元素 SiO_2、Al_2O_3、FeO、MgO、CaO、Na_2O、K_2O 含量与 Taylor 和 Mclennan（1985）计算的下陆壳元素丰度相当，表明玄武岩浆遭受了陆壳物质的混染，从而导致出现高场强元素 Ta、Nb、Zr、Ti 的亏损。同位素示踪表明，库地蛇绿岩基性熔岩的 Nd = 1.4 ～ 4.4，平均为 2.5，属于弱亏损的上地幔来源。基性熔岩的 $w(^{87}Sr)/w(^{86}Sr) = 0.7054 ～ 0.706$，平均为 0.7062；$w(^{143}Nd)/w(^{144}Nd) = 0.5127 ～ 0.5128$，个别为 0.5187，平均为 0.5142（袁超等，2002），反映库地基性熔岩的岩浆源受到了陆壳混染。

在岩浆演化过程中，橄榄石、单斜辉石和斜长石的分离结晶是最常见的。库地玄武岩的 FeO、Cr、Ni 和 MgO 的正相关关系表明存在橄榄石的分离结晶，而 SiO_2 和 CaO/Al_2O_3 的负相关性则指示了单斜辉石的结晶分异。Sr 在斜长石中为相容元素，随斜长石的分离作用，熔体中 Sr 含量降低。本区大部分样品出现 Eu 弱负异常以及 Sr 的明显亏损（Sr = 62.23×10^{-6} ～ 197.0×10^{-6}），表明存在某种程度的斜长石分离结晶作用。

6）构造环境

蛇绿岩作为古洋壳的残片，可以形成于多种构造环境。如离散型板块边缘的大洋中脊、大洋板块内部的岛屿（洋岛），聚敛型板块边缘的岛弧、弧前盆地以及扩张性的弧后盆地。长期以来对库地蛇绿岩所代表的构造背景一直存在着不同的认识，有关看法包括边缘海盆（汪玉珍，1983）、成熟的大洋盆地（潘玉生，1994）、洋中脊（杨树峰等，1999）、消减带之上的环境（Yang 等，1996）、不成熟的早期岛弧（丁道桂等，1996）、弧后盆地（王志洪等，2000；肖文交等，2000）、弧前盆地（袁超等，2002）、洋内弧（方爱民等，2003）等，几乎囊括了蛇绿岩形成的所有构造环境。

通常根据主量元素与微量元素的环境判别图解来指示蛇绿岩形成构造环境。库地玄武岩遭受了绿片岩相的变质作用，蚀变易引起活动元素的迁移。研究表明，在低于角闪岩相变质的条件下，高场强元素（HFSE）Ti、Zr、Yh 和 Nb 相对比较稳定，Cr 及稀土元素也比较稳定。因此，可根据它们制定的判别图来判别环境。

Pearce（1980）的 Ti － Zr 变异图解，可以区分出洋中脊玄武岩（MORB）、岛弧玄武岩（IAB）以及板内玄武岩（WPB），在该图解中（图 1-26），库地玄武岩绝大部分样品落入 MORB 区。在 Pearce 和 Cann（1973）的 Ti/100 － Zr － 3Y 构造判别图解上（图 1-27），库地玄武岩均分布在洋中脊及岛弧拉斑玄武岩区（B 区）。Ti/100 － Zr － Sr/2 图解可以把 Ti/100 － Zr － 3Y 图解中的 B 区进一步分为洋脊拉斑玄武岩、岛弧拉斑玄武岩和钙碱性玄武岩三个区域，在该图解中（图 1-28），绝大多数样品落入了洋脊拉斑玄武岩区，只有一个样品落入岛弧拉斑玄武岩区附近。在 Zr/Y － Zr 构造图解上（图 1-29），样品主要落在 MORB（洋脊拉斑玄武岩）与 VAB（火山岛弧玄武岩）相交的区域。在 Wood（1980）Hf/3 － Th － Ta 图解中（图 1-30），库地玄武岩均落入板边岛弧玄武岩的 D 区。综合上述图解表明，库地蛇绿岩玄武岩的构造环境表现出既有洋中脊拉斑玄武岩，也有岛弧拉斑玄武岩的特点，属于 MORB + VAB 型过渡构造环境。而在现代板块中，这种 MORB + VAB 过渡型普遍出现在边缘盆地，特别是弧后盆地构造环境。

库地蛇绿岩中玄武岩所指示的构造环境在空间上具有不均一性。样品 B24-1，2，3 位于库地玄武岩复向斜的最南部，微量元素具有富集大离子亲石元素（Rb、Ba、Th、U）、亏损高场强元素，具有显著的 Ta-Nb、Zr、Ti 负异常，稀土配分曲线为 LREE 富集型，构造图解为 MORB + VAB 型，综合判断为俯冲带之上的岛弧环境；样品 B25-1 位于前几个样品的偏北、层位靠上的位置，微量元素具有富集大离子亲石元素 Rb、Th、U，强烈亏损 Ba，无明显的 Ta-Nb 负异常，稀土配分曲线为 LREE 略亏损型，MORB + VAB 过渡型解释为俯冲带之上的弧后盆地环境；样品 B26-1 位于库地玄武岩复向斜之北部，稀土总量较前几个样品低，LREE 的略亏损型。微量元素最显著特征是富集过渡元素 Cr、Ni，亏损高场强元素（HFSE），特别是强烈亏损 Ce、Zr、Ti，无 Nb 的负异常，为低 Ti 的基性岩浆，表明其具有洋脊玄武岩的特点。

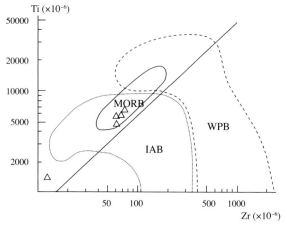

图 1-26　库地玄武岩 Ti－Zr 图解

MORB—洋中脊玄武岩；IAB—岛弧玄武岩；
WPB—板内玄武岩

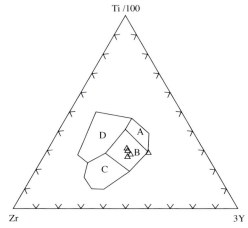

图 1-27　库地玄武岩 Ti/100－Zr－3Y 图解

A—火山弧拉斑玄武岩；B—洋中脊及岛弧拉斑玄武岩；
C—岛弧钙碱性玄武岩；D—板内玄武岩

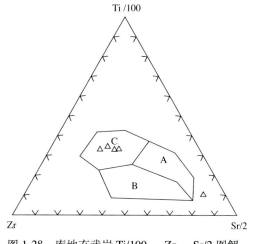

图 1-28　库地玄武岩 Ti/100－Zr－Sr/2 图解

A—岛弧拉斑玄武岩；B—钙碱性玄武岩（岛弧）；
C—洋脊拉斑玄武岩

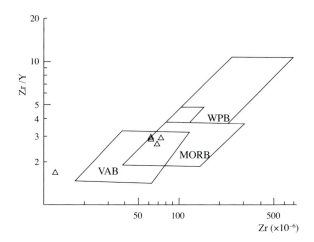

图 1-29　库地玄武岩 Zr/Y－Zr 图解

MORB—洋中脊玄武岩；WPB—板内玄武岩；
VAB—火山岛弧玄武岩

　　上述各类火山岩成因的构造判别图均表明，库地玄武岩形成的构造环境既非典型的大洋中脊拉斑玄武岩，也非典型的岛弧拉斑玄武岩，而是这两者之间的过渡类型，应属于弧后盆地构造背景。这表明在元古宙－早古生代，塔里木板块的裂解并没有在西昆仑形成广阔的特提斯大洋，而可能只是一个扩张的小洋盆。在时间上，火山活动早期为扩张背景上的海底喷发，形成枕状熔岩、拉斑玄武岩；活动晚期为俯冲背景上的岛弧喷发，形成安山玄武岩、安山岩、凝灰岩。在空间上，库地玄武岩南部为岛弧构造背景，而北部则接近弧后盆地环境，表明库地蛇绿岩所代表的洋壳是向南俯冲、消减的。

（2）加里东期花岗岩浆活动

西昆仑加里东期花岗岩带沿库地北构造带南侧断续分布达 600km 以上，宽 40～60km，出露面积超过 6100km²，规模宏大，总体呈北西向展布。对于西昆仑山加里东期花岗岩的成因类型，前人均没有做过深入的研究。本书著者在新藏公路的库地一带对库地 128 岩体进行了岩石学、岩石地球化学和构造环境的研究。

库地北 128 岩体主要为花岗闪长岩、黑云母花岗岩。岩体均呈岩基或岩株状产出，长轴由西部的 NW 向转为东部的近东西向，与库地北构造带相平行。

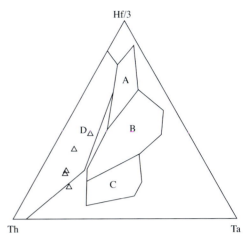

图 1-30　库地玄武岩 Hf/3－Th－Ta 图解

A—正常型洋脊拉斑玄武岩；B—异常型洋脊拉斑玄武岩和板内拉斑玄武岩及其分异产物；C—板内碱性玄武岩及其分异产物；D　板边岛弧玄武岩及其分异产物

该岩体沿依萨克阿特－他龙－库尔浪深断裂分布，在新藏公路 128km 处出露。岩体侵位于依莎克群火山岩中，呈不规则岩墙状，长轴为近东西向，长 30km，宽 0.3～3km，出露面积 35km²。岩体边部与依莎克群火山岩（库地蛇绿岩）接触处为石英二长岩，边缘发育大量呈条带状排列的铁镁质火山岩捕房体。从野外产状上来看，该花岗岩时代应稍晚于其捕房的库地铁镁质火山岩。

前人对库地北 128 岩体石英二长岩中角闪石 K-Ar 法年龄为 517.2Ma（新疆第一区调队，1985）；石英闪长岩中角闪石 Ar-Ar 法年龄为 475.5Ma±8.8Ma（许荣华，1994），花岗闪长岩中 4 颗锆石 Pb-Pb 蒸发年龄为 480～510Ma，平均 495Ma±18Ma（李永安等，1995）；由此可见，上述岩体主要形成于 520～480Ma 间，相当于晚寒武世－早奥陶世。

1）岩石学特征

花岗岩类岩石组合类型为石英闪长岩－石英二长岩－花岗闪长岩。石英闪长岩主要由斜长石（中长石，40%～55%）、正长石（条纹长石，15%～25%）、石英（10%～15%）、角闪石（10%～15%）和少量黑云母组成；石英二长岩主要造岩矿物为斜长石（中长石，38%～39%）、正长石（条纹长石，28%～30%）、石英（7%～15%）、角闪石（10%～15%）和少量黑云母；花岗闪长岩也主要由斜长石（中长石，50%～55%）、正长石（条纹长石，15%～20%）、石英（20%）、角闪石（10%）和少量黑云母组成。上述岩性均为中粗粒结构，块状构造。副矿物组合简单，属榍石－磁铁矿型。

2）岩石化学

库地北花岗闪长岩化学成分见表 1-4，SiO_2 含量变化在 56.53%～62.54% 之间，Al_2O_3 含量为 15.54%～16.88%，MgO 含量为 1.72%～2.79%，Na_2O 含量为 2.80%～3.87%，K_2O 含量为 2.43%～4.61%，全碱（Na_2O+K_2O）含量为 6.3%～7.41%，Na_2O/K_2O 比值大部分小于 1，为 0.61～0.86。δ 为 1.68～3.47，绝大部分在 1.8～3.0 之间，A/CNK=0.58～0.98，NK/A=0.54～0.59，AR 为 1.41～2.02，在 AR-SiO_2 图解上位于钙碱性岩区（图 1-31）。总体上为偏铝质弱碱性岩石，属高钾钙碱性系列；分异指数（DI）为 44～68，绝大部分 <60，分异程度低。ΣFeO、MgO、CaO 含量随 SiO_2 含量的增加而降低，呈弱的负相关关系，K_2O、Na_2O 含量则增加，为弱的正相关关系。

27

表1-4 库地北花岗闪长岩化学成分 （w_B/%）

样号	岩石名称	SiO$_2$	TiO$_2$	Al$_2$O$_3$	Fe$_2$O$_3$	FeO	MnO	MgO	CaO	Na$_2$O	K$_2$O	P$_2$O$_5$	LOI
B26-2	花岗闪长岩	58.95	0.64	15.54	2.24	4.26	0.12	2.79	6.01	3.10	3.81	0.38	1.68
B26-3	花岗闪长岩	60.88	0.68	16.12	1.91	3.93	0.11	2.37	5.18	2.96	4.03	0.35	1.46
B26-4	花岗闪长岩	56.53	0.51	16.38	2.07	3.47	0.10	2.35	4.91	2.80	4.61	0.33	5.52
B26-5	花岗岩	58.46	0.61	16.88	2.17	3.83	0.11	2.71	5.26	3.14	3.67	0.39	2.71
B26-6	花岗岩	62.54	0.51	16.07	1.08	3.07	0.08	1.72	4.04	3.87	2.43	0.23	3.65

3）稀土微量元素

稀土元素含量见表1-5，稀土总量中等，为$191.70 \times 10^{-6} \sim 399.70 \times 10^{-6}$，平均$290.91 \times 10^{-6}$；LREE/HREE 比值高，为$3.83 \sim 7.13$（平均为6.20），属轻稀土富集型；(La/Yb)$_N$ 比值为$10.67 \sim 24.68$，大部分 >20，表现出强烈的轻重稀土分离，δ_{Eu} 为$0.88 \sim 1.13$，平均为1.03，无铕的负异常，表明其形成可能为基性岩浆的分异产物，是下地壳或古老变质岩部分熔融形成的（王中刚，1986）；(La/Sm)$_N$ 比值为$3.93 \sim 14.19$，平均8.87，(Gd/Yb)$_N$ 比值为$2.98 \sim 10.16$，平均6.58，配分曲线表现为轻稀凸强烈富集的向右倾斜的平滑曲线（图1-32）。

表1-5 库地北花岗闪长岩稀土元素含量 （$\times 10^{-6}$）

样号	La	Ce	Pr	Nd	Sm	Eu	Gd	Tb	Dy	Ho	Er	Tm	Yb	Lu	Y
1	72.07	139.38	16.73	62.3	11.01	3.10	10.30	1.34	6.18	1.09	3.06	0.45	2.63	0.41	29.06
2	43.11	102.30	14.09	56.49	10.96	3.27	8.53	1.34	6.33	1.19	3.18	0.47	2.75	0.45	29.30
3	94.82	160.32	15.71	52.47	6.68	2.78	8.49	0.92	3.38	0.57	1.41	0.17	0.85	0.09	21.55
4	43.91	94.52	12.30	46.24	7.18	2.58	6.58	0.85	3.92	0.64	1.63	0.19	1.09	0.11	24.19
5	52.46	88.70	9.49	32.72	3.98	1.40	4.37	0.46	2.14	0.32	0.78	0.07	0.42	0.04	15.75

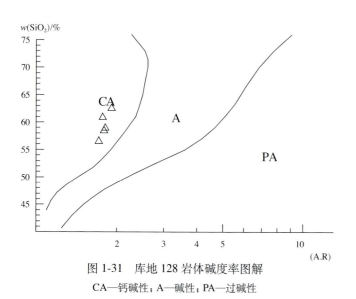

图1-31 库地128岩体碱度率图解
CA—钙碱性；A—碱性；PA—过碱性

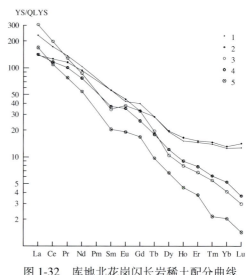

图1-32 库地北花岗闪长岩稀土配分曲线

微量元素含量见表 1-6，经原始地幔数据标准化后所做的蛛网图（图 1-33），可以看出其明显的特征是大离子亲石元素（LILE）Rb、Ba、K、Th、U、LREE 得到了显著富集，Sr 含量为 $532 \times 10^{-6} \sim 749 \times 10^{-6}$，Ba 含量为 $954 \times 10^{-6} \sim 2063 \times 10^{-6}$，其明显高于库地北花岗岩；与 LILE 相比，高场强元素（HFSE）Nb、Ta、Zr、Hf、P、Ti 相对亏损。元素蛛网图曲线明显右倾，并显示出明显的与俯冲作用有关的 Nb 和 Ti 谷。Brownetal（1984）在划分与俯冲带有关的花岗岩类时指出，火山弧的成熟度与岩石中微量元素的特征有关，正常的钙碱性大陆边缘弧花岗岩类富集 LILE 和具有低的 HFSE/LILE 比值。研究区内上述花岗岩类具有这一特征。

表 1-6　库地北花岗闪长岩微量元素含量 （$\times 10^{-6}$）

样号	Cs	Rb	Sr	Ba	Ga	Nb	Ta	Zr	Hf	Th	V	Cr	Co	Ni	U	Ti
B26-2	2.56	140.1	718.6	1353.0	20.35	18.00	1.12	223.6	6.16	16.98	121.4	14.53	15.73	8.18	3.30	3616
B26-3	2.47	135.7	749.8	1458.5	18.13	22.76	2.32	193.4	5.26	11.78	91.83	11.66	14.16	6.93	4.57	3970
B26-4	3.78	171.5	532.4	2063.9	16.01	13.34	0.39	180.0	4.32	32.22	81.48	31.27	14.06	8.74	2.54	3033
B26-5	1.70	120.5	663.0	1659.2	16.52	15.01	0.60	186.7	4.56	9.06	86.83	20.13	14.58	9.66	2.80	3405
B26-6	2.85	111.8	627.8	954.1	17.07	12.22	0.45	136.9	3.32	14.59	57.02	8.86	8.402	2.27	1.96	2948

4）成因

库地北 128 岩体在 S 型、I 型花岗岩的 A-C-F 分类判断图解上（图 1-34），位于 I 型花岗岩区；在花岗质岩浆成因分析图解上大部分为交代成因，仅极少数为岩浆成因（图 1-35）；在同熔型与改造型花岗岩的判别图解上，样品落入同熔型花岗岩区域（图 1-36）。因此，库地北 128 岩体为富钾钙碱性 I 型花岗岩。

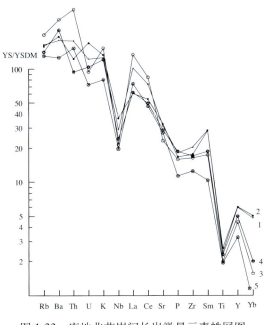

图 1-33　库地北花岗闪长岩微量元素蛛网图

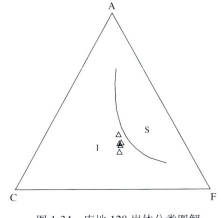

图 1-34　库地 128 岩体分类图解
I —"I"型花岗岩；S —"S"型花岗岩

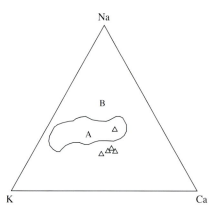

图1-35　花岗质岩浆成因分析图解

A—岩浆花岗岩；B—交代花岗岩

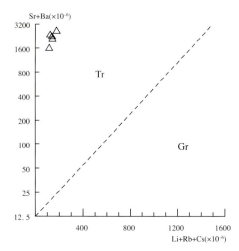

图1-36　同熔型与改造型花岗岩判别图解

Tr—同熔型花岗岩；Gr—改造型花岗岩

从地球化学性质来说，库地北128岩体较库地北花岗岩具有SiO_2含量较低、Al_2O_3、MgO、FeO、CaO以及相容元素Cr、Ni、Co含量较高，富集大离子亲石元素（Rb、Ba、K、Th、U、LREE），亏损Nb、Ta、Ti高场强元素；Nb/Ta比值（Nb/Ta = 9.81 ~ 34.2，平均22.45）较高，但变化范围较大，稀土含量中等，但较128岩体低，无铕的负异常、亏损重稀土等特点。Rb、Ba、K的富集以及Sr的相对亏损、无铕的负异常表明，库地128岩体在岩浆演化过程中没有发生大量斜长石的分离结晶作用，因此源区矿物的残留相中没有大量的斜长石。轻重稀土元素的强烈分馏、重稀土的强烈亏损以及δ_{Eu}的略正异常，均说明在源区部分熔融过程中发生了辉石、角闪石以及石榴子石的分离结晶作用。因此，在源区残留矿物相中应含有上述矿物。

综上所述，库地北128花岗岩的源岩部分熔融时的残留相主要为辉石、角闪石、石榴子石及少量斜长石，其源区整体组成类似于基性的从绿片岩相到角闪岩相的岩石，主要为下地壳基性岩石部分熔融的结果。

5）构造环境

在R1-R2多阳离子图解上大部分位于板块碰撞前消减的活动板块边缘区（图1-37），少数落入板块碰撞后的抬升区。在Pearce等（1984）的Nb-Y（图略）和Rb-（Y + Nb）判别图解上均位于火山弧区（图1-38）。据此著者认为该岩体属于火山弧花岗岩。Jakes和White（1972）的研究表明，活动陆缘区的SiO_2为56% ~ 75%，$K_2O + Na_2O$为5.81%，K_2O/Na_2O比值为0.6 ~ 1.1，$(FeO + Fe_2O_3)/MgO>2$，而岛弧区相应的值为50% ~ 66%，4.51%，<0.8和<2。与其相比，研究区岩石化学特征，即SiO_2为53% ~ 63%、$K_2O + Na_2O$为5.94%、K_2O/Na_2O比值0.60 ~ 1.53，$(FeO + Fe_2O_3)/MgO$绝大部分>2，更具有活动陆缘的特点。前述的微量元素特点表明其形成于正常的钙碱性大陆边缘弧。

从区域构造演化来看，在加里东期，由于位于昆仑地体与塔里木板块之间的古昆仑洋壳向南俯冲消减，昆仑地体与塔里木板块碰撞、拼接，形成西昆仑加里东期造山带。库地128花岗岩体就是形成于昆仑地体与塔里木板块碰撞造山过程中的同构造期的火山弧花岗岩，其地球动力学处于洋壳俯冲消减、陆壳造山挤压缩短、叠置的构造背景中。

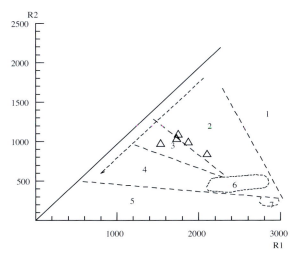

图 1-37　库花岗岩 R1 – R2 多阳离子图解

1—地幔分离；2—板块碰撞前的；3—碰撞后的抬升；4—造山晚期的；5—非造山的；6—同碰撞期的；7—造山期后的

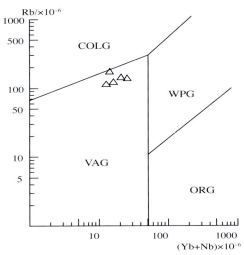

图 1-38　库地花岗岩 Rb – Yb+Nb 图解

ORG —洋脊花岗岩；WPG —板内花岗岩；VAG —火山弧化岗岩；COLG　同碰撞花岗岩

（3）西昆仑海西期花岗岩浆活动

晚古生代花岗岩主要分布于西昆仑中带，以玉其卡怕二长花岗岩体、布伦口南花岗岩体及阿克阿孜山二长花岗岩体为主体，主要呈大岩基，沿康西瓦断裂北侧分布，还有一些岩株、岩脉分散侵入于比其老的各时代地层或岩体之中。较为可靠的同位素年龄为：K-Ar 法年龄 346Ma、277.7Ma、274.3Ma、267Ma、254.8Ma；^{40}Ar-^{39}Ar 法年龄为 211.8Ma。侵入时期为石炭 – 二叠纪，主要侵入期为晚二叠世。岩石组合主要为花岗闪长岩 – 二长花岗岩。

库地南岩体被新藏公路穿过，岩体北部侵入库地北加里东期片麻状黑云母二长花岗岩中，两者以一蚀变带相接触，东南侧侵入元古宙地层中，岩体与围岩界线清楚，围岩均已发生绿帘石或绿泥石化等蚀变。岩石类型主要为灰白色、肉红色黑云母钾长花岗岩

1）岩石学

二长闪长岩：岩石具粒状变晶结构。岩石由角闪石、黑云母、斜长石、钾长石、石英、榍石等矿物组成。其中暗色矿物以角闪石为主（45% ~ 40%），呈粒柱状变晶，具绿 – 浅黄绿色多光性，部分角闪石边部被黑云母交代；黑云母（< 5%）较少，呈鳞片变晶，呈深褐色 – 浅棕色多光性，平行消光。浅色矿物以斜长石为主（30% ~ 35%），钾长石（10% ·– 15%）和石英（10%）均较少。斜长石呈粒状变晶，具聚片双晶。石英和钾长石为他形粒状变晶，充填在斜长石变晶之间。

花岗岩：岩石具花岗结构，主要矿物由钾长石、斜长石、石英以及黑云母和副矿物磷灰石等组成，含少量角闪石。石英（25%）：无色、干净，呈他形，可具有矿物包裹体，颗粒间镶嵌式接触。钾长石（60% ~ 55%）为正长石、条纹长石和微斜长石组成，具格子双晶和条纹构造，表面有轻微的高岭土化。斜长石（10% ~ 15%）自形程度较钾长石略好，为酸性斜长石，具聚片双晶。黑云母（3% ~ 5%）为片状和叶片状集合体，具棕褐—浅黄褐色多光性，局部分布具定向性。角闪石（1% ~ 2%）可见明显的闪石式解理，与黑云母分布在一起。

2）岩石化学

库地南花岗岩岩石化学成分见表1-7，SiO_2 含量 59.22% ~ 73.72%，平均 65.1%；Al_2O_3 含量为 11.42% ~ 16.3%；Na_2O 含量为 1.75% ~ 5.03%；K_2O 含量为 1.33% ~ 5.36%；$Na_2O + K_2O$ 含

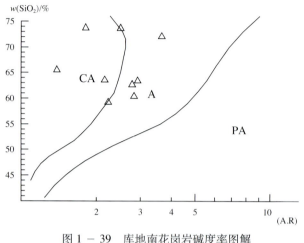

图 1-39　库地南花岗岩碱度率图解

CA—钙碱性；A—碱性；PA—过碱性

量 为 3.7% ～ 10%， 平 均 为 7.5%；CaO 为 0.68% ～ 7.97%；MgO 为 0.149% ～ 2.54%。δ 为 0.59 ～ 5.38，属钙碱－碱性系列，AR 为 1.39 ～ 3.66，在 AR-SiO₂ 图解上位于钙碱性、碱性岩区（图 1-39）。DI 介于 57 ～ 92 之间，分异程度中等。在 QAP 分类图解上主要位于花岗岩、花岗闪长岩、石英二长岩区。

3）稀土微量元素

库地南岩体各类元素的丰度见表 1-8。经原始地幔数据标准化后作微量元素比值蛛网图（图 1-40），可以看出，微量元素的分配形式为向右倾的分散锯齿状。大离子亲石元素 K、Rb、Ba、Th、U 富集，高强场元素 Ti、P、Hf、Yb、Ta 亏损。元素 Sr、Ti 的位置出现低谷，表现为负异常。曲线形态彼此交叉，相关性较差，可能反映岩浆来自不同的源区并具有多期次侵入或在侵入过程中受到陆壳物质的混染。

表 1-7　库地南花岗岩岩石化学成分　　　　　　　　　　　　　　　　　　（w_B/%）

样号	SiO₂	TiO₂	Al₂O₃	Fe₂O₃	FeO	MnO	MgO	CaO	Na₂O	K₂O	P₂O₅	LOI
B15-1	63.41	0.52	16.30	1.85	3.29	0.13	0.76	2.60	4.64	5.36	0.17	0.63
B15-2	59.22	1.49	15.67	1.82	5.48	0.15	2.09	4.61	4.84	2.90	0.55	1.16
B15-5	72.06	0.24	13.20	1.03	1.96	0.05	0.14	0.89	4.02	5.32	(0.08)	0.65
B15-8	60.36	0.81	16.86	2.19	3.86	0.13	0.93	3.27	5.03	4.59	0.23	1.08
B15-8'	62.65	0.77	16.26	1.53	3.90	0.12	0.86	3.05	4.77	4.31	0.24	0.99
B16-1	73.72	0.62	11.42	1.52	3.75	0.03	2.17	0.68	1.75	2.52	(0.09)	1.70
B17-1	63.53	0.77	16.31	1.23	5.73	0.14	2.54	1.05	1.67	4.69	0.11	1.62
B17-2	65.52	0.46	14.32	1.07	2.39	0.10	2.38	7.97	2.33	1.33	0.14	1.18

中国地质大学（北京）地学实验中心测试。

表 1-8　库地南岩体微量元素含量　　　　　　　　　　　　　　　　　　（×10⁻⁶）

样号	Cs	Rb	Sr	Ba	Ga	Nb	Ta	Zr	Hf	Th	V	Cr	Co	Ni	U	Ti
B15-1	2.68	112.8	198.2	1320	19.87	97.73	4.21	358.5	9.07	24.25	33.11	4.29	4.17	1.38	3.34	2928
B15-2	2.69	77.01	174.1	491.1	21.58	160.97	17.19	277.4	7.78	10.34	89.69	3.66	10.21	1.38	3.80	8132
B15-5	5.55	313.6	486.1	1905	37.08	233.12	12.34	736.2	18.93	56.33	25.29	2.96	4.82	1.04	8.81	5157
B15-8	8.55	131.3	56.2	185.2	17.01	17.56	1.659	258.8	7.580	11.92	63.45	20.34	10.56	8.53	2.99	3510
B15-9	3.78	136.6	487.9	1952	18.08	125.56	6.870	307.0	7.163	17.92	15.19	0.005	5.53	25.78	3.43	3909
B16-1	9.52	124.1	52.6	169.0	15.91	14.14	1.196	188.7	5.843	11.53	59.41	21.87	11.32	15.62	2.80	3725
B17-1	7.46	192.9	98.3	1082	25.26	15.00	0.627	190.8	5.693	22.42	87.77	49.64	14.42	24.45	2.28	4803
B17-2	3.00	63.7	169.5	407.7	16.19	11.46	0.595	209.1	5.154	11.37	37.24	12.99	6.856	4.173	2.84	2251

中国地质大学（北京）地学实验中心测试。

稀土元素分析见表1-9，经球粒陨石标准化处理后所作的配分曲线见图1-41。其稀土元素特征可归纳如下几点：① $\Sigma REE = (241.4 \sim 988.9) \times 10^{-6}$，平均 426.12×10^{-6}；$LREE = (173.4 \sim 799.4) \times 10^{-6}$；$HREE = (23.68 \sim 81.76) \times 10^{-6}$；② $LREE/HREE = 3.71 \sim 12.89$，$LREE \gg HREE$，显示了轻、重稀土元素的明显分馏和轻稀土元素的富集；③ $\delta_{Eu} = 0.34 \sim 0.68$，显示铕的亏损，反映了斜长石的结晶分异作用；④ $(La/Yb)_N = 3.17 \sim 15.82$，在标准化配分曲线上表现为向右倾斜，在Eu处出现低谷，为负异常；⑤不同岩石类型的配分曲线在稀土总量、配分曲线形态有一定差异，有的甚至相交，这可能反映了岩浆源区的不同或受到陆壳的混染。

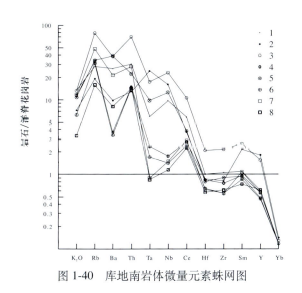

图1-40　库地南岩体微量元素蛛网图

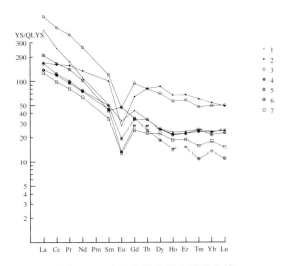

图1-41　库地南岩体稀土配分曲线

表1-9　库地南岩体稀土元素含量　　　　　　　　　　　　　　　　　　　　$(\times 10^{-6})$

样号	La	Ce	Pr	Nd	Sm	Eu	Gd	Tb	Dy	Ho	Er	Tm	Yb	Lu	Y
B15-1	132.9	206.6	21.22	66.97	9.84	2.34	11.16	1.560	8.20	1.66	4.98	0.80	4.98	0.77	42.48
B15-2	52.8	129.3	19.14	80.54	19.56	2.02	16.53	3.836	27.63	4.80	14.1	1.93	11.2	1.57	127.3
B15-5	196.4	372.7	45.64	157.68	23.38	3.42	24.42	3.798	22.53	4.04	12.1	1.55	10.2	1.60	109.1
B15-8	42.7	95.8	11.54	44.78	8.678	0.97	7.168	1.311	8.061	1.57	4.70	0.76	4.86	0.79	39.4
B15-9	65.1	134.2	17.08	61.36	8.376	3.45	8.933	1.162	5.919	1.03	3.15	0.35	2.77	0.35	33.6
B16-1	42.4	85.6	10.09	38.00	7.729	1.00	6.220	1.228	6.762	1.31	4.14	0.67	4.06	0.65	32.6
B17-1	51.4	100.2	12.21	45.94	9.683	1.41	8.633	1.571	8.125	1.54	4.69	0.79	4.52	0.73	39.5
B17-2	39.1	79.02	9.823	37.81	6.644	0.93	6.353	1.064	7.158	1.32	3.97	0.50	3.74	0.48	43.4

中国地质大学（北京）地学实验中心测试。

4) 成因与构造环境

地球化学特征表明库地南花岗岩属钙碱性-碱性系列花岗岩，以同熔型的 I 型花岗岩类为主，少数为 S 型花岗岩（图1-42）。大多数为岩浆成因，少数为交代成因（图1-43）。其微量元素与稀土元素特征表明，它们可能是由于洋壳物质俯冲、消减、陆壳的碰撞，来源于深源的壳幔混合源而形成于微陆块上部地壳中，构成了中昆仑微陆块海西期的岛弧和板内花岗岩带（图1-44），构造上代表海西期的同碰撞和造山晚期的花岗岩（图1-45）。

对中昆仑岩浆岩的研究结果表明，康西瓦洋自早二叠世开始向北俯冲，形成中昆仑岩浆岛弧。晚二叠世塔西南南边的中昆仑岛弧带继续发育，并一直持续到中三叠世，岛弧钙碱性系列岩浆的形成年龄为260Ma～215Ma。晚三叠世中昆仑岛弧与甜水海地体相互碰撞，康西瓦缝合带形成，碰撞作用造成以北广大地区整体抬升，并形成相应的碰撞型花岗岩以及造山晚期的花岗岩。

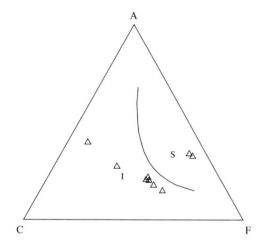

图1-42　I型与S型花岗岩判别图解

I—"I"型花岗岩；S—"S"型花岗岩

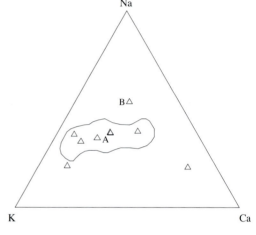

图1-43　花岗质岩浆成因分析图解

A—岩浆花岗岩；B—交代花岗岩

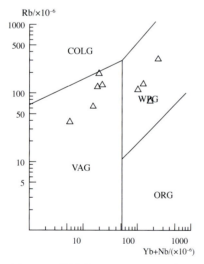

图1-44　花岗岩Rb-Yb＋Nb图解

ORG—洋脊花岗岩；WPG—板内花岗岩；
VAG—火山弧花岗岩；COLG—同碰撞花岗岩

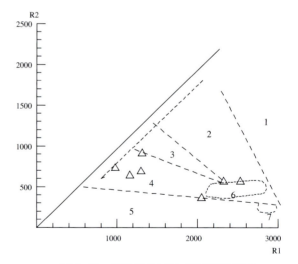

图1-45　花岗岩R1-R2多阳离子图解

1—地幔分离；2—板块碰撞前的；3—碰撞后的抬升；4—造山
晚期的；5—非造山的；6—同碰撞期的；7—造山期后的

（4）喜马拉雅造山期——来自磷灰石裂变径迹证据

很多学者从地质、地貌、生物及气候等方面论述了青藏高原的隆升。高原隆升的地质学证据主要是包括高原的构造变形、逆冲推覆、火山岩浆活动以及山麓磨拉石建造等；地貌学证据包括高原古夷平面、古岩溶面、河流阶地等标志。生物证据主要是利用动物化石、植物大化石、孢粉及植物硅酸体来恢复和重建古气候和古环境，并与现代环境进行对比研究，从而来推断当时高原面的高度；气候证据侧重高原隆升对东亚季风的形成、气候变化所引起的古土壤、古风化壳的演化。

近年来裂变径迹（fission track，FT）技术的迅速发展，为研究青藏高原与造山带隆升过程提供了有效的低温热年代学工具。由于磷灰石矿物的热退火特性和部分退火带特征研究得最详细，其FT资料可以为研究造山带隆升提供隆升时间、隆升幅度、隆升速率、隆升方式以及低温热历史等比较全面的山脉隆升史资料。因此磷灰石的FT年龄、长度分析已成为研究造山带隆升过程最重要的工具之一。

应用磷灰石的裂变径迹年龄及有效封闭温度计算造山带的抬升和剥蚀速率有以下几种方法：①高度差法：通过磷灰石裂变径迹年龄结合样品的海拔高度给出相应年龄段的视抬升速率；②外推法：把一定海拔高度磷灰石裂变径迹年龄外推到其年龄为零的位置，选定或通过其他方法给出一个地温梯度，用采样点的海拔高度和年龄为零时的深度之差除以裂变径迹年龄就可以得到岩体的抬升速率；③矿物对法：用同一同位素体系（如裂变径迹）不同封闭温度的矿物（磷灰石、锆石或榍石）或不同同位素体系矿物封闭温度的不同来计算冷却速率，除以地热梯度就可以得出抬升速率。

1）实验程序

实验时，先将样品粉碎，采用常规方法富集重矿物后，分别通过磁选和重液分选，得到尽可能足量的磷灰石单矿物。将若干磷灰石颗粒放在聚四氟乙烯板上，滴加调配好的环氧树脂，并盖一干净玻片，在70℃下烘18h使之固化。将制好的样片抛光为光薄片，在恒温25℃的6.6%HNO_3溶液中蚀刻30s。采用外探测器法定年，将低铀白云母紧贴在光薄片上，与CN5标准铀玻璃一起构成定年组件。样品置于反应堆内辐照，中子注量为1×10^{16}cm^{-2}。将照射后的云母外探测器置于25℃的HF中蚀刻35min，揭示诱发裂变径迹，实验室Zeta常数$\xi = 322.1 \pm 3.6$（1σ）。

2）实验结果与讨论

实验结果见表1-10，西昆仑地区8个样品的裂变径迹年龄为（13.2±1.0）Ma～（4.6±0.7）Ma，时间跨度约为8.6Ma，径迹年龄反映了中新世西昆仑的隆升事件。本次所测8个样品的裂变径迹年龄明显年青于其原岩的形成年代，表明样品经历了退火事件。如库地北花岗岩的1个样品的年龄为10.7Ma，而其原岩体黑云母K-Ar法年龄为445.0Ma（Wangetal，1987）；裂变径迹年龄分布的另一个特点是同一岩体随海拔高度的增加，裂变径迹年龄变大。如样品B15-4海拔高程为3140m，径迹年龄为13.2Ma；样品B15-1海拔高程较前者低，高度为3028m，径迹年龄也较前者变新，年龄为6.1Ma。这一特性表明，高海拔的样品在隆升过程中先行通过磷灰石的封闭温度（120℃），裂变径迹时钟较早启动，故年龄较老；而低海拔的样品较晚的通过封闭温度，时钟计时较晚，故年龄较新。

裂变径迹的理想长度为20μm，但是，由于后期退火作用影响，实际地质体内标准径迹长度为16.3μm（Gleadow，Duddy，Green，et al.，1986）。与之相比，本书所获得8个样品的平均径迹长度为（11.6±2.3）μm与（13.4±2.2）μm之间，长度相对缩短，长度标准差较大，即长度变化较大，在长度分布直方图上体现为分布范围较大。这样的特点，可能是由于样品在后期受到构造热事件的影响，使得长时间处于退火带温度（通常为60℃～120℃）所致。同时，长度分布直方图总体呈现单峰特征，表明受隆升冷却作用控制明显。

对库地南海西期花岗岩体用裂变径迹高差法算得在13.2Ma～6.1Ma间，其隆升速率为0.016mm/a，属于极缓慢的隆升。同样，库地北加里东期闪长岩在10.2Ma～7.8Ma间隆升速率或剥蚀速率为 0.015mm/a（表 1-10）。

表 1-10　西昆仑隆升速率表

地点	岩石名称	样号	北纬（N）	东经（E）	高程 m	Central age（Ma）（±1σ）	隆升速率（高差法）	隆升速率
西昆仑东段	库地南岩体	B15-4			3140	13.2±1.0	0.016mm/a或 15.8m/Ma	0.21mm/a
		B15-1	36°47′307″	77°00′413″	3028	6.1±0.6		0.45mm/a
	库地北花岗岩	B22	36°54′537″	76°59′212″	2785	10.7±0.8		0.26mm/a
	库地北闪长岩	B26-4	3701773	76°56′285″	2576	10.2±1.2	0.015mm/a或 15m/Ma	0.27mm/a
		B26-6			2540	7.8±1.0		0.35mm/a
	铁克里克片岩	B1	37°01′	78°50′430″	2110	4.6±0.7		0.6mm/a
西昆仑西段	HU130	B39-1	3849094	7528125	2062	13.1±1.7	0.038mm/a或 38m/Ma	0.21mm/a
	HU131	B42-3	3853466	7529589	1920	9.4±1.1		0.29mm/a

　　利用磷灰石裂变径迹年龄外推到其年龄为 0 时的深度，用采样点的海拔高度和年龄为 0 时的深度之差除以裂变径迹年龄，就可得到自磷灰石裂变径迹年龄以来的岩石平均抬升速率。对西昆仑而言，取地表平均温度为 10℃，平均地温梯度为 3℃/100m，磷灰石的平均封闭温度取 120℃，那么自 13.2Ma～9.4Ma 以来的平均隆升速率为 0.21mm/a～0.29mm/a，7.8Ma～6.1Ma 以来的平均隆升速率为 0.35mm/a～0.45mm/a；自 4.6Ma 以来的平均隆升速率为 0.60mm/a。可见随年龄变新，隆升速率加快。

　　王军（1998）对采自青藏高原西北部塔什库尔干县城西侧卡日巴生花岗岩体和苦子干碱性花岗岩体的 7 个不同高程的样品进行了磷灰石裂变径迹年龄和径迹长度的测试分析。结果表明，自 5Ma 以来，这一地区经历了脉动式的、总体由缓慢到快速的隆升过程。5Ma～2Ma 隆升速率为 0.1mm/a；2Ma 后，隆升速率增至 2mm/a。

　　从上述分析可知，西昆仑造山带在 13.2Ma～6.1Ma 间隆升速率为 0.016mm/a，极其缓慢。但自 4.6Ma 以来，平均隆升速率加快，为 0.60mm/a，2Ma 后，隆升速率增至 2mm/a，为快速隆升。

2. 山前带充填特征与盆山耦合

　　多期盆山耦合形成目前塔西南山前带"古生代沉积不完整、中生代分布局限、新生代沉积巨厚"的沉积样式。古生代部分地层与中生代三叠系在塔西南地区大范围缺失，主要受控于晚寒武世－早奥陶世古昆仑洋壳俯冲消减（"和田古隆起"出现）和晚二叠世古特提斯洋壳北支向北俯冲消减形成的构造挤压运动。中生代侏罗－白垩纪沉积地层分布十分局限，主要呈串珠状分布在喀什凹陷至叶城凹陷紧邻西昆仑造山带部位。新生代沉积地层分布全区，厚度巨大（多大于 7000m）。纵观塔西南山前带沉积史，3 次海水入侵（寒武－奥陶纪、石炭－二叠纪、晚白垩世－始新世末）和 3 次由海变陆的历程使海相沉积占有较长时间，早古生代总体经历了由碳酸盐岩台地相向碎屑岩台地相演化的沉积旋回，晚古生代是由海变陆的转折时期，中生代早中期古陆盆沉积，中生代末期的海侵接受最后的一次海相沉积，渐新世之后转为陆相沉积（庄锡进等，2002）。虽海相沉积时间较长，但新生代地层的快速沉积使陆相地层厚度远大于海相地层，喜马拉雅中晚期的构造运动对沉积地层的分配格局起着定型的作用。

（1）不整合特征与分布

不整合是指由于剥蚀或沉积间断所导致的上下两套地层之间在时间记录上的缺失，它直接反映了一个地区地壳运动的演化历史。地表地质调查和地震剖面追踪对比表明，塔西南地区古生代以来主要发育八个区域不整合面，即志留系与前志留系之间的不整合、上泥盆统（D_3）与下伏层之间的不整合、中石炭统与上泥盆统角度不整合、上二叠统（P_2）与下伏层之间的不整合、侏罗系与前侏罗系之间的不整合、古近系与前古近系之间的不整合、中新统与前中新统之间的不整合以及中更新统与前中更新统之间的角度不整合。

志留系与前志留系之间的不整合：该不整合面主要分布于巴楚隆起－麦盖提斜坡至塔西南坳陷内部。地震剖面（JC-H2、JC-E3 – JC-E1、JC-I2 – JC-I1）上 T_7^0 反射层与下伏反射层之间在和田－叶城凹陷呈明显的削截关系。上覆志留系、泥盆系在巴楚隆起西部较厚，向西南部减薄至尖灭。而在塔西南山前带边缘露头区志留系－早泥盆统为一套浅变质岩，与下伏前志留系角度不整合接触。表明在塔西南地区在志留－泥盆纪可能为一隆起带，隆起两侧为相对的凹陷区。

上泥盆统（D_3q）与下伏浅变质岩（S_2-D_1）角度不整合：主要发育在研究区东部的阿其克背斜的核部，表现为上泥盆统（D_3q）冲积砾岩覆盖在浅变质岩不同层位之上，D_3q 层理与浅变质岩片理相交，两者为角度不整合接触。

中石炭统与上泥盆统角度不整合：该不整合面在和田探区阿其克背斜西翼表现明显，C_2k 底砾岩覆盖在 D_3q 不同层位之上，两者接触界面凹凸不平，产状差异很大（图1-46），局部发育厚约0.5m铁铝质风化壳。

上二叠统（P_2）与下伏地层之间的不整合（T_5^1）：该不整合面在全区均有分布，但在盆地不同部位表现形式各异。在麦盖提上斜坡部位，上二叠统（P_2）地层沿地震反射界面（T_5^1）上超，逐渐减薄，并被古近系底界削截。而在盆地内部地层厚度增大，地震发射结构为平行反射，主要表现为沉积间断或整合接触。如在杜瓦剖面 P_2 底部对下伏地层的侵蚀冲刷。

侏罗系与前侏罗系之间的不整合（T_4^6）：该不整合面是塔里木盆地重要的不整合面之一，它的形成主要与三叠纪末盆地南缘羌塘地体与塔里木大陆板块的碰撞拼贴有关。在地震剖面上总体表现为上覆侏罗系由坳陷的西南缘向北东方向减薄至尖灭。塔西南边缘地区主要为角度不整合接触（图1-47）。在麦盖提斜坡上普遍缺失中生界。

古近系与前古近系之间的不整合（T_3^1）：白垩纪末期，塔里木盆地及其周缘发生强烈的构造运动，广泛发育了古近系与下伏地层之间的不整合。古近系在盆地内除巴楚断隆部分缺失外，全区都有分布。巴楚断隆两侧地区表现为超覆不整合，新生界向斜坡的上

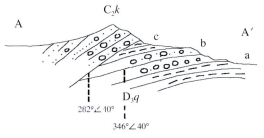
图1-46 阿克其剖面 C_2k 与 D_3q 角度不整合

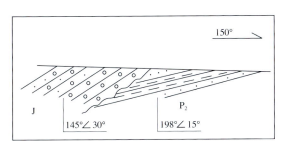
图1-47 阿子岗沙勒侏罗系与下伏二叠系不整合接触

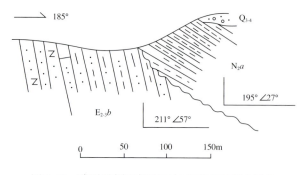

图 1-48 疏附县剖面新近系与古近系不整合接触

倾部位逐层超覆，厚度减薄。

中新统与前中新统之间的不整合（$N_2/N_1 - E$）：该不整合主要发育于山前带褶皱的翼部，表现为生长背斜不整合。在地表露头上，N_2 与 $E - N_1$ 地层均卷入构造变形，呈掀斜的单斜状，两者地层倾向相同，但 N_2 地层较 $E - N_1$ 产状缓，两者显示不整合接触（图 1-48），在地震剖面上则表现为上超反射。

中更新统与前中更新统之间的角度不整合：该不整合大多发育在西昆仑山前带河谷剖面中，表现为前中更新世地层因卷入山前带的构造变形而被掀斜成单斜状，在这些由单斜岩层组成的山包上覆盖着水平产状的中更新统砂砾岩，两者之间角度不整合关系清楚（图 1-49）。

图 1-49 桑株河剖面 Q_2 与 P 角度不整合接触

（2）砾质粗碎屑楔状体层位及其分布

塔西南坳陷充填序列的一个显著特征就是西南缘发育数量众多的砾质粗碎屑楔状体，并具有周期性出现的特点。根据 Davis（1889）的"地貌侵蚀旋回理论"，粗碎屑楔状体的出现是物源区构造重新活动的标志。造山带每次逆冲推覆作用均可导致在前陆盆地中形成相应的粗碎屑楔状体，显然前陆盆地的粗碎屑楔状体的出现也是造山带逆冲推覆作用的地层标识。因此，可以根据塔西南坳陷南缘粗碎屑楔状体的形成次数和层位推断西昆仑造山带的逆冲推覆的次数和规模。

1）志留系－中泥盆统浅变质碎屑岩楔

在塔西南铁克里克隆起以北的阿其克、皮牙曼、杜瓦、桑株水库一带，发育了一套已发生浅变质的地层，区域上浅变质岩主要为绿泥石绢云母片岩、千枚岩、变质杂砂岩等，其原岩为泥岩、粉砂岩、钙质、泥质砂岩等。这套浅变质岩为奇自拉夫组（D_3q）或上石炭统卡拉乌依组（C_2k）不整合覆盖，贺振建等（1999）应用 Rb-Sr 法得出了桑株、阿其克地区浅变质岩的原岩年龄，四组年龄值分别是（453.65±24）Ma、（437.85±54）Ma、（425.73±8.5）Ma、（423.57±14）Ma，为奥陶纪－早中志留世。

这套浅变质岩现今位于和田逆冲断层的上盘，主要为逆冲断层上的外来推覆体，构造变形表现为大型断坡背斜。构造复位与地层对比表明，浅变质岩经历了长距离的向北冲断推覆，其原始产出部位在西昆仑北带内。浅变质岩经历了早期的绿片岩相区域低温动力变质作用和晚期的动力变质作用，以早期为主；早期变质作用形成了细粒白云母、绿泥石、石英、方解石、黑云母等变质矿物，伴有强烈的构造置换和片理构造及大量石英脉的形成；晚期变质作用不发育，多是在早期区域变质作用基础上，叠加了脆－韧性动力变质作用，且主要表现为变形作用，如叠加小规模剪切滑动构造，出现二次面理构造（片理、劈理），这些面理构造或变形构造仅局限于浅变质岩地层中，并未向上进入上泥盆统地层，表明这一期动力变质作用也发生于晚泥盆世之前。

浅变质岩岩性与厚度在空间上呈有规律的变化。从地层分布的厚度方面来看，浅变质岩具有南厚北薄、向北尖灭的楔形分布的特点。从岩性变化来看，总的来说靠近西昆仑山前带粒度较粗，向着盆地方向粒度变细。如杜瓦煤矿西南侧浅变质岩为一套绿灰色变质复成分砾岩夹变质含砾粗砂岩，推测其原岩应为近源的滨海相砾岩。而在向着盆地方向的桑株水库一带以灰绿色千枚岩为主，夹薄层石英砂岩透镜体，具有类复理石沉积建造特征，属于浅海沉积环境。这样，浅变质岩的原岩总体上具有由南向北沉积物由粗变细、由"盆缘"向"盆内"的变化趋势。这说明在志留纪末期—早泥盆世，西昆仑已经发生了造山隆升作用，遭受了剥蚀，并向当时的塔西南前陆盆地提供了物源。

2）上泥盆统奇自拉夫组砾岩楔

上泥盆统奇自拉夫组砾岩露头断续分布于塔西南山前地区，主要有喀什南部库山河上游、齐姆根地区考库亚西、桑株河康开依及东部的阿其克地区。在阿其克地区，奇自拉夫组砾岩主要分布于阿其克背斜核部，其顶、底界分别与中石炭世卡拉乌依组、晚志留世－早泥盆世浅变质岩呈角度不整合接触。

该组砾岩层由紫红色砾岩、砂砾岩及粗砂岩组成，向上逐渐变为灰绿色细－中粒薄层砂岩以及灰色钙质泥岩和泥灰岩，总体表现为向上变细的层序。下部块状和厚层状砾岩为冲积扇沉积，中－上部厚－中厚层状砂岩代表辫状河沉积。

砾石成分以脉石英、石英岩为主，次为硅质灰岩、燧石、绢云母片岩、石英片岩等，少量绿片岩、片麻岩、千枚岩等，大小一般为 3～10cm，最大 30cm，多为次圆－次棱角状，分选性中等－较差。砾石长轴多数平行层面排列，局部可见叠瓦状构造，颗粒支撑，砂泥质胶结，胶结不太紧密，砾石的复成分特点表明它显然来自于变质岩区。鉴于这套砾岩角度不整合于下古生界变质岩（K-Ar 年龄为（463±14）Ma 之上，且砾石成分与其下伏变质岩具有相似性，这套浅变质岩（S—D_1）很有可能是奇自拉夫组砾岩的物源区。

绿片岩相变质岩作为奇自拉夫组的物源，说明上泥盆统的发育时间是在加里东碰撞造山期之后，它代表了另一种构造体制的开始。古特提斯洋北支从早泥盆世末开始发育，塔西南被动陆缘盆地开始形成。这套砾岩是盆地形成的标志，岩相向上变细，颜色变暗变绿，同时钙质成分增加等现象综合反映沉积相组合由陆相逐渐向海相转变。

该组西昆仑山前断续分布，在和田地区的皮牙曼、杜瓦、桑株背斜缺失，表明在上泥盆统沉积期，杜瓦至桑株东一带以及东部民参 1 井处为一古隆起。

3）上二叠统杜瓦组砾岩

上二叠统杜瓦组砾岩露头区分布地点主要在喀什地区波斯坦铁列克一带（达里约尔组）、七美干萨依一带（达里约尔组）、棋盘一带（达里约尔组）、桑株河康开依（杜瓦组）及杜瓦一带（杜瓦组）。岩性主要为褐色、褐红色砾岩夹灰色砂岩透镜体及粉砂岩，上部为灰绿色泥岩夹灰岩薄层。岩相向北逐渐变细，厚度减薄，如山1井、玛参1井等。西部地区以富含钙质细碎屑岩为主，夹两层不纯灰岩。桑株河康开依剖面杜瓦组中砾岩所占比例最大，达50%以上。砾岩砾石成分以灰岩为主，岩屑含量高，次为砂岩、硅质岩，石英含量35%左右，胶结物由已结晶的方解石组成，岩石具裂隙，有的裂隙被硅质充填或石英脉分布在其中；砾岩砾径1～10cm，最大可达40cm，分选较差，磨圆次棱角－次圆状。泥质粉砂岩含量占32%左右，其中常见灰绿色砂岩团块。砂岩总量较少，砂岩碎屑成分中石英占65%～80%，长石5%～15%，岩屑10%～25%，常见含量3%～8%的内碎屑，成分为泥晶灰岩，分选、磨圆较差。普斯开河剖面，泥粉晶灰岩砾石在部分砾岩中占50%～60%，砂岩中灰岩砂屑普遍而含量偏少。杜瓦四十七团煤矿一带，砾岩砾石以灰岩、石英、燧石为主，次为砂岩和变质岩，灰岩砾石中含蜓，砾石定向排列，粗砾20～25cm，次圆－次棱角状，分选中等。杜瓦及其以东地区为复成分砾岩，杜瓦水泥厂南，砾石成分由变质石英岩、石英片岩、细砂岩、单矿物石英组成，含燧石结核，其中大部分砾石具裂纹，其间被方解石充填，除砾石外，在砾石之间分布有粗砂、中砂级的碎屑和云母条带；砾石直径最大8mm，一般2～5mm之间，砾石占70%～75%。

从以上特征可见，该组距蚀源区近，水动力条件强，岩石成分成熟度和结构成熟度不高。灰岩砾石显然来自于石炭系，变质岩砾石来自于元古宇。

4）上新统阿图什组砾岩

上新世阿图什组砾岩露头区分布地点主要在喀什盖孜河、卡怕卡地区，七美干、考库亚至阿尔塔什、甫沙及皮山一带。在齐姆根、叶城一带，阿图什组下段的上部出现厚度不等的富辉石矿物砂岩段，但向两侧逐渐变薄和尖灭。柯克亚剖面阿图什组岩性以细砂岩和粉砂岩为主，夹有薄到中层细－中粒砾岩，砾石层的厚度和砾石数量以及砾石最大粒径均有向上增加的趋势。砾石成分复杂，呈次圆到次棱角状，分选差。砾岩条带正、反韵律均有出现，砾岩常下切底部岩层。古流向分析表明，砂岩的物源区位于南和偏南方向，砂岩成熟度较低，岩屑含量较高，且多呈棱角状和次圆状，基质含量达5%～10%。从岩性上看，砂岩主要来自于大陆碰撞造山带，西昆仑作为物源区，当时的地势要比现在低得多。和什拉甫剖面与阿尔塔什剖面上的砾岩砾石成分多为晚古生代中酸性岩浆，甫沙剖面则主要为各类变质岩、石英岩、硅质岩和沉积岩，而皮山一带则以各种片岩、片麻岩为特征，缺乏沉积岩砾石。砾石成分来自造山带核部，说明当时的西昆仑构造带在该区的强烈隆升。

5）下更新统西域组砾岩

下更新统西域组砾岩广泛分布于西南缘露头区。喀什地区西域组主要分布于盖孜河－库山河－艾古司、托母洛安－木什一带，多组成向斜和背斜的核部或翼部，反映西域运动在该区的表现强烈；岩性为灰色巨厚层砾岩夹砂岩、砂质泥岩。西域组砾岩砾石以变质岩、花岗岩、火山岩为主，次为石英砂岩、粗砂岩、砾岩、少量灰岩。砾石大小不一，分选、磨圆均较好。莫莫克一带，南部中山区与下伏地层呈角度不整合接触，北部低山区与下伏阿图什组整合接触。剥蚀作用强烈，分选、磨圆较好的远端砾岩与粗砾的近端砾岩同时存在，可能说明：砾石是在急剧隆升的状态中形成的，隆升活动可能具有幕式特点；或砾石可能是在与冲断作用同时的同构造环境中形成。西域砾岩沉积于西昆仑山的山前盆地，源区应该是近源的西昆仑山，而且此时地势具有相当的起伏。

叶城剖面西域砾岩的沉积形式为泥石流和面状沉积，因而源区应该是近源的西昆仑山。砾岩中深变质岩和火成岩的增多，意味着昆仑山剥蚀深度不断增加。西域组早期的沉积物包括了元古宙和早古生代的浅变质岩、晚古生代的海相岩系和中生代的碎屑岩系，类似的岩石组合位于北昆仑地块。这一岩性组合贯穿了整个西域组。在西域组下部，出现一次岩浆岩和火山岩脉冲，岩石类型为斑状花岗闪长岩。这种岩石可能属于早古生代，在昆仑山出露于麻扎－康西瓦缝合带。另一类主要的岩浆岩为长英质火山岩，可能来源两个：深红色斑岩可能来自中生代火山弧，高硅质长英质火山岩可能来自古生代，与花岗岩基底有关。元古宙的浅变质岩分布于整个西域组，表明这一岩性连续为盆地提供物源，而作为盖层的沉积岩，开始较多，随剖面向上，含量不断减少，相对之下，基底岩石的比率则不断增加。

(3) 塔西南不同时期前陆盆地沉降中心的迁移规律

西昆仑造山带在地质历史上发生了加里东期、海西期和喜马拉雅期造山作用，这种多期次、多幕式、多成因造山过程以及造山后的应力松弛，在塔西南形成以挤压构造背景的前陆盆地与伸展构造背景的被动大陆边缘盆地交替发展演化的叠合盆地。西昆仑的多期逆冲推覆造山过程就是晚期逆冲系对早期构造的继承、晚期冲断系的新生及对早期逆冲系进行改造的过程，其结果是逆冲系统向前陆扩展，前陆不断地让位于造山带、前陆的前渊与古隆起、沉积与沉降中心不断地向盆地迁移。

加里东期随着库地蛇绿岩所代表的小洋盆（原特提斯洋或古昆仑洋）向南的俯冲消减，中昆仑岛弧和弧后扩张盆地的形成，中昆仑地体与塔里木板块在西昆仑北带碰撞、陆壳逆冲推覆、叠置加厚导致岩石圈挠曲变形，在现在的西昆仑北带的位置形成前陆盆地，充填了以 $S_2 - D_1$ 为主的碎屑岩楔状体，楔状体南厚北薄、南粗北细的分布格局表明，盆地的前渊及沉降中心位于西昆仑北带。

海西末期（晚二叠世），由于古特提斯洋向北的俯冲和关闭，羌塘陆块与欧亚板块的碰撞产生的巨大的水平挤压作用，使整个西昆仑造山带再次经历了构造热事件。二叠系经受了低绿片岩相动力变质作用，产生了中浅层次的剪切褶皱、A 型褶皱和应变滑劈理 (S_1) 为主要样式的脆韧性变形。加里东期古逆冲断裂再次继承性活动，形成了由南向北逆冲的大型韧性剪切带。在塔里木盆地内，铁克里克台缘大型推覆体形成，盆地内古生界沉积盖层产生由南向北的基底拆离与多层次盖层滑脱相结合的改造变形（丁道桂等，1996）。西昆仑冲断系的形成在山前形成前陆盆地，其前渊与沉降中心位于铁克里克北缘，主要充填了晚二叠世的杜瓦组粗碎屑岩楔状体。

喜马拉雅期，随着印度板块与欧亚板块的俯冲碰撞，帕米尔凸刺向北的强力挤入，在塔西南产生强烈的自南向北的水平挤压，在西昆仑及山前带形成逆冲褶皱变形。铁克里克北缘断裂等逆冲断层的分界断裂往往继承性活动，在前期韧性变形的基础上，叠加了后期的脆性变形，向盆地断层具有新生性，并向盆地方向扩展，随着塔西南坳陷西缘不断地卷入西昆仑造山带，盆地沉降中心也不断地向前迁移。致使现今的沉降中心迁于叶城－和田一带。塔西南坳陷沉降中心在时间上由南西向北东方向不断地迁移，反映西昆仑造山带以前展式向盆地内不断推进的特征。

以上分析表明，早古生代加里东期塔里木西南沉降中心在西昆仑一带，现今的沉降中心则迁至喀什－叶城－和田一带，这是由于西昆仑的多期造山隆升、逆冲推覆，并不断向前陆迁移的结果。

(4) 前陆古隆起的迁移规律

前陆隆起是前陆盆地的重要组成部分，它是岩石圈受上叠地壳加载于克拉通侧发生拱曲的结果，其向上挠曲的幅度与前陆盆地沉降中心下沉的幅度成正比，即下沉幅度大，前陆隆起的幅度就高，反之亦然（Beaumont，1981）。因此，前陆隆起的幅度是前陆盆地边缘构造负载的均衡响应，构造负荷越大，前陆隆起幅度也越大。显然塔西南前陆坳陷的前陆隆起（巴楚隆起）的发育和迁移是西昆仑造山带构造负载强度的标志。

1) 加里东期古隆起

加里东期是西昆仑初始造山阶段，库地小洋盆的俯冲消减，中昆仑地体与塔里木板块的碰撞，在库地一带形成蛇绿岩残片和同碰撞火山弧花岗岩的侵位。由于中昆仑地体刚性较小，与塔里木板块的拼接是一种软碰撞，所产生的水平挤压仅影响到造山带自身，而不能波及盆地很远。因此，西昆仑的逆冲推覆造山仅限于接触带附近，构造负荷加载作用有限，从而所形成的前陆盆地范围比较狭窄，沉降幅度也不大，前陆的翘起部位位于塔西南叶城—和田一带，发育成古隆起，从而导致上奥陶统、志留系、泥盆系被剥蚀而缺失。古隆起轴线为 NW 向，呈宽缓的短轴状隆起，长 280km，宽 70km，面积 18000km^2。

2）海西期前陆隆起

二叠纪末期的海西晚期运动，羌塘地体与欧亚板块的拼接碰撞，使塔里木板块南缘产生自南向北的水平挤压，西昆仑再次造山隆升，逆冲推覆大多继承早期库地缝合带的冲断层，使其再次发生冲断作用，并且在西昆仑北带由于逆冲作用的扩展，还产生新的冲断活动，铁克里克逆冲推覆体形成，塔西南前陆盆地发生向盆地的迁移，前陆翘倾的部位迁于巴楚以南、相当于现今麦盖提上斜坡部位，这也是巴楚隆起的雏形。古隆起由和田古隆起和群苦恰克低隆起组成，隆起呈 NW 走向，与加里东期古隆起比较，总体具有宽缓、低幅的隆起特点，面积 $4.30 \times 10^4 km^2$。

3）喜马拉雅期前陆隆起

新生代沉积时，塔西南古隆起因昆仑山向盆地逆冲推覆，塔西南坳陷的凹陷中心逐渐向北迁移，原加里东期叶城-和田古隆起的部位由于构造负荷转变为前渊，成为前陆盆地的沉降中心，代之而起的巴楚隆起则进入发育的高峰期，且至今依然在活动。

（5）麦盖提斜坡翘倾转化

麦盖提斜坡位于前陆盆地前渊与隆起的过渡部位，北起色力布亚-玛扎塔格断裂与巴楚断隆相接，西南与喀什、叶城-和田及塘古孜巴斯凹陷呈斜坡状过渡，北部以沙井子、柯坪-乌什断裂为界与南天山为邻。斜坡整体呈 NW 走向，倾向南西，面积 $5.45 \times 10^4 km^2$。麦盖提斜坡在其形成与演化过程中，经历了多期构造的叠加与改造，斜坡具有翘倾转化性质。

麦盖提斜坡区自震旦纪以来是塔里木盆地比较稳定的沉积区，自下而上发育震旦系、寒武系、奥陶系、志留系、泥盆系、石炭系、二叠系、新生界。其中震旦系、寒武系、奥陶系为区域性分布，但中、上奥陶统只分布于斜坡的东部玛参 1 井以东的地区，大部缺失。志留-泥盆系只局限分布于斜坡的西北部，区域性缺失中生界。地层的分布和发育程度显示斜坡经历了多期古构造环境和古地理的变迁。

通过对构造演化剖面的分析，发现麦盖提斜坡在几何形态上表现出倾向上的变化。早古生代由于库地洋的闭合，西昆仑造山隆升，塔西南和田—叶城古隆起形成，麦盖提斜坡向北缓倾，为克拉通内斜坡构造；晚二叠世末期的海西晚期运动使巴楚凸起隆升，喀什-叶城地区沉降，南倾的麦盖提斜坡开始形成，麦盖提斜坡发生了翘倾转化；中生代期间，南倾斜坡范围扩展，成为一单斜构造，倾角仍较小；新生代期间，由于南侧叶城凹陷的快速沉降，麦盖提成为前陆斜坡，倾角急剧增大，下斜坡较上斜坡略陡。

（6）坳陷与造山带的耦合关系

塔西南坳陷南部与西昆仑造山带之间存在着良好的构造耦合关系，这种耦合关系虽然受到了渐新世以来西昆仑北缘冲断活动的强烈改造，但仍可以辨识。这种耦合关系表现在塔西南地区的成盆作用与西昆仑的造山作用之间在时间、空间及成因机制、物源供应等方面的相关性（图 1-50）。

从盆地充填与演化特征可知，塔西南盆地在基底形成后，其上的沉积盖层在地史时期经历了三次大的变革期，而这些变革期均与西昆仑的造山运动有关。第一次变革期以志留纪与前志留纪角度不整合界面为标志，它代表塔西南由伸展性被动大陆边缘盆地向挤压性前陆盆地的转变，其直接动力来源是库地洋的俯冲消减，西昆仑与塔里木发生碰撞拼接，在山前带发生逆冲推覆，以及由于构造应力和岩浆热事件所伴随的变形与变质作用。相应地在塔里木盆地南缘由于构造负荷而形成挠曲式前陆盆地，其前渊靠近西昆仑北带，而前陆隆起位于现今的和田－叶城凹陷一带，隆起呈近东西向分布，此时麦盖提斜坡位于前陆隆起的北坡，向北倾斜（图1-50）。该期前陆盆地代

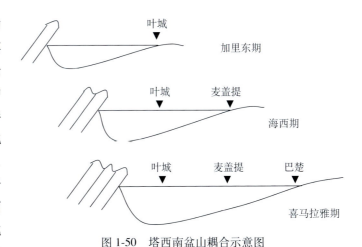

图 1-50　塔西南盆山耦合示意图

表性的岩石组合主要为 S－D_1 的浅变质岩，具有砂泥复理石的韵律特征，形成于前陆盆地发育的早期和中期，为较深水沉积。晚泥盆世的奇自拉夫组粗碎屑岩为该期前陆盆地的封顶砾岩，砾岩成分与昆仑山母岩区一致以及很低结构成熟度均显示为近源快速堆积，为造山后期的磨拉石建造。第二次变革期为石炭纪－早二叠世伸展型被动大陆边缘盆地向晚二叠世挤压性前陆盆地转变，其标志是上二叠统（P_2）与下伏地层之间的不整合。晚古生代末期，由于康西瓦洋的闭合，羌唐地块与塔里木地块拼接，西昆仑中带与北带卷入逆冲推覆，造山隆升，在塔西南形成前陆盆地。该期前陆盆地的前渊位于西昆仑的山前地带，前陆隆起由叶城－和田凹陷向北迁移至麦盖提斜坡至巴楚一带，斜坡发生了翘倾转换，转为向南倾斜。盆地充填主要为晚二叠世杜瓦组和下三叠世乌尊萨依组（T_1w），岩性主要为近源快速堆积的粗碎屑岩楔，属磨拉石建造。第三次变革期主要为新生代的喜马拉雅运动，由于印度板块与欧亚板块碰撞，帕米尔凸刺向北的插入，西昆仑发生了强烈隆升与逆冲推覆作用，并在山前发育了前陆盆地，形成叶城－和田凹陷、麦盖提斜坡和巴楚隆起。

　　上述盆山耦合关系的分析表明，西昆仑造山带复杂、多期、多成因造山过程与历史，必将在山前形成复杂的、多期、多成因盆地的叠合与改造。盆山耦合的复杂过程表明，西昆仑造山带与塔西南山前带间存在时间与空间的相关性。

第三节　台盆区古隆起地貌与构造古地理

　　塔里木盆地经历了从震旦纪到第四纪漫长的地质演化历史和多期次的构造变革。由于盆地基底分块强、周边板块构造背景复杂，导致了不同性质多期原盆地的叠加和改造。在多期次的构造变革中，盆内隆－坳格局和构造古地理发生过重要的变迁，产生了多个分隔着不同原盆地层序的构造不整合面，形成了复杂的盆地地质结构。盆内隆坳格局、古隆起地貌及古环境演化对盆内的油气聚集、特别是古生代台盆区的岩性地层圈闭的发育分布起到极其重要的控制作用，揭示盆内古隆起、古斜坡带的形成演化及其对有利圈闭发育分布的控制作用。

一、构造古地理背景和演化

1. 主要古隆起的形成和分布

塔里木盆地古生代的古构造格局，以发育一系列横跨盆地的大型北西西、北东东向的古隆起为特征，

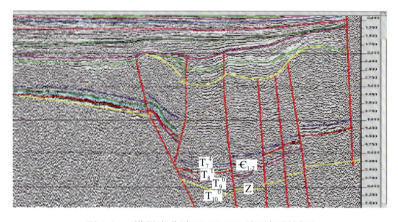

图 1-51　塔里木盆地 TLM-Z90 地震解释剖面

并与北东、北北东向隆起或鼻状隆起相叠加，形成极其复杂的分布样式。古隆起带主要包括塔北隆起、中央隆起、塔东南隆起等古隆起带；主要坳陷包括北部坳陷、西南坳陷、东南坳陷等坳陷或坳陷带。

从区域构造背景上看，塔里木盆地南、北侧的塔东南和塔北隆起等早期的大型隆起应是在天山、昆仑等古洋盆裂解过程中发育的大型断隆带。塔北古隆起轴向近东西展布，是一北翼陡、南翼宽缓的不对称边缘隆起。塔北隆起的发育可能同时伴随着北部满加尔拗拉槽的裂陷作用，在地震剖面上可观察到寒武－奥陶系向塔北隆起超覆减薄或尖灭现象；盆地西南缘的巴楚凸起南侧同样可观察到早古生界的上超变薄。横跨拗拉槽东北部的地震剖面揭示了早期部分边缘大型张性断裂带和裂陷带的存在（图 1-51）。满加尔拗拉槽北侧库鲁克塔格地区发现有震旦纪－早寒武世的酸性和基性双峰式大陆裂谷火山岩系；柯坪地区的上震旦统的紫灰色陆源碎屑岩中夹有多套辉绿岩，表明发生了多次张裂的火山喷发。南、北两侧的昆仑和天山地区逐渐从早期裂谷演化为被动大陆边缘。

据地震剖面拉平古沉积面恢复的古地貌等分析表明，塔中、巴楚隆起在震旦纪至早、中寒武世表现为裂解背景的斜坡带或低凸起带，发育有同沉积断裂（后期挤压反转）和小型的地堑构造，属于离散被动大陆边缘环境。塔中隆起带现今的一些主要逆冲断裂多为北倾的同沉积张性断裂经后期反转而形成的正反转构造，塔中Ⅰ号断裂、Ⅱ号断裂及塘北断裂等均显示出同沉积的特点。巴楚隆起上也发育早期的小型地堑，北侧的吐木休克断裂也具有相似的特征。

中奥陶世末期是塔里木盆地构造背景由伸展体制转化为挤压环境的重要转折期，除了塔北、塔西南等古隆起外，形成了巨型的中央古隆起－古斜坡带。再造的隆坳格局分布表明（图 1-51），塔中古隆起总体为一由西向东倾没的北西西向大型隆起带，向北东、南东方向与满加尔凹陷和塘古孜巴斯凹陷过渡。塔中隆起的形成起源于塔中构造带先存断裂的挤压反转。位于塔西南边缘、北昆仑裂谷肩部的塔西南隆起进一步发育，向东部盆地区延伸与和田河隆起相连呈近垂直相连。盆地总体具有西南高、东北低的古构造格局。

奥陶纪末期区域挤压作用的进一步增强，促使古隆起范围扩大。塔北古隆起进一步向南部坳陷区延伸，与塔东南古隆起相连。盆地东南缘整体翘倾，塔南、塔中地区大面积隆升；塔中古隆起东段随之从早期的由西向东倾没转为由东向西倾没，并在奥陶纪末古隆起基本定型（图 1-52）。

志留纪－中泥盆世末期，受塔里木板块与中昆仑岛弧弧－陆碰撞及南天山洋消减的影响，塔东地区抬升加剧，中央隆起、塔西南和塔东南隆起连成一体，盆地东南缘形成了巨型隆起带（图 1-53）。在古城以西存在一低洼相隔，塔东大型单斜状隆起基本定型，并在古城地区形成一低缓的鼻状凸起。塔中则形成以中央断垒为中脊的向西倾伏的大型鼻状凸起。北民丰－罗布庄隆起北侧的民丰北－且末大断裂活动并向北大规模逆冲隆升，演化为具有断隆性质的呈 NE 走向的线状隆起。塔西南隆起此时也演化为北西倾的单斜隆起，中、上奥陶统、志留系、泥盆系被剥蚀而缺失。塔北隆起演化为北陡南缓的不对称和不规则的长轴状隆起，轮台凸起下古生界被强烈剥蚀，温宿、新和及轮台等局部地区缺失。

盆地东北部的满加尔逐渐抬升变浅,而西南部则明显沉降,盆地的古构造地貌发生了由中加里东期的北东低、西南高转为晚加里东至海西早期的北东高西南低的重大变化。

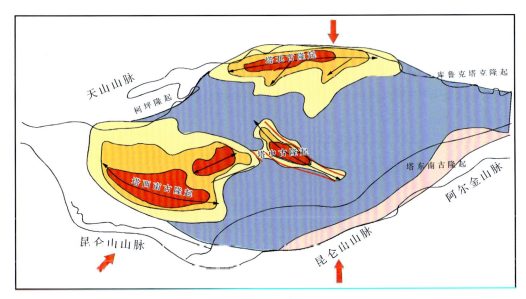

图1-52 塔里木盆地中奥陶世晚期(T_7^4不整合面形成期)的隆坳格局

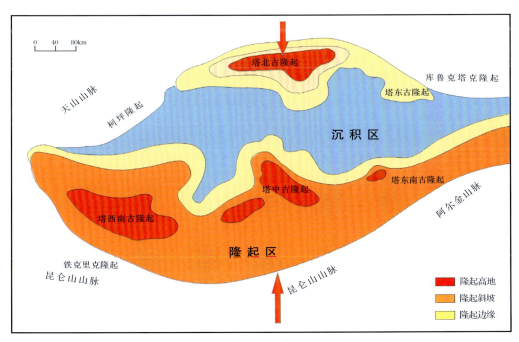

图1-53 塔里木盆地晚奥陶世末期(T_7^0不整合面形成期)的隆坳格局

2. 构造古地理背景和演化

（1）震旦纪—早奥陶世

塔里木地块统一基底形成于新元古代晚期发生的塔里木运动。从震旦纪开始进入了应力松弛和区域伸展的构造背景,新元古代形成的超级古陆Rodinia开始裂解。元古宙形成的"新疆"板块在震旦纪早期发生分离（黄汲清,1990）,使得塔里木陆壳板块分别与其西南侧羌塘地块和东北侧准噶尔地块及北侧中天山的伊犁地块相继分离，至寒武纪塔里木地块周缘出现了洋壳，分别形成昆仑洋和南天山洋、北部古大洋。南北两侧的昆仑和天山地区逐渐从早期裂谷演化为后来的被动大陆边缘。在东北部的库鲁克塔格地区发育了与古亚洲洋开裂相关的板内裂谷支，震旦纪-早寒武世发育了酸性和基性双峰式大陆裂谷火山岩系，形成了由北天山-南天山伸入塔里木地块的满加尔坳拉槽（贾承造，1992，1995，1997，2003；刘生国等，2001）。

下震旦统尤尔美拉克组（柯坪地区）与特瑞爱肯组（库鲁克塔格地区）的冰渍砾岩指示塔里木地块位于高纬度地区。在柯坪地区的上震旦统的紫灰色陆源碎屑岩中夹有多套辉绿岩，表明晚震旦世发生了多次张裂的陆相火山喷发；晚震旦世晚期海水浸漫，发育灰岩与白云岩沉积。在克拉通边缘坳陷出现半深海、深水浊积岩沉积。震旦纪末期的柯坪运动，使塔中和塔西南的剥蚀区扩大，形成了震旦系与上覆寒武系之间的构造不整合面（地震界面 T_9^0）。

早寒武世盆地的西南缘与北缘分别发育北昆仑裂谷盆地和南天山裂谷盆地，盆地内部西高东低，西部发育开阔台地与局限台地沉积；盆地东部为拉张背景下的克拉通边缘坳陷（图1-54）。早寒武世大规模的海侵，盆地西南缘和北缘出现了大陆边缘环境。盆内大部分地区接受一套黑色含磷硅质岩、放射虫硅质岩等较深水环境的沉积。下寒武统底部泥质沉积中富铁镁质和铂族元素异常等的地球化学和矿物学特征证实处于具有上升洋流活动的、伸展被动大陆边缘和陆棚环境（于炳松等，2004）。

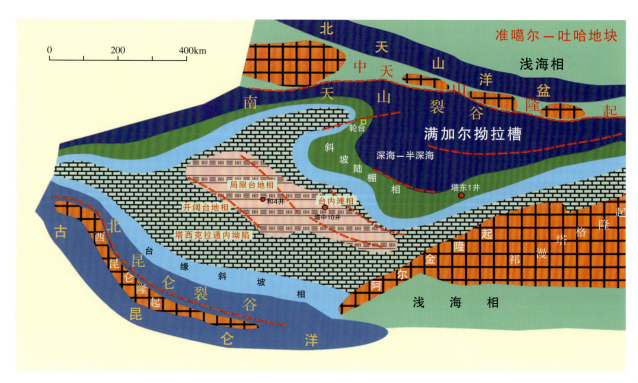

图1-54 早寒武世塔里木盆地构造古地理

中寒武世北昆仑洋开始出现，塔西南缘形成了被动大陆边缘发育开阔台地与斜坡相沉积。早寒武世明显的海侵后，中、晚寒武世海水变浅，盆地以台地相的碳酸盐岩沉积为主。在区域上，从西南向东北方向盆地水体逐渐加深，沉积环境从开阔台地、局限台地或蒸发性台地、陆棚-斜坡带到半深海盆地；台盆区古构造-沉积格局呈北西西、北东东向展布。早古生代塔西南和塔北克拉通碳酸盐岩台地是在古隆起背景上发育起来的。在塔西克拉通内坳陷发育了局限台地相膏泥坪沉积。巴楚-塔中一带从震旦纪

46

至早中寒武世形成近 EW 向的台地边缘斜坡或坳陷，发育有向北倾为主的张性断裂。中央构造带发育局部台地碳酸盐岩、蒸发台地碳酸盐岩及含膏泥岩、盐岩沉积，局部咸化，出现局限海湾潟湖环境，中寒武世曾大面积发育有蒸发台地相沉积。这与处于裂解背景的、由局部小规模的断隆、断洼所复杂化的台缘斜坡地貌有关。塔东仍为克拉通边缘坳陷。盆地东北部的满加尔拗拉槽为半深海环境，发育黑灰色泥质灰岩和泥岩等沉积。具上升洋流活动的陆棚－斜坡环境是高有机质泥质烃源岩广泛发育的有利地带。

晚寒武世北昆仑洋和南天山洋进一步扩张。叶城－和田一带的塔西南隆起（和田隆起）可能已具雏形，形成一水下低隆起带。塔东边缘坳陷沉降加深，主要为欠补偿沉积环境。

早奥陶世盆地的构造古地理面貌继承了寒武纪的总体景观，并逐渐由局限的台地环境向正常开阔台地环境转化，广泛接受白云质灰岩、含硅质碳酸盐岩等沉积。台地范围明显扩大，东部的台地边缘位于塔东地区，形成了向西凸出弧形向北东倾斜的陆架坡折带。陆架坡折边缘可能发育有边缘礁相，斜坡带发育有钙屑碎屑流和钙屑浊流沉积、灰色泥晶－粉晶灰岩、深水黑色钙质泥岩沉积，见有笔石、薄壳腕足等深水化石组合，从斜坡结构估算古海水深度大于 2500m。库南 1 井－满参 1 井－且末连线一带海水深度介于 50～200m。陆架斜坡带以西的广大地区为碳酸盐台地环境，在巴楚及塔中等地区沉积了达 2200m 的厚层碳酸盐岩。早奥陶世早期，局限－半局限台地相发育，沉积物以白云岩、灰质白云岩为主；早奥陶世晚期，半局限－开阔海台地相发育，沉积物以云质灰岩、灰岩为主。在塔中地区，主要发育局限台地相，以厚层状灰色、浅褐灰色泥晶灰岩、白云质灰岩与泥晶、粉晶白云岩等。

（2）中、晚奥陶世—中泥盆世

中、晚奥陶世的构造变革导致盆地构造古地理格局出现明显的变化，总体北东东向或东西向转为北东或北北东向展布，且西高东低，从中西部的台地相碳酸盐岩向东过渡为斜坡、半深水泥质、泥灰质沉积（图1-55）。原盆地的地球动力学背景发生了从张性向挤压背景的重大变化，东部满加尔凹陷内

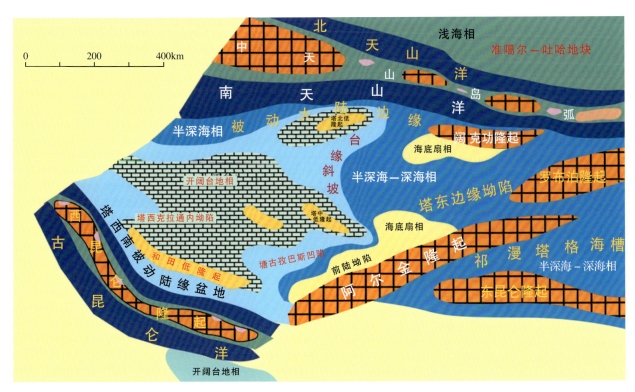

图 1-55　中奥陶世塔里木盆地构造古地理

中、晚奥陶世发育了巨厚的盆底扇浊积碎屑岩、深水泥质沉积。来自东缘的大量陆源碎屑标志着阿尔金北缘和罗布泊地区的挤压隆起。此时沿东南缘发育的塘古孜巴斯凹陷具有前陆坳陷的盆地性质，发育半深水泥质碎屑岩和深水浊积岩。中奥陶世沿塔北隆起、塔中隆起的古隆起边缘或台地边缘斜坡坡折带形成典型的镶嵌陆架边缘型碳酸盐岩台地，沿台地边缘广泛发育了生物礁和滩坝相等高能沉积相。晚奥陶世中晚期曾出现过海平面大规模上升，台地被普遍淹没，出现混积的陆棚环境。

在盆地的北缘的古亚洲洋北支在中奥陶世早期已处于闭合阶段，使阿尔泰古陆与西伯利亚古陆碰撞、褶皱造山并伴有同造山期花岗岩侵入，最终拼贴于西伯利亚板块西南缘成为其增生陆壳。北天山洋盆自中奥陶世沿艾比湖至吐-哈地块南缘向中天山地体之下俯冲，至奥陶纪末期洋盆消减灭亡。早、中奥陶世南天山洋处在裂开阶段，在卡瓦布拉克一带发育了硅质岩、页岩和长石砂岩，在库尔干道班见重力流沉积（张致民，2000）。南天山北缘长阿吾子蛇绿岩中的辉长岩获得（439.4±26.9）Ma 的 ^{40}Ar-^{39}Ar 年龄（郝杰，1993），反映了南天山洋盆在志留纪的进一步发育。南天山奥陶纪主要为碳酸盐岩建造，沿着塔里木地块的北缘，发育了斜坡、浅-半深海相的被动大陆边缘环境下的沉积。阿尔金山发育的近 EW 的早古生代裂陷槽内，发育有近 EW 向分布的基性-超基性岩带，构成了阿尔金山北部早古生代蛇绿混杂岩带，同时发育中、酸性侵入岩带，成因类型主要为I型和A型两种，缺少S型花岗岩，它们可能形成于活动陆缘的沟-弧-盆体系。在拉配泉西边，流纹岩同位素年龄大约为480Ma(Grehels，1999)，因此在中奥陶世可能存在一个阿尔金洋盆（陈宣华等，2001）。它与祁连山地区早、中奥陶世形成完整的沟-弧-盆体系和成熟大洋，可能具有统一的封闭和造山历史（冯益民，1997）。在盆地南缘的北昆仑洋，在奥陶纪末期可能已接近封闭。北昆仑洋的缝合带（蛇绿岩带）主要沿乌依塔格-库地-阿其克库勒湖一线分布，其南侧的早古生代岛弧岩浆岩带，发育了大量早古生代中酸性侵入岩和火山岩，长达 600km 以上。这些岩体的同位素年龄集中在 449Ma～494Ma，属于奥陶纪-志留纪。在中奥陶世时这一俯冲作用可能达到高峰，造成大规模的火山作用和侵入作用以及塔里木盆地的中奥陶统广泛分布的火山灰和火山碎屑层。阿尔金地区自北向南为开阔台地-陆架相，祁漫塔格区推测为裂陷槽。北昆仑洋盆继续发育，为浅海陆架沉积，喀拉昆仑自西向东由陆架演变为半深海-深海沉积环境。

志留纪-中泥盆世塔里木地块南压北张。塔里木板块北缘形成了南天山洋与南天山克拉通边缘坳陷；塔里木板块南缘中昆仑岛弧及中昆仑地体与塔里木块体相碰撞，导致西昆仑带向盆地掩冲，形成了前陆冲断带及其相关盆地系统。晚奥陶世末强烈构造变革后进入了志留纪陆源碎屑坳陷和周缘前陆坳陷的盆地沉积充填阶段。主要的坳陷带为北部坳陷带，盆地古构造地貌显示东北高、西南低的特点，以滨浅海陆源碎屑岩为主，西南边缘见有深海盆地的浊积碎屑岩沉积。从东南向西北方向，形成了从河流-三角洲和碎屑海岸沉积、坳陷中部的浅海碎屑岩到塔北隆起南缘的潮坪、三角洲沉积相带的古地理格局。

（3）晚泥盆世—二叠纪

晚泥盆世-石炭纪出现了北压南张的构造环境，表现在塔里木板块北部，南天山洋盆向北俯冲，形成了中天山岛弧，并在晚石炭世时期发生弧-陆碰撞。而在塔里木板块南缘，古特提斯洋形成，并在早二叠世时期开始向塔里木板块发生俯冲，形成了塔西南弧后盆地。这一阶段最为重要的构造事件包括：①南天山洋盆的闭合，塔里木地块与中天山岛弧及中天山地体发生碰撞，南天山及塔北地区形成前陆冲断带；②古特提斯洋盆的形成与发育（塔西南康西瓦洋盆相当于其北支），塔西南缘再次伸展，成为被动大陆边缘盆地；③北山地区发生强烈的裂陷活动；④北天山地区形成短暂的再生洋盆，并在晚石炭世早期闭合。盆地内部受周缘构造事件的影响在早石炭世顶部、晚石炭世早期地层顶部都可见到不整合面。

晚泥盆世东河塘组沉积期塔里木盆地以塔西克拉通内坳陷的发育为特征，沉积了一套滨岸-浅海陆棚相的砂岩、泥质粉砂岩。由于塔东地区的隆升，盆地向西倾斜，水体西深东浅。石炭纪沉积期海侵范围急剧扩大。早石炭世仅发育了和田、东南、柯坪等低缓隆起，轮南－古城一带的低隆起成为水下低隆起。半闭塞－闭塞台地相占据大部分盆地。克拉通内坳陷分割为西部与东部两个凹陷，西部凹陷的阿瓦提一带沉降较快。北天山裂陷活动加强。塔里木板块北缘被动大陆边缘盆地因南天山洋的俯冲消减而发生分异，水体西深东浅。塔西南缘发育成为成熟的被动大陆边缘。

早石炭世末的构造事件，如南天山洋的关闭导致塔北－塔东弧形隆起的形成，并隔断了与北山裂陷之间的联系。它们与柯坪隆起、和田隆起共同将盆地围限，晚石炭世早期形成面积较广的闭塞台地体系。而在东侧近弧形隆起一带，由于地形高差起伏，物源供给充分，发育三角洲平原－河流体系。在这些隆起的外侧，发育了半闭塞－开阔台地体系。南天山一带成为边缘残余海盆，面积大大缩小。塔西南缘成为被动大陆边缘。

晚石炭世晚期，随着海平面的上升，柯坪与和田隆起成为水下低隆起，塔里木地区成为向西南、南开口的海盆。在弧形隆起环绕部位发育半闭塞－闭塞台地相，其外侧发育开阔台地相。较快的沉降作用形成了大型的克拉通内坳陷盆地。而沿塔里木板块的西南与东南边缘形成了长达数千米的被动大陆边缘。其北侧的和田低隆起为海水覆盖。南天山一带成为残余陆表海湾（图1-56）。

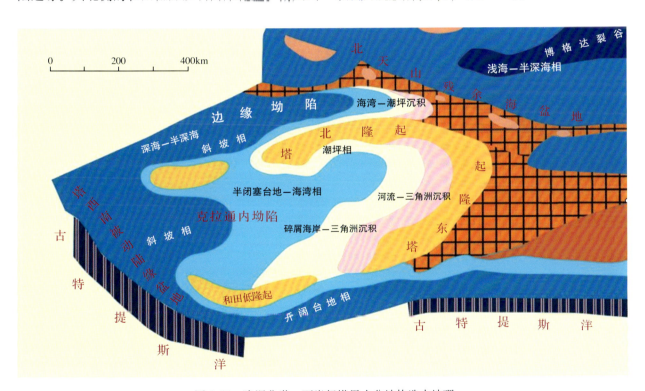

图 1-56　晚泥盆世－石炭纪塔里木盆地构造古地理

二叠纪盆内海水退出，陆相盆地开始发育。北天山裂陷达到最高潮，其东侧可能有初始洋壳生成；盆地内部大规模基性火山岩喷发；古特提斯洋向北侧的西昆仑岛弧下俯冲；南天山前陆冲断带开始活动。这些现象发生于共同的地球动力学环境，其成因也是相互联系的。

早二叠世时古特提斯洋开始沿塔什库尔干－康西瓦－木孜塔格－玛沁向北俯冲，在峡南桥－赛图拉一带，出现陆缘弧，形成钙碱性安山岩、英安岩及火山碎屑岩建造，同时在整个西昆仑陆缘弧带有大量的海西期花岗岩类侵入活动。古特提斯洋的俯冲可能造成此时塔里木板块内部的弧后扩张，导致了板块内部大规模的早二叠世岩墙群和喷溢玄武岩的发育。早二叠世，塔里木盆地发生大规模海退，盆地主体成为隆起剥蚀区。盆地西南部被动大陆边缘盆地中发育了开阔的碳酸盐岩开阔台地，其范围达到巴楚、古董山、和田河一线，柯坪－岳普湖以西为大面积的台地边缘相。南天山洋东段褶皱隆升成陆，只在黑英山以西保留海水，包孜东以北为开阔台地，乌恰以西为大陆斜坡，其间为台地边缘沉积体系。在塔里木北缘可以看到，早二叠世早期为浅海陆棚－台地相的碳酸盐岩－碎屑岩沉积，后期逐渐海退，出现滨岸沼泽相的含煤碎屑岩系。早二叠世晚期以大规模由东向西的海退为特点，仅塔西南尚有局部海域。在北天山海水则是由西向东退出，北天山边缘坳陷内发育了冲积扇体系。从早二叠世末开始，海水从天山及其两侧的塔里木和准噶尔退出，开始了这些碰撞前陆盆地陆相沉积的历史。

中二叠世的塔里木盆地是一个向西倾斜的盆地，东部主要为隆起剥蚀区。康西瓦断裂以南的古特提斯洋板块向塔里木板块开始俯冲，西南缘形成了塔西南弧后盆地，发育了曲流河－滨湖相沉积体系。盆地内部为克拉通盆地内坳陷，发育河流－湖泊相沉积，湖相沉积主要发育在塔西南叶城－和田一带和羊屋3井－巴东2井一带，其余地区主要为河流三角洲，东部近隆起区以辫状河为主，西部靠海盆地区则多为曲流河。塔西北－南天山一带形成边缘坳陷，为残余海湾，由于局部裂解作用的发生，中二叠世早期（康克林组沉积时期），海水曾到达柯坪、印干－四石厂、巴楚小海子等地，海水西深东浅。特别是在西北边缘的卡拉铁克一带已出现半深水－深水的大陆斜坡上的海底扇浊积岩。中二叠世晚期（库普库兹满组及开派兹雷克组时期），南天山海盆萎缩，东部已逐渐隆起，同时受北侧北天山洋盆俯冲的影响，出现大规模中酸性的火山活动。二叠纪早期形成一套中酸性－中基性火山岩夹海相的灰岩和碎屑岩，向上亦为近岸河湖－沼泽相的碎屑含煤岩系所代替，反映了该海盆随着整个天山两侧板块的碰撞而逐渐升起的过程。北天山裂陷强烈发生，祁漫塔格一带形成弧后盆地。由此可见，早－中二叠世是盆地格局变革的重要时期。西南缘的被动大陆边缘盆地演化成为弧后裂陷盆地，南天山海盆退缩，盆地内部陆相沉积完全取代了海相沉积，陆相沉积的范围向东逐渐扩大。

晚二叠世塔里木地块南、北缘都处于挤压环境。强烈的区域挤压作用导致博格达山、天山、塔北－塔东－阿尔金带强烈隆升。准南地区海水全部退出；北天山裂陷消亡，出现河流相沉积。库车－南天山地区冲断作用十分强烈，但还没有（来得及）挠曲沉降形成较大型的前陆盆地，仅仅是一些冲－洪积扇体的发育。塔里木盆地仅限于西南地区，由于西昆仑岩浆岛弧后褶皱冲断带的形成，发育了一个形态极不规则的前陆盆地，出现了浅湖－半深湖相沉积。

古特提斯洋自早－中二叠世开始向北向中昆仑地体下的俯冲在晚二叠世－三叠纪达到高潮，最终导致南侧的甜水海地体（羌塘板块）与塔里木板块发生碰撞。在塔西南地区的表现是晚二叠世杜瓦组上千米厚的陆相磨拉石建造的出现，这标志着自（晚泥盆世）石炭纪－早二叠世发育起来的宽阔被动大陆边缘及中二叠世的弧后伸展盆地遭受改造，晚二叠世形成了弧后前陆盆地，三叠纪盆地西部与东部的大部分地区遭受剥蚀。

二、主要不整合的特征和分布样式

塔里木盆地的不整合一直受到人们的高度重视，对主要不整合的特征和分布已开展过较多的研究，但由于不同学者的重点研究区、研究角度及资料等的不同，对主要不整合面的分布、性质、级次或规模等仍存在不同认识（贾承造等，1995；何登发等，1995；陈子元等，1996；张一伟等，2000）。在经历过漫长的、多期次构造演化的叠合盆地中，不整合的分布样式十分复杂，是多期构造活动、隆坳变迁、多旋回沉积－剥蚀过程的综合响应。不整合的基本特征首先涉及界面上、下不整合的接触关系及其分布，其次是剥蚀时间和剥蚀强度。不整合面分布样式的研究主要涉及两个方面：一是不整合面的接触关系在盆地不同构造区带上的变化特征；二是多个不整合面的组合分布或叠合关系及其与古隆起形成演化的关系。不整合的特征及其组合分布不仅对盆地的形成演化，而且对盆地的油气形成、运聚过程及分布都具有极其重要的控制作用。

1. 主要构造不整合面特征

横跨盆地的网络状主干剖面和重点区大量地震剖面的追踪对比表明，塔里木盆地发育7个盆地规模的一级构造层序和14个一、二级不整合面。一级的构造不整合面不仅剥蚀范围大、剥蚀量大，在盆地大部分地区均表现为角度不整合，而且界面上、下的盆地性质和地球动力学背景发生了重大的变化。如震旦系底（T_{10}^0）、上寒武统底（T_8^1）、志留系底（T_7^0）、上泥盆统底（T_6^0）、三叠系底（T_5^0）、侏罗系底（T_4^6）、古近系底（T_3^1）及第四系底（T_2^0）等构造不整合面。另外，寒武系底（T_9^0）、奥陶系内的上奥陶统底（T_7^4）和上奥陶统中下部（T_7^2）、二叠系底（T_5^4）、白垩系底（T_4^0）、新近系底（T_2^2）等也是盆内发育的次一级的重要不整合面。依据这些主要的不整合面可划分出震旦-显生宙的多个不同规模的构造层序，代表了多个原型盆地的沉积充填（表1-11）。这些不整合面在盆地内显示出极其复杂的组合和分布样式，形成了独特的叠合盆地地质结构（图1-57、图1-58）。

表1—11 塔里木盆地主要不整合面和构造层序

地质时代	构造层序		反射界面	原盆地演化	主要构造不整合	构造旋回
	一级	二级				
Q	VII		T_2^0			早喜马拉雅期
N₁		3	T_2^2	陆内前陆盆地		
	VI	2	T_3^0			
E		1	T_3^1		古近纪末	晚燕山期
K		4	T_4^0	陆内坳陷-前陆坳陷	白垩纪末	燕山期
		3				印支期
	V	2	T_4^6	陆内坳陷	侏罗纪末	
J		1				
T	IV	2	T_5^0	陆内坳陷-前陆坳陷	三叠纪末	
		1				
P₂		4	T_5^1		二叠纪末	晚海西期
P₁	III	3	T_5^4	陆内坳陷 裂陷 克拉通边缘坳陷		
C		2	T_5^7			早海西期
D₃		1	T_6^0			
D₁₊₂		2	T_6^1	周缘前陆盆地 克拉通边缘坳陷	中泥盆世末	
S₃	II					
S₁₊₂		1	T_7^0			
O₃		4	T_7^2	周缘前陆、前隆-克拉通台地	奥陶纪末	中加里东期
		3	T_7^4		晚奥陶世中期	
O₁₊₂		2	T_8^0	克拉通台地 离散（张裂）大陆边缘、拗拉槽	中奥陶世末	早加里东期
€₃	I		T_8^1			
€₁₋₂			T_9^0		寒武世末	
Z		1	T_{10}^0	裂陷、拗拉槽-离散大陆边缘、克拉通台地	震旦纪末	

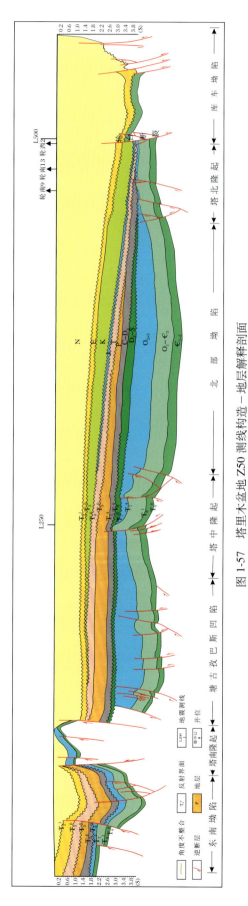

图1-57 塔里木盆地Z50测线构造-地层解释剖面

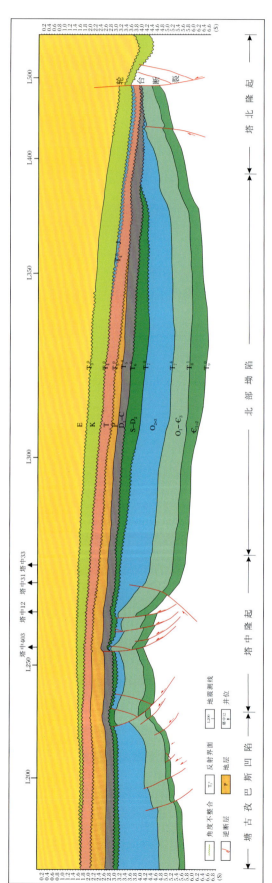

图1-58 塔里木盆地Z55测线构造-地层解释剖面

（1）震旦系底不整合面（T_{10}^{0}）

塔里木盆地的震旦系广泛不整合于前震旦的古老结晶基底之上。新元古代晚期的塔里木运动标志着塔里木盆地地块统一基底的形成，随后经历了长期的侵蚀和夷平作用。在盆地周边露头区，均可观察到明显的前震旦系顶不整合侵蚀面。如在库鲁克塔格地区，下震旦统贝义西组不整合在青白口系帕尔岗塔格群之上；柯坪地区，下震旦统乔恩布拉克组不整合在古元古界阿克苏群之上；铁克里克地区，下震旦统恰克马克力克组不整合在青白口系苏库罗克群之上。

在地震剖面上，震旦系底不整合面显示为清晰的、强的同向轴（T_{10}^{0}），具有广泛上超的接触关系；界面下伏多为均一的空白反射带，代表古老的基底变质岩系。在盆地中西部地区，沿这一不整合面发育有较大规模的下切河谷充填；在盆地东北部和南部震旦系底部由东向西、向南大规模上超。

（2）寒武系底不整合面（T_{9}^{0}）

寒武系与下伏前寒武系之间存在明显的角度不整合关系，塔东地区最为明显（图1-59）。地震剖面上寒武系为一套连续强振幅反射波组，全区分布稳定可连续追踪对比；下伏震旦系地震层序、地震反射特征变化较大，西部地震反射弱连续，对比较困难，而东部地区则表现为强振幅反射特征，角度关系明显；在塔中地区古生代地层中，由下至上，各不整合界面的发育特征也是有很大差异的。寒武系底部不整合面（T_{9}^{0}）和上寒武统底部不整合（T_{8}^{1}）反射特征相近，反射能量较低，波组比较连续，不整合界面平缓，呈低角度不整合，削蚀和上超现象不发育。在柯坪地区下寒武统的玉尔吐斯组与下伏震旦系为平行不整合接触。

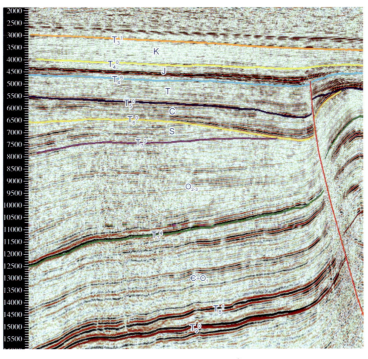

图1-59　草湖CH03-132SN剖面示T_{9}^{0}角度不整合特征

（3）上奥陶统底不整合面（T_{7}^{4}）

上奥陶统底部不整合（T_{7}^{4}）在塔中地区的地震剖面上显示反射能量强、反射波组特征明显、连续，是古生代地层的不整合界面中最容易识别和对比的界面（图1-60）。在中央断垒带附近，T_{7}^{4}界面有尖灭现象。该界面之上多发育上超现象，之下发育削蚀现象。T_7^4 反射层为界面下伏层地震反射波组多为弱振幅杂乱反射，而上覆地震波组则为较连续的反射特征。

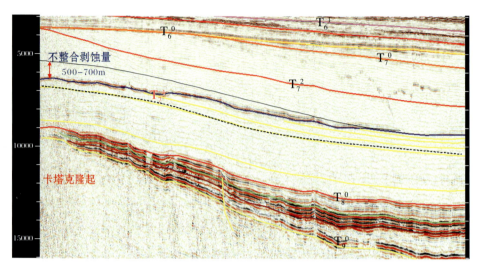

图 1-60 TZ386 剖面示 T_7^4、T_7^2、T_7^0 等界面地震反射特征

上奥陶统中下部不整合（T_7^2）也是塔中地区一个很重要的不整合界面，它是碎屑岩（泥岩）与碳酸盐（灰岩、白云岩）的分界。地震反射波较连续、反射能量较强，该界面分布于塔中地区的大部分区域，在 5 号构造带附近及以南有缺失。该界面上的上超和削蚀现象也比较清晰。

（4）志留系底不整合面（T_7^0）

在东西向地震剖面上 T_7^0 反射波组对下伏奥陶系有明显剥蚀现象；在南北向剖面上，塔北南坡奥陶系顶部地震反射波组以由南向北剥蚀尖灭为主要特征，在塔中的北斜坡也可明显见到奥陶系顶部地震反射波组都被 T_7^0 反射波组削蚀，反射能量较强、反射较连续，上超现象不如 T_7^4 界面发育。局部地区形成沉积楔形体，表明该时期构造活动较强烈，不是简单的隆升，大部分地区遭受强烈剥蚀作用。在东南部与上覆不整合界面叠合（表现为志留系底部地层大面积缺失）。从而在塔北南坡和塔中北坡形成了较大面积的角度不整合发育区，在北部坳陷内发育了平行不整合。

（5）上泥盆统底不整合面（T_6^0）

上泥盆统底部不整合是塔里木盆地内分布十分广泛的区域性不整合面之一。地震反射能量较强，反射波连续，对下伏地层的削蚀作用非常强烈，主要分布于塔北南坡、满加尔凹陷东部、塔中、巴楚隆起等区内。塔中地区绝大多数地方都缺失下泥盆统和上志留统，局部地方甚至将志留系完全剥蚀，使 T_6^0 界面与 T_7^0 界面叠合，局部地区奥陶系也遭受剥蚀，使泥盆系东河砂岩直接覆盖于奥陶系之上。塔西南坳陷与昆仑山前可见上泥盆统奇自拉夫组，广泛不整合于前泥盆系之上。钻井资料也证实了这一不整合面的存在，井下取心明显看到东河砂岩与下伏地层间存在角度不整合。此不整合面的形成与海平面下降、大规模海退有关（何登发，1994），也与中昆仑岛弧与塔里木板块的弧－陆碰撞与挤压变形有关。

（6）三叠系底不整合面（T_5^0）

三叠系主要分布于库车坳陷、北部坳陷中部、塔北隆起的轮台断隆以南和塔东南隆起区以北的地区，在塔北隆起南坡和塔东南隆起北坡的三叠系分别由北向南和由南向北与奥陶系、志留系、泥盆系、石炭系及二叠系呈角度不整合接触；在满加尔及塔中地区，与下伏上二叠统地层呈低角度不整合－侵蚀不整合接触；其他地区与上二叠统呈平行不整合和整合接触。

（7）侏罗系底不整合面（T_4^6）

该不整合面在地震剖面上总体表现为上覆侏罗系地震层序以弱连续弱振幅反射削截下伏三叠—奥陶系地震反射，而下伏地震反射同相轴产状以向西南或向北、北西倾为特征。主要分布于盆地东部地区的掌唐至塔东一线，对下伏三叠系及古生界剥蚀厚度最大。在塔北的南斜坡－孔雀河斜坡一线，下伏地震反射波组由南向北被 T_4^6 剥蚀（图1-61）。在南部的塔东1井一带则自北而南被剥蚀。它的形成主要与三叠纪末甜水海－羌塘地体与塔里木板块的碰撞拼贴有关。

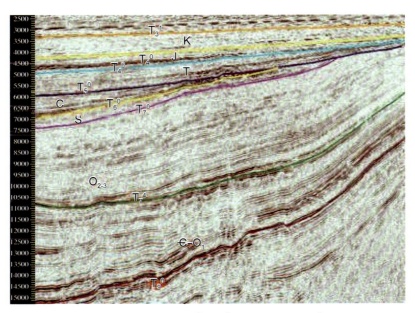

图1-61　草湖 CH03-96EW 剖面示 T_5^0、T_4^6 削蚀不整合及 T_7^4 下超不整合特征

（8）白垩系底不整合面（T_4^0）

白垩系主要分布于盆地的库车、塔西南和北部坳陷的东部，与下伏地层主要为角度不整合。在盆地中部 T_4^0 反射层对下伏地层具明显削蚀现象。在孔雀河斜坡区由南向北白垩系角度不整合于侏罗系及基岩之上。

（9）古近系底不整合面（T_3^1）

白垩纪末期，塔里木盆地及周缘发生剧烈的构造运动，广泛发育了古近系与下伏地层间的不整合。在地震剖面上 T_3^1 反射层序与下伏反射层位之间呈明显的角度不整合关系，具明显的下剥上超反射特征，使古近系直接覆盖在中生界及石炭系、二叠系之上。

（10）新近系底不整合面（T_2^2）

古近系在盆地内除巴楚隆起等部分地区缺失外，盆地大部都有分布，且其反射层序为一多相位组成的高频、连续－弱连续、中强振幅的反射波组，一般为上超下剥关系。其中以库车坳陷、麦盖提斜坡、巴楚隆起及塔东等地区较为明显，是喜马拉雅早期构造运动的产物。

2. 不整合面的组合和分布样式

叠合盆地内不整合的分布样式直接与盆内的隆凹变迁、沉积－剥蚀史有关，并受到周边板块构造背景的制约。从盆地规模上，不整合的分布和组合样式显示出特定的样式：从隆起区向凹陷区，大体可划分出三个不整合发育带（图1-62），即古高隆区叠合不整合带、古隆起斜坡区不整合三角带和隆坳过渡区平行不整合或者整合带。其中不整合三角带内部依据交角大小可进一步区分出高角度叠合不整合三角带和低角度削蚀或微角度不整合三角带，不整合三角带又进一步可分出界面上的上超不整合三角带和界面下形成的削蚀不整合三角带。

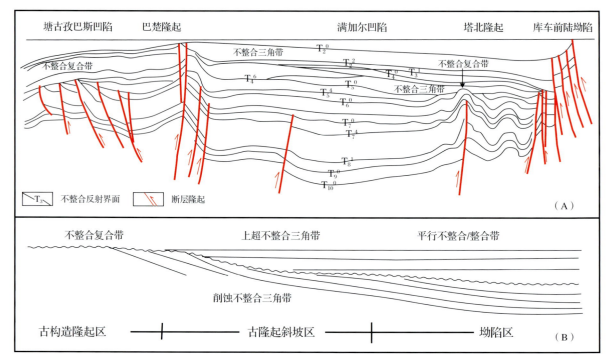

图1-62　叠合盆地内不整合分布模式

（1）叠合不整合带

不整合叠合带表现为多个一级的构造不整合面或一级的不整合面与次级的不整合面的复合带。不整合面的叠合带代表了盆内古隆起高隆区的分布部位。一个不整合叠合带往往存在一个主不整合面，其剥蚀范围大，剥蚀量大，剥蚀时间一般较长，代表最主要的隆起剥蚀期。识别叠合带中的主不整合面是极其重要的，这是确定主构造运动幕的一个关键。不同期的不整合叠合带的分布部位往往是不一致的，反映了不同期古隆起高点的变化。叠合区范围的大小反映了古隆起的规模大小，其展布方向与盆地周边构造作用和基底构造等密切相关。过塔里木盆地中部的大剖面显示了古隆起上多个不整合面的叠合带（图1-62）。

（2）不整合三角带

不整合三角带是指由主不整合面与次不整合面构成的三角带。不整合三角带是明显角度不整合接触发育带，也是从高隆区向凹陷区过渡的古隆起斜坡区或过渡带。高角度叠合不整合带主要表现为一级构造层序界面与下伏地层层序界面或者次级不整合界面呈高角度相交的叠合不整合接触关系。从不整合三角带的构成样式上，可划分出削截不整合三角带和上超不整合三角带。削截式叠合表现为主不整合面削蚀下伏的次一级不整合，造成不整合面三角带。地震剖面反射特征为：反射能量强，反射连续性好，下伏地层通常被削蚀减薄。这种结构也反映出高隆区的叠合带是一种削截叠合带。T_6^0界面削

蚀 T_7^0、T_7^4 界面形成的高角度不整合三角带和 T_3^0 削蚀 T_4^0、T_4^6 形成的高角度不整合三角带以及 T_4^6 削蚀 T_5^0、T_5^7、T_6^0、T_7^0、T_7^4 及 T_9^0 形成的高角度不整合三角带。高角度叠合不整合带的分布区通常发育在相对高隆起区，或构造隆升相对强烈的地区，也是油气运移的主要指向区。这个区带经过多次构造作用叠加、改造，长期遭受风化剥蚀，使不整合界面之下的储层孔渗性大大增强，成为良好的油气储集场所。如果岩性组合适宜，可以形成各类削蚀不整合油气圈闭和超覆不整合油气圈闭，是油气勘探的主要地区。

上超不整合三角带是由次一级的不整合面上超于主不整合面之上形成的不整合三角带。这种不整合构成中的主不整合面位于三角带的下部，高隆区的叠合带为上超式叠合带。如图 1-63 所示 T_{10}^0 与 T_9^0、T_8^1 形成的上超不整合三角带、T_7^0 与上伏的 T_6^1、T_6^2 形成的不整合三角带及 T_6^0 与 T_5^7 形成的上超不整合三角带。不整合三角带的构成和分布反映出当时古隆起斜坡带的分布和古地形等特征，这一个带是形成大型不整合或岩性—地层圈闭的有利地带。三角带内主不整合面与次不整合面或地层界面的交角大小反映出构造隆起的强度，高角度相交无疑与相对强的构造作用有关。

低角度或微角度不整合区主要表现为一级构造层序界面与下伏地层层序界面或者次级不整合界面呈低角度或者微角度的不整合接触关系。地震剖面反射特征为：反射能量较强，反射连续，不整合界面之下地层被逐渐削蚀，或者不整合面之上地层逐渐上超尖灭。低角度或微角度不整合区通常发育在斜坡区或隆起区与洼陷区过渡的部位。这种不整合界面的组合可以形成削蚀不整合三角带或上超不整合三角带，不整合界面可以作为良好的油气通道，对其下储层性质也有改善。如果岩性组合适宜，可以形成多种不整合圈闭和不整合油气藏，可以作为油气勘探的有利区带。

（3）平行不整合和整合带

从不整合三角带向凹陷区，不整合面过渡为平行不整合带以至整合带。这个带的古斜坡小，是从隆起斜坡区向凹陷区过渡的地带。主要表现为地层或层序界面间为平行不整合或整合接触。其地震剖面反射特征为：不整合界面反射能量弱，界面上、下反射波组与不整合界面平行，不整合界面上下地层产状基本相同，通常发育于构造相对平缓区。

研究表明，塔里木盆地广泛发育的古隆起区均可划分出上述不整合面分带。识别以上三个不整合带的分布是再造古隆起或古地貌的一个关键。

3. 古生界主要不整合特征及剥蚀量分布

（1）中、晚奥陶世主要不整合的分布及其剥蚀量分布

晚奥陶世末形成的不整合（T_7^0）是盆内早古生代发育的最重要的不整合之一，这一不整合在盆地大部分地区表现为角度不整合。本书通过地震剖面外延地层结构的方法估算了地层剥蚀厚度并进行平面编图，同时追踪了不整合的分布组合特征。从所编制的不整合分布和剥蚀量分布图中可以看出，从南向北展示出三个不同的分布样式和剥蚀量的分布带（图 1-63）：

从巴楚隆起－塔中隆起以南为大面积的角度不整合面分布区，总体上显示出由西南向东北方向隆起减弱的趋势。巴楚以南至塔西南缘为强烈的削蚀区，形成 T_7^0 与下伏的 T_7^2、T_7^4 等不整合界面的削截叠合区，向东或东南方向过渡为 T_7^4 与 T_7^0 的不整合三角带。由于剖面质量较差，西南部的 T_7^0 与下伏 T_7^4 不整合叠合区的剥蚀厚度难以估算，最大厚度至少在 500m 以上。向北变小，向东到塘北断裂带及塔中隆起的中部，剥蚀量巨大，估算最大达 1000～1500m，形成一个向北凸的最大剥蚀区。但由于中、上奥陶统的沉积厚度大，一般没有大面积削蚀到 T_7^4 界面形成叠合带。最大剥蚀区内的最大剥蚀厚度带，具有北东、北北东向的分布趋势。再向盆地东、东北缘，剥蚀量具有减小的趋势，削蚀

作用也变弱。

　　沿盆地西北缘的塔北隆起也为角度不整合区，在其中，北部形成了 T_7^0 与下伏的 T_7^4 等不整合界面的削截叠合带，最大剥蚀厚度在 1000～1200m。塔北隆起的南斜坡为 T_7^0 与 T_7^4 的高角度不整合三角带。在轮南和孔雀河低凸起形成两个向南或西南方向凸出、剥蚀厚度较大的高角度不整合三角带，并与塔中隆起向北凸出的不整合三角带对应。在轮南低凸起上 T_7^0 的剥蚀厚度最大达 500～1000m；孔雀河低凸起一带约为 500m。

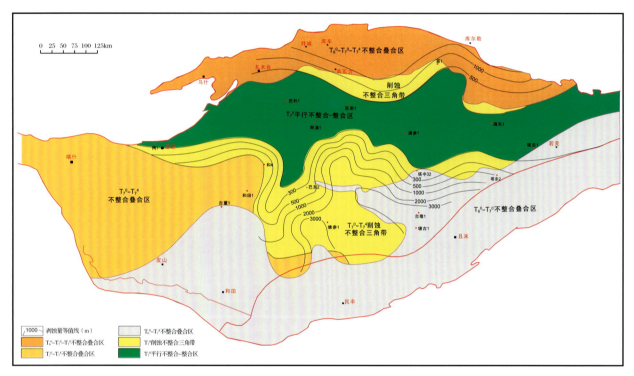

图 1-63　塔里木盆地 T_7^0 界面不整合类型和剥蚀量分布

　　北部坳陷带为平行不整合或整合分布区。满加尔凹陷与阿瓦提凹陷间存在北东东向的平行、微角度不整合低凸起带。总体上，盆地这一时期的剥蚀地貌具有西高、东低；南、北高，北部坳陷带低的南北分带的剥蚀地形格局。塘北断裂带至塔中中部的剥蚀厚度大，是一个较强的剥蚀带，但 T_7^0 没有剥蚀到 T_7^4 界面形成叠合带；而塔北隆起带受到了较强的剥蚀作用，形成了 T_7^0 不整合面大面积强烈削蚀到 T_7^4 界面，T_7^0 与 T_7^4 形成大面积的叠合带。因此，塔北隆起带上的中、下奥陶统遭受了更为强烈的剥蚀风化作用，T_7^0 构造变革期塔北隆起比塔中隆起更有利于风化类储层的发育。

　　中奥陶世末形成的不整合面（T_7^4）是盆地从伸长背景转向挤压背景时所形成的不整合面。在塔中这一不整合面标志着中央隆起带的开始发育。塔中隆起带及邻区 T_7^4 不整合面的剥蚀量约为 300～500m（图 1-64），最厚的剥蚀带位于中央断隆带和塔中 10 断隆带，厚 400～500m，呈条带状分布。向东塔中断裂带收敛的高隆区剥蚀厚度也较大。结合构造样式分析表明，塔中凸起带上 T_7^4 界面的最大剥蚀带的分布明显受控于断隆带的分布。最大的削蚀部位分布于中央断裂带和塔中 10 断裂带背冲断垒高部位。

塔中隆起东北斜坡的古城墟地区 T_7^4 不整合界面的剥蚀厚度 400 ~ 700m，呈北东向分布，面积较大。在东西向的地震剖面上可清晰地观察到 T_7^4 界面对下伏地层的明显剥蚀削截现象。这表明古城墟地区在 T_7^4 构造变革期就已明显隆起。由西向东剥蚀量具有增大的趋势，反映当时的古隆起是由东向西倾没的。

另一北西西向的剥蚀带是沿吐木休克断裂－巴东断裂分布的。T_7^4 界面剥蚀厚度约为 300 ~ 500m，剥蚀范围较大。这一剥蚀隆起带与吐木休克等断裂的挤压反转隆起有关。同时，东南部沿塘北断隆至卡塔克 5 号断裂带也形成一明显的剥蚀带，剥蚀厚度 400 ~ 500m，呈北东向弧形分布。

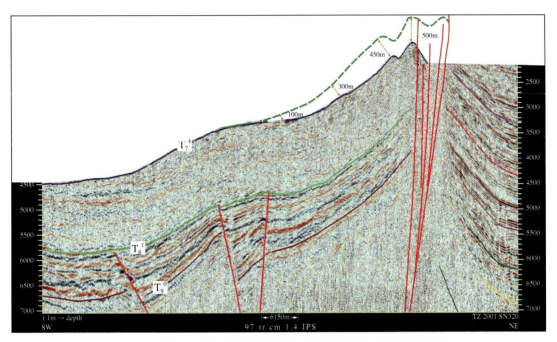

图 1-64　塔中 320 剖面示地层相关变形外延法进行 T_7^4 剥蚀量恢复

总体来说，剥蚀带的分布具有北西西向与北东向叠加的特点。从古城墟至塘北断隆，形成一北东向弧形的剥蚀带。塔中凸起上的塔 10 断隆、中央断垒、至吐木休克断裂北段，形成了北西西向斜列状分布的剥蚀带。因此，这一时期的隆升与来自南或南东方向的挤压作用有关，早期发育的张性北西西向断裂发生了右旋压扭反转隆升。

（2）晚泥盆世末（T_6^0）不整合分布样式和剥蚀量分布

T_6^0 不整合面是塔里木盆地内规模最大的一个构造不整合面之一。高角度不整合带主要沿盆地北部塔北隆起和盆地南部和田隆起、塔南至满加尔南部分布。盆地总体具有北东向展布的剥蚀地貌（图 1-65），沿盆地北部近北东向的塔北隆起及东端的孔雀河斜坡分布。剥蚀厚度从塔北隆起的中段至孔雀河一带较大，达 1000m 以上。孔雀河斜坡剥蚀量最大，达 1000 ~ 1500m。在轮南以北削蚀作用强，形成了近北东向的 T_6^0、T_7^0 及 T_7^4 等重要不整合面的叠合带。从英买力、轮南等一带发育了较陡的 T_6^0、T_7^0 及 T_7^4 等重要不整合面的削蚀三角带，剥蚀厚度 500 ~ 1000m。向东至孔雀河斜坡，这一时期形成 T_6^0 和 T_7^0 不整合界面的叠合带和 T_7^0 的不整合三角带。与 T_6^0 不整合面相比，最大的剥蚀带由西往东迁移，孔雀河斜坡一带的剥蚀强度比 T_7^0 期明显加大。

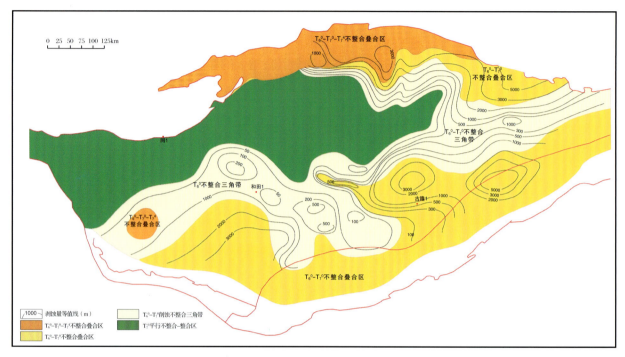

图 1-65　塔里木盆地 T_6^0 界面不整合类型和剥蚀量分布

从和田古隆起至塘北、塔中至满加尔凹陷东南部形成近北东向的一个 T_6^0 不整合面的大型角度不整合剥蚀带。范围大，剥蚀强度大，沿盆地的整个东南、东北缘形成了 T_6^0 和 T_7^0 不整合界面的叠合带，剥蚀厚度达数千米。最大剥蚀区分布在和田古隆起及以北一带、塘北、塔中隆起东部古城墟地区，剥蚀量最大达 1000m 以上。古城墟地区的剥蚀量可达 1500m。塔中隆起 T_6^0 和 T_7^0 不整合界面的叠合带，近东西展布，向西变窄、向东加宽与古城墟地区相联，反映出古隆起由东向西倾没。

北部坳陷的东部比西部受到更明显的挤压和抬升隆起作用。满加尔凹陷整体受到了挤压隆起，形成了角度不整合区，剥蚀厚度在 500～1000m。向西剥蚀量变小，西至阿瓦提凹陷，过渡为平行不整合或整合带，形成了一个由北东向南西开口和倾斜的相对坳陷带。

总体上，T_6^0 构造变革期的剥蚀带分布特征和不整合样式，反映出在海西早期的构造运动使盆地的东北、东南缘受到了强烈的挤压，形成了北缘和东南缘的强烈隆起剥蚀带。来自南东和北东方向的构造挤压作用，使盆地由东向西掀斜隆起。因此，盆地具有北高、中部低，东部高、西部低的剥蚀地貌。西北部的塔北隆起比东南缘的塔中、塔东南隆起遭受的剥蚀更为强烈，但东南缘的隆起面积大，形成向西北掀斜的剥蚀斜坡。巴楚凸起在这一时期似乎没有受到明显的隆升作用。这一地貌地形对晚泥盆-早石炭的海侵和东河砂岩的发育分布可能产生重要的影响。

4. 周边板块构造作用对隆起剥蚀作用的制约

前震旦纪形成的元古宙"新疆"板块，在震旦纪早期开始破裂、离散（黄汲清，1990），塔里木陆壳板块分别与其西南侧羌塘地块和东北侧准噶尔地块及北侧中天山的伊犁地块相继分离，从震旦纪至寒武纪，随着板块不断裂解，形成了昆仑洋、南天山洋、北部古大洋，塔里木陆块及周缘地区处于伸展构造环境。奥陶纪是周边板块构造背景发育重大转折和变革时期。初步分析表明，塔里木盆地古生代发育的 T_7^4、T_7^0 及 T_6^0 等三个构造不整合面所代表的三次重要的构造变革，是盆地周边板块构造作用的结果。

（1）晚奥陶世构造变革期

早奥陶世至中奥陶世早期，周边北昆仑洋、北天山洋、阿尔金洋已由洋盆扩张转向闭合挤压背景。沿西昆仑乌依塔格－库地－阿其克库勒湖－香日德缝合带南侧发育的大量岛弧型早古生代中酸性侵入岩和火山岩，其同位素年龄集中在 $449 \sim 494Ma$（马瑞士等，1995），表明俯冲作用发生在奥陶纪－志留纪。在中奥陶世时这一俯冲作用达到高峰，造成大规模的火山作用和侵入作用。在塔里木盆地的中奥陶世地层中火山灰和火山碎屑沉积广泛发育。阿尔金山北缘地区早古生代坳拉槽内岛弧构造环境的中、酸性侵入岩带和蛇绿岩，形成于包括岛弧、洋中脊和板内等各种构造环境在内的大洋环境。其中拉配泉西边的流纹岩同位素年龄大约为480Ma（Grehels，1999），与祁连山地区早、中奥陶世同属于完整的沟－弧－盆体系和成熟大洋（冯益民，1997），可能具有一段共同的造山作用历史，形成阿尔金－祁连造山带，在中、晚奥陶世碰撞闭合。

盆内的 T_7^4（中奥陶世末至晚奥陶世早期）、T_7^2（晚奥陶世早中期）和 T_7^0（晚奥陶世末）等不整合面界面的形成显然与上述周边板块构造背景密切相关。在卡塔克隆起带、塘北断裂带等 T_7^4、T_7^2、T_7^0 构造界面的隆升剥蚀均与断裂的挤压反转形成的断隆有关。T_7^4、T_7^0 构造界面的剥蚀带的分布具有北西西向与北东向叠加的特点。从古城墟至塘北断隆，形成一北东向弧形的隆起剥蚀带，断裂为压性或压扭性，塘北断裂带的断隆排列反映出左旋压扭的特征；而塔中隆起上的塔10断隆、中央断垒、至吐木休克断裂北段，形成了北西西向斜列状分布的隆起剥蚀带，是沿早期的张性断裂发生右旋压扭的结果。因此，这一时期的隆升与来自南或南东方向的挤压作用有关。西昆仑、特别是东昆仑西段在早奥陶世末至晚奥陶的向北碰撞和挤入，是造成上述结果的主要原因。与此同时，阿尔金沟－弧－盆体系的消亡挤压导致阿尔金北缘地区与罗布泊地区褶皱隆起，成为满加尔凹陷大型海底扇沉积的重要物源。

（2）晚泥盆世—早石炭世构造变革期

北昆仑洋的消减闭合导致了中昆仑早古生代岛弧和中昆仑地体相继与塔里木板块发生碰撞，形成了碰撞造山带。志留纪—泥盆纪，进一步的碰撞造山在塔西南地区形成了前陆褶皱冲断带雏形和周缘前陆盆地。在盆地南缘发育的前陆冲断带系统，包括南部冲断带、塘古孜巴斯构造三角带和塘北后冲带等次级构造带。冲断带自昆仑山内部从南往北可以划分出多排逆冲带。从盆内 T_6^0 界面的剥蚀带分布来看，盆地主要受到了来自东南方向的挤压或压扭作用，显然直接与北东向的冲断逆冲前锋带的形成有关。塘古孜巴斯构造三角带的形成和塘北反向后冲断褶皱带的发育反映了形成同一的构造变形体制。后冲带的石炭系与泥盆系、志留系及其以下地层呈角度不整合接触。

从中、晚泥盆世开始，南天山洋已由扩张阶段转为聚合封闭阶段，盆地北缘处在聚合、挤压的构造背景。南天山地区中－晚泥盆世碳酸盐岩角度不整合于变形、变质的早泥盆世地层之上。在亦格尔大坂一带广泛发育中泥盆统厚层灰岩夹薄层灰岩构成的大规模推覆体（吴文奎等，1992）。此外，南天山有一系列大型海西早期花岗岩岩基，包括艾尔宾山岩体、克孜勒塔格岩体等，侵位的最新地层为上泥盆统，并被下石炭统底砾沉积覆盖。花岗岩为典型的"S"型花岗岩，为造山后期陆壳碰撞阶段的产物。南天山的聚合、挤压和阿尔金沟－弧－盆体系的消亡挤压是导致了塔北再度隆起和满加尔凹陷褶皱并向西掀斜隆起的主要原因。

从盆地总体的剥蚀量和不整合结构分布可看出，盆地南缘的挤压对盆地隆升的影响具有从西向东随时间逐次加强；而北缘也具有相应的变化趋势，这与北昆仑洋由西向东的剪刀叉式相继关闭与碰撞可能存在成因联系。

三、古隆起地貌与地层圈闭

盆地区多年的油气勘探和研究已表明，台盆区古生代的古构造、古地貌演化是控制成藏条件的关键因素。加里东和海西构造旋回原盆地形成以横跨盆地的大型北西西、北东东向的古隆起带为主体，并与北东、北北东向隆起或鼻状隆起相叠合的分布样式。古隆起、古斜坡区的不断变迁和沉降、隆升，导致了多旋回的沉积－剥蚀过程，形成了广泛分布的大型地层超覆－退覆带、岩相变化及岩溶带，控制着盆内主要储盖组合的形成分布，决定着复杂岩性－地层或构造－地层油气藏的形成和分布。据统计，古隆起、古斜坡带的岩性地层或构造－地层圈闭有关的油气藏，赋存了台盆区80%以上的油气资源。

从目前盆地区的油气勘探情况看，古隆起和古斜坡带的有利储层和圈闭发育区主要分布于下列古构造－古环境单元：①断隆高地的风化壳、岩溶储层的发育分布；②断隆平台与古斜坡坡折带的高能碳酸盐岩相带；③古斜坡或隆起倾没端的削蚀或上超不整合三角带形成的地层圈闭；④古隆起带的冲断块、断背斜、断展背斜带及披覆背斜带。

1. 中、晚奥陶世碳酸盐岩古隆起地貌与有利储层的分布

沉积盆地的古（构造）地貌是近年来在国际上颇关注的研究课题。以地震资料为基础的古地貌恢复研究，即"地震古地貌学"已成为沉积地质和盆地分析领域一个重要的新分支学科。本项研究综合利用地震、测井及露头资料，在结合沉积相特征等分析的基础上，通过拉平古隆起不同时期沉积层或古沉积水平面来恢复古隆起的地貌特征，揭示了重要盆地演化阶段古隆起的构造古地貌特征及其演化。

（1）古隆起地貌单元

研究表明，从古隆起到盆地坳陷带划分出一系列古构造地貌单元，包括古隆起顶部的高隆带、隆起边缘斜坡、陆棚斜坡和低凸起平台、陆架坡折以及深海盆地等（图1-66、图1-67）。盆地的构造古地理明显受到古构造地貌的控制。

高隆带：多为断隆高地或断隆平台区，断隆高地一般由背冲的断垒或高角度逆冲断块组成。中、晚奥陶世塔中隆起的中央断垒带、V号断裂带、塘北断裂带等均形成宽约10～20km宽的长条形的断隆高地。塔北隆起北部为遭受强烈剥蚀的分布广泛的高隆剥蚀带。

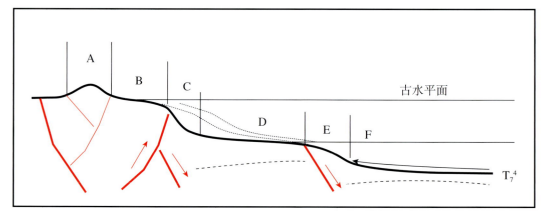

图1-66 古隆起构造地貌对储层发育分布的控制示意

A—断隆高地；B—断隆平台；C—台地边缘斜坡；D—陆架斜坡和浅水低隆起平台；E—陆架坡折；

F—深海盆地

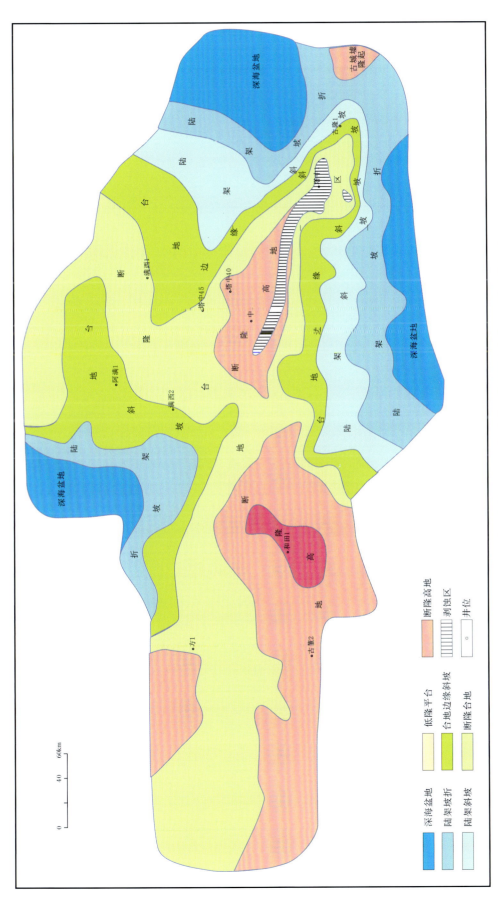

图1-67　塔里木盆地中央隆起带中、晚奥陶世塔中及邻区古构造－沉积地貌纹分布

古隆边缘斜坡带或坡折带：该带是指从高隆带或断隆平台区向陆棚浅水台地过渡的边缘斜坡带。塔北古隆起的东南边缘斜坡带发育有中晚奥陶世的边缘斜坡或坡折带，并发生过明显的迁移。塔中古隆起带的东西两侧均发育有台隆边缘斜坡坡折带，古隆起北侧的Ⅰ号断裂带在中－晚奥陶世形成较陡的台缘斜坡坡折带，向西沿吐木休克断裂带也有发育并可追踪到现今盆地边缘的露头区；古隆起东南侧的台缘斜坡沿古隆起南缘断裂带、巴东断裂、塔中 7、8 井断裂带分布，向西南方向过渡到和田河东古隆起的东南台缘斜坡带。值得指出，北侧台隆边缘斜坡向北与深海环境相对，而南斜坡向南过渡为相对浅的海湾或陆棚环境；同时，南缘斜坡带是一个相对宽的浅水台地，而北侧的一号断裂坡折形成的一个较陡的高能斜坡。古城墟低凸起在这一时期还没有形成，为一微凸起斜坡，其北侧以陆架坡折向深水盆地过渡。在 T_7^4 界面形成期出现过大面积的暴露和局部剥蚀，海平面可能下降到满加尔大陆斜坡之下。

陆棚斜坡和浅水低隆起或平台：它为滨浅海的陆棚缓坡带，可发育低伏的浅水低隆起。中奥陶世区内的古城墟低凸起及其向西的延伸区，至顺托果勒低凸起形成了一个塔中隆起北斜坡的浅水低隆起平台；塔北隆起边缘坡折以南也为广泛的陆棚斜坡和浅水低隆起平台区。在中、晚奥陶世主要的隆升期，伴随海平面大幅下降，这些地带可大面积暴露。塔中隆起的东南侧存在相对较窄的陆棚斜坡带，其东南方向过渡到塘古孜巴斯前陆坳陷的半深海环境。

陆架坡折带：这是陆架向深海平面过渡的突变斜坡带，北部陆棚斜坡区向北东方向与满加尔凹陷深水盆地过渡带发育典型的陆架坡折带。从野外资料及地震剖面看，陆架坡折以下的中、晚奥陶世的深海浊积沉积厚数千米。这一陆架坡折在晚寒武至早奥陶世已开始形成，并逐渐由西向东迁移。从斜坡结构估算，下坡折带的古海水深度大约 2500m。

陆深水盆地平原：它为陆架坡折至深海平原区，发育深水泥质、硅质岩和重力流沉积。

在 T_7^4 不整合变革期，北昆仑洋开始关闭，中昆仑地块与塔里木盆地的碰撞导致了卡塔克断裂带的反转隆起和盆地总体的隆升，相对海平面大幅下降。最低期下降到古城墟低凸起北缘的陆架坡折带以下，仅在陆架坡折以下接受了中奥陶世早期沉积。与晚奥陶世高海平面相比，相对落差达 2500 多米。这一时期以古城墟低凸起为主体的北斜坡带低隆起平台区大面积暴露，古城墟低凸平台的暴露面积大。从早奥陶末至中奥陶末，这一地区遭受了明显的剥蚀和风化淋滤，界面上的最大剥蚀厚度达 600～700m。中奥陶末，塔东南隆起以北地区由挤压隆起转为挤压挠曲沉积，开始发育前陆盆地。在卡塔克、吐木休克断裂带由基底破裂形成了类似破裂前陆的沉降带。T_7^4 界面后的快速沉降和海侵，古城墟低凸起及北斜坡带被浅海迅速淹没，使类似破裂前陆的断隆平台边缘斜坡成为浅水台地与相对深水区的坡折带，发育了前积的碳酸盐岩斜坡沉积。晚奥陶世塔北隆起的北缘Ⅰ号断裂控制着这类平台区的分布，南斜坡带上的卡塔克南缘断裂带以北、吐木休克断裂的南斜坡也存在这类低斜坡或平台。吐木休克断裂的南缘在 T_7^4 后也发育向南倾的台缘坡折，坡折之上的浅水平台宽约 20km。这一带也可观察到 T_7^0 期的海平面相对下降了 300～400m。

（2）古隆起斜坡边缘（坡折）带对礁、滩高能相带发育分布的制约

碳酸盐岩沉积相的发育和分布与沉积动能、水深、透光带等因素有关，这些因素又直接受控于沉积期的古地貌特征。从相对隆起的地区到斜坡和盆地区，碳酸盐岩沉积相发生有序的变化。古隆边缘斜坡坡折带，是一个从浅水台地向深水环境过渡的突变带，也是高能沉积相，如礁、鲕粒砂屑或生屑灰岩滩坝相等广泛发育的地貌单元（图1-68）。

区内以礁、滩坝沉积相为主的上奥陶统良里塔格组和中奥陶统一间房组均位于主要不整合面下伏

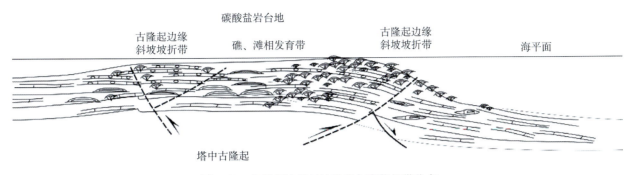

图 1-68　古隆起边缘斜坡地貌与高能相带分布

的高位体系域中，不整合面或暴露的层序界面也是同生期溶蚀作用多发生带。油气勘探已表明，古隆起北侧Ⅰ号断裂台缘斜坡是极其有利的油气聚集带，高能沉积相与岩溶、裂隙带形成了有利成藏的"渗透连通体"，构成了该区已发现的岩性地层油气藏的主要储集体。从Ⅰ号断裂带经顺 2 井沿巴楚隆起（和田河凸起）北斜坡可能也存在奥陶纪台缘斜坡带，具有形成以高能滩坝、礁相为储层的构造 – 地层圈闭的有利条件。沿和田

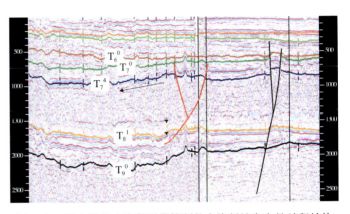

图 1-69　塔中隆起南缘断裂带控制的台缘斜坡发育的前积结构

河东凸起东南边缘、南缘Ⅱ号断裂坡折带至塔中隆起Ⅴ号断裂带南侧，同样发育了奥陶纪的台缘斜坡带。该带在中晚奥陶世具有与Ⅰ号断裂带相似的构造古地貌特征和沉积背景，有利于滩坝和礁相的发育（图 1-69）。再造碳酸盐岩台地发育期的古构造地貌对预测高能相带的展布具有重要的指导意义。

（3）古隆起区断裂破碎带、横张裂隙密集带对岩溶储层发育分布的控制

高隆带及高隆斜坡遭受了多期的风化剥蚀，是形成岩溶储层的重要部位。研究表明，强烈的断裂破碎带、裂缝密集带或强烈应变集中带是有利于岩溶发育的部位。一些古隆起高部位现今可能已失去古隆起的形态，而表现为多个不整合的叠合带，应用断裂展布方向和构造变形进行的裂缝模拟是有助于预测裂缝岩溶和岩溶储层的可行方法。同时，大的断裂带还是流体活动的重要通道，也是有利岩溶和白云化作用的场所。沿大断裂带形成的塌陷区常常是形成有利储层的部位。

通过 T_7^4 界面、T_7^2 界面古隆起的再造、断裂和裂缝分布以及构造应变综合分析表明，塔中隆起带的中央断隆带、Ⅱ号和Ⅲ号断裂带、Ⅴ号断裂带等形成的断隆高地及断隆平台区，存在横向裂隙发育带和强应变集中带，在早奥陶世末开始隆起至 T_7^2、T_7^0 界面遭受了较强的剥蚀和风化溶蚀作用，也是有利同生期溶蚀作用多发生带，具有形成良好的风化岩溶型储层的条件。

2. 早志留世和晚泥盆 – 早石炭世构造古地貌与有利储集相带分布

（1）古隆起地貌特征

晚奥陶世末和中泥盆世末的强烈构造变革，形成了两个盆地规模的角度不整合面（T_7^0 和 T_6^0 不整合反射界面），使盆地的古构造格局发生了重大变化：盆地东北部的满加尔凹陷逐渐抬升变浅，而西南部则明显沉降，古构造地貌由东低西高转为北东高、西南低。塔中古隆起东段随盆地东南缘的强烈隆升从早期的由西向东转为由东向西倾没。到中泥盆世晚期，塔东、塔中、塔西南隆起连成盆地东南缘

的巨型隆起带。

根据不整合构造和剥蚀量分布恢复构造古地貌，通过对不整合的构造分布剥蚀量的展布，可再造构造隆升末期向沉降期转换期的构造古地貌和古地理特征，为不整合圈闭的分布预测提供基础。研究表明，从东南缘隆起带向北部的坳陷带，可划分出三个构造古地貌带：

①剥蚀高隆带，为最大剥蚀量分布带，代表明显隆升的古高隆带；②剥蚀斜坡带，为剥蚀相对较大的区带，代表古高隆向坳陷带的过渡带；③残余沉积区，在构造隆升期未遭受剥蚀或沉积区。不整合接触显示出从高角度不整合、角度－微角度不整合、平行不整合至整合接触的总体变化。从北缘的塔北古隆起向南也显示相似的古地貌分布。这些古地貌带控制着志留纪和晚泥盆－早石炭世碎屑沉积相带的分布。

（2）构造隆升期末的构造古地貌与低位—水进体系域的发育分布

从古隆起演化与海平面升降过程考虑，区内可识别出两种重要的沉积体系域，它们的发育和分布受到古隆起、古斜坡带地貌的明显控制（图1-70）：一是构造最大隆升期发育的低位体系域，构造最大隆升期高隆及斜坡带遭受剥蚀，残余水盆地的边部发育低水位的碎屑沉积体系；二是构造隆升期后随海侵形成的海进体系域，随着隆升期后构造沉降和海侵，古斜坡带发育海侵期的海岸碎屑沉积体系。随着海侵的扩大，古隆起的大部分或全部被淹没，上覆海相泥岩或泥灰岩沉积。从最初削蚀点以下的洼陷边缘斜坡带是构造隆起期的低位域发育区。通过网络状地震剖面追踪最初削蚀点可圈定隆升末期残余盆地和边缘低位体系域的分布。构造强烈隆升期大面积的剥蚀区供给大量的粗碎屑有利于低位域三角洲或低位扇的广泛发育。

沿剥蚀斜坡带及其与沉积区的过渡带是低水位域和水进域的发育带，是形成上超不整合圈闭的有利区带。志留纪早期塔中古隆起北部、塔北古隆起南斜坡均存在相对缓的古斜坡带，广泛发育构造隆升末期和海侵早期的低位域三角洲和河口湾或潮道等沉积体系；在塔中北斜坡带和塔北古隆起南斜坡带的地震剖面，都可观察到志留系底部低位域三角洲体系的前积反射结构。通过追踪上超不整合三角带的分布，可圈定 T_7^0 与 T_6^1 上超不整合三角带（志留纪下砂岩段）形成的有利岩性地层圈闭带。志留系超覆不整合三角带圈闭，以南1号志留系内幕浅层超覆地层圈闭、满南2号志留系内幕深层超覆地层圈闭为代表。满东1区也存在志留系内幕深层超覆圈闭，顺托区块同样存在志留系下砂岩深层超覆圈闭（图1-71、图1-72）。

晚泥盆世和早石炭世构造隆升末期的低位域和海侵体系域广泛发育海滩砂坝和三角洲沉积，特别是结构和成分成熟度高的海滩砂岩分布广泛。这种上超在不整合上的碎屑沉积体系构成了盆内重要的储集体，并与上覆的海相泥岩或泥灰岩沉积形成良好的储盖组合。盆地北部塔北隆起南斜坡带大型的哈得逊油气田就是与这种砂体和圈闭有关的油气藏类型（图1-71）。通过追踪 T_6^0 与 T_5^7 上超不整合三角带的分布可预测古隆起斜坡边缘发育的碎屑海岸和三角洲体系的发育区（图1-72）。

（3）T_6^0 削蚀不整合与志留系砂岩有利地层—不整合圈闭带

古隆起斜坡边缘削蚀作用可形成沿古斜坡带分布的有利的地层圈闭。台盆地地震剖面上可广泛观察到中泥盆世末不整合面（T_6^0）形成的削蚀不整合三角带，不整合面以下志留系砂岩与不整合上覆盖层形成的地层圈闭已发现重要的油气藏。通过 T_6^0 不整合界面剥蚀三角带与志留系砂岩分布综合分析，预测了志留系砂岩有利地层－不整合圈闭分布（图1-73）。

在图1-73中，沿塔北隆起南缘志留系尖灭线地区是地层剥蚀不整合圈闭发育的有利区带。志留系塔塔埃尔塔格组砂岩在塔北隆起的南部遭受剥蚀，形成绕塔北隆起南缘的东西向延伸达到500km的尖

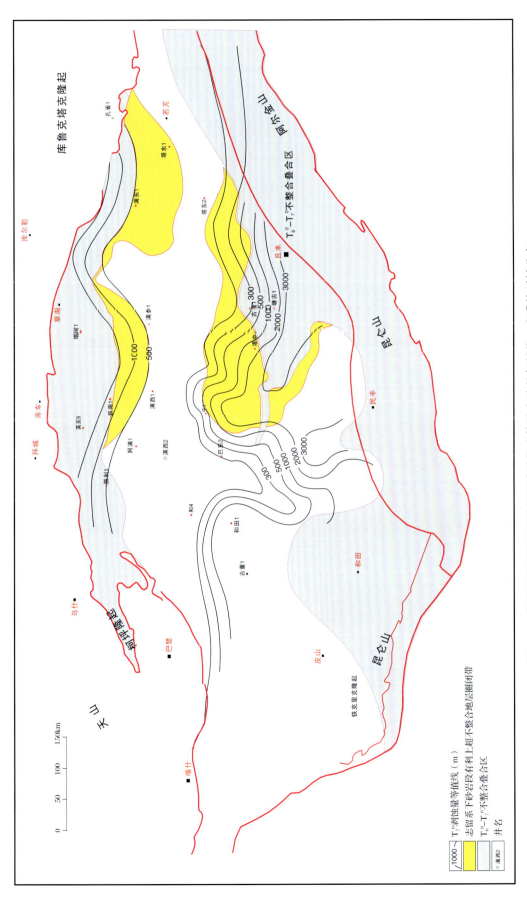

图 1-70 塔里木盆地早志留世留构造隆升期末构造古地貌与低位－水进体系域分布

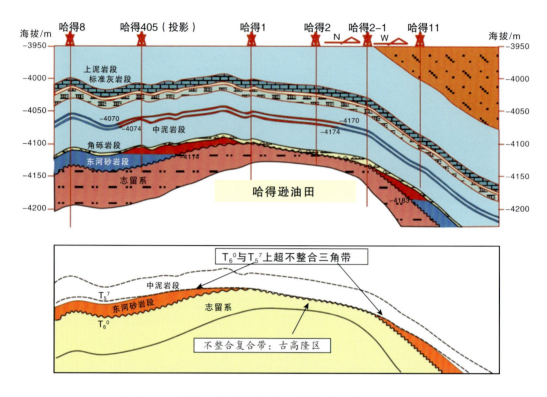

图 1-71　T_6^0 与 T_5^7 上超不整合三角带的大型地层圈闭样式

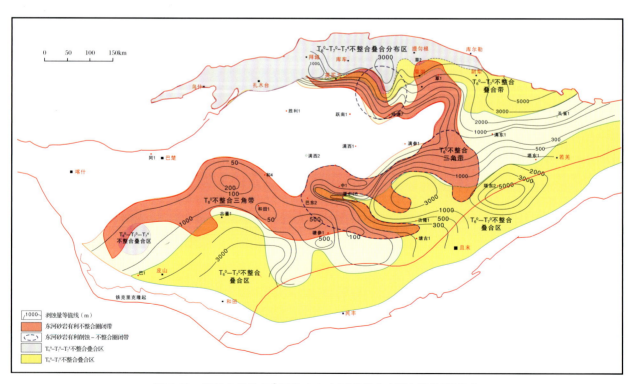

图 1-72　塔里木盆地 T_6^0 不整合与东河砂岩有利地层圈闭带分布

灭线，该区是地层剥蚀不整合圈闭形成的有利区带。塔中地区志留系红色泥岩（T_6^2）削蚀下伏沥青砂岩（T_7^0）形成的削蚀不整合圈闭。孔雀河斜坡带古生代的隆起北东向鼻状构造的倾没端具有形成地层岩性圈闭的条件，是志留系的削蚀不整合三角带，也是志留系的地层削蚀圈闭发育的有利地区。另外，沿满加尔南部志留系下砂岩段尖灭线及下砂岩段内部尖灭线，也是寻找志留系地层岩性圈闭原生油藏的有利区带。

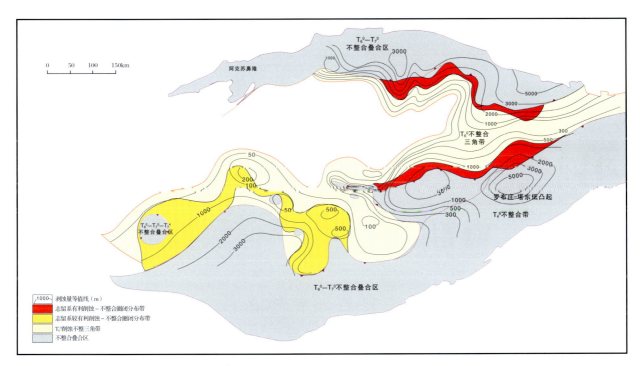

图 1-73 塔里木盆地 T_6^0 不整合与志留系上砂岩段削蚀不整合和有利地层圈闭带分布

第二章
海相沉积体系与储层特征

第一节　碳酸盐岩沉积体系与储层特征

一、碳酸盐岩沉积层序与沉积体系

塔里木盆地的碳酸盐岩地层主要沉积于寒武纪—奥陶纪，石炭系—下二叠统也有部分层段发育。本书讨论的碳酸盐岩层序地层仅指寒武系–奥陶系。

1. 碳酸盐岩层序地层

（1）露头、钻（测）井层序划分与层序特征

塔里木盆地是多期构造运动造就的叠合复合盆地。主要经历了塔里木、加里东、海西、印支、燕山和喜马拉雅6大构造旋回，形成了一系列重大不整合面。这些不同级别的不整合面，分隔了新老地层，记录了沉积环境的变化，反映了重大的构造事件和海平面变化事件，它们在油气形成、运移和聚集成藏等方面起着重要的作用，也是我们进行层序地层划分的依据。其中，在古生界中作为一、二级（部分）层序界面的不整合有：寒武系底界面T_9^0、寒武系下统与中上统之间的界面T_8^1、中下奥陶统顶界面T_7^4、奥陶系顶界面T_7^0、上泥盆统底界面T_6^0、石炭–二叠系顶界面T_5^0等。不整合界面的详细特征在前一章中已有论及，此处不再重复。

通过对阿克苏–柯坪地区寒武系–奥陶系露头剖面进行详细的实测和层序地层分析和盆地内钻井、地震层序地层分析，并在露头、钻井和地震三者的相互标定与统一的基础上，建立了寒武系–奥陶系综合层序地层划分方案（表2-1）。

表 2-1　寒武—奥陶系露头、钻井和地震综合层序地层划分方案

地层系统		岩石地层	层序地层					
			露头（柯坪地区）		钻井（方1井）		地震层序	
			层序	超层序	层序	超层序		
奥陶系	上统	印干组	OSq16h-18	OSS4	OSq16h-18	OSS4	SSq8	
	上统	其浪组	OSq13-16t	OSS3	OSq11-16t	OSS3	SSq7	SSq6-7
	上统	坎岭组	OSq11-12	OSS2	OSq7-10	OSS2	SSq6	
	中统	萨尔干组	OSq9-10					
	中统	大湾沟组	OSq7-6					
	下统	鹰山组	OSq3-6	OSS1	OSq1-6	OSS1	SSq5	SSq4-5
	下统	蓬莱坝组	OSq1-2				SSq4	
寒武系	上统	下丘里塔格群	€Sq19-20	€SS4	€Sq6-10	€SS4	SSq3	
	上统		€Sq14-18					
	中统	阿瓦塔格组	€Sq9-13	€SS3	€Sq1-5	€SS3	SSq2	
	中统	沙依里克组						
	下统	吾松格尔组	€Sq6-8	€SS2		€SS2	SSq1	
	下统	肖尔布拉克组	€Sq4-5					
	下统	肖尔布拉克组	€Sq3	€SS1		€SS1		
	下统	玉尔吐斯组	€Sq1-2					

综合分析发育于不同沉积背景中的露头和钻（测）井层序地层特征，可总结出 7 种层序－体系域构成型式，包括发育在蒸发台地、局限碳酸盐岩台地、开阔碳酸盐岩台地、局限浅水陆棚、碳酸盐岩陆棚、碳酸盐岩陆棚－盆地以及发育低水位楔陆棚等 7 种层序构成型式（表 2-2）。总体上，在较深水陆棚背景下层序内各体系域发育较为完整，海平面旋回和层序结构的对称性较好，海侵体系域（TST）发育较好，并可发育低位体系域（LST 或 LSW）和凝缩段（CS）沉积。而在碳酸盐岩台地背景下，总体海水深度较浅，碳酸盐的生产率较高，层序结构以发育高位域（HST）为特征。

塔里木盆地寒武系－奥陶系碳酸盐岩层序发育具有以下基本特征：

①层序分布：在寒武系，层序的沉积背景主要为相对浅水的碳酸盐岩台地环境；而在奥陶系，层序的沉积背景主要在相对深水的陆棚－盆地环境。

②主控因素：在相对浅水的碳酸盐岩台地环境，层序形成的主控因素是沉积物速率；在相对深水的陆棚－盆地环境，层序形成的主控因素是全球海平面变化；在局限浅水陆棚环境，层序形成的主控因素是构造沉降。

表2-2　不同环境背景形成的层序构成型式、特征及其主控因素

构型	环境背景	结构	主要特征	主控因素	发育部位
1	蒸发台地（炎热干旱潮坪－潟湖）	HST	表现为复合层序的特征，以紫红色－杂色蒸发潟湖泥岩－膏盐沉积和盐坪沉积为主要特征	海平面升降、气候	阿瓦塔格组
2	局限碳酸盐岩台地	HST+TST 或HST	主要由白云岩、白云质灰岩和灰岩组成加积型副层序组，并组成HST特征，TST发育较差	碳酸盐产率	肖尔布拉克组、沙依里克组、丘里塔格群
3	开阔碳酸盐岩台地	HST TST	主要由白云质灰岩和颗粒灰岩组成加积型副层序组，并组成HST特征，TST发育较差	碳酸盐产率	上丘里塔格群
4	局限浅水陆棚	HST+CS TST	薄层硅质岩、硅质灰岩、黑色页岩组成TST；白云质瘤状灰岩组成HST；黑色页岩组成CS	构造沉降、气候（缺氧事件）	玉尔吐斯组
5	碳酸盐岩陆棚	HST CS TST	瘤状灰岩、颗粒灰岩与灰绿色页岩不等厚组成加积、进积、退积型副层序组，并组成对称性明显的TST－CS－HST结构，CS由页岩和泥晶灰岩组成	海平面升降	吾松格尔组其浪组
6	碳酸盐岩陆棚－盆地	HST CS TST	由瘤状灰岩、泥晶灰岩与（黑色）页岩组成加积、弱进积、弱退积型副层序组，并组成对称性的TST－CS－HST结构，CS由黑色页岩组成	构造沉降、海平面升降	大湾沟组、萨尔干组、坎岭组、印干组
7	发育低水位楔陆棚	HST CS TST LSW	由瘤状灰岩、颗粒灰岩与灰绿色页岩不等厚组成加积、进积、退积型副层序组，并组成对称性明显的LSW－TST－CS－HST结构，CS由页岩和泥晶灰岩组成，LSW由具粒序层理碎屑流颗粒灰岩楔组成	海平面升降、沉积速率、风暴事件	其浪组

③层序结构：在相对浅水的碳酸盐岩台地环境，层序内部体系域的叠置方式是HST/HST；在相对深水的陆棚－盆地环境，层序内部体系域的叠置方式是HST － CS － TST 或HST － CS － TST － LSW。

（2）区域地震层序地层划分及对比格架

通过地震剖面中不整合特征的分析，对塔里木盆地20余条区域地震剖面进行了层序界面识别和对比，并通过合成地震记录与钻井层序进行了协调与统一，确定了寒武系－奥陶系的地震层序划分方案，将寒武系－奥陶系划分出6个层序单元，从下向上它们分别相当于下寒武统、中寒武统、上寒武统、下奥陶统、中奥陶统－上奥陶统下部，上奥陶统上部。为了与钻井及露头层序统一，本书仍称之为超层序 SSq1、SSq2、SSq3、SSq4-5、SSq6-7 和 SSq8。

以 T_7^4 为界，寒武系－奥陶系的6个超层序可以组合为两个巨层序，即寒武系－中下奥陶统巨层序和上奥陶统巨层序。两个巨层序在塔中、塔北、巴楚等不同地区有着不同的发育特征，尤其是寒武系－下奥陶统巨层序特征差异明显。

1）寒武系－中下奥陶统层序发育特征

塔中地区层序特征：在塔中地区，寒武系－中下奥陶统厚度较稳定，由南向北缓慢增厚（图2-1）。超层序 SSq1、SSq2 分别对应于寒武系下统和中统，地震相的突出特点是局部地层增厚，并发育顶超和前积现象，可能与膏泥岩受挤压塑性流动有关。超层序 SSq3、SSq4-5 对应于上寒武统和中下奥陶统，其特征是地震反射弱，缺少可连续追踪的反射波。其中，中下奥陶统反射略强上寒武统，二者之间有着清晰的界线，这是能够在上寒武统－中下奥陶统之间进行地震层序划分与对比的基础。这套地震反射特征代表了沉积环境稳定、岩性均一的地层发育特点。

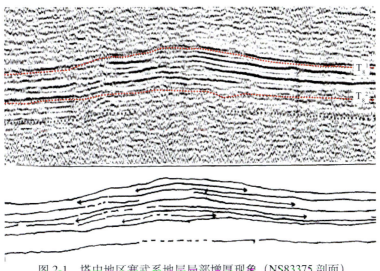

图 2-1　塔中地区寒武系地层局部增厚现象（NS83375 剖面）

巴楚地区层序特征：在巴楚－麦盖提地区，由北向南层序厚度变薄，由西向东则表现为地层厚度增大。巴楚地区地层厚度的变化一方面是由各层序内部地层上超变薄所致，另一方面则是由于下奥陶统顶部在不同地区所遭受的剥蚀程度不同引起的，巴楚西部的剥蚀程度明显地强于东部。超层序 SSq1 厚度较薄，分布稳定。在巴楚－麦盖提及和田河大剖面上均表现为向西、向南变薄之趋势，但不明显，其底界侵蚀特征清楚。层序下部可见到双向尖灭的透镜体反射和上超反射特征，可能代表着海进体系域发育早期的沉积特点；层序上部主要表现为空白反射特征或中、弱振幅、短连续反射特征，代表着海进及高水位期的沉积。

超层序 SSq2 底部界面为一强反射同相轴，在巴楚－麦盖提剖面上，该界面上超特征清楚，上覆地层明显超覆于层序界面之上。层序内部发育以上超为标志的海进早期沉积。层序向西、向南呈变薄趋势，其分布范围与下伏层序相比有所收缩，甚至向西南上超尖灭，反映出该时期的海域比前期有一定程度的收缩。超层序 SSq3 底界面上超特征清楚。层序内部水进早期和高水位期沉积特征明显，分别表现为上超反射结构和中、弱振幅短连续反射特征。在巴楚－麦盖提与和田河大剖面上均表现为向西、向南变薄之趋势，其沉积范围明显比下伏地层广泛，代表了该时期的海域比前期有明显的扩大。超层序 SSq4-5 相当于下奥陶统。在巴楚地区层序的底部界面（T_8^0）削截、上超特征清楚。层序内发育以上超为标志的海进早期沉积，且都由多个次一级的层序组成，次级层序呈上超组合，向层序的底界面逐层上超尖灭，这种组合特征在和田河大剖面上和巴楚－麦盖提区域大剖面上均较明显。另外，在该层序内部发育规模较大的礁（或丘）体，礁（丘）体反射特征比较典型。

塔北地区层序特征：在塔北地区层序东厚西薄，呈不明显的楔状，塔北北部地层由于强烈的剥蚀而明显薄于南部。在塔北东部的阿克库勒地区及其以东，各层序内部发育多期特征明显的由西向东的大型 S 型、S－斜交型和斜交型前积结构，代表着不同时期形成的具有向东迁移特征的台缘相沉积特征。在此背景下，寒武－中下奥陶统层序的突出特点是海进与高位体系域特征清晰可辨，其中，高位体系域是层序的主要组成部分。海进体系域厚度较薄，往往表现为连续性好的单个同相轴反射；高位体系域则表现为由西向东的 S 型前积结构和斜交型前积结构，顶部出现丘状、透镜状空白反射。另外，在阿克库勒凸起以东的台地边缘区，代表礁滩沉积的丘形反射现象明显，并具有逐期向东迁移的特征。

2）上奥陶统层序发育特征

上奥陶统是以 T_7^4 和 T_7^0 为底和顶边界的地震反射单元，底界面是一个区域性的侵蚀面和超覆面，顶面是大规模的剥蚀面。由 2 个地震超层序（SSq6-7、SSq8）组成，分别对应于上奥陶统下部和上奥陶统上部，SSq6-7 为一套碳酸盐岩与碎屑岩的混合地层，SSq8 则以碎屑岩地层为主。

在层序展布上，上奥陶统层序总体上呈东厚西薄的巨大楔状体，尤其是满加尔凹陷和塘古孜巴斯凹陷，发育了巨厚的碎屑岩地层，而塔中、巴楚和塔北等地区，层序厚度迅速减薄。

上奥陶统下部层序 SSq6-7 是在 T_7^4 侵蚀不整合面的基础上，随着海平面上升而发育的超覆式沉积，因而，层序底部的地层在各个地区其形成年代是不同的，尤其是在塔中和塔北隆起区，地层超覆特征明显。上奥陶统上部层序 SSq8 顶部遭受到不同程度的剥蚀作用，各个地区地层保存程度和层序的完整性是不一样的。

塔中地区东邻满加尔凹陷，南接塘古孜巴斯凹陷，上奥陶统地层在地震上有着突出特征：一是由满南斜坡和塘古孜巴斯凹陷向塔中隆起大规模上超，构成特征明显的低位体系域；二是在塔中隆起西部和北部围斜区，发育形态各异的地震异常体，代表着某种成因的碳酸盐岩岩隆发育；三是由塔中隆起向满南斜坡和塘古孜巴斯凹陷，岩性由碳酸盐岩突变到碎屑岩，反映了沉积环境的改变。

在巴楚地区，上奥陶统厚度较小。中、晚奥陶世之间的大规模海平面下降，造成了 T_7^4 区域不整合面的发育，也使层序 SSq6-7 沉积范围收缩，并在局部地区发育低水位期沉积，表现为上超充填的反射特征。上奥陶统层序在地震剖面上表现为中、强振幅、弱连续反射和弱反射、空白反射。

2. 碳酸盐岩台地结构类型与演化

地震、钻井层序地层分析表明，寒武-奥陶纪塔里木盆地经历了 4 种不同的碳酸盐台地结构型式的演变，这 4 种台地结构型式分别为：①早、中寒武世缓坡型碳酸盐岩台地；②晚寒武世-早、中奥陶世弱镶边斜坡型碳酸盐岩台地；③晚奥陶世早期孤立型碳酸盐岩台地；④晚奥陶世中晚期淹没型碳酸盐岩台地（碳酸盐岩与碎屑岩混积陆棚沉积体系）。不同类型的碳酸盐岩台地在其剖面结构、台地边缘特征、沉积相构成等方面有着显著的差异，它控制了不同区域沉积相类型和特征，并决定了烃源岩、储集岩和区域性盖层的发育条件和展布规律。

（1）早-中寒武世缓坡型台地特征及其沉积响应

缓坡型碳酸盐台地没有明显的台缘坡折，表现为一个区域性的缓倾斜坡，其沉积坡度多小于 5°。沉积剖面可以由加积型到进积型，顺着平缓的古斜坡向下沉积。斜坡相带宽缓、不规则，在台地边缘相带，地震剖面上可见到角度低缓的 S 型或叠瓦状前积结构。

在塔里木盆地寒武系中、下统地震反射剖面中，斜坡转折带发育斜交前积结构及其后缘的丘状杂乱地震反射，向着斜坡前方，逐渐过渡到倾斜的平行反射，向着斜坡的后方，演变为平行连续反射。根据前积结构的组合方式，下-中寒武统可明显地分为两期组合，代表着超层序 SSq1 和 SSq2 的台缘-斜坡地层结构特征，这种两期组合特点在塔东北地区的台缘相带中相当典型。

在盆地的不同地区，台缘-斜坡区的剖面结构特点有所不同。塔东北地区地层前积特征清晰，倾角相对较陡，而满参 1 井以南则前积层角度平缓，特征比较模糊。

缓坡型台地受其结构特点的控制，在沉积作用上表现出台地相区高频旋回沉积特征突出，台缘礁不发育，斜坡相区可发育碎屑流-浊流沉积。根据对各种沉积相特征分析，结合沉积相在纵向上和横向上的发育特点和展布规律，可以建立早、中寒武世缓坡型碳酸盐岩台地的层序-沉积相模式（图2-2）。

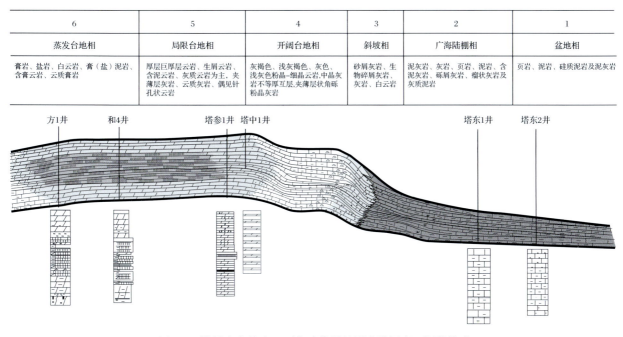

6	5	4	3	2	1
蒸发台地相	局限台地相	开阔台地相	斜坡相	广海陆棚相	盆地相
膏岩、盐岩、白云岩、膏（盐）泥岩、含膏云岩、云质膏岩	厚层巨厚层云岩、生屑云岩、含泥云岩、灰质云岩为主，夹薄层灰岩、云质灰岩、偶见针孔状云岩	灰褐色、浅灰褐色、灰色、浅灰色粉晶–细晶云岩、中晶灰岩不等厚互层，夹薄层状角砾粉晶灰岩	砂屑灰岩、生物碎屑灰岩、灰岩、白云岩	泥灰岩、灰岩、页岩、泥岩、含泥灰岩、砾屑灰岩、瘤状灰岩及灰质泥岩	页岩、泥岩、硅质泥岩及泥灰岩

图2-2 塔里木盆地中—下寒武统缓坡型台地层序—沉积模式

在早、中寒武世，塔里木盆地构造活动相对平静，地形平缓，气候以干燥为主。盆地中部和西部，海水浅而清澈，陆源碎屑贫乏，发育典型的碳酸盐台地相区，其中包括蒸发台地、局限台地、开阔台地和台地边缘。向东逐渐演变为斜坡、广海陆棚和盆地相，水深逐渐加大，陆源碎屑物增多。

（2）晚寒武—早、中奥陶世弱镶边斜坡型台地特征及其沉积响应

晚寒武世—早奥陶世塔里木盆地继承了寒武纪早期碳酸盐岩台地的古地理特点，但随着海平面的持续上升，盆地不同相区，特别是斜坡带的结构型式和沉积格局有了明显的变化。台地斜坡向西部快速迁移，台地斜坡中下部由于沉积速度降低和水动力条件增强，与台地相区的厚度差异加大，从而使台地斜坡变陡，同时台缘礁滩发育，构成具有弱镶边斜坡特征的碳酸盐岩台地。在早奥陶世末期，由于海平面的快速上升，海水淹没台地，造成淹没不整合。

在地震剖面上，上寒武统发育角度明显的前积结构，前积层分二个期次，每个期次由退积–进积组合而成。在台地边缘，地层厚度明显加大，并沿着斜坡带伸展，这一地层加厚带可能与台缘礁滩相的分布相对应。在远离斜坡带的台地相区，发育角度平缓的前积结构，以及向着台缘礁滩高部位的超覆沉积。在下奥陶统，地层厚度由台地向斜坡下部迅速减薄，构成一个楔形体。在层序的底部由台地和斜坡两侧向着台缘礁滩高部位形成逐层超覆反射，层序内部以平行反射结构为主，台地相的局部地区出现低角度的叠瓦状前积现象，可能与台内的滩砂迁移有关。在下奥陶统上部，地层反射由斜坡带向着台缘区逐层退覆，形成退积结构，这与早奥陶世晚期海平面快速上升，台地被逐渐淹没，致使地层分布收缩有关，是台地淹没不整合的典型特征。

镶边型台地的特点是台缘礁滩相发育。但由于钻至寒武系和下奥陶统下部的井很少，揭示上寒武统和下奥陶统典型生物礁的钻井不多，仅在塔中地区塔中5井下奥陶统红花园期3511.35～3608.95m井段发现了隐藻类生物叠层礁，由叠层石云岩、凝块石云岩、层纹石云岩、核形石云岩与礁前塌积角砾岩组成。

根据地震剖面解释，寒武系和下奥陶统均发育台缘丘形地震异常体，如E59、EW500线揭示，在上寒武统台缘转折部位发育丘形地震相，丘形体内部反射杂乱，两侧地层向着丘形体超覆，是台缘礁

滩的显示特征（图 2-3）；在巴楚地区下奥陶统地震剖面中，可识别出丘形异常体，其特征是底平上凸，内部反射连续性变差，与两侧地震特征有较明显的区别。

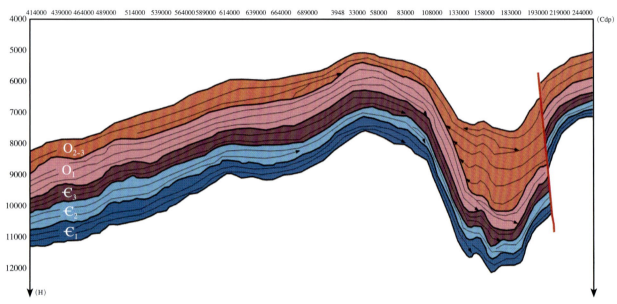

图 2-3　塔北地区台地边缘层序结构特征（地震剖面 E59 解释）

晚寒武世至早奥陶世，海平面总体处于上升过程，较之寒武纪早中期海水深度加大，塔里木盆地中西部的蒸发岩沉积消失，沉积环境以开阔台地相和局限台地相为主。其中，晚寒武世以局限台地相沉积占优势，早奥陶世则以开阔台地相为主。沉积物从下向上由厚层白云岩变为白云岩与灰岩互层，再变为以厚层灰岩为主。该时期生物繁盛，化石丰富，台地边缘发育礁、滩相沉积，砂屑滩由灰、褐灰色亮晶砂砾屑灰岩、白云岩为主，生物礁为隐藻礁，为灰色厚层角砾白云岩、藻叠层白云岩、凝块石云岩组成。图 2-4 展示了晚寒武世－早奥陶世弱镶边型台地的层序－沉积模式。

6	5	4	3	2	1
开阔台地相	局限台地相	开阔台地相	斜坡相	混积陆棚相	盆地相
深灰色、灰绿色含泥质灰岩，灰浅灰色深灰含云灰岩含泥云质灰岩与灰岩互层	厚层巨厚层云岩、生屑云岩、含泥云岩，灰质云岩为主，夹薄层灰岩、云质灰岩、偶见针孔状云岩	灰褐色、浅灰褐色、灰色、浅灰色粉晶－细晶云岩，中晶灰岩不等厚互层，夹薄层状角砾粉晶灰岩	砂屑间灰岩、生物碎屑灰岩、灰岩、白云岩	以浅灰、绿灰色细砂岩、粉砂岩、泥岩、泥质粉砂岩为主	黑灰色厚层炭质页岩

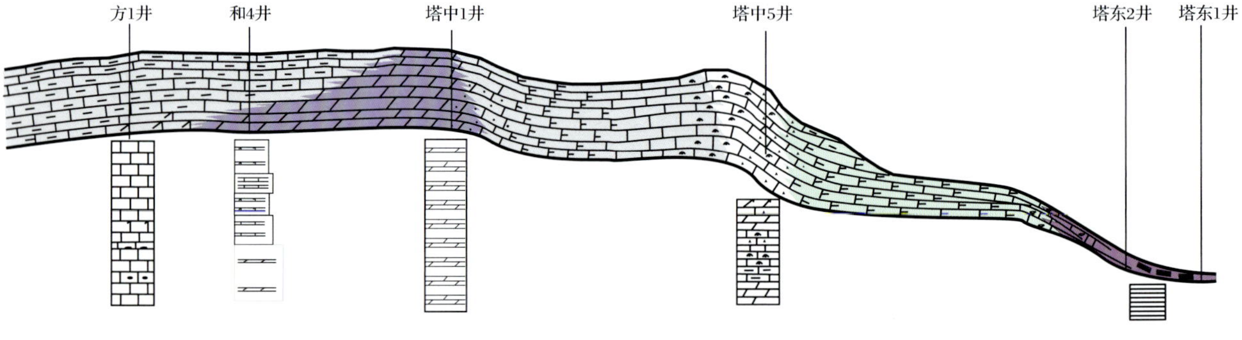

图 2-4　塔里木盆地上寒武统－下、中奥陶统弱镶边斜坡型台地层序－沉积模式

（3）晚奥陶世早期孤立型台地特征及其沉积响应

塔中－轮南地区以早加里东运动形成的台背斜为主要特征的古地理格局，决定了晚奥陶世的沉积面貌。从地层空间展布上，由满加尔南斜坡和塘古孜巴斯凹陷向着塔中隆起，地层厚度均快速减薄，这一减薄现象既有满加尔凹陷和塘古孜巴斯凹陷沿 T_7^4 界面向塔中隆起的地层逐层超覆，也有由塔中隆起向南、北两侧的逐期推进作用。

从钻井揭示的岩性构成来看，中奥陶世塔中隆起主要发育局限台地相的碳酸盐岩，而南、北凹陷和东部地区则发育大套深水泥岩夹薄层粉砂岩。向着塔中隆起的西北方向，仍为浅水台地相沉积，以鞍部的形式与塔北隆起相连。在地震剖面上，以碳酸盐岩台地向台缘斜坡的转折点作为分界线，可以圈定出塔中、轮南地区碳酸盐岩台地相分布。显然，这一碳酸盐岩台地是被周围深海相的碎屑岩沉积所包围，属于典型的孤立型碳酸盐岩台地。

晚奥陶世孤立型碳酸盐岩台地存在两种类型的边缘结构型式（图2-5、图2-6），一是塔中地区断崖型台地边缘结构，二是塔北地区陡坡型台地边缘结构。

塔中地区塔中I号断裂造成的断阶型陡倾斜坡的发育，构成了塔中孤立台地的边缘。沿着断崖型斜坡，发育岩崩与滑塌成因的粗砾级角砾云岩，夹碎屑流成因的中、细粒云岩和斜坡上静水沉积的薄层灰质粉晶云岩。滑动、滑塌及变形构造十分发育。塔中5井下奥陶统具有此类沉积特征。

由塔中45井向北至轮南地区，孤立台地边缘为陡倾斜坡型。这种陡倾斜坡是在早奥陶世海平面快速上升过程中淹没型台地建造形式造成的，更与早奥陶世末期满加尔凹陷的剧烈沉降有关。在地震剖面上，T_7^4 界面之上，斜坡相区中上奥陶统碎屑岩大规模超覆，形成规模宏大的海底扇沉积，而斜坡之上的台地相区，则发育灰岩沉积，形成了碳酸盐岩的孤立分布格局。

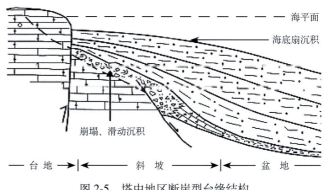

图2-5 塔中地区断崖型台缘结构

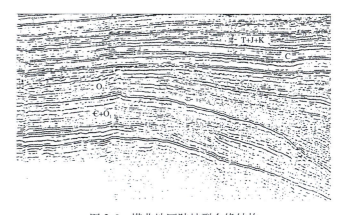

图2-6 塔北地区陡坡型台缘结构

在沉积特点上，孤立台地具镶边型台缘结构，礁滩沉积发育。大量的钻井表明，在上奥陶统孤立台地边缘，生物建隆作用明显，发育礁滩沉积。在塔中和塔北地区均发现了生物礁。塔中地区塔中27井生物礁发育于上奥陶下部良里塔格组，为珊瑚－葵盘石、层孔虫－葵盘石生物礁。塔北地区轮南48井生物礁发育于中奥陶统上部一间房组，由生物礁灰岩（骨架岩、障积岩和粘结岩）与生物礁角砾灰岩组成。在生物礁的上部为台缘斜坡灰泥丘与瘤状灰岩，下部为开阔海台地相泥晶藻球粒灰岩。孤立台地边缘斜坡区广泛发育丘形地质体。在上奥陶统下部，顺西区块、顺北区块以及轮南－塔河地区均发育规模不等，形态各异的丘形地质异常体，这些丘形异常体分布于孤立台地边缘－斜坡区带，平面展布上呈带状分布，可能为孤立台地边缘区带的生物礁滩或生物丘沉积，其确切地质属性有待钻井证实。孤立台地斜坡区坍塌和重力流沉积发育。在塔中1号断裂东侧及库南1井区均发现了台地斜坡区坍塌和重力流沉积。重力流沉积包括重力滑塌沉积、钙屑碎屑流沉积和钙屑浊流沉积。在地震剖面上，沿塔中1号断裂带发育巨厚的楔状体，由台缘斜坡向着盆地方向前积。在钻井中，位于塔中1号断层附近的塔中5井见到了典型的岩崩与滑塌沉积，发育巨-粗砾云岩，夹碎屑流成因的中-细砾云岩和斜坡上静水沉积的薄层灰质粉晶灰岩。综合上述特征，总结了该时期的层序-沉积模式（图2-7）。

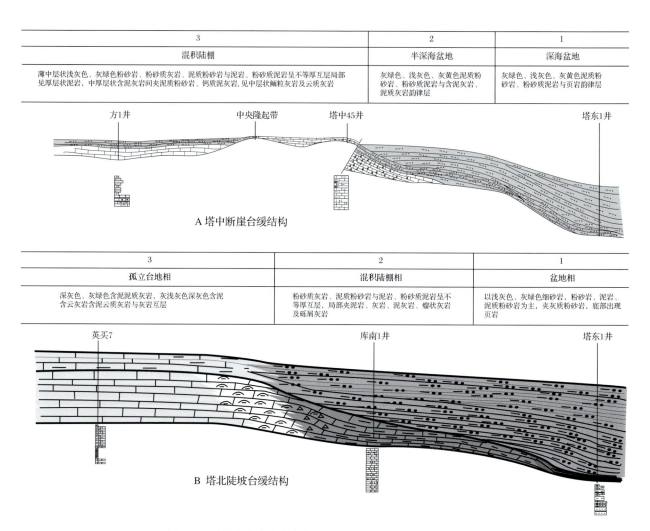

图2-7 塔里木盆地上奥陶统下部孤立型台地层序-沉积模式

（4）晚奥陶世中晚期淹没台地特征与其沉积响应

晚奥陶世早期发育的孤立碳酸盐台地-混积陆棚体系的沉积格局，在随后的海平面快速上升过程中，很快发生了改变。孤立碳酸盐台地被淹没而收缩，直至消亡，取而代之的是面积广阔的混积陆棚沉积体系。

混积陆棚相主要发育于盆地中西部的上奥陶统桑塔木组，以陆源碎屑沉积为主，夹有碳酸盐岩沉积。风暴和风暴流作用明显，笔石、放射虫等浮游生物发育。同时，盆地东部强烈沉降，接受了巨厚的、复理石式的陆源碎屑沉积物，导致东部和中、西部的沉积特征反差明显。图2-8对这种混积陆棚相－陆棚斜坡相－深海盆地相的沉积格局进行了概括。

　　综上所述，塔里木盆地寒武纪－奥陶纪碳酸盐岩台地结构类型经历了从缓坡型－镶边陆架型－孤立型－淹没型的演化序列，相应地，在平面上，台地边缘和斜坡相带呈现出从环满加尔逐渐向西迁移的特征（图2-9）。

3	2	1
混积陆棚相	棚缘斜坡相	盆地相
粉砂质灰岩、泥质粉砂岩与泥岩、粉砂质泥岩呈不等厚互层，局部夹泥岩、灰岩、泥灰岩、云质灰岩及砾屑灰岩	泥岩、灰质泥岩以及泥灰岩为主，局部见瘤状灰岩，粉砂岩、细砂岩较少	以浅灰色、灰绿色细砂岩，粉砂岩、泥岩、泥质粉砂岩为主，夹灰质粉砂岩，以及泥页岩、页岩和硅质岩

图 2-8　塔里木盆地上奥陶统上部淹没型台地层序－沉积模式

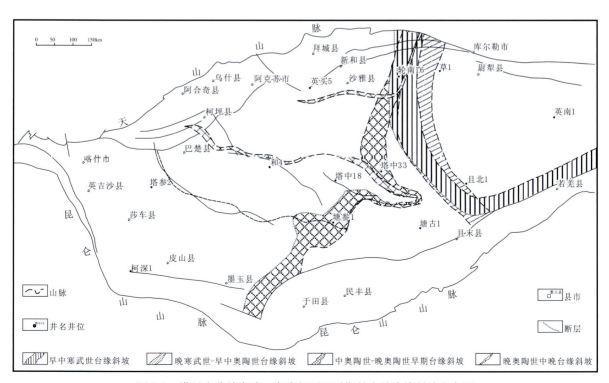

图 2-9　塔里木盆地寒武－奥陶纪不同时期的台地边缘斜坡分布图

3. 不同层序碳酸盐岩沉积体系展布特征

（1）下寒武统（层序SSq1）沉积相展布（图2-10）

从寒武纪早期开始，塔里木被天山海域和昆仑山海域所包围，古陆限于铁克里克地区。

早寒武世早期，塔里木盆地表现了整体快速沉降的趋势，寒武系底部的玉尔吐斯组对应于主要海侵期沉积。盆地在平面上具有典型的三分结构，即塔东地区的盆地相、草3井－满参1井－且末－塔东1井连线一带呈"V"字形展布的盆地斜坡相、中西部广泛分布的台地相。塔东的东北部为半深海盆地，发育深水碳酸盐岩、硅质岩及泥页岩。围绕半深海盆地的是广海陆棚相，岩性以暗色泥质泥晶灰岩、灰质泥岩为主，由东向西增厚。

塔里木西部地区全被浅海所覆盖，形成广阔的台地区，沉积物以白云岩为主体，局部为灰岩，故寒武纪沉积相以局限台地相为主体。早寒武世，柯坪地区以北为南天山浅海陆架环境，柯坪地区为台地边缘环境，玉尔吐斯期沉积了含磷硅质岩、含磷泥页岩及灰岩，根据含磷层的分布情况，其古地理应处于浅海陆架的外缘。随着时间的推移，早寒武世塔里木中西部台地区海水入侵受阻明显，使区内海域海水交换作用减弱，大面积水体处于平均海平面上下，形成以局限台地为主的沉积环境，广泛沉积白云岩，如肖尔布拉克组、吾松格尔组等。只在柯坪地区因靠近浅海陆架，海水流动较畅，有局部的开阔台地相灰岩沉积。

（2）中寒武统（层序SSq2）沉积相展布（图2-11）

中寒武世，海平面处于下降趋势，但沉积格局基本继承了早寒武世的特点。盆地斜坡向西有所迁移，特别是在盆地南部迁移距离较远。在斜坡带的东、西两侧，分别平行分布着广海陆棚相和开阔台地相。相对于下寒武统，广海陆棚相区有所扩大，而开阔台地相区则明显减小，取而代之的是局限台地相和蒸发台地相广为发育。在盆地中西部的广大地区，随着海水逐渐退缩，在地势较高的地方，沉积环境由局限台地向蒸发台地演变，中寒武世早期仍以白云岩沉积为主，只是在有些地区开始向蒸发台地演变，如和4井膏盐层较早出现，而至中寒武中、晚期，海水进一步退缩，区域气候也变为干旱，蒸发台地扩大，蒸发台地相占据了塔中、巴楚的大部分地区，膏盐层的厚度在和4井可达800m，柯坪地区此时沉积物以灰红色白云岩夹紫红色泥岩为主，可能为局限台地与蒸发台地的接壤地带，在大片蒸发台地四周仍为局限台地沉积环境。

（3）上寒武统（层序SSq3）沉积相展布（图2-12）

晚寒武世，海水再次入侵，水体缓慢加深。盆地东深西浅、平面上三分的古地理格局仍很明显，特别是斜坡相、广海陆棚相和盆地相的位置及展布特征基本不变。

盆地东部库南1－塔东1井一带保持了广海陆棚环境，主要由泥晶灰岩、泥质泥晶灰岩、灰质泥岩组成。盆地中西部的开阔台地范围迅速扩大，而局限台地明显收缩。随后海侵加强，沉积物中开始出现灰岩沉积。

（4）下奥陶统下部（层序SSq4）沉积相展布（图2-13）

塔里木盆地早奥陶世早期古地理格局基本上继承了晚寒武世的特点。盆地东部为半深海－深海盆地相，库南1井－满参1井－且末一带是一个向西凸出的马蹄形东倾斜坡带，在这个斜坡带以西的广大地区，为碳酸盐台地环境。

半深海－深海盆地相沉积物以细粒为主，发育硅质岩，泥页岩、泥灰岩夹条带状粉砂岩，生物以深水浮游生物为主，发育笔石组合、笔石、薄壳腕足组合。台地前缘斜坡相以发育钙屑碎屑流和钙屑浊流沉积为特征，夹于静水沉积的瘤状泥岩内部。碳酸盐台地环境沉积物厚度巨大，早奥陶世早期局

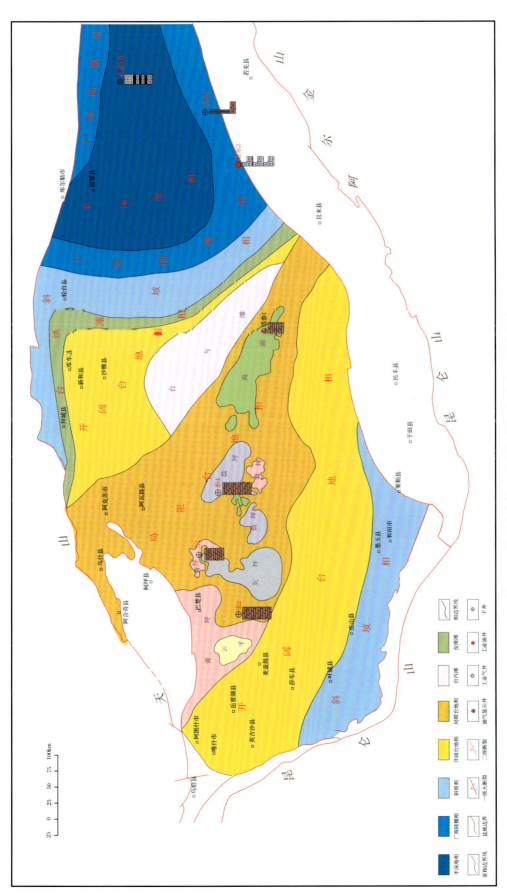

图2-10 塔里木盆地下寒武统（层序SSq1）沉积相展布

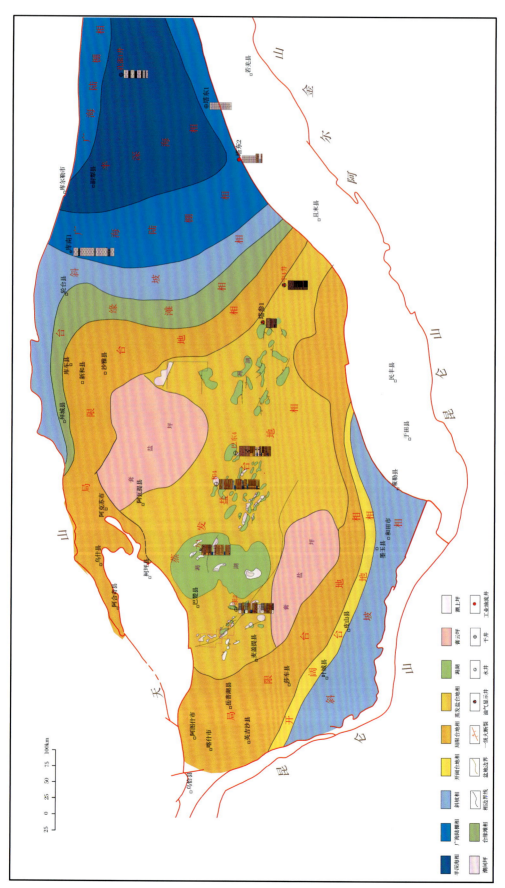

图2-11 塔里木盆地中寒武统（层序SSq2）沉积相展布

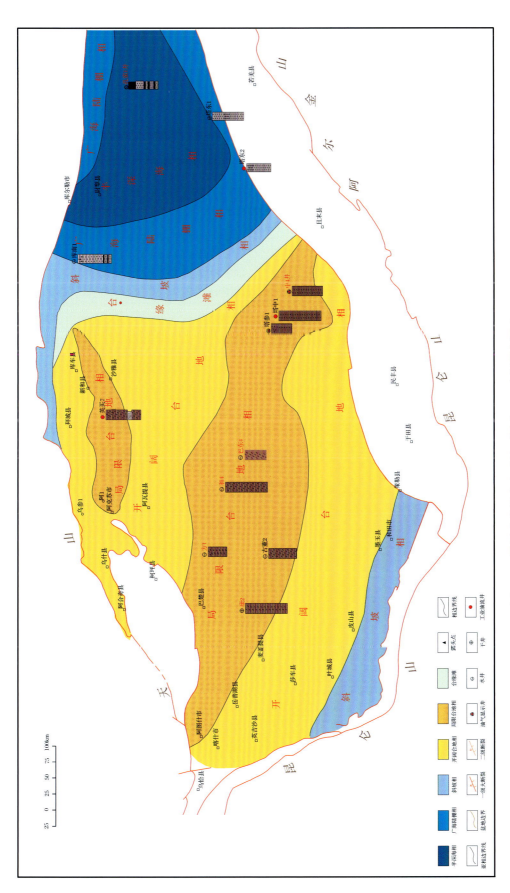

图2-12 塔里木盆地上寒武统（层序SSq3）沉积相展布

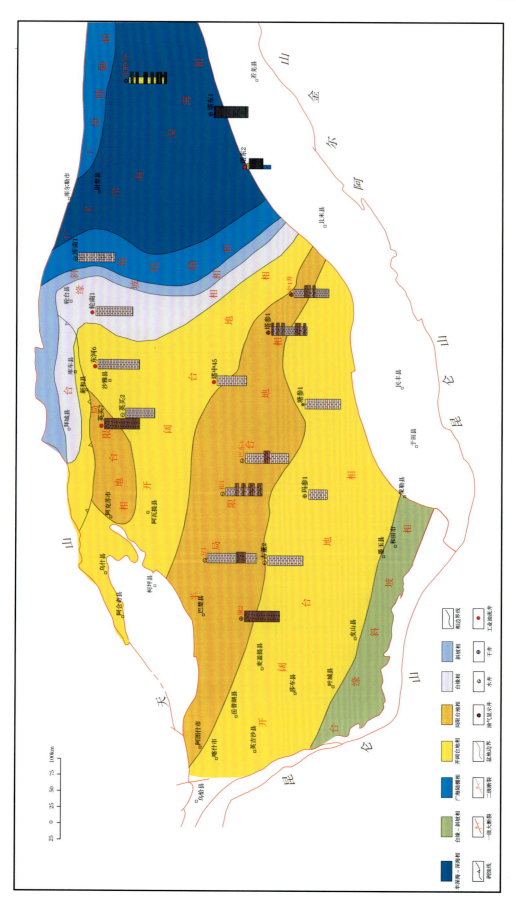

图 2-13　塔里木盆地下奥陶统下部（层序 SSq4）沉积相展布

限－半局限台地相发育，沉积物以白云岩、灰质白云岩为主。在平面展布上，由曲1－和4－满西2－满西1－塔中4－塘古1井一带，发育一狭长的、呈弧形展布的局限台地相，在英买力地区，发育一范围较小、近东西向延伸的局限台地相区，除此之外的大面积地区则发育开阔台地相。

寒武纪盆地经历了海侵－海退－海侵的变化过程，因此区内的沉积环境也由早寒武世的局限台地、局部开阔台地向着中寒武世的局限台地和蒸发台地，再向着晚寒武世的局限台地和开阔台地演化，最后在早奥陶世完全变为开阔台地。

（5）下奥陶统上部－中奥陶统（层序SSq5）沉积相展布（图2-14）

塔里木盆地早奥陶世晚期的沉积格局与早奥陶世早期非常相似，只是水体进一步加深。盆地东部仍为半深海－深海盆地相，向西凸出的马蹄形东倾斜坡带则由库南1井－满参1井－且末连线一带向西迁移到草2井－满西1井－塔中48井连线一带，且斜坡带的分布范围变宽，在这个斜坡带以西的广大地区为碳酸盐台地环境。

碳酸盐台地沉积厚度巨大，早奥陶世晚期半局限－开阔海台地相发育，沉积物以白云质灰岩、灰岩为主。在平面展布上，早期的局限台地范围进一步收缩，开阔台地发育范围加大。

（6）上奥陶统下部（层序SSq6）沉积相展布（图2-15）

晚奥陶世时期，随着海平面的上升，塔里木盆地的古地理面貌有了很大的改观，呈现了东西分带，南北分区的格局。塔东地区为盆地相区，海水深度加大，深海相沉积特征变得明显。在满加尔凹陷区，堆积了厚度巨大的海底扇亚相的陆源碎屑浊积岩和盆地平原亚相泥页岩，海底扇物源来自于东北方向、东南方向和塔中低凸，扇体厚度可达2000m以上。早奥陶世向西凸出的东倾斜坡相区到中奥陶世时期发生显著的改变，形成了两个围绕古隆起的台缘斜坡带。一个是围绕塔北隆起，沿库南1井－波斯1井－哈得3井－顺8井－柯1井－阿1井连线一带呈"U"字形展布的台缘斜坡带；另一个是围绕中央隆起带，沿乔2井－和4井－顺2井－Ⅰ号断裂带－中3井－巴东2井－策勒县连线一带呈"U"字形展布的台缘斜坡带。斜坡相主要由静水沉积的泥灰岩、瘤状灰岩夹钙屑碎屑流和钙屑浊流沉积组成。具有斜坡特征的塔中29井已钻揭至中奥陶统顶部地层、库南1井已钻揭中奥陶统底部地层，该斜坡带在地震反射剖面上清楚地显示出复合型前积结构特征。

在"U"字形斜坡带所围限的广大地区，继续发育台地沉积环境，但沉积厚度不足1000m，并以开阔台地相为主，沉积物主要为泥晶灰岩、泥晶砂屑灰岩、砂屑泥晶灰岩。在台地的东部边缘轮南14井、塔中31井一带，和台地西部的巴楚唐王城露头剖面、吾孜塔格露头剖面等，中奥陶世晚期，发育有镶边状台地滩沉积，沉积物主要为亮晶颗粒灰岩。

（7）上奥陶统中部（层序SSq7）沉积相展布（图2-16）

晚奥陶世中期盆地的沉积格局继承了晚奥陶世早期的特点，但随着海平面的进一步上升，斜坡相带都逐渐向隆起区迁移，使得台地范围缩小，开阔陆棚相沉积大面积发育。塔北斜坡带由库南1井－波斯1井－哈得3井－顺8井－柯1井－阿1井连线一带退缩到库北1井－东河12井－乡3井－轮南16井－策2井连线一带；而塔中斜坡带则由Ⅰ号断裂带退缩至10号断裂带附近。

（8）上奥陶统上部（层序SSq8）沉积相展布（图2-17）

晚奥陶世晚期，伴随着构造活动的增强和海平面的快速上升，塔里木盆地的古地理面貌再次发生显著变化。塔东地区形成了与强烈沉陷作用相对应的补偿－超补偿性沉积作用，堆积了巨厚的盆地海底扇亚相的陆源碎屑浊积岩和盆地平原亚相泥页岩。盆地斜坡带与中奥陶世基本保持一致，由钙屑碎屑流、静水沉积瘤状灰岩和泥晶凝块灰岩组成，古生物化石除丰富的底栖生物外，还有浮游的头足类

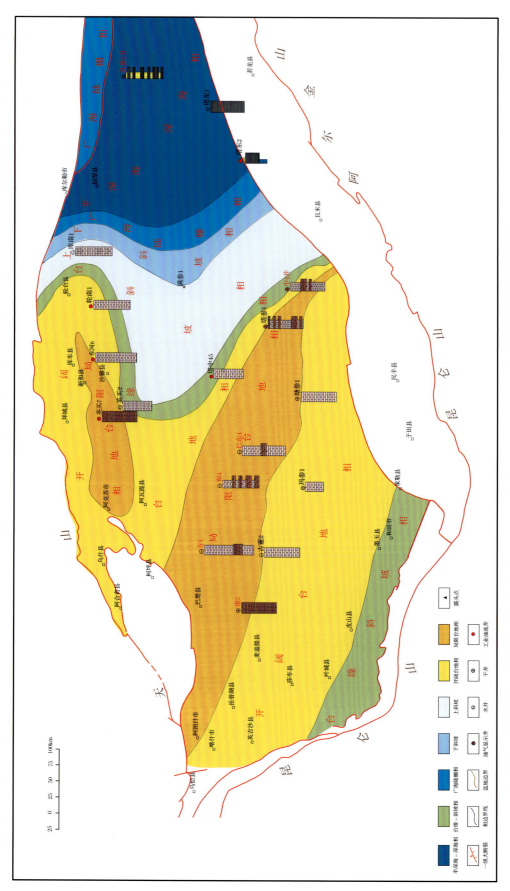

图 2-14 塔里木盆地下奥陶统上部（层序 SSq5）沉积相展布

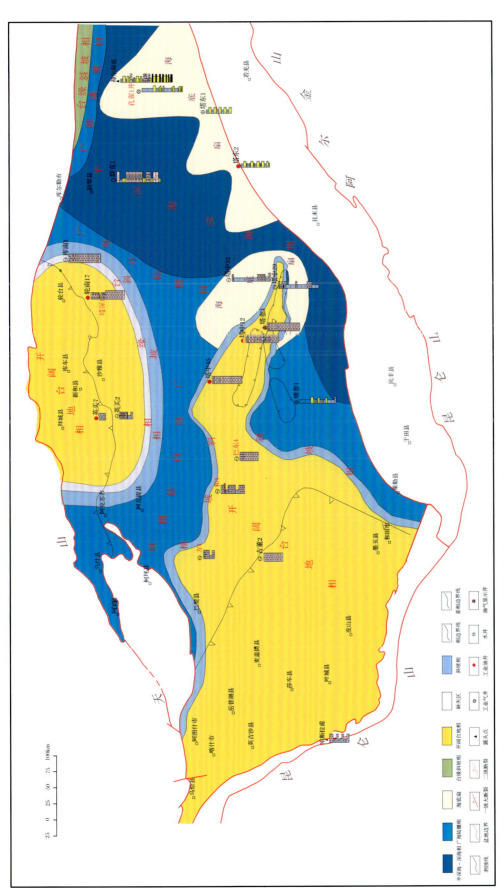

图 2-15 塔里木盆地上奥陶统下部（层序 SSq6）沉积相展布

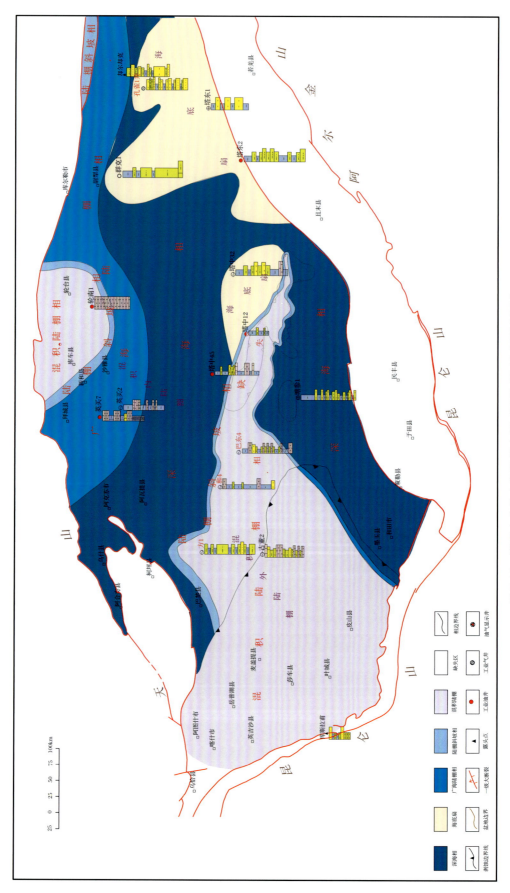

图2-16 塔里木盆地上奥陶统中部（层序SSq7）沉积相展布

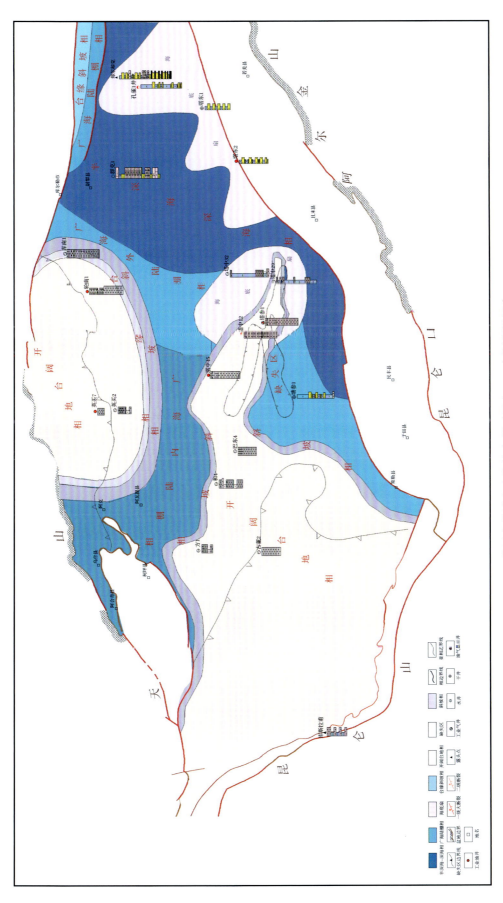

图 2-17 塔里木盆地上奥陶统上部（层序 SSq8）沉积相展布

等。晚奥陶世晚期，该斜坡演变为混积深水陆棚，沉积物以泥岩、砂岩为主。在斜坡带以西，柯坪－英买力一带与塘古孜巴斯凹陷，晚奥陶世为混积深水陆棚相区，沉积物以暗色泥质岩为主，夹灰岩；巴楚隆起、塔北隆起和塔中隆起在晚奥陶世早期为开阔台地展布区，晚期为混积浅水陆棚沉积，沉积物为褐色砂泥岩夹泥晶灰岩。

二、碳酸盐岩储层特征与分布

对于塔里木盆地碳酸盐岩储层，按照不同的分类标准，可将其分成不同的类型。按储层岩石类型，可将其分为灰岩储层和白云岩储层。按碳酸盐岩储层发育的沉积相带可将其分为礁滩型储层、潟湖－潮坪型储层、盐湖－潮坪型储层。按储集空间类型，可将碳酸盐岩储层分为孔隙型、裂缝型、孔洞型及其组合型，如孔洞－裂缝型、裂缝－孔洞型、裂缝－溶洞型及浅滩裂缝－孔隙型和大型洞穴充填物型。随着碳酸盐岩油气勘探、开发的不断深入，发现碳酸盐岩储集层的类型、性质及特征在不同层位、不同区域是不同的，查明其分布特点对储层评价、预测具有十分重要的意义。

1. 礁滩型储层发育特征

（1）礁滩沉积相带展布特征

塔里木盆地寒武系－奥陶系台地边缘相带主要分布在满加尔凹陷与西部台地相区的过渡带，但从寒武纪至奥陶纪相带迁移特征明显。从早寒武世至早奥陶世，台地边缘相带主要分布在从古城2至轮南草湖一带，且从下往上有由西向东逐渐迁移的特征（图2-18）。到中晚奥陶世，由于受全球性大规模海平面上升的影响，塔里木碳酸盐岩台地明显向西退缩，此间台缘礁滩相带西退到塔中I号断裂带和轮南地区（图2-19）。受海平面变化影响造成的沉积相带的侧向迁移，有可能使得单一相带分布较窄的台地边缘相带在平面上叠覆连片分布。

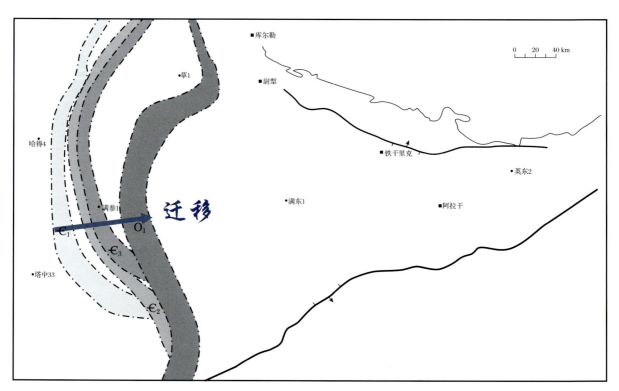

图2-18　塔里木盆地寒武纪－早奥陶世台地边缘相带迁移特征

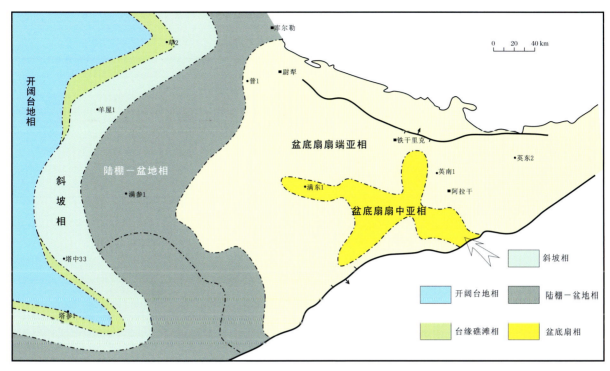

图 2-19　塔里木盆地晚奥陶世台缘礁滩相带分布特征

从钻井揭示和露头剖面情况看，奥陶系发育有生物礁和高能滩的复合体，其中礁体的个体较小。巴楚一间房剖面奥陶系发育的礁体中，单个礁体的大小仅 50 ～ 80cm×5 ～ 10m，但这些礁体在纵向上可相互叠置，构成较大的规模。地震剖面上识别的奥陶系礁体在很大程度上是这些小型礁体的复合体。

晚奥陶世，塔中隆起被北、东、南三面海洋环绕成半岛状，西部主要为碳酸盐岩台地沉积，北部台地边缘位于 I 号断裂带，南部台缘在南缘断裂附近。台地边缘相带的位置，受相对海平面升降速度和台地边缘处碳酸盐产率的影响而迁移。晚奥陶世早期到晚期，受海平面变化和断裂控制，北部台缘相带有向台内迁移的趋势。从晚奥陶世早期到晚奥陶世晚期，塔中地区的台缘斜坡带从塔中 45 井－塔中 30 井－塔中 44 井－塔中 27 井连线一带迁移至塔中 11 井－塔中 12 井－塔中 15 井连线一带。在台缘区，水体较浅，能量较高，有利于生物生长，发育生物礁滩。前已钻探的生物礁多处于台地边缘相，并随台地边缘的迁移而变迁。南缘台地边缘相带从中奥陶世的塘参 1 井附近，至晚奥陶世向台内迁移到巴东 2 井－玛 4 井－玛 2 井一带。

受坡折带迁移变化影响，塔里木盆地寒武纪－早奥陶世台缘礁滩相带呈环状围绕满加尔凹陷分布；晚奥陶世的礁滩相带则呈"U"形分别环绕塔中隆起和塔北隆起分布。

（2）礁滩相储层特征

奥陶系生物礁主要分布在巴楚－柯坪露头、巴楚隆起覆盖区、轮南、塔中等地区，发育的主要层位有丘里塔格群上部地层、一间房组、吐木休克组和良里塔格组。不同地区和不同层位发育有不同类型和不同特征的生物礁（表 2-3）。与全球奥陶世生物礁的发育类型相似，塔里木盆地奥陶纪生物礁主要发育于中晚奥陶世。早奥陶世，塔里木盆地主要发育隐藻灰泥丘。中奥陶世开始在巴楚－轮南地区发育障积礁。晚奥陶世，巴楚－塔中地区广泛发育灰泥丘，骨架礁及障积礁也有发育。总体说来塔里木盆地奥陶纪生物礁类型以灰泥丘为主，障积礁及骨架礁次之。

表 2-3　塔里木盆地中西部不同地区奥陶纪生物礁发育特征一览表

地区	巴楚-柯坪露头	巴楚地区井下	轮南地区	塔中井下
时代	O_2	O_3	O_{2+3}	O_{2+3}
类型	粘结障积礁、灰泥岩	灰泥丘、障积礁、骨架礁	粘结障积礁	灰泥丘、骨架礁、障积礁
伴生滩相	泥、亮晶粒屑灰岩、泥晶粒屑灰岩	泥、亮晶粒屑灰岩、藻砂屑灰岩	亮晶砂屑灰岩、鲕粒灰岩	泥、亮晶藻屑灰岩、棘屑灰岩
发育环境	台地边缘、开阔海台地	开阔海台地台内缓坡	台地边缘	台地边缘、台内缓坡、台缘斜坡
代表剖面	达吾孜塔格、托克逊塔格、唐王城、西克尔	方1井、巴东2井	轮南46、48、16、54井、乡3井	塔中44、30、35、23、161

①储层岩石学特征

据塔中地区塔中 30、塔中 54、塔中 23、塔中 44 等井和巴楚唐王城露头剖面揭示,骨架礁的组成有管孔藻、苔藓虫(图 2-20a)、珊瑚藻(图 2-20b)、珊瑚格架(图 2-20c)、托盘类(图 2-20d)等。礁基和礁盖主要为亮晶藻屑灰岩(图 2-20e)、亮晶粒屑灰岩(图 2-20f)、亮晶鲕粒灰岩(图 2-20g)、亮晶砂屑灰岩(图 2-20h)等。反映出具有较强水动力条件的特点。

唐王城剖面中奥陶统一间房组厚约 89m(图 2-21)。礁基为棘屑滩。礁体为灰色块状生物丘灰岩。生物丘在剖面中呈丘状突起,丘状体高 26.5m,宽约 35m,造丘生物为托盘类、海绵、苔藓虫及藻类,含量约 15%,弱障积粘结结构。生物丘在横向上孤立分布,纵向上相互叠置,造丘生物含量低,附丘生物多样。一间房组顶部为灰色块状障积礁灰岩及亮晶角砾灰岩,造礁生物可达 30%,主要为海绵及托盘类,礁体高 6m,宽 10m。结合上下层沉积特征,其应属于台地向台缘斜坡过渡的台地边缘沉积。礁盖为亮晶角砾灰岩,且角砾成分为亮晶生屑灰岩,属于相对高能相带沉积产物经风暴作用的产物或礁前角砾沉积,反映出高能的沉积环境。

巴东 2 井第 25 及 26 取心段发育规模不等的藻灰泥丘及藻格架礁。第 25 次取心段(4398～4403.5m)及第 26 次取心段(4483～4486.23m)藻灰泥丘的特征与方 1 井的藻灰泥丘有类似之处,灰泥丘主要岩性为浅灰-灰、紫色藻凝块石灰岩、藻泥晶灰岩,发育鸟眼孔、窗格孔构造为特征,生物化石不甚发育。丘发育的前期发育不同形态的叠层石,从近水平的微波状、波状发展到柱状叠层石,反映水体能量逐渐增高的潮坪环境。第 24 次取心段(4296.5～4314.2m)揭示的藻灰泥丘的规模较大,下部灰泥丘厚近 11m。灰泥丘岩性稍有别于第 25 及 26 次取心段的灰泥丘,主要为灰-浅灰色凝块石灰岩,发育鸟眼孔、窗格孔构造。部分层段具有弱格架构造,局部生物化石发育,藻具粘结结构。该灰泥丘以褐灰色亮晶藻屑灰岩为丘盖。第 24 次取心段(4298.8～4301.6m)段发育厚 2.8m 的灰褐色骨架礁灰岩,造礁生物为红藻类的管孔藻,见少量珊瑚及层孔虫。该藻礁或礁丘的礁基及礁盖均为生屑藻屑灰岩,礁基为亮晶,礁盖为泥晶,藻屑以红藻藻屑为主。管孔藻建造的格架礁在塔中 44 等井中也有发育。巴东 2 井管孔藻格架礁的发育反映了该区水体能量较高的沉积环境。晚奥陶世海平面上升,碳酸盐台地萎缩,台地边缘向台地内迁移形成新的台地边缘带,以及台地内开阔台地与局限台地的地形转折带,均可形成巴东 2 井区相对高能量的沉积环境,结合区域地质背景,初步认为其仍属于碳酸盐开阔台地内相对高能带发育的台内礁。岩心观察表明,该藻礁网状缝发育,镜下薄片见沿缝合线溶蚀后沥青的充填作用,反映出该类藻格架礁具有一定的储集性能。

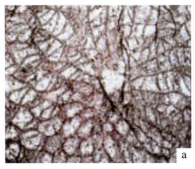

苔藓虫灰岩，苔藓虫隔壁明显。塔中23井，O_3，良里塔格组，5116.6m，×20，正交偏光

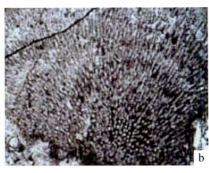

珊瑚藻灰岩。塔中23井，O_3，良里塔格组，5116.6m，×20，正交偏光

珊瑚格架灰岩，四方管珊瑚生长形态。塔中30井，O_3，良里塔格组，5045.4m，岩心照片

生物骨架灰岩，造礁生物以托盘类为主，巴楚一间房剖面，O_2，一间房组

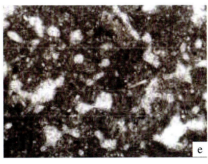

亮晶藻屑灰岩，巴楚一间房剖面，O_2，一间房组。×40，单偏光

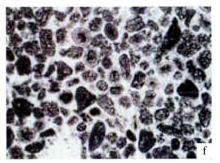

亮晶粒屑灰岩，颗粒以藻屑为主，其次以藻屑、砂屑为核心的鲕粒。塔中54井，O_3，良里塔格组，5943.9m，×20，单偏光

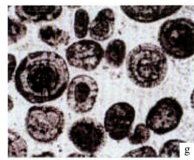

亮晶鲕粒灰岩，颗粒以藻屑、砂屑为核心。塔中30井，O_3，良里塔格组，5095.5m，×21，单偏光

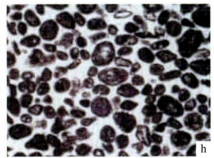

亮晶砂屑灰岩，见鲕粒。塔中30井，O_3，良里塔格组，6055.8m，×21，单偏光

图2-20　塔中－巴楚地区奥陶系礁滩储积体岩石学特征

图2-21　唐王城剖面礁滩露头特征

②储层物性特征

对巴楚－柯坪露头、轮南井下、塔中井下奥陶系台地边缘生物礁滩储层基质物性统计表明：

奥陶系台地边缘生物礁滩为低孔、中渗储层。987 块样品的孔隙度分布范围为 0.1% ～ 12.74%，平均值 1.768%；649 块样品的渗透率分布范围为 $(0.002 ～ 613) \times 10^{-3} \mu m^2$，平均值 $11.18 \times 10^{-3} \mu m^2$（表 2-4）。

表 2-4　塔里木盆地中上奥陶统生物礁滩灰岩基质孔渗分类统计表

地区	岩相	孔隙度（%）			渗透率（$10^{-3} \mu m^2$）		
		样品数	范围	均值	样品数	范围	均值
巴楚	障积礁	26	0.72～5.67	1.655	24	0.015～66.66	7.845
	滩	58	0.4～10.02	2.74	57	0.007～582.6	49.47
	礁滩体	84	0.4～10.02	2.404	81	0.007～582.6	37.14
轮南	障积礁	37	0.43～4.02	1.54	35	0.01～54.4	0
	滩	45	0.6～7.12	2.88	41	0.01～613	0
	礁滩体	83	0.43～7.12	2.21	76	0.01～613	0
塔中	骨架礁	51	0.69～5.69	2.42	22	0.009～103	6.95
	砂屑滩	78	0.62～7.8	1.98	52	0.005～60.4	2.58
	粒屑滩	302	0.15～7.71	1.44	223	0.003～80.3	1.86
	灰泥丘	172	0.1～12.74	1.17	145	0.003～190	3.21
	丘滩	52	0.6～2.9	1.13	45	0.002～30.1	1.68
	礁丘滩	655	0.1～12.74	1.49	487	0.002～190	2.55
露头	礁丘滩	84	0.4～10.02	2.404	81	0.007～582.6	37.14
井下	礁丘滩	903	0.1～12.74	1.487	487	0.002～613	2.55
全盆地	礁丘滩	987	0.1～12.74	1.768	649	0.002～613	11.185

生物礁相灰岩比滩相灰岩的基质孔隙性差。286 块生物礁相灰岩样品的平均孔隙度为 1.49%，191 块生物礁相灰岩样品的平均渗透率为 $4.22 \times 10^{-3} \mu m^2$；701 块滩相灰岩样品的平均孔隙度为 1.89%，458 块生物礁相灰岩样品的平均渗透率为 $14.09 \times 10^{-3} \mu m^2$（表 2-5）。

表 2-5　塔里木盆地中上奥陶统不同岩相基质孔渗分类统计表

岩相	孔隙度（%）			渗透率（$10^{-3} \mu m^2$）		
	样品数	范围	均值	样品数	范围	均值
骨架礁	51	0.69～5.69	2.42	22	0.009～103	6.95
障积礁	63	0.43～5.67	1.59	24	0.015～66.66	7.85
灰泥丘	172	0.1～12.74	1.17	145	0.003～190	3.21
生物礁	286	0.1～12.74	1.49	191	0.003～190	4.22
滩体	701	0.4～10.02	1.89	458	0.003～582.6	14.09

骨架礁、障积礁、灰泥丘储集物性依次降低。平均孔隙度分别为 2.42%、1.59% 及 1.17%，平均渗透率分别为 $6.95 \times 10^{-3} \mu m^2$、$7.85 \times 10^{-3} \mu m^2$、$3.21 \times 10^{-3} \mu m^2$（表 2-5）。

巴楚露头、轮南、塔中地区台缘生物礁滩的储集物性依次降低。平均孔隙度分别为 2.404%、2.21%

及 1.49%，巴楚露头生物礁滩的平均渗透率为 $37.14 \times 10^{-3} \mu m^2$，塔中地区仅为 $2.55 \times 10^{-3} \mu m^2$。

③储集空间类型

奥陶纪台缘生物礁储层的储集空间主要包括孔隙、裂缝和溶洞。

第一类储集空间为孔隙。台缘生物礁灰岩的孔隙类型较多，主要有粒内溶孔、粒间溶孔、非组构选择性溶孔和残余生物骨架孔等类型。

粒内溶孔：粒内溶孔是流体介质对颗粒进行选择性溶蚀所形成的一种溶蚀孔隙，主要为砂屑、藻砂屑粒内溶孔，也有鲕粒内溶孔，甚至铸模孔，部分粒内溶孔中还残留有早期的方解石（图 2-22a、图 2-22b）。粒内溶孔的孔隙直径较小，一般为 $0.01 \sim 0.03mm$，最大可达 $0.5 \sim 0.8mm$。粒内溶孔在本区非常发育，如 TZ161 井中具该类孔隙的薄片数占总薄片数的 27.5%，塔中 44 井为 63%，塔中 54 井为 71.4%。

粒间溶孔：粒间溶孔直径较晶间溶孔大，形成于第三期粒间方解石充填之后，部分孔隙仅残留 $1 \sim 2$ 期纤状和细粒状方解石，溶蚀作用强烈时，可形成超大孔隙（图 2-22c、图 2-22d）。如塔中 54 井具粒间溶孔的样品占 38.1%，TZ44 井占 25.9%。

晶间溶孔：指粒间、孔洞和裂缝的方解石、萤石等矿物晶体间的溶蚀孔隙（图 2-22e、图 2-22f）。该类孔隙的直径一般为 $0.01 \sim 0.05mm$，个别生物体腔内方解石晶间溶孔可达 2.00mm。塔中 45 井这类溶孔占 38.1%，塔中 54 井占 38.1%。

非组构选择性溶孔：指沿微裂缝、缝合线扩大而成的串珠状囊状孔隙以及小溶缝，孔隙形状不规则，大小不一，岩心中较为常见，薄片中也较常见（图 2-22g）。如塔中 54 井具这类孔隙的样品占 47.6%，塔中 451 井占 28.6%，塔中 44 井占 25.9%。

残余生物骨架孔：主要见于塔中 44 井和塔中 30 井的生物骨架礁中，孔径一般为 $0.3 \sim 1.2mm$，面孔率 $2\% \sim 5\%$，最高达 16%，为节壳状方解石和粒状方解石半充填。

第二类储集空间为裂缝。裂缝是台缘生物礁滩灰岩的主要储集空间之一，按成因可分为构造缝和成岩缝。构造缝是指在构造应力下形成的各种缝。纯粹的构造缝较小，多数被后期溶蚀扩大（图 2-22h）。缝宽从薄片中的 0.01mm 到岩心上的 3cm 不等，充填、半充填和未充填的缝均有。构造缝在台缘礁滩相灰岩中较发育，如塔中 161 井 182 块薄片中见构造缝 341 条，平均每块 1.8 条，裂缝率 $0 \sim 0.55\%$，最大可达 0.7%。裂缝多以斜交缝和高角度缝为主，水平缝较小较少，大、中缝较小，微缝居多。构造缝不仅是较好的流体渗滤通道，而且也是较好的储集空间类型，油气显示活跃的井段，构造裂缝也往往较发育。

从构造裂缝的发育程度与岩性的关系来看，台地边缘相带泥质条带灰岩中的构造缝不发育，而厚层质纯的礁滩灰岩及纯灰岩中构造裂缝则较发育，此外裂缝发育程度与断裂也有密切关系，越靠近 I 号断裂或 I 号断裂的主要派生断裂，裂缝越发育，密度越大，反之，裂缝就不甚发育。

成岩缝包括成岩过程中压实、脱水形成的收缩缝以及由压溶形成压溶缝。成岩缝大多为泥质、黄铁矿、灰泥、方解石充填，仅部分溶扩网状缝合线可作为有效的储集空间。

第三类储集空间为溶洞。一般大于 2mm 的空隙称为洞。溶洞的发育往往与沿裂缝的扩溶有关，常沿裂缝的延伸方向及裂缝附近分布，出现在质纯、裂缝发育的礁、滩层段。据统计，塔中 45 井岩心中有溶洞 144 个，平均 3.4 个 /m，最密处达 25 个 /m；塔中 16 井 4256.74 ~ 4258.42m 井段，钻井放空 1.68m，为一大型溶洞，放空井段上下 0.9m 见溶洞 169 个，溶洞密度达 188 个 /m；塔中 44 井取心段见溶洞 1591 个，平均 39 个 /m，最多 150 个 /m。

勘探实践证明，奥陶系台地边缘灰岩储层以裂缝－孔洞型为主，其次是裂缝－孔隙型、孔洞型、裂缝型和复合型。如塔中24井为裂缝－孔隙型、塔中44井为裂缝－孔洞型、塔中54井为溶蚀孔洞型、塔中45井为裂缝－孔洞型。

a.亮晶粒屑灰岩，颗粒选择性溶蚀形成粒内溶孔、溶洞。塔中54井，O_3，良里塔格组，×21，单偏光

b.亮晶粒屑灰岩，颗粒选择性溶蚀形成粒内溶孔、铸模孔。塔中54井，O_3，良里塔格组，×21，单偏光

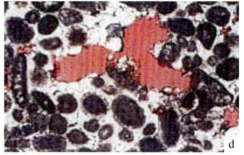

c.骨架礁灰岩内晚期胶结物被溶蚀，见沥青。塔中54井，O_3，良里塔格组，3/32/50，×21，单偏光

d.亮晶砂屑灰岩，粒间溶蚀孔洞。塔中30井，O_3，良里塔格组，5101m，×21，单偏光

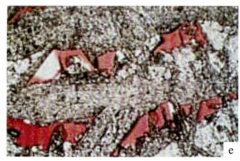

e.溶缝内重晶石晶间孔，溶孔。塔中12井，O_3，良里塔格组，4712.0m，×21，单偏光

f.溶缝内充填萤石晶间孔，溶孔。塔中12井，O_3，良里塔格组，4712.0m，×21，单偏光

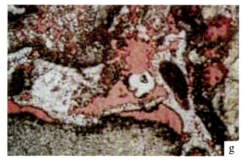

g.亮晶砾屑灰岩，砾屑以藻屑为主，非组构选择性溶孔、溶洞。塔中35井，O_3，良里塔格组，5101m，×21，单偏光

h.亮晶细砂屑灰岩，沿构造缝溶蚀。塔中45井，O_3，良里塔格组，6094.3m，×21，单偏光

图2-22　塔中地区奥陶系台缘生物礁滩的储集空间类型

台缘生物礁灰岩的孔隙类型较多，主要是粒内溶孔、粒间溶孔、非组构选择性溶孔和残余生物骨架孔等类型。

2. 岩溶发育机理

（1）岩溶作用主要类型

岩溶又称喀斯特（Karst），按岩溶发生的环境，通常可将它划分为同生岩溶、风化壳岩溶和埋藏岩溶三种类型。这三种不同类型的岩溶在塔里木盆地碳酸盐岩中发育良好，并且是储层形成的主控因素之一。

①同生岩溶作用

同生岩溶作用发生于同生期大气成岩环境中。受次级沉积旋回和海平面变化的控制，粒屑滩、骨架礁等浅水沉积体，尤其在海退沉积序列中，伴随海平面周期性相对下降，时而出露海面或处于淡水透镜体内，在潮湿多雨的气候下，受到富含 CO_2 的大气淡水的淋滤，发生选择性和非选择性的淋滤、溶蚀作用，形成大小不一、形态各异的各种孔隙。它既可以选择性地溶蚀由准稳定矿物组成的颗粒或第一期方解石胶结物，形成粒内溶孔、铸模孔和粒间溶孔，又可发生非选择性溶蚀作用，形成溶缝和溶洞。

同生期岩溶作用可通过第一期海底纤状环边方解石被溶蚀并与随后的刃状、细晶粒状方解石呈胶结不整合接触、粒间溶孔和渗流粉砂充填物、铸模孔和粒内溶孔、不规则溶孔、小型溶洞及渗流粉砂充填物、不规则状溶沟和溶缝的发育及泥质和渗流粉砂充填物、大气淡水胶结物的存在等成岩组构进行识别。

通过塔中地区井间同生岩溶发育特征的对比（图2-23），可见沿该带的良里塔格组灰岩内发育了4～6期同生岩溶作用及相应的大气成岩透镜体。良里塔格组泥质条带灰岩段、颗粒灰岩段中发育了2～6个大气成岩透镜体，上、下两个透镜体规模较大，在北西－南东方向上均可追踪对比。其中塔中30、塔中44、塔中161井大气成岩透镜体的规模较大，但只有两层；顺2井的透镜体可达6个，但单个透镜体的规模相对较小。这或许预示着从顺2井朝北西方向的台地边缘相带内，良里塔格组灰岩应该还有规模较大的大气成岩透镜体存在。在良里塔格组含泥灰岩段内也识别出两个大气成岩透镜体，但规模较小，呈断续分布。

良里塔格组灰岩顶部的大气淡水作用最显著，相应地其大气成岩透镜体的规模也较大，在塔中24、44等井中，明显存在同生期暴露面。向塔中15井方向，良里塔格组含泥灰岩段中未发育大气成岩透镜体，泥质条带灰岩段、颗粒灰岩段虽然发育了两个大气成岩透镜体，但厚度减薄，规模变小。朝台内方向，大气成岩透镜体尖灭。由台地边缘向外，则相变为斜坡、盆地相，大气成岩透镜体也趋于消失。

②风化壳岩溶作用

风化壳岩溶又称不整合面岩溶、侵蚀面岩溶等，它是指可溶性岩层在出露地表的表生成岩环境中，大气淡水对不整合面以下地层的淋滤改造过程中所发生的岩石的溶蚀。它的形成与重要的海平面升降或构造运动造成的大陆大面积暴露有关，常常是地层学中的主要不整合面。对于碳酸盐岩岩溶而言，风化壳岩溶和同生岩溶都是受大气淡水淋滤而发生的溶蚀，它们最大的区别在于同生岩溶时间非常早，沉积物尚未完全固结成岩，碳酸盐组分的矿物成分尚未完全稳定化；而风化壳岩溶发生的时间比较晚，是对已经固结成岩、完成矿物稳定化转变后碳酸盐岩产生的岩溶作用。影响风化壳岩溶形成的因素很多，包括气候、基准面、植被这些外因以及岩性、构造和地层这些内因（Choquette，James，1988）。

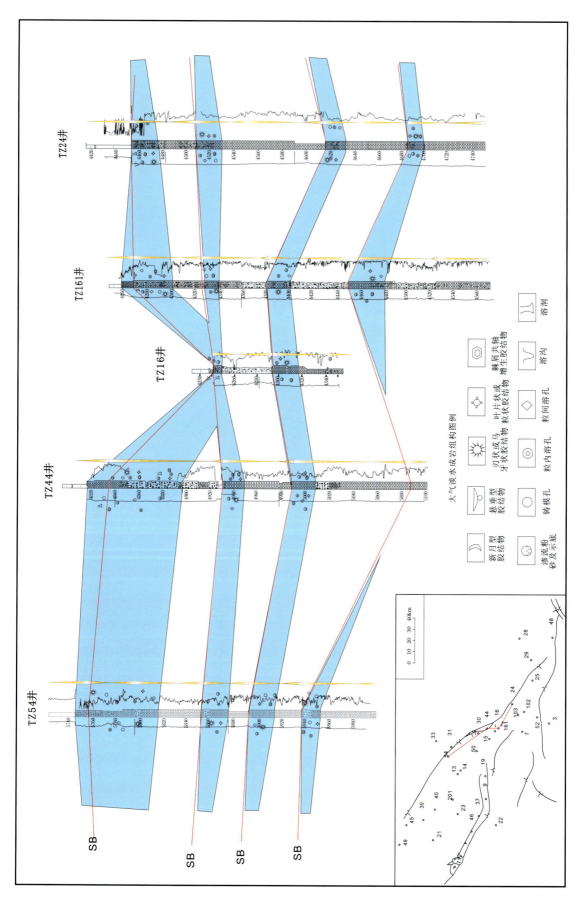

图 2-23 塔中地区中上奥陶统灰岩中大气淡水成岩透镜体发育与层序界面的关系

奥陶系碳酸盐岩经历了中奥陶世末、奥陶纪末－志留纪初、志留纪末－泥盆纪初、晚泥盆世中期四个阶段的四期岩溶作用的改造，各期岩溶作用发生的强度在不同构造单元上存在差异，对储层的影响也不尽相同（表2-6）。发生在中奥陶世末的第一期岩溶在塔中Ⅰ号断裂带以西广泛分布，但岩溶作用的深度范围比较小，一般影响不整合面以下70m以内的地层，最深的可达100多米；奥陶纪末－志留纪初加里东中期运动形成的第二期岩溶主要影响塔中Ⅱ号构造带及中1井－中12井一带，岩溶影响范围到不整合面以下200m以内。第三期和第四期岩溶主要作用在Ⅱ号构造带。塔中Ⅱ号构造带现今的岩溶特征实际上是多期岩溶叠加的结果。

表2-6　塔北、塔中和巴楚地区奥陶系岩溶期次对比表

岩溶期次		塔北		塔中		巴楚	
		强度	表现	强度	表现	强度	表现
印支－燕山期	J、K／O$_1$	沙西北部局部发育	J、K／O$_1$的不整合接触	不发育			
海西晚期	T／O$_1$	雅克拉－沙西强烈	T／O$_1$、$\in$、Z不整合	不发育			
海西早期	C$_1$／O$_1$	阿克库勒强烈	C$_1$／O$_1$不整合接触	塔中东部强烈	C$_1$／O$_1$不整合	山1－玛8井区强烈，其他地区弱	C$_1$／O$_1$不整合
加里东晚期	(S／O)	整个塔北强烈	志留系覆盖在不同地层之上	塔中东部和中央垒带强烈	S／O$_{1-2}$、O$_3$不整合	玛扎塔格西部及其以北强烈，东部弱	S／O$_{1-2}$、O$_3$不整合
加里东中期	第二幕（良里塔格组／桑塔木组）	阿克库勒明显	地震解释超覆关系	不发育		不发育	
	第一幕（O$_3$/O$_{1-2}$）	沙西较弱阿克库勒围斜弱	颗粒氧化边地震剖面上的上超	较强	O$_3$／O$_{1-2}$平行不整合，上超	玛扎塔格较强，向东减弱	O$_3$／O$_{1-2}$平行不整合

从上表中可见，塔里木盆地古隆起区奥陶系经历了多期岩溶作用。塔北地区奥陶系碳酸盐岩受到多期岩溶作用的影响，其中以海西早期、海西晚期最为强烈，其次是加里东中期。塔中地区则主要为加里东中期第一幕、加里东晚期和海西早期三期岩溶作用最强烈。巴楚地区则以加里东中期第一幕较为强烈。相对而言，塔北地区奥陶系碳酸盐岩所经受的岩溶期次多、暴露时间长，而塔中地区奥陶系碳酸盐岩的岩溶期次少，暴露时间相对较短，但对两地区影响最大的三期岩溶作用，即加里东中期第一幕、加里东晚期和海西早期的岩溶作用特征有许多共同之处。

③埋藏岩溶作用

埋藏溶蚀作用是指岩石在埋藏阶段与有机成岩作用相联系的一种溶蚀作用，也称为深部溶蚀作用。埋藏环境中碳酸盐岩深部溶蚀孔隙的发现，是20世纪80年代以来碳酸盐岩成岩作用研究的突出进展之一。这一发现不仅具有重要的理论意义，而且还具有重大的实际意义，它提供了在深部进行碳酸盐岩油气勘探的依据，打破了深部储层差，不宜油气勘探的传统观念；同时在理论上把生油岩与储集岩的演化联系起来，即有机质的演化不仅形成了烃类，而且还造就了储集空间。

塔北和塔中地区奥陶系碳酸盐岩中均发育有典型的埋藏溶蚀作用。表现为原生粒间孔中的第二期方解石胶结物被溶蚀，形成晶间和晶内溶孔并为沥青充填；或晚期形成的白云石被溶，溶蚀孔内被沥青充填。沿早期缝合线进行扩溶，形成溶扩压溶缝及其周围的溶蚀孔洞，被沥青充填。与侵蚀面伴生

的覆盖角砾灰岩和角砾白云岩及其砾间的方解石充填物，在埋藏期被溶蚀，形成扩溶砾间溶孔和溶蚀孔洞，溶洞直径最大可达9cm，部分洞径大于角砾直径。灰岩型岩溶的大型水平溶洞的洞顶破裂缝形成于埋藏期，破裂缝普遍见溶蚀现象，发育溶缝及沿破裂缝的溶蚀孔洞。岩溶缝洞中埋藏成因的粗-巨晶方解石、含铁方解石充填物被溶蚀，形成晶间和晶内溶孔以及溶蚀孔洞。岩溶缝洞中埋藏成因的亮晶白云石、雾心亮边白云石、环带白云石和异形白云石等充填物被溶蚀，形成晶间和晶内溶孔。沿晚期构造缝溶蚀，形成沿裂缝分布的串珠状溶孔和溶蚀孔洞，或者是晚期裂缝中充填方解石被溶蚀形成晶间溶孔。这类溶蚀孔缝既切割裂缝充填物，也切割围岩。原有的孔洞缝在埋藏环境中被大量充填，暗示着其他地方埋藏溶蚀作用的发生。因为在同一个封闭的埋藏环境中，没有外来物质的参与，沉淀与溶解必需等量进行，以保持该体系的物质平衡。

塔北和塔中地区奥陶系碳酸盐岩中均发育有比较明显的埋藏期热水岩溶作用。雅克拉地区晶洞石英和白云石包体测温表明，存在有热水活动和溶蚀作用是无疑的，其中均一温度达110～180℃的矿物无疑应属热水溶蚀的产物。阿克库勒地区两相流体包体分析表明，本区已检测到的最高均一温度（152.3～163.2℃，186.7～196.9℃，208.5～218.5℃）大于该层位在地质历史中所经历了最高温度（130℃±），说明一间房组经历了热水作用。雅克拉地区溶洞充填矿物主要为白云石、石英与玉髓，其次为绿泥石、高岭石，可以形成具不同组合的晶洞和脉。白云石、石英包体测温表明有的属热水成因，还见到大量异形白云石，异形白云石一般认为属热水成因。另外，高岭石充填物中可见一些六方板柱状迪开石，迪开石形成温度一般大于96℃，亦属热水成因。阿克库勒地区已发现萤石、绿泥石等热水矿物。萤石化一般表现为交代结晶方解石或呈斑块状交代岩石，萤石中盐水包裹体的均一温度为208.5～218.5℃，平均为213.6℃，而被交代裂缝方解石盐水包裹体均一温度为125.9～131.4℃。塔中地区奥陶系碳酸盐岩中，也具有类似的热水岩溶作用的特征。裂缝充填物中，粗晶粒状萤石发育，其自形程度高，向外晶体变大。粗晶环带状萤石之外为斑状结构的细晶方解石、硬石膏、萤石和石英的共生组合体，充填于孔洞中部。塔中12井4654m处缝洞充填物的矿物学和地球化学总体特征分析表明，不同矿物类型、期次和生长环带的微量元素含量虽然有不同程度的变化，但总体上具有Mg、Ba、Mn、Fe、Ti、Ni和Zn含量高的特点。其相对高的Zn、Ni含量指示了其形成时的流体介质有深部流体的加入。其碳、氧同位素偏负和两相包裹体均一温度较高（100～105℃）的特征，指示了它们形成于较高的温度条件。根据埋深和地温梯度推算，萤石充填作用发生于早二叠世沉积之后至三叠纪期间。中1井中二叠纪火山岩十分发育。以上这些特征说明，晚二叠世至三叠纪早期岩浆演化后期的含F热液上升侵入到奥陶系灰岩中，并与来自寒武系和奥陶系地层中的富含硫酸盐的卤水混合、溶蚀、降温，最后在缝洞中沉淀出萤石和硬石膏。

（2）关键不整合面古地貌恢复及其对岩溶发育的影响

古地貌是控制一个盆地后期沉积相发育与分布的主要因素，同时，在一定程度上控制着后期油藏的储盖组合，是研究区所受构造变形、沉积充填、差异压实、风化剥蚀等综合作用的结果，特别是构造运动往往导致盆地面貌的整体变化。发生在早奥陶世末期的中加里东运动第二幕，形成了下奥陶统鹰山组顶部和上奥陶统良里塔格组底部之间的不整合接触关系，即不整合面T_7^4，导致塔中地区缺失中奥陶统。这个时期的古地貌特征对其后的沉积有着明显的控制作用，对其前的地层有着很好的改善作用。其中，T_7^4界面的古地貌控制着上奥陶统地层及沉积相带展布，影响着下奥陶统岩溶储层的发育。因此，研究塔中地区早奥陶世末期的古地貌特征、控制因素以及其对沉积的影响，对寻找塔中地区的有利储层，指导塔中地区奥陶系的油气勘探具有重要意义。

①塔中地区 T_7^4 界面古地貌特征及对下奥陶统岩溶发育的影响

古地貌恢复可以从剥蚀厚度恢复和地震地层学方法恢复两个角度来考虑。剥蚀厚度的大小与当时古地貌的高低大体上是相对应的，剥蚀强度大的地区对应的古地貌位置就高，相反剥蚀强度弱的地区对应的古地貌位置就低，因此通过剥蚀厚度恢复能反映当时古地貌的大致形态。地震地层学方法通过地震剖面上的一些明显特征如上超、削截等也可以反映当时的古地貌特征，如上超方向代表古地貌较高的方向，削截越强的部位代表古地貌越高的部位等。

利用镜质体反射率（R_o）法编制了塔中地区关键不整合面 T_7^4 的剥蚀厚度图（图 2-24）。从中可以看出：T_7^4 界面剥蚀强度最大的地区位于巴东 2 井区附近，最大剥蚀量超过 400m，其次为卡塔克 1 区块及巴东 2 井区以西地区，而在东部和其他大部分地区剥蚀量相对较小。从而可以推断 T_7^4 界面形成时期塔中地区为西高东低、中央高四周低的沉积格局。

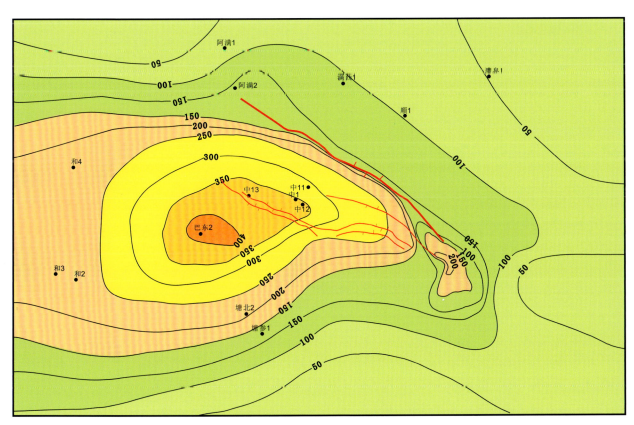

图 2-24　塔中地区 T_7^4 界面剥蚀厚度图

利用地震地层学方法，再结合塔中地区的区域构造背景，编制了塔中地区 T_7^4 界面的古地貌等值线图（图 2-25）。从图中可以看出，T_7^4 界面时期塔中地区有两个地貌高点，分别位于中 13 －塔中 18 －塔中 9 一线和塔中 10 －塔中 11 一线，最大相对高度位于塔中 18 井附近，较高的地貌位于卡塔克 1 区块，总体上是一个西高东低、中央高四周低的沉积格局，地势比较平缓。

从剥蚀图和古地貌等值线图上都可以看出加里东中期塔中地区的古地貌是西高东低、中央高四周低、地势平缓、构造不太发育的古地貌格局。

加里东中期的古地貌对岩溶的发育有着重要影响，凸起区有利于表生岩溶的发生，对后期的埋藏

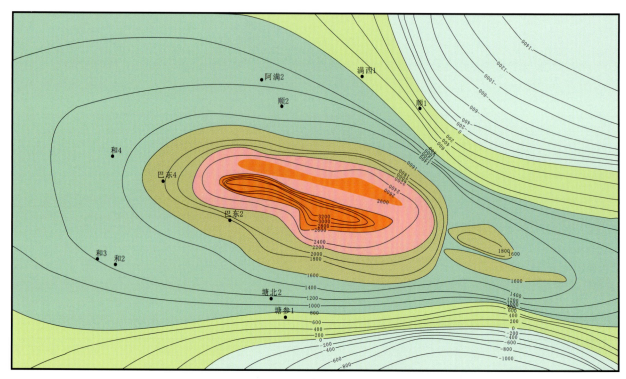

图 2-25 塔中地区 T_7^4 界面古地貌等值线图

岩溶发育也比较有利。钻井资料表明,塔中地区下奥陶统储集层以裂缝−溶洞型碳酸盐岩台地相储集层为主。构造成因裂缝对储集层的渗透性具有重要的贡献,但溶孔、溶洞则是流体的主要储集空间。在 T_7^4 界面附近发育有较好裂缝−溶洞型储集层的钻井(巴东 2、中 1、塔中 2、中 11、中 12、中 13 等井),其分布和加里东中期运动形成的古凸起区域往往有很高的相关性。说明古地貌的凸起区比较有利于岩溶作用的发生,在不整合面附近形成溶洞−裂缝储集层。这是由于凸起区一般地层变形程度大,易形成构造成因裂缝,而构造裂缝在使地层孔隙度增大的同时也有利于流体的运移和物质交换,促进岩溶作用的发生;同时凸起区地层接受风化淋滤时间长,剥蚀厚度大,有利于表生岩溶的产生和溶蚀深度的增加。

塔中隆起区受加里东期不整合面岩溶影响强烈,导致在下奥陶统裸露区溶蚀孔洞发育,与裂缝一起构成复杂的孔、缝、洞系统。不同古地貌单元控制了岩溶发育特征。一般岩溶高地以垂直渗流带发育为特征,仅在其边缘发育水平岩溶带,同时,岩溶孔洞多被充填。岩溶斜坡的岩溶作用纵向分带明显,渗流、潜流带均发育,塔中地区分别达到 18m 和 13m,溶蚀孔洞虽有充填,但保存率是最高的。岩溶谷地的充填作用严重,不利于岩溶储层的发育。受加里东中期古地貌影响,下奥陶统岩溶高地主要发育在塔中隆起西端,而环绕塔中隆起两侧发育岩溶斜坡。这使得卡 1 区块,巴东 2 井区一带岩溶相对发育。

②塔中地区 T_7^0 界面古地貌特征及其对上奥陶统岩溶发育的影响

从加里东中期到加里东晚期塔中地区古地貌格局发生了非常明显的变化。利用镜质体反射率(R_o)法编制了塔中地区关键不整合面 T_7^0 的剥蚀厚度图(图 2-26)。T_7^0 界面最强剥蚀区位于塔中 1、塔中 3 和塔中 5 井区附近,最大剥蚀量 1000～1200m 左右,剥蚀强度远远大于 T_7^4 界面。而且此时的构造活动较强,中央断垒带基本成型。东部剥蚀强度大于西部及其他地区,表明 T_7^0 界面形成时期塔中地区为东高西低、中央高四周低的构造格局。

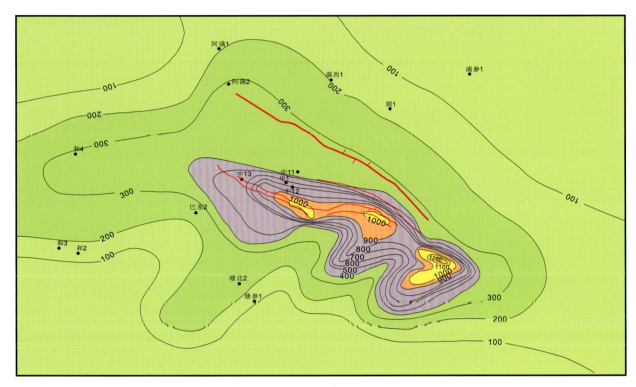

图 2-26 塔中地区 T_7^0 界面剥蚀厚度图

利用地震地层学法恢复的塔中地区 T_7^0 界面的古地貌等值线图（图 2-27）显示：T_7^0 界面时期塔中地区也是有两个地貌高点，但此时的地貌高点转到了塔中 1－塔中 5－塔中 38 一线和东部古城墟地区，最高点位于塔中 1 附近，次一级的地貌高点位于东部中央断垒带和古城墟地区，整体的地貌形态是东高西低、中央高四周低，此时的地势相对 T_7^4 界面时期较陡，反映出的构造形态较为复杂，中央断垒带已基本成型。

受区域构造运动的影响，塔中地区的古地貌格局从加里东中期到加里东晚期发生了显著变化，即由加里东中期的西高东低、中央高四周低、地势平缓、构造不太发育的古地貌格局变化为加里东晚期的东高西低、中央高四周低、地势相对较陡、构造发育丰富的古地貌格局。

T_7^0 界面的古地貌决定了塔中地区加里东中期第三幕岩溶（奥陶系与志留系间的古岩溶）的发育状况。该时期塔中地区构造发育，构造产生的裂缝能使地层孔隙度增大的同时也有利于流体的运移和物质交换，促进岩溶作用的发生，使得该时期岩溶作用较强，塔中 161 井、塔中 24 井上奥陶统灰岩顶部的孔隙发育及孔隙度分布就是例证。塔中地区东高西低、地势较陡的特点使得中央断垒带东段和古城墟地区成为岩溶高地，而环绕岩溶高地在卡塔克 3 区块、卡塔克 4 区块和顺托果勒南区块发育的岩溶斜坡则成为寻找岩溶储层的有利区带。在塔中 161 和 42 井中最多识别出 4 个大气成岩透镜体。

加里东中期第三幕构造运动在塔中地区表现强烈，使得塔中地区碳酸盐岩台地沉积区的奥陶系普遍受到侵蚀，在 T_7^0 界面下的上奥陶统普遍发生岩溶作用；同时，剧烈的抬升造成中央断垒带和塔中东部地区缺失中上奥陶统，导致下奥陶统较强的溶蚀作用，对早期的岩溶储层有很好的改造作用。

综合岩溶地貌和不整合面岩溶发育期次，可以发现，塔中地区从东部潜山带向西部倾没端，岩溶期次和强度呈现明显的差异。在东部潜山带，下奥陶统经受了中加里东期、晚加里东期和早海西期三期岩溶。塔中中部，主体只接受了中加里东期岩溶，仅在中央断垒带的局部高地经受了晚加里东期岩

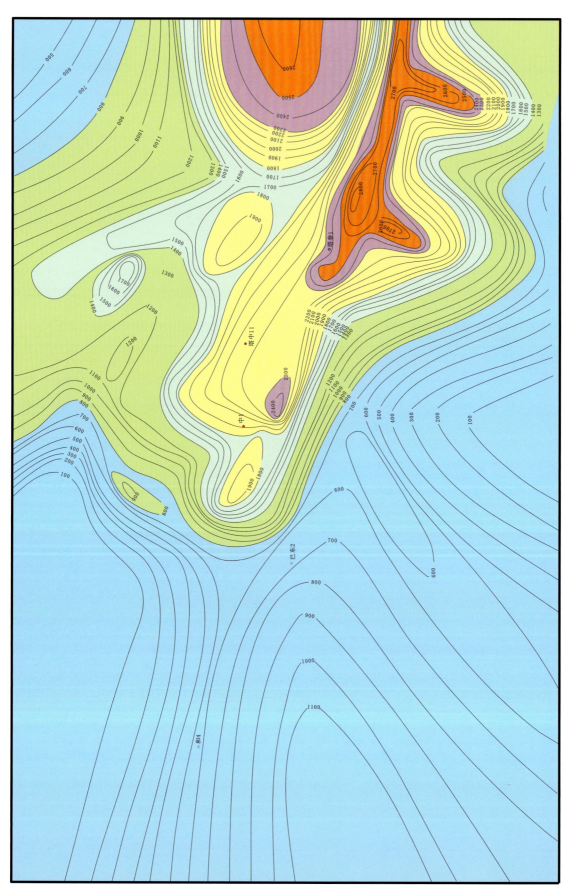

图 2-27　塔中地区 T_7^0 界面古地貌等值线图

溶，而早海西期基本没有影响。在西部倾没端，下奥陶统只经受了中加里东一期岩溶，晚加里东期和早海西期岩溶不发育。

（3）裂缝与岩溶发育的关系

①高角度裂缝发育与不整合面岩溶

通过对塔中大量钻井的裂缝发育情况统计，发现裂缝型式复杂多样，裂缝的产状、性质、充填情况、开启程度在不同的井与不同的层段均有差异。统计数据分析表明：高角度裂缝、垂直裂缝的数量较多（图 2-28），所占比例分别达 46%、40%，而低角度裂缝仅占 14%，微裂缝较发育，所占比例达 70.5%，大、中缝仅占 8.3%、21.2%；总体而言，塔中地区奥陶系以发育高角度缝为主，水平、低角度缝较少。在下奥陶统 T_7^4 不整合面下，裂缝与溶孔具伴生发育的特点，裂缝发育强度越大，岩溶发育规模越大（图 2-28、图 2-29），且高角度裂缝较发育的地区，溶蚀孔洞也较发育。充分说明裂缝的产状对于溶蚀孔洞的发育具有明显的控制作用。这主要是由于在不整合面形成时期碳酸盐岩发生暴露，接受大气淡水淋滤、风化作用，导致了其下伏地层中岩溶作用的发生，高角度的裂缝的存在，为大气淡水的下渗提供了通道，从而扩大了溶蚀孔洞发育带的厚度，同时也增强了岩溶发育的强度，因此在不整合面下高角度裂缝较发育的地区，往往易形成较好的岩溶-裂缝型储层。

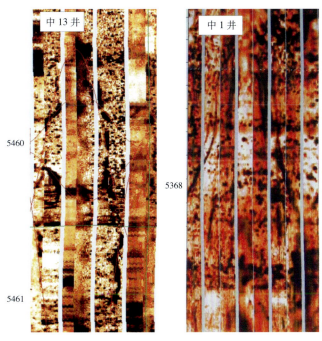

图 2-28　塔中地区高角度裂缝及其与之伴生的溶孔

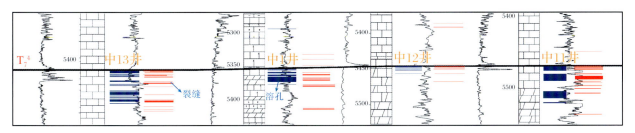

图 2-29　塔中地区 T_7^4 不整合面下裂缝与溶孔发育特征

②低角度裂缝发育与埋藏岩溶

从目前的统计研究来看，塔中地区奥陶系水平－低角度裂缝相对较少，主要以低角度共轭剪切缝、构造水平缝合线为主，并普遍见有轻微的溶蚀现象。由于水平－低角度裂缝具有数量少、规模小的特点，长期以来未引起足够的重视。经本次研究发现，低角度裂缝的发育对于储层内部埋藏岩溶的发育具有重要贡献（图2-30）。尤其是对下奥陶统以白云岩为主的内幕型储层而言，影响更为重要。中－深埋藏条件下，储层内部流体沿低角度裂缝的流动，扩大了储层横向溶蚀范围，因此，加强碳酸盐岩低角度裂缝发育情况的精细解释，对于寻找埋藏岩溶型内幕储层具有重要的现实意义。

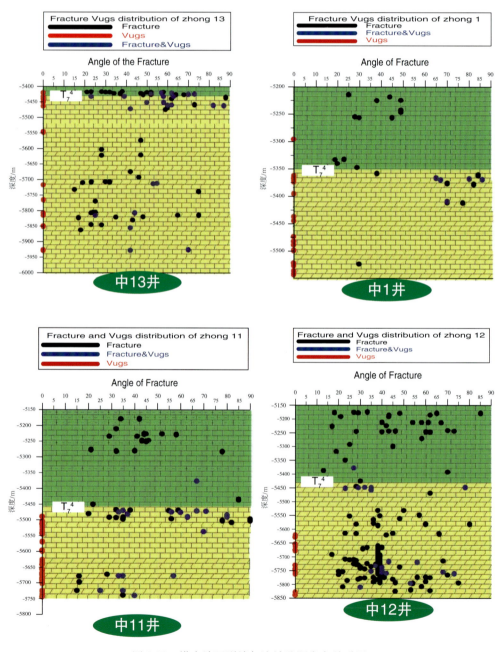

图2-30　塔中地区裂缝与溶蚀孔洞发育关系图

大量文献研究结果表明：地质构造在岩溶发育的诸多影响因素中占主导地位，地质构造控制岩溶的空间发育和分布规律，表现为构造控制岩溶发育的强度，所处部位和发育方向。岩溶发育的地段往往和一定的地质构造相联系，在断层附近和褶曲轴部，岩溶最为发育，溶蚀孔洞分布相对密集。尤其是大型断裂附近，由于较强的挤压破碎作用，有利于岩溶发育，分布有大量的溶洞、溶隙，局部溶洞成群。在断层附近和褶曲轴部，溶蚀孔洞分布较多，岩溶较为发育，而这些部位正是构造裂缝最为发育的地段。由于增加了水与碳酸盐岩的接触，有利于溶蚀作用的进行和古岩溶的发育。塔中地区碳酸盐岩储层构造裂缝与溶蚀孔洞伴生发育的特点，充分说明了构造裂缝的发育程度、类型往往对其下伏岩层中溶蚀孔洞的发育程度具有明显的控制作用。对于风化壳型岩溶的形成而言，不整合及各级层序界面的形成过程中，碳酸盐岩在暴露、遭受剥蚀作用的同时，也受到大气淡水的淋滤作用，研究表明，混合水带对于碳酸盐岩溶蚀作用的发生更为有利。对于碳酸盐岩本身而言，多具有特低孔、特低渗的特点。此时，大气淡水的下渗需要裂缝提供流体运移的通道，而大气淡水能够向下渗滤的深度将很大程度上受控于其构造裂缝的发育程度及其裂缝类型。对于埋藏岩溶而言，其形成需要储层内部流体流动溶蚀带走可溶矿物，低角度裂缝的存在不但提供了流体流动的通道，而且扩大了横向溶蚀的范围。

3. 白云岩储层形成机理

白云岩是碳酸盐岩储集体的重要类型之一，白云岩化作用所形成的储层"成岩圈闭"在许多油气区都可见到。有关白云石化作用形成白云岩的机理，是碳酸盐岩研究中最复杂和最难解决的问题之一。由于白云岩是一种成岩相，其产状变化多样，块状、似层状、层状都可以出现，即使是层状，它的储集性也未必很均匀，这就造成白云岩储层中油藏类型的多样性和油气勘探的复杂性。塔里木盆地寒武－奥陶纪属于克拉通型稳定的陆表海碳酸盐台地，白云岩在台地上有广泛的分布。塔中地区寒武系－下奥陶统碳酸盐岩中白云岩相当发育，上部为白云岩和灰岩的不等厚互层，下部几乎全部由白云岩组成。

（1）白云岩储层主要成因类型

①潮缘带白云岩储层

潮缘带白云石化形成主要受 Mg^{2+} 来源和白云化流体进入碳酸盐沉积物的过程这两个因素控制。白云岩形成的动力学控制因素有：海水高离子强度和碳酸盐快速沉淀速率；Mg^{2+} 水合作用以及 CO_3^{2-} 低活性。白云岩化容易在高碱度、高 pH 值和 CO_3^{2-} 比 HCO_3^{-} 占优势的溶液中进行。海水中沉淀白云石的动力学障碍可通过海水蒸发与海水稀释及提高温度或降低 SO_4^{2-} 含量来解决，后者如石膏和硬石膏的沉淀。海水对白云石化过饱和的最根本原因是成核作用的动力学，即生长成有序的晶体的问题。海水中正常的 Ca/Mg 不能引起白云石化作用，降低海水中的 Ca/Mg 摩尔比（如石膏的沉淀）或降低 Ca/Mg 比率活动性，可克服动力学的约束。海水是成岩早期地表与近地表白云化作用所需 Mg^{2+} 的唯一来源。

潮缘带白云岩主要为微－粉晶白云岩，由于结构细小和过度的白云石化，通常有较低的孔隙度和渗透率，因此很难直接成为有效储层，除非受到了后白云石化成岩作用的改造。因此，岩溶、裂缝和溶蚀是促使这类白云岩储层改造的根本因素。

②与蒸发潮坪/潟湖有关的潮上白云岩储层

这一类白云岩主要为回流渗透和蒸发泵型白云岩，在这一地带，白云岩化作用具备了最基本条件，即具有充足镁的白云岩化流体；必要的白云岩形成的热动力和运动学方面的地球化学环境条件；一个动力充足的区域性的水流系统能够及时地输入白云岩化作用所需的镁，同时又把在白云岩化作用过程中多余的钙输出系统和白云岩化作用的足够长的时间。

这种类型白云岩在整个寒武系和部分下奥陶统地层中发育，高盐度卤水逆流白云岩化模型在蒸发潮坪带中具备主要地位。与这类白云岩有关的高孔隙度值大多出现在潮下带下倾方向，特别是那些以粒屑组构为主的白云岩，其孔隙都超过10%。相反，在紧位于萨勃哈蒸发岩之下的上倾方向的白云岩的孔隙度较低。同样，后白云石化作用，特别是裂缝和岩溶，对此类白云岩的发育起重要作用。

③与盆地蒸发盐有关的潮下白云岩储层

这些白云岩储层都夹于蒸发岩及局限海碳酸盐岩中，形成盆地范围内旋回性的碳酸盐岩－蒸发岩沉积。这类白云岩的形成机理与上一种类似，但白云岩中常含有膏盐晶体和团块。这些膏盐晶体和团块在埋藏期和后续的暴露期易于溶蚀而形成较好的储集空间。塔里木盆地塔参1井、和4井、康2井揭示的寒武系白云岩中即发育有此类储集体。

④台缘高能相带白云岩储层

这一地带主要发育混合水白云岩化和回流渗透白云岩化。在一些地区的上寒武统－下奥陶统发育有潮下白云岩储层，尤其在奥陶纪地层中发育，表现为白云岩体上界面不平整，白云化程度有高有低，一般情况下白云岩晶体都比较粗大。

混合水白云岩的岩性主要包括晶体较粗大的结晶云岩、残余颗粒云岩以及准同生期暴露溶塌形成的粒屑云岩等。它们的形成一般与沉积环境有一定关系，通常产于潮湿气候中的潮坪和浅滩的向上变浅的沉积序列中，其中没有早期蒸发盐矿物与之伴生，表明白云岩化作用与超咸水无关，往往伴随发育准同生期大气淡水溶蚀而成的粒内溶孔、铸模孔、粒间和晶间溶孔等反映有准同生期大气淡水的影响存在，这类溶孔大致是在混合水白云岩化作用前后形成的。

在台缘高能相带，原始沉积大多为颗粒石灰岩，渗透性好，后期白云石化改造后，可大大提高其储集性能，常发育成优质储集体。寒武系－下奥陶统广泛发育有此类白云岩，是寻找深层优质白云岩储层的重要对象之一。

⑤埋藏白云岩

在埋藏过程中，随着埋藏温度的升高，孔隙流体Mg/Ca值增加，富含Mg^{2+}压实水可以流过相邻的石灰岩引起白云石化作用。也有可能由深部热水沿断层上升侵入灰岩地层中造成白云石化作用。在埋藏成岩环境中，温度较高，环境相对稳定，时间限制较小，有利于白云石化作用的进行以及白云石的生成与重结晶。

这类白云岩的另一个特征表现在岩性以结晶云岩为主，晶粒较粗，多数为细晶级以上，尤其是塔中12井和塔参1井的白云岩样品。从这一特征来看，它与卤水逆流白云岩似乎存在比较明显的差异。造成这种差异和$\delta^{13}C$值略偏负的原因目前尚难以断定，也许与后期白云石重结晶作用的改造有关。推测该区白云岩应是卤水逆流白云岩或混合带白云岩经过后期重结晶改造的结果，具备叠加特点。

⑥其他深部白云岩化作用

在长期活动的大断裂带深部，可能存在热对流白云岩化作用。该区白云岩主要为结晶云岩，以富集较轻的碳氧同位素为特征。

（2）深层白云岩储层发育条件

据世界范围342个碳酸盐岩油气藏的统计发现，随着埋深的增加和地质时代的变老，白云岩油气藏所占的比重大幅度增加，在埋深4500m以下和早古生代及其以前地层中发育的碳酸盐岩油气藏中，其储层几乎都是白云岩。由此可见，在深层碳酸盐岩油气藏勘探中，白云岩储层占有极其重要的地位。

塔里木盆地寒武系－下奥陶统发育有大套厚层的白云岩，且大多埋深大。据康2、玛4、和4、方1井等钻井油气地质资料分析表明，丘里塔格群的"云岩、灰岩互层段"、"白云岩段"为有利储层分布层位。"白云岩段"是区内最具有储集潜力的缝洞型碳酸盐岩储层，溶洞数量多，线密度为 23.3 个 / m。巴楚地区南部鸟山构造山 1 井在此层段已钻获油气（张新海等，2002）。雅克拉油田也产于寒武系－奥陶系白云岩储层中。塔东地区的英东 2 井在上寒武统突尔沙克塔格组白云岩段中钻获天然气。这些发现展示了寒武系－下奥陶统白云岩储层良好的油气勘探前景

根据现有研究，影响白云岩储层质量的主要因素包括同白云石化溶解和后白云石化改造作用（Sun，1995），前者主要与白云石化的环境有关，大多数产油气的白云岩储层主要与四种背景有关，即以潮缘为主环境、与蒸发潮坪 / 潟湖有关的潮下环境、与盆地蒸发岩有关的潮下环境以及与古地形高点 / 不整合面、台地边缘建造有关的非蒸发性环境。后者包括岩溶、裂缝和埋藏溶蚀等作用。下面试图从以上几方面分析塔里木盆地深层白云岩储层的发育条件。

①白云石化环境与储层发育

大量的勘探实践证实，白云岩的原始沉积相带对其储层物性具有重要的控制作用。一般而言，台地边缘高能礁、滩相带的白云石化是优质白云岩储层发育的有利相带。Paradox 盆地的 Aneth 油气田，其储层为早 Pennsylvanian 系的藻丘和鲕滩经白云石化后的白云岩构成，孔隙度达 10%，渗透率为 15md，油田面积 194km^2，墨西哥湾盆地的 Jay 油气田，其储层为晚侏罗世高能浅滩相的颗粒白云岩，孔隙度和渗透率分别达 14% 和 35md，面积达 58km^2。我国四川盆地普光气田也是以三叠系飞仙关组台缘高能鲕滩作为优质的白云岩储集体。

从塔里木盆地寒武系－奥陶系的沉积相研究可知，古城及其以北地区是寒武系－下奥陶统碳酸盐岩台地边缘高能相带的发育区，这套台缘高能相带从寒武纪－早奥陶世具有从西向东逐渐迁移的特征，从而在平面上可形成较大的分布范围。从塔深 1 井和周边揭露寒武系－下奥陶统的钻井揭示，该套地层已强烈白云石化，且发育有较好的针状溶孔。因此，这一地区寒武系－下奥陶统的台地边缘高能相带是深层白云岩储层的有利勘探对象之一。

局限台地潮坪环境的白云岩，也可构成良好的储层。它们在北美 Williston 盆地的上奥陶统、上泥盆统和下石炭统，二叠盆地的上二叠统，墨西哥湾盆地的上侏罗统和下中白垩统，北非和西非锡尔特盆地的中白垩统、古新统，Cuanza 盆地的中白垩统，中东阿拉伯地台的上二叠统和上侏罗统等均特别发育。高孔隙度白云岩大多出现在潮下相带下倾方向。塔里木盆地寒武系－下奥陶统广泛发育这类沉积背景的白云岩。

与盆地蒸发岩有关的潮下白云岩储层，通常都与蒸发岩构成旋回性沉积，如阿曼南部晚前寒武世－早寒武世的 Hug 群、密执安盆地志留纪的 Niagara 群、阿尔伯塔盆地中泥盆世的 Keg River 组、欧州西北部晚二叠世 Zechstein 群、苏伊士湾的中新统 Rudeis 和 Belayim 组等。美国二叠纪盆地的 Slaughter 油气田，其主要产油带位于晚二叠世潮下白云岩和石膏岩构成的向上变浅旋回的白云岩储层中，储层孔隙度和渗透率分别达到了 12% 和 $10 \times 10^{-3} \mu m^2$。潮下白云岩与蒸发盆地相膏盐岩之间的相变带，可形成膏盐岩与白云岩的指状交替带，其中的白云岩常含有石膏晶体或膏盐团块。这些含膏、盐团块的白云岩有利于同生期和埋藏期的溶解而形成溶蚀孔洞。

在塔里木盆地寒武系白云岩储层的研究中，精细的地震解释发现中、下寒武统局限碳酸盐岩台地中发育有众多的受同生断裂控制的半地堑式沉积结构，结合揭示这些半地堑不同沉积背景的钻井和相似沉积背景的露头剖面资料，可建立这类半地堑断洼盐湖背景的沉积相带分布模式。在靠近生长断裂处为断洼盐湖相，以膏岩、盐岩夹微粉晶白云岩为主，膏、盐岩厚度大，呈层状分布；向缓坡方向，发育有断洼缓坡相，以含石膏团块白云岩为主，夹微粉晶白云岩和藻白云岩；进一步向断洼盐湖的边

缘，则为断洼坡顶相，以藻叠层、藻粘结和石膏假晶白云岩为主，夹微粉晶白云岩和泥质白云岩。上述的断洼缓坡相带，其岩相构成有利于发育成良好的白云岩储层，同时，与断洼盐湖相的膏、盐岩常构成指状交替，是寻找 Slaughter 型地层岩性油气藏的理想场所，值得引起关注。

②白云石化程度与储层物性

白云石化程度的增强有利于白云岩储层物性的改善，这也为众多油气田的勘探实践所证实。Murry（1960）在研究 Saskatchewan 密西西比系白云岩时发现，在白云石含量逐渐增加到 50% 时，孔隙度有轻微减小，当白云石含量达到 50% 以上时，孔隙度迅速增加，到白云石含量为 80%～90% 时，孔隙度达到 30%。Powers（1962）在阿拉伯的上侏罗统白云岩中也发现了类型的规律性。当白云石化程度从 5% 增加到 75% 时，孔隙度和渗透率都有减小，当白云石超过 75% 时，白云石晶体网格足以形成有效的晶间孔隙，并在白云石含量为 80% 时达到最大。白云石含量超过 80% 并逐渐增加时，常伴随着孔隙度和渗透率的共同降低。当白云石含量超过 95% 时，岩石基本上失去了渗透性。由此可见，白云石生长的早期常伴有孔隙度的减小，白云石含量达到 50%～75% 以上时，白云石晶体形成空间支撑的骨架结构而发育晶间孔隙，一旦原始碳酸盐沉积物全部被白云石所交代，则其后加入的碳酸盐和镁将导致晶体的进一步增大和相应的晶体镶嵌，最终导致孔隙度减小。塔里木盆地塔参 1 井下奥陶统云灰岩过渡段至白云岩段，随着白云岩含量的增加，白云石化作用的加强，其孔隙度和渗透率呈现明显增大的趋势，也应证了这一规律。

露头和钻井资料均已揭示，塔里木盆地从下奥陶统－寒武系，随着地层层位的变老，白云岩含量逐渐增加，其白云石化程度增高。塔中地区中 4 井中下奥陶统－寒武系岩心中岩石的 Mg^{2+} 离子含量从上往下逐渐增高，这一趋势也说明了随着埋深的增加，地层层位变老，其白云石化程度也不断增高（图 2-31）。由此可知，塔里木盆地深层白云岩的白云石化程度增高，为形成优质白云岩储层创造了条件。

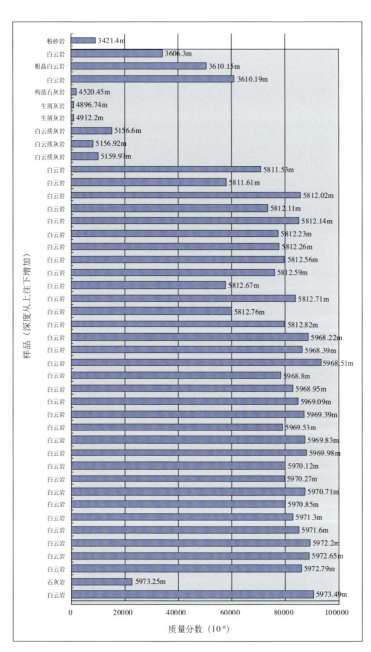

图 2-31　中 4 井寒武系－下奥陶统岩心中 Mg^{2+} 离子含量变化

③白云石化类型

已有研究证实，白云石化类型对白云岩储层物性具有重要的控制作用。通常，高能相带的混合水白云石化和埋藏期的深埋白云石化作用形成的白云岩晶体较粗，具有较好的物性条件；准同生蒸发泵吸和回流渗透白云石化形成的微晶白云岩，在深埋条件下经高温重结晶和进一步的白云石化改造，也可形成较好物性的白云岩储层。

白云石中 Sr^{2+} 的含量可反映成岩流体的性质。Sr^{2+} 为高盐度流体产物，若成岩流体为海水，则白云石中 Sr^{2+} 的含量可大于 215×10^{-6}；若为淡水，则 Sr^{2+} 含量小于 75×10^{-6}；Sr^{2+} 含量介于两者之间可能为混合水成因。中 1 井、中 12 井和中 13 井下奥陶统白云岩 Sr^{2+} 平均含量分别为 124.315×10^{-6}、195.627×10^{-6} 和 113.4313×10^{-6}，反映了大气淡水和海水共同作用的成岩特征。

白云岩的 C、O 同位素是研究白云石化类型的重要手段。一般认为，低温萨勃哈、潮上带和潟湖环境的蒸发泵吸和回流渗透白云岩以及台缘高能相带的混合水白云岩等，其 $\delta^{18}O$ 值在 $-6.5‰$ ~ $9‰$ 之间，通常不会低于 $-6.5‰$；而高温埋藏白云岩的 $\delta^{18}O$ 值在 $-16‰$ ~ $-2.5‰$ 之间，通常小于 $-2.5‰$。从研究区早古生代不同时代、不同埋深白云岩 C、O 同位素分析结果看，寒武系－下奥陶统白云岩均经历了不同程度的埋藏期高温改造，这对改善白云岩储层的

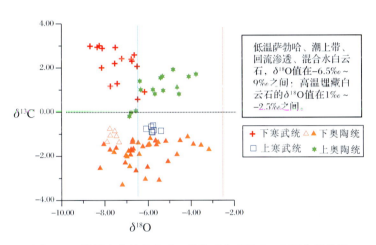

图 2-32　塔里木盆地寒武系－奥陶系白云岩 C、O 同位素特征

质量是十分有利的，同时，下奥陶统和上寒武统的白云岩中，$\delta^{13}C$ 明显减小，可能反映了曾经遭受淡水淋漓作用的结果（图 2-32）。

由此可见，塔里木盆地寒武系－下奥陶统白云岩中，既发育有高能相带的混合水白云石化，同时，也普遍遭受了明显的深埋高温改造，因此，具有形成优质白云岩储层的良好成岩条件。

④构造裂缝的发育

白云岩由于其岩石力学性质相对较脆，在构造应力作用下易于破裂，故裂缝发育对改善白云岩储层的储集物性具有重要的促进作用。对于塔里木盆地深层白云岩储层，据塔参 1 井、中 4 井、古城 2 井等多口钻井的岩心观察证实，研究区寒武系－下奥陶统白云岩中，各种裂缝十分发育，部分被充填，但部分进一步沿裂缝发育溶蚀形成缝洞系统（图 2-33）。寒武系－下奥陶统白云岩经受了多期次的构造运动，其中发育有多期次的构造裂缝，是发育优质白云岩储层的良好条件。

⑤深埋岩溶作用

深埋岩溶作用是形成优质白云岩储层的重要因素。实验研究业已证明，白云岩在地表常温常压下的溶解能力极其有限，但随着温度和压力的升高，相同流体性质的流体对白云岩溶解的能力却大幅度上升，说明在埋藏条件相对较高的温度和压力条件对于白云岩的溶解是有利的。

现有钻井也揭示，中 1、中 2、中 11、中 12 和塔东 2 等井深层白云岩中岩溶作用广泛存在（图 2-34），白云岩晶间孔和晶间溶孔发育。

综合上述各方的条件，从寒武系－下奥陶统白云岩的相带展布、白云石化程度、白云石化类

 塔参1井，O_1，5351.21m，浅灰褐色细晶云岩，沿白云石充填缝发育的溶蚀孔

 中4井9筒2/44：深灰色粉细晶白云岩。裂缝，方解石充填

 塔参1井，O_1，5080.45m，浅灰褐色油斑粉晶云岩，缝洞发育，见油斑

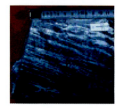 古城2井，O_1，3412.70m，深灰色粉晶云岩，高角度裂缝发育，不透明方解石全充填

图2-33 塔里木盆地部分钻井岩心白云岩中发育的裂缝特征

 Z4-2-10（27）中晶白云岩晶间溶孔沿裂缝发育（−）4×10，O_1

 Z13-12（8/41）粗晶白云岩间孔发育（−）4×10，O_1

 塔东2井，Z，4974.40，白云岩晶间溶孔发育（−）4×10，O_1

 Z1-18-12（26）中晶白云岩晶间溶孔发育（−）4×10，O_1

 Z1-19-3（14）中晶白云岩溶孔沿裂缝发育（−）4×10，O_1

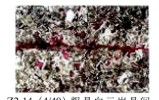 Z2-14（4/40）粗晶白云岩晶间孔裂缝（−）4×10，O_1

图2-34 塔里木盆地深层白云岩中的溶蚀孔洞

型、构造裂缝发育和深埋岩溶等条件，这套白云岩储层具有发育优质储层的条件，存在着巨大的勘探潜力。

4. 碳酸盐岩储层分布预测

对于寒武系和奥陶系不同的沉积特征，在进行储层评价和预测时，侧重于不同的控制因素。寒武系主要为一套以白云岩为主的岩石组成，其间基本上没有遭受强烈的暴露剥蚀，故其储层物性的主要控制因素是受沉积相带、岩相条件和构造裂缝的发育强度。根据这一思路，从沉积相带展布特点和断裂构造发育特点出发，结合少量揭示寒武系的钻井的储层发育特征，对全盆地的寒武系进行了初步的评价和预测。对于奥陶系而言，除了其沉积相带复杂以外，其间还发育了多期暴露剥蚀，即发育了多期暴露不整合，相应地发育了多期岩溶作用。因此，对于奥陶系碳酸盐岩储层而言，控制其储层物性的主要因素除了沉积相带以外，更主要的是岩溶作用和构造裂缝的发育强度，据此，著者对奥陶系进行了全盆范围的储层评价和预测。

（1）寒武系储层评价

塔里木盆地揭穿寒武系的钻井较少，只能以少量揭示寒武系的钻井的评价为主要依据，结合沉积相带和构造裂缝的发育规律，对寒武系储层的平面分布进行评价和预测。寒武系储层评价的主要层系

是下寒武统和上寒武统。

下寒武统主要为白云岩储层，其发育特征受沉积相带和构造裂缝的影响明显。从下寒武统沉积相展布特点可知，塔里木盆地沿柯坪－方1井－和4井－巴东2井－塔参1井一线，发育有北西向展布的局限台地相带，白云岩发育。在该局限台地相带中，发育有一系列呈北西方向展布的断洼盐湖，在这些断洼盐湖与局限台地白云岩的过渡地带，是盐湖潮坪白云岩沉积组合发育的理想场所，同时，在巴楚隆起和塔中隆起区，所经历的构造活动较强烈，断裂和裂缝较发育，据揭示该套地层的康2井、方1井、和4井、塔参1井等井的评价结果看，是Ⅱ类白云岩储层分布区（图2-35）。在环满加尔凹陷西侧，发育有一碳酸盐岩台地边缘高能相带，此高能相带的白云岩，据塔深1井揭示，可发育成优质的储集体，属于Ⅰ类储层分布区（图2-35）。在该隆起带两侧的广大碳酸盐岩台地区，由于沉积环境的水体相对较开阔，加上这些开阔台地相区在后期的发育演化中，处于相对较为稳定的地区，构造裂缝的发育程度较差，故推测主体为Ⅲ－Ⅳ类储层区。向东向满加尔地区，其沉积环境依次过渡为斜坡相带和盆地相带，其岩性主要为泥晶灰岩、泥质灰岩和泥质岩为主，加上后期的构造改造作用相对较弱，故应为差－非储层。

上寒武统储层的发育特征与下寒武统相似，沿巴楚－方1－和4－塔中地区一线呈北西向发育一局限台地相带，在塔北的阿克苏－沙雅一带也发育局限台地相带。向东西两侧，过渡为开阔台地、台缘斜坡和陆棚盆地相带。在环满加尔西侧，仍发育有一近南北向的台缘高能相带，此台缘高能相带白云岩，据塔深1井揭示，为Ⅰ类好储层，证明该相带为一优质白云岩储层分布区（图2-36）。在巴楚隆起－塔中隆起一线，由于沉积相带较浅，断裂构造发育，据同1井、康2井、方1井、和4井、塔参1井等井揭示，白云岩受T_8^0不整合面岩溶影响强烈，储层质量较好，应属Ⅰ－Ⅱ类储层发育区（图2-36）。此外，在塔北隆起区，由于其与巴楚和塔中隆起区具有相似的岩性组成和相似的构造裂缝发育背景，故推测为Ⅰ－Ⅱ类储层发育区（图2-36）。盆地内的其他地区与下寒武统相似，在台地相区，主要应为Ⅲ类差储层，在东部斜坡－盆地相区，则属于差－非储层分布区。

（2）奥陶系储层评价

奥陶系岩性岩相构成复杂、沉积相带变化多样、构造抬升剥蚀强烈、岩溶作用期次多，导致其储层类型多样、非均质性强。

①下奥陶统储层评价

下奥陶统是塔里木盆地主力产油层系之一，现已发现了多个大的油气田（藏）。与寒武系储层相比，下奥陶统储层的发育除了受沉积相带的影响以外，由于受到多期暴露剥蚀和多期构造运动的影响，岩溶和裂缝发育对其控制显得更为重要。下奥陶统的沉积格局基本上继承了上寒武统的特点，沿巴楚隆起和塔中隆起一带以及塔北隆起区为局限台地相，向东西过渡为开阔台地相和斜坡、陆棚－盆地相带。在环满加尔西侧继续发育有台地边缘高能相带。与上寒武统不同的是，下奥陶统遭受了强烈的构造抬升、地层暴露和岩溶作用，塔北、塔中和巴楚局部地区下奥陶统上覆志留系或石炭系，塔北地区局部下奥陶统甚至直接上覆三叠系或白垩系。这些下奥陶统碳酸盐岩遭受了十分强烈的暴露溶蚀作用，导致大量溶蚀孔洞的发育，使下奥陶统成为塔里木盆地最重要的储集层段之一。因此，下奥陶统的好储层主要发育在几大隆起区（图2-37）。

在盆地范围内，塔北的阿克库勒鼻凸和沙西地区、塔中中央断垒带及其南部潜山带、巴楚隆起西部，这些地区下奥陶统遭受强烈岩溶作用，加上这些岩溶作用发育带主要沿着重要的断裂构造带发育，故其中构造裂缝较发育，是盆地内下奥陶统最好的储层发育区，Ⅰ－Ⅱ类好储层主要发育在塔北、塔

113

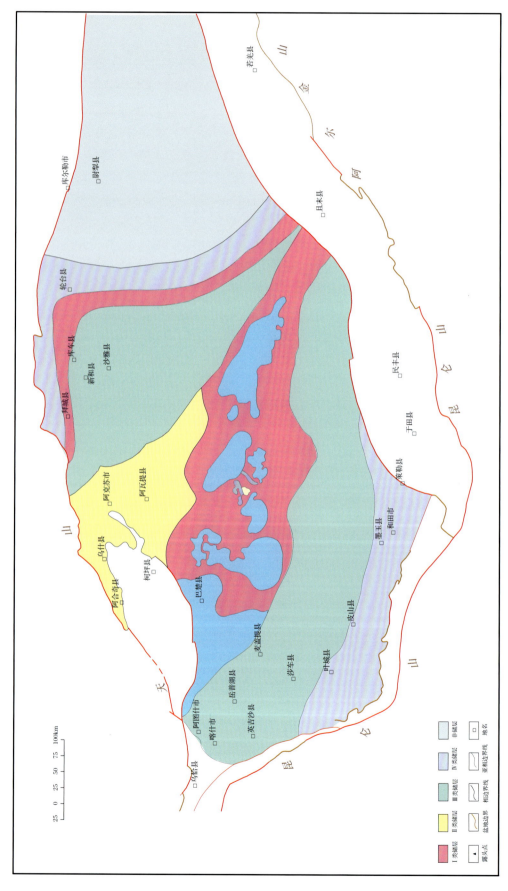

图2-35 塔里木盆地下寒武统储层评价

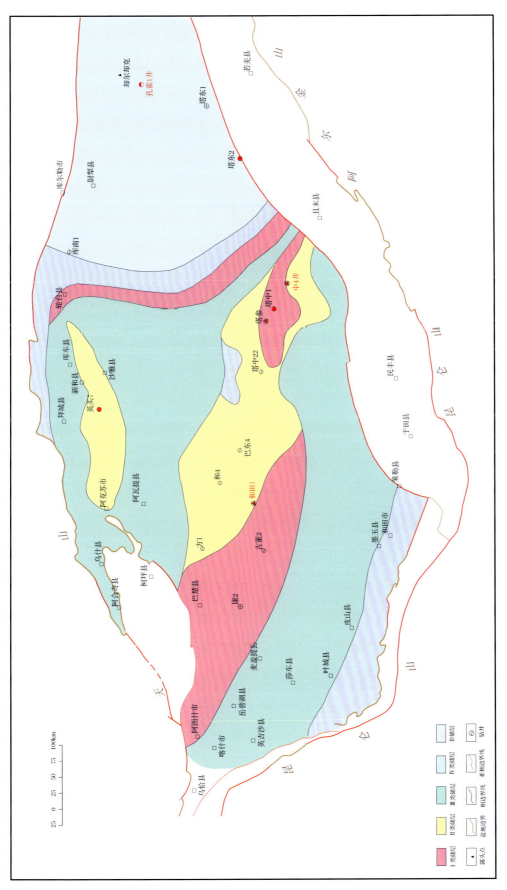

图 2-36 塔里木盆地上寒武统储层评价

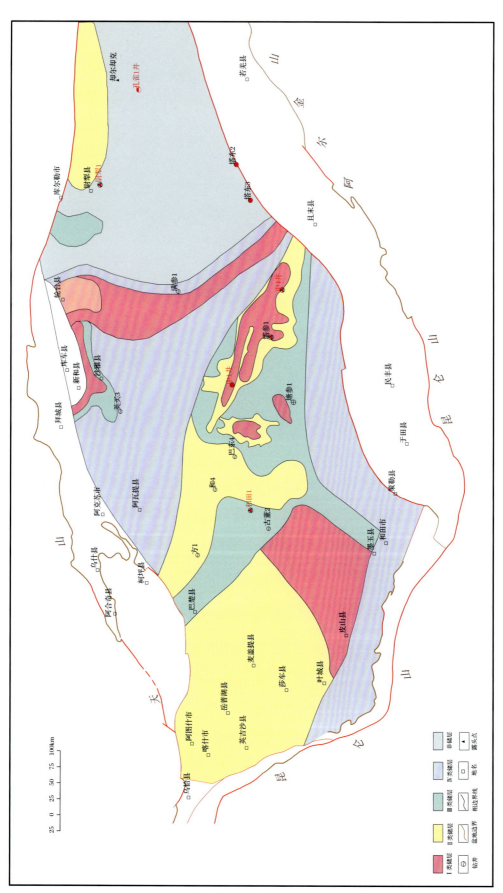

图 2-37 塔里木盆地下奥陶统储层评价

中和巴楚这三个岩溶作用强烈、构造裂缝发育的隆起区。在这些隆起区的周围，由于其储层发育条件相对较差，故主要为Ⅲ类储层发育区。阿瓦提断陷区，由于长期处于埋藏条件下，岩溶和裂缝的发育程度均较差，故推测应为Ⅳ类储层发育区。满加尔凹陷内为盆地相沉积区，主要以泥质岩为主，故为非储层发育区。在东部孔雀河地区，上寒武统－下奥陶统由于受暴露剥蚀和构造裂缝的作用，在孔雀河斜坡一带发育有Ⅱ－Ⅲ类储层（图2-37）。

②中上奥陶统储层评价

中上奥陶统一间房组－良里塔格组，是礁滩储层广泛发育的层段。而在满加尔凹陷区，则发育了巨厚的深水盆底扇相浊积砂泥岩。此沉积特征决定了中上奥陶统发育有三种不同类型的储层，其一是台地边缘礁滩相内幕储层；其二是岩溶裂缝型储层；其三是盆底扇碎屑岩储层。

中上奥陶统礁滩相带的发育，由于受海平面上升的影响，较寒武纪－早奥陶世时明显向西迁移，塔北地区在轮南一带；塔中地区围绕塔中隆起，北边沿塔中Ⅰ号断裂带发育，向西延至顺西地区，南侧沿塔中南坡向西经巴东2井直至玛扎塔格的玛401、玛5和玛2井一线。据现有钻井揭示，这些台缘礁滩相带，普遍经受了同生期大气淡水的溶蚀淋滤改造，具有较好的储集物性，属Ⅰ－Ⅱ类储层发育区（图2-38）。塔中地区除了沿塔中Ⅰ号断裂发育有台地边缘相礁滩相储层外，在台地边缘内侧，还发育有许多丘状异常体，可能为台内生物丘，属于Ⅱ类储层。

在满加尔凹陷内部发育的盆底扇碎屑岩储层，目前研究与勘探程度都很低，根据塔东北地面露头及少量的钻井揭示，主要为Ⅲ类差储层，但推测在靠近物源区的扇根部位，其储层物性应有所变好。

5. 碳酸盐岩储层发育的主控因素与发育条件

（1）优质碳酸盐岩储层发育的控制因素

综合碳酸盐岩储层各方面的研究成果，将控制碳酸盐岩储层发育的关键因素总结为：沉积相带是基础、成岩改造是条件、构造裂缝是关键。

从塔里木盆地碳酸盐岩油气藏的勘探成果看，目前取得重大突破的塔河－轮南油田、塔中Ⅰ号断裂带、和田和气田等，均明显地受沉积相带所控制，即碳酸盐岩台地边缘的高能礁滩相带是发育优质碳酸盐岩储层的重要物质基础。就白云岩储层而言，国内外的研究也充分证实，优质白云岩储层的发育除了与高能滩相有关外，还有潟湖－潮坪相带、蒸发台地－潮坪相带等，这些相带，是优质碳酸盐岩储层发育的基础。

大量岩心物性分析表明，碳酸盐岩基岩的孔隙度和渗透率均很低，属于低孔低渗储层，因此，成岩改造是优质储层发育的必要条件，其中同生期、暴露期和埋藏期的溶蚀作用是改善碳酸盐岩储层质量的主要建设性成岩作用，白云石化作用及其埋藏条件下的重结晶对白云岩储层质量的提高也有重要促进作用。

岩心观察统计和成象测井识别结果充分证明，岩溶强度与裂缝的发育密切相关。裂缝的发育不仅对沟通岩石孔隙（洞）而改善渗透性具有重要贡献，而且，由于裂缝是流体流动的通道，沿裂缝带常常是岩溶发育的有利带，从而出现岩溶与裂缝密切共生的现象。由此可见，岩溶和裂缝的发育是改善碳酸盐岩储层质量的关键因素。

（2）优质碳酸盐岩储层发育条件

①有利的沉积相带

塔里木盆地碳酸盐岩储层发育的有利相带条件包括：碳酸盐岩台缘礁－滩相带、蒸发台地－潮坪相带和局限台地潟湖－潮坪相带。

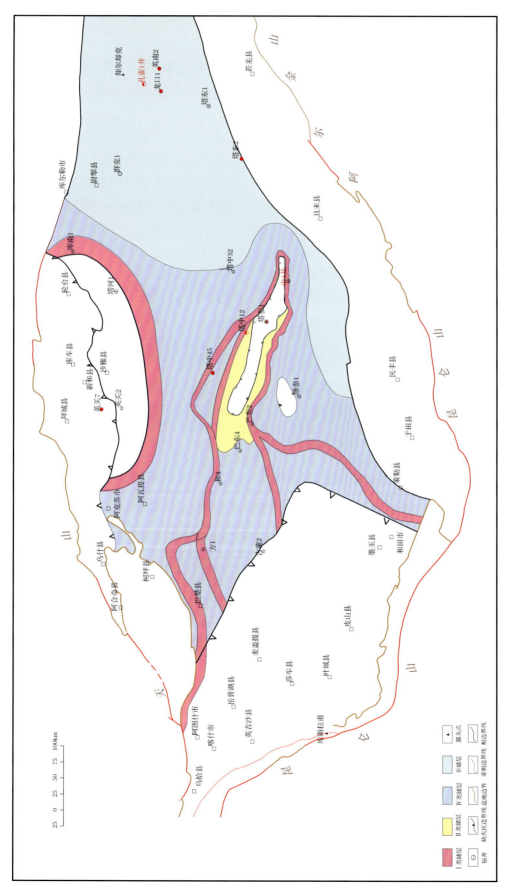

图 2-38　塔里木盆地中上奥陶统储层评价

台缘礁、滩相带：从寒武纪—奥陶纪和石炭纪–早二叠世均有碳酸盐岩台地台缘礁、滩高能相带的发育，其发育与分布受碳酸盐岩台地结构类型和海平面升降变化的控制。

寒武纪–奥陶纪台地边缘相带主要分布在满加尔凹陷与西部台地相区的过渡带，相带迁移特征明显。从早寒武世至早奥陶世，台地边缘相带主要分布在从古城2至轮南草湖一带，且从下往上有由西向东逐渐迁移的特征。到中晚奥陶世，由于受全球性大规模海平面上升的影响，塔里木碳酸盐岩台地明显向西退缩，此间台缘礁滩相带西退到塔中1号断裂带和轮南地区。南缘台地边缘相带从中奥陶世的塘参1井附近，至晚奥陶世向台内迁移到巴东2井–玛4井–玛2井一带。受海平面变化影响造成的沉积相带的侧向迁移，有可能使得单一相带分布较窄的台地边缘相带在平面上叠覆连片分布。

蒸发台地–潮坪相带：此相带在台盆区中–下寒武统中广泛发育。在中央隆起带内，发育有一系列由同生断裂控制的断洼盐湖及其周边的潮坪相带。平面上，断裂以北西南东走向为主，倾向为北东、南西向为主。T_8^2界面控制沉积的断裂广泛发育，主要分布在巴楚隆起的西部、和田河西区块及塔中隆起的卡1、卡2、卡3区块，顺西区块也有零星分布。而在T_9^0界面控制沉积的断裂同样分布在以上区块，但是规模和密集程度都有所降低。受上述断陷控制，中央隆起带的沉积（微）相在下寒武统，从西向东依次为膏坪、云坪、开阔台地、斜坡、陆棚沉积，膏坪中局部发育云坪，云坪中发育灰坪、膏坪、盐坪及深水潟湖；中寒武统从西向东依次为潮上带、潮间带、膏坪、云坪，其中潮上带中局部发育潮间带沉积，潮间带中局部发育潮上带和断陷潟湖沉积，膏坪沉积中仍然会发育断陷潟湖沉积，该潟湖为深水潟湖沉积。这些盐湖与潮坪相带的交互部位，是发育优质白云岩储层的有利相带位置。

潟湖–潮坪相带：该沉积组合在塔里木盆地的上寒武统—下奥陶统中广泛发育。这套相带组合的原始储集性能较差，但经后期裂缝和溶蚀改造，可发育成较好的白云岩储层。

②有利的成岩后生改造

塔里木盆地碳酸盐岩储层发育的有利的建设性成岩后生改造作用主要是岩溶和构造裂缝。

岩溶作用：风化壳岩溶的发育受大型不整合面发育的控制。不整合面的古地貌、暴露时间、不整合面下的岩相分布等直接影响着岩溶发育的强度。其分布主要在三大古隆起区。

同生期岩溶主要发育在海平面上升期的超覆带和海平面高水位期和下降期的顶超削截带。超覆带的分布通常在沉积古地貌高地的周边，如塔中隆起周边上奥陶统的超覆带。而顶超削截带通常发育在台地边缘高能相带周期性暴露水面的浅水地带及其向陆地的方向，如古城墟以北寒武系–下奥陶统台缘高能相带顶超削截带。

构造裂缝：构造裂缝的发育是优质碳酸盐岩储层发育的关键，它不仅可沟通碳酸盐岩中多种孔洞，形成缝洞系统，而且，还是流体流动的主要通道，从而导致岩溶作用普遍沿裂缝发育，形成缝–洞密切共生的现象。据统计发现，不整合面下高角度裂缝的发育与不整合面岩溶发育强度具有良好的对应关系，而低角度裂缝的发育常常与埋藏岩溶的发育有很好的对应关系，这些特点为进行优质碳酸盐岩储层的评价和预测提供了重要依据。构造裂缝发育强度可通过钻井统计与应力场模拟相结合进行预测。

（3）优质碳酸盐岩储层分布预测

综合分析上述优质碳酸盐岩储层发育主控条件，可以对塔里木盆地优质碳酸盐岩储层发育的有利区进行预测，提出有利的勘探领域，即上奥陶统礁滩型储层、中下奥陶统岩溶裂缝型储层和寒武系深层白云岩储层（图2-39）。

①上奥陶统礁滩型储层：分布在塔北隆起的南侧和中央隆起带的南北两侧。中央隆起带的北侧沿塔中I号断裂带向西延伸到巴楚地区北部，且随着海平面的上升，礁滩相带有向台内迁移。中央隆起

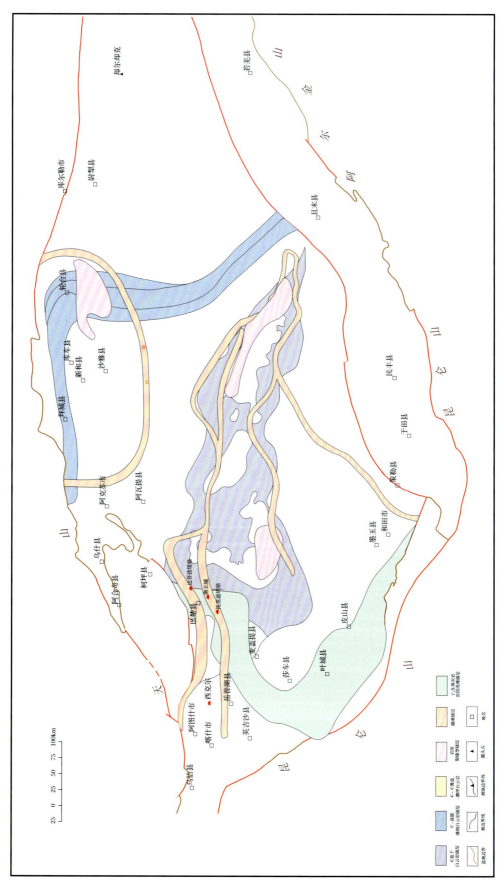

图 2-39 塔里木盆地优质碳酸盐岩储层分布预测图

带的南侧沿塔中南坡分布，向西延伸，晚奥陶世早期至塘参 1 井一线，此后，随着海平面上升，台缘高能相带向台内迁移至巴东 2 － 玛 4 － 玛 2 一线。除此以外，在塔中西部，上奥陶统还发育有众多的地震反射异常体，其地质属性可能为台内浅滩，也值得进一步重视。

②中下奥陶统岩溶裂缝型储层：此类优质储层受控于地层的抬升剥蚀和岩溶作用，主要发育在古隆起区，是目前勘探的主要对象之一。塔河－轮南油田即是此类储层的代表。在塔中地区，此类储层的有利区带位于塔中东部潜山带、塔中中央垒带及其两侧，以及古城墟地区。巴楚地区的山 1 井－玛南地区，遭受了中加里东期、晚加里东期和海西期三期岩溶作用，也是该类储层的有利发育区。

③寒武系深层白云岩储层：此类储层是塔里木盆地碳酸盐岩储层下一步的重要勘探领域之一。塔深 1 井在 8200m 的深层白云岩中发现了蜂窝状溶孔极其发育的优质深层白云岩储层，为此领域的勘探提供了重要的依据。从深层白云岩储层发育的主要控制因素分析，此类储层的有利发育带有两大领域，一是在环满加尔西缘的高能相带，二是塔中－巴楚中央隆起带中台内断洼盐湖－潮坪沉积体系的斜坡带。

第二节 碎屑岩沉积体系与储层特征

塔里木盆地古生界海相碎屑岩主要发育于志留系、泥盆系、石炭系和二叠系。勘探证实，碎屑岩层系中，油气主要分布于志留系的柯坪塔格组、泥盆系的东河塘组、石炭系的巴楚组和卡拉沙依组等主要层段。本文将以这些含油层系为重点进行沉积体系与储层特征分析。

一、碎屑岩沉积体系

以层序地层学理论为指导，以地震相、测井相和沉积相精细研究为重点，综合利用露头、岩心、测井、录井、地震等多种资料，揭示古生界碎屑岩沉积物充填特征与沉积相分布规律，确定滨岸沉积、潮坪沉积、陆棚沉积以及辫状河三角洲沉积的识别标志和各沉积相的时空展布，建立不同类型的沉积体系模式。

1. 相标志与相模式

（1）滨岸沉积相标志及沉积相模式

①岩性标志

前滨以灰紫色、灰绿色细砂岩和砾状中细砂岩构成，砂岩单层厚度多为 0.5 ～ 0.9m。砂岩成分以石英为主，次为长石和暗色矿物。砂岩中砾石成分为石英岩、燧石和泥岩，砾石磨圆较好，粒径为 0.2 ～ 0.6cm，多顺层排列。上临滨沉积物由灰色、灰绿色细砂岩、中粗砂岩和砾质中粗砂岩构成，砂砾岩单层厚度为 0.5 ～ 7.2m，一般为 2 ～ 4m。在砂岩中，可见硅质岩和泥岩砾石，还可见凝灰岩砾岩。其砂砾岩成分成熟度和结构成熟度相对偏低，石英含量为 40% ～ 51%，长石为 9% ～ 12%，岩屑为 38% ～ 50%，泥质含量为 1% ～ 2%。中临滨沉积，岩性为灰绿色泥岩、泥质粉砂岩和浅灰色细砂岩。砂岩成分以石英为主，次为长石，云母零星分布。下临滨岩性以灰绿色、灰褐色泥岩、泥质粉砂岩和灰绿色粉细砂岩呈不等厚互层及含有少量中粗砂岩。泥岩和泥质粉砂岩性脆，常呈条带状分布在粉细砂岩中，偶见分散状黄铁矿。

②沉积结构标志

前滨砂概率曲线以跳跃总体含量高为特征（图 2-40）。

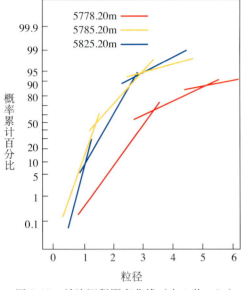

图2-40 前滨沉积概率曲线（中1井，S_1t）

跳跃总体含量为70%～90%，细截点的ϕ值为3.5～3.75，悬浮总体含量较低，一般小于10%。颗粒次圆状，分选较好，钙泥质胶结。这反映了前滨沉积环境具有中等至较强的水动力条件。临滨砂砾岩成分成熟度和结构成熟度相对偏低，颗粒分选中等至差，磨圆中等，接触－孔隙式胶结。方解石胶结物呈泥晶、石膏胶结物呈他形晶充填于颗粒之间。上临滨砂岩的粒度概率曲线有两种主要类型。一类是由跳跃式总体和悬浮总体构成的两段式，跳跃总体粒径ϕ值为1～2，含量为5%～10%；另一类由滚动、跳跃和悬浮总体构成，滚动总体粒径ϕ值为0～1，含量约为5%，跳跃总体含量为6.5%～85%，直线倾斜为60o，粗、细截点的ϕ值分别为0和2，悬浮总体含量为5%～10%。反映了上临滨具较强的水动力条件和较快的沉积速度。中临滨砂岩概率曲线由跳跃和悬浮总体构成，两者之间发育过渡带。跳跃总体粒径ϕ值为0～1.5，含量约为10%～20%；过渡带发育，含量为30%～40%，直线倾斜20°～30°；悬浮总体含量为15%～20%，细截点的ϕ值为3.5。颗粒分选中等、磨圆较好，泥质或硅质胶结。反映了中临滨水动力能量中等，同时可能存在多种水流方向相互作用的沉积特点。下临滨粉细砂岩的概率曲线由跳跃和悬浮总体构成，但跳跃总体斜率较低，直线倾斜45°～46°。跳跃总体含量为60%～70%，粒径ϕ值为1～3，细截点ϕ值为3；悬浮总体粒径分布范围为3～6，含量为20%左右。颗粒次圆状，分选中等，泥钙质胶结。反映了沉积环境的水动力为中等偏弱的特点。

③沉积构造特征

前滨的层面构造发育，发育低角度交错层理为特征，纹层倾角为3°～5°，反映了前滨地区的波浪作用（图2-41）。此外还可见到平行层理、冲刷构造以及垂直虫孔，发育浪成波痕。

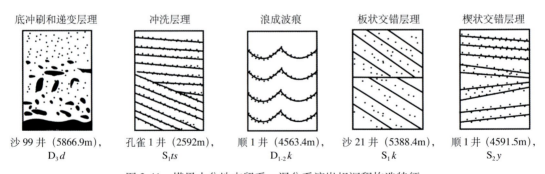

图2-41 塔里木盆地志留系、泥盆系滨岸相沉积构造特征

上临滨砂岩中发育块状层理、平行层理、大型板状和楔状交错层理以及冲刷构造。还可见厚20～30cm的多层砾质粗砂岩相互冲刷接触，以及浪成束状交错层理细砂岩以及倾斜层系中的粒度正递变层理。中临滨发育中小型的楔状交错层理以及平行层理和近于垂直的生物潜穴。下临滨沉积的粉细砂岩中发育较为丰富的生物扰动构造，包括斜交层面和近于垂直层面的生物潜穴，在下临滨灰绿色质纯泥岩之上，发育反映风暴沉积作用（或浊流作用）的沉积构造，如细砂岩底面的冲刷面、小型槽模、沟模和含泥砾的正递变层理。

④古生物（遗迹化石）标志

志留系中的 *Skolithos* 遗迹相很发育，痕迹化石以居住潜穴为重要特征，主要由垂直的或高角度倾斜的柱状潜穴、U 形潜穴和枝形潜穴构成。此遗迹相是 Seilacher（1963，1964）最先建立的四个海相痕迹相之一，用以代表海洋环境中高能条件下砂质底层上的一套痕迹化石组合。潜穴有的具有厚的、加固的球粒状衬壁，有些发育前进式和后退式螺形（或蹼状）构造，常见痕迹化石为 *Skolithos linearis*、*Skolithos verticalis*、*Skolithos* isp，*Arenicilites* isp.，*Diplocraterion parallelum*，*Gyrolithos* isp.，*Thalassinoides suevicus* 和 *Ophiomorpha nodosa* 等居住迹，以及 *Macaronichnus segregatis* 和 *Rhizocorallium ganxiensis* 等进食迹。这些遗迹化石大多产自浅灰色、灰白色薄－中厚层细砂岩中，部分出现在厚层细砂岩中。根据遗迹化石的产状与组合分布规律，该遗迹相可进一步分为 2 种不同滨岸沉积环境条件下的遗迹化石组合（表 2-7），即 *Skolithos － Diplocraterion* 遗迹组合与 *Macaronichnus － Rhizocorallium* 遗迹组合；前一组合主要由 *Skolithos*，*Arenicolites*，*Diplocraterion*，*Gyrolithos*，*Thalassinoides* 和 *Ophiomorpha* 等遗迹化石组成，大量出现于薄－中厚层细砂岩中，伴生波状交错层理和板状交错层理，主要是近滨、前滨和海滩砂坪沉积环境；后一组合仅由 *Macaronichnus* 和 *Rhizocorallium* 两种遗迹化石构成，均产自灰白色厚层中－细粒砂岩中，尤其是 *Macaronichnus* 这种微小管状潜穴丰度极高，对底层的扰动指数可达到 5 级，但还能隐隐约约辨认出大型冲洗交错层理，往往都是一些前滨或砂坝沉积环境。

表 2–7 塔里木盆地志留系滨岸沉积序列及其遗迹化石组合特征

沉积序列	岩性特征	沉积构造	主要遗迹化石属	遗迹组合名称		沉积环境
	薄层细砂岩夹薄层粉砂岩和中厚层细砂岩	板状交错层理 波状交错层理	*Skolithos* *Arenicolites* *Diplocraterion* *Gyrolithos* *Thalassinoides* *Ophiomorpha* *Macaronichnus* *Rhizocorallium*		*Skolithos-Diplocraterion* Ichnoassemblage	临滨
	中厚－厚层中－细粒砂岩夹薄层细砂岩	平行层理		*Macaronichnus* *Rhizocorallium* Ichnoassemblage		前滨
						临滨

遗迹学研究认为，*Skolithos* 遗迹相的造迹生物几乎全是食悬浮物的海底内滤食性动物，如甲壳类和多毛虫类等。该遗迹相的遗迹化石分异度一般较低，但丰度往往很高，其形成的环境条件为中等到相对较高的能量水平，底层由干净的（可含极少泥质）、分选良好的沙组成，沙的稳定性差，时常被较强的水流或波浪扰动和移动，甚至受到快速侵蚀和加积。因此，物理再改造作用强烈，从而引起底层沉积和侵蚀速率的快速变化。这种条件的典型环境为潮间带，如海滩的前滨带，类似的环境还有潮坪、潮汐三角洲和河口湾点砂坝等较高能的地区。深水沉积中如海底峡谷和深海砂扇的近缘端或内扇带也存在 *Skolithos* 痕迹相，其环境可根据伴生的典型深水型痕迹来识别。

一般来讲，在典型的海滩到滨外沉积序列中，*Skolithos* 痕迹相向海渐变为 *Cruziana* 痕迹相。在向海的边缘区，变化较大，主要取决与当地的能量水平，时常碰到混合的 *Skolithos-Cruziana* 痕迹组合。

⑤地球物理标志

前滨沉积的自然伽马曲线为齿化箱形或齿化指形的组合。临滨在电测曲线上，反应为异常幅度不大的钟形。在地震剖面上，前滨沉积响应为中振中连或强振强连平行反射。

以跃南1井为例（图2-42），跃南1井5610～6157m发育滨岸－浅海沉积，其地震反射对应于三套反射层，下部反射层为2～3个中低频弱振幅较连续层状反射特征，中部反射层表现为两套弱反射夹1～2个强反射波；上部反射层表现为1～2个强反射波所夹持的一套弱反射波组。

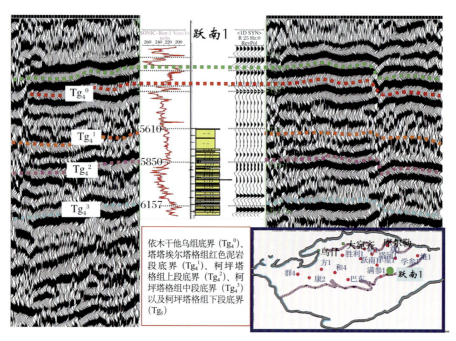

图2-42　跃南1井滨岸相地震特征

⑥滨岸沉积体系模式

滨岸相即无障壁海岸相，是指不受障壁遮挡作用的海岸带沉积。滨岸相的沉积环境是无障壁岛遮挡、海水循环良好的开阔海岸带，是连接大陆和开阔海的过渡带。该沉积体系中无障壁砂坝系统发育，海岸直接接受波浪作用的影响，以发育海滩沉积为特征，主要见于塔中、塔北等地区泥盆系东河砂岩中。滨岸相的砂质较纯，石英等稳定组分含量高，重矿物相对较富集，圆度、分选较好，成分成熟度和结构成熟度较高。其粒度分布特征较一致，概率图上显示跳跃总体发育，斜率大，分选好。其构造特征明显，临滨带槽状和板状交错层理发育，临滨下部可见水平层理及生物潜穴；前滨带发育有大型海滩冲洗交错层理，沿层面还发育浪成波痕。按照地貌特点、水动力状况、沉积物特征，可进一步划分为海岸沙丘、后滨、前滨和临滨四个亚相，但是在志留－泥盆系沉积中海岸沙丘相和后滨亚相不发育，后滨亚相只在满1井、顺2井段局部有发育。

前滨沉积：羊屋1、哈1、顺1、沙99和中3等井的中、上志留统与上泥盆统均存在前滨沉积。前滨以灰紫色、浅灰色细砂岩和砾状中细砂岩构成，砂岩单层厚度多为0.5～0.9m。砂岩成分以石英为主，次为长石和暗色矿物。颗粒次圆状，分选较好，钙泥质胶结。砂岩中砾石成分为石英岩、燧石和泥岩，砾石磨圆较好，粒径为0.2～0.6cm，多顺层排列。前滨砂的概率曲线以跳跃总体含量高为特征。跳跃总体含量为70%～90%，细截点的ϕ值为3.5～3.75，悬浮总体含量较低，一般小于10%。这反映了前滨沉积环境具有中等至较强的水动力条件。沙99、中3等井前滨砂以发育低角度交错层理为特征,纹层倾角为3°～5°,反映了前滨地区的波浪作用(图2-43)。此外还可见到平行层理、冲刷构造以及垂直虫孔(图2-43)。虫孔直径多小于1cm,潜穴深度为3～5cm。前滨砂在垂向上构成多层叠覆,总体上显示有多个向上变粗(由含砾砂岩至砾状砂岩)的反韵律,韵律厚度可达140m。自然伽马曲线为齿化箱形或齿化指形的组合。在地震剖面上,前滨沉积响应为中振中连或强振强连平行反射。

沙99井滨岸砂岩　　　　沙99井韵律平行层理　　　　沙99井冲洗层理　　　　中13井垂直潜穴

图2-43 塔里木盆地上泥盆统东河砂岩段前滨沉积构造特征

　　临滨沉积:临滨沉积形成于平均低潮线与晴天浪底之间,其沉积构造特征明显(图2-44),且各种沉积特征,反映了不同的亚相特征。根据此沉积特征,还可以进一步将临滨沉积从上到下依次划分为上临滨、中临滨和下临滨。

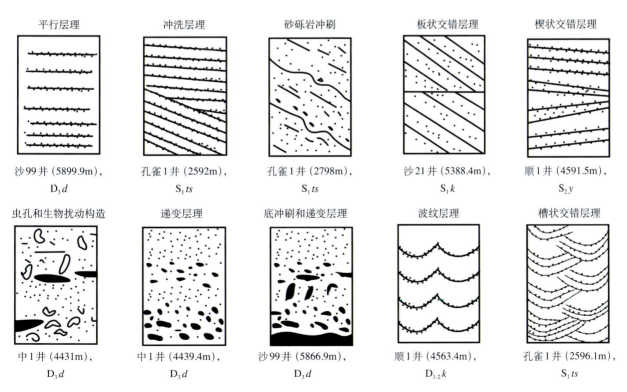

平行层理	冲洗层理	砂砾岩冲刷	板状交错层理	楔状交错层理
沙99井(5899.9m),D_3d	孔雀1井(2592m),S_1ts	孔雀1井(2798m),S_1ts	沙21井(5388.4m),S_1k	顺1井(4591.5m),S_2y
虫孔和生物扰动构造	递变层理	底冲刷和递变层理	波纹层理	槽状交错层理
中1井(4431m),D_3d	中1井(4439.4m),D_3d	沙99井(5866.9m),D_3d	顺1井(4563.4m),$D_{1-2}k$	孔雀1井(2596.1m),S_1ts

图2-44 塔里木盆地志留系、泥盆系临滨沉积构造特征

上临滨沉积物由灰色、灰绿色细砂岩、中粗砂岩和砾质中粗砂岩构成，砂砾岩单层厚度为 0.5～7.2m，一般为2～4m（图2-44、图2-45）。在砂岩中，可见硅质岩和泥岩砾石，还可见凝灰岩砾岩。临滨砂砾岩成分成熟度和结构成熟度相对偏低，石英含量为40%～51%，长石为9%～12%，岩屑为38%～50%，泥质含量为1%～2%。颗粒分选中等至差，磨圆中等，接触－孔隙式胶结。方解石胶结物呈泥晶、石膏胶结物呈他形晶充填于颗粒之间。上临滨砂岩的粒度概率曲线有两种主要类型。一类是由跳跃式总体和悬浮总体构成的两段式，跳跃总体粒径ϕ值为1～2，含量为5%～10%；另一类由滚动、跳跃和悬浮总体构成，滚动总体粒径ϕ值为0～1，含量约为5%，跳跃总体含量为6.5%～85%，直线倾斜为60°，粗、细截点的ϕ值分别为0和2，悬浮总体含量为5%～10%。反映了上临滨具较强的水动力条件和较快的沉积速度。上临滨砂岩中发育块状层理、平行层理、大型板状和楔状交错层理以及冲刷构造（图2-44、2-45）。块状层理和平行层理发育在浅灰色细砂岩及中砂岩，中砂岩层厚度为0.7～1.1m。粗砂岩中的大型板状和楔状交错层理层系厚12～20m，纹层倾角为35°～50°，纹层可单向倾斜，也可双向倾斜，还可见厚20～30cm的多层砾质粗砂岩相互冲刷接触，可见厚为2～3cm的浪成束状交错层理细砂岩以及倾斜层系中的粒度正递变层理（图2-45）。根据上临滨沉积物的分布位置和沉积特征，还可把上临滨划分成上临滨沿岸砂砾质坝和砂质坝。砂砾质坝由厚层灰绿色、浅灰色中粗砂岩和砾质中粗砂岩构成，发育大型高角度楔状和板状交错层理，相对临近海岸。上临滨沿岸砂坝由厚层浅灰色中细砂岩夹薄层灰绿色泥岩构成，发育平行层理、中型中低角度楔状和板状交错层理（图2-45）。

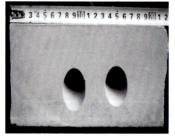

| 沙99井上临滨砂岩 | 野外槽状交错层理 | 野外低角度交错层理 | 沙99井低角度交错层理 |

图2-45　沙99井东河砂岩段上临滨沉积构造特征

中临滨沉积在吉南1井5495～5501m等井段发育。岩性为灰绿色泥岩、泥质粉砂岩和浅灰色细砂岩。砂岩成分以石英为主，次为长石，云母零星分布。颗粒分选中等、磨圆较好，泥质或硅质胶结。中临滨砂岩概率曲线由跳跃和悬浮总体构成，两者之间发育过渡带。跳跃总体粒径ϕ值为0～1.5，含量约为10%～20%；过渡带发育，含量为30%～40%，直线倾斜20°～30°；悬浮总体含量为15%～20%，细截点的ϕ值为3.5。反映了中临滨水动力能量中等，同时可能存在多种水流方向相互作用的沉积特点。在中临滨浅灰色粉细砂岩中，发育中小型的楔状交错层理以及平行层理和近于垂直的生物潜穴。楔状交错层理的层系厚度为1～8cm，下部纹层倾角相对较小约10°；向上纹层倾角加大至25°。在纹层中还可见顺层分布的、粒径为0.2cm×0.5cm的灰绿色泥砾（图2-44，图2-46），反映了较强的水动力条件以及自下而上水动力逐渐加强的特征。中临滨沉积是在高水位体系域及海侵体系域时期，海平面相对下降或相对稳定时形成的，从而形成了自下而上粒度由细变粗的反韵律。

下临滨沉积在吉南 1 井 5506 ～ 5670m 井段、塔河 1 井 5582 ～ 5602m 井段以及维 1 井 4688 ～ 4695m 井段中发育。这些井段揭示的志留系为下临滨沉积以灰绿色、灰褐色泥岩、泥质粉砂岩和灰绿色粉细砂岩呈不等厚互层及含有少量中粗砂岩。泥岩和泥质粉砂岩性脆，常呈条带状分布在粉细砂岩中，颗粒次圆状，分选中等，泥钙质胶结，偶见分散状黄铁矿。下临滨粉细砂岩的概率曲线由跳跃和悬浮总体构成，但跳跃总体斜率较低，直线倾斜 45°～ 46°。跳跃总体含量为 60%～ 70%，粒径 ϕ 值为 1 ～ 3，细截点 ϕ 值为 3；悬浮总体粒径分布范围为 3 ～ 6，含量为 20% 左右。反映了沉积环境的水动力为中等偏弱的特点。下临滨沉积的粉细砂岩中发育较为丰富的生物扰动构造，包括斜交层面和近于垂直层面的生物潜穴，其直径为 0.3 ～ 0.4cm，潜穴深度为 1.2 ～ 1.5cm；在粉砂质泥岩中还可见到蛇行迹等生物爬迹构造。值得注意的是，在下临滨灰绿色质纯泥岩之上，发育反映风暴沉积作用（或浊流作用）的沉积构造（图 2-46），如细砂岩底面的冲刷面、小型槽模和沟模。含泥砾的正递变层理细砂岩中，泥砾呈灰绿色、扁平状，砾径为 0.3 ～ 3cm 多顺层分布，少为杂乱分布，并可见到介壳堆积层，以及含砾砂岩与泥砾质砂岩的冲刷接触等多种沉积构造。下临滨沉积物主要是在海平面相对上升或相对稳定时形成的。在垂向上，下临滨沉积物构成了有序的垂向组合，自下而上依次为冲刷和正递变层理含砾中细砂岩、平行层理细砂岩、生物扰动粉砂岩以及粉砂质泥岩或为中小型板状交错层理粉细砂岩（图 2-44，图 2-46），构成厚为 1.5 ～ 3.5m 的垂向正韵律。

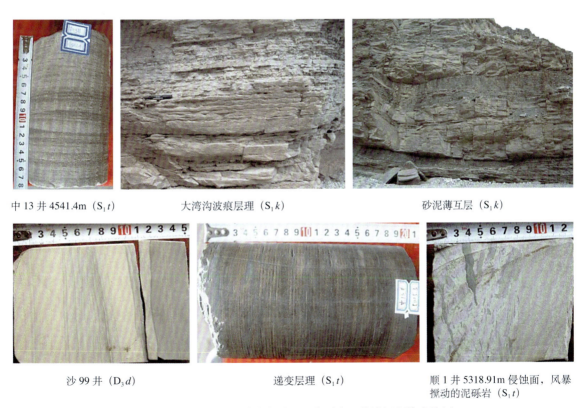

中 13 井 4541.4m（S_1t）　　　大湾沟波痕层理（S_1k）　　　砂泥薄互层（S_1k）

沙 99 井（D_3d）　　　递变层理（S_1t）　　　顺 1 井 5318.91m 侵蚀面，风暴搅动的泥砾岩（S_1t）

图 2-46　塔里木盆地志留系、泥盆系中下临滨沉积构造特征

（2）潮坪沉积相标志与沉积相模式

①岩性标志

泥坪沉积主要为厚的紫红色、棕红色泥岩和粉砂质泥岩，常夹有薄的砂质层。砂泥坪沉积以砂岩

与泥岩的不等厚互层为特征，岩性为不等厚互层的棕褐色、灰绿色泥岩、粉砂质泥岩和浅灰色粉细砂岩。泥岩厚为0.05～1.3m，砂岩单层厚为0.15～15m。粉细砂岩的成分成熟度中等，结构成熟度较高，石英含量为52%～60%，长石为10%～16%，岩屑成分复杂，含量为26%～35%。砂坪沉积主要岩性为棕褐色或浅灰色细砂岩、棕褐色粉砂岩及浅灰绿色泥岩。泥岩厚度较薄，一般小于1m；砂岩厚度较大，可达18m。砂岩具有较好的成分和结构成熟度，石英含量为62%～90%，长石为4%～8%，岩屑成分复杂，含量为6%～31%。

②沉积结构标志

砂泥坪沉积：粉细砂岩的成分成熟度中等，结构成熟度较高，砂岩颗粒呈次棱角状至次圆状，分选中等至好。砂岩具有较好的成分和结构成熟度，砂岩颗粒为次棱状至次圆状，分选中等至好。砂岩具颗粒支撑结构。

③沉积构造特征

砂泥坪沉积物具两种概率曲线类型。一种是由跳跃和悬浮总体构成的两段式（图2-47，左图），跳跃总体含量为60%，直线倾斜45°，细截点的ϕ值为2.75；悬浮总体含量较高，可达30%，反映了波浪回流后水动力能量中等偏弱、泥质悬浮物含量较高的特点。另一种为过渡带沉积，由跳跃和悬浮总体构成的两段式，跳跃总体含量为50%～60%，直线倾斜56°；粒径ϕ值为3.5～5.5，含量为20%～30%；悬浮总体含量较低，反映波浪上涌时能量较强。砂坪沉积物的粒度概率图可见三种：即两段式、过渡式和三段式，它们的共同特点是跳跃总体粒度在一种是由跳跃和悬浮总体构成的两段式，跳跃总体含量为70%～80%，直线倾斜55°～60°，细截点的ϕ值为3.25；悬浮总体含量为10%～15%。另一种是具有过渡带沉积的、由跳跃和悬浮总体构成的两段式，跳跃总体含量为60%，直线倾斜约58°；过渡带含量可达20%～30%，直线倾斜约30°；悬浮总体含量很少。这两种粒度概率曲线特征反映了在平均高潮线之下较强的潮汐作用以及潮流作用，使得较粗粒沉积物在半悬浮状态下搬运。而三段式则反映了双向水流的特点（图2-47，右图）。

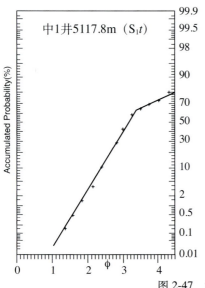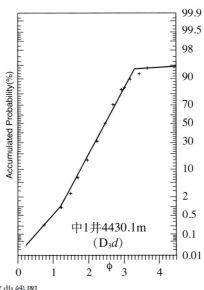

图2-47　潮坪沉积概率曲线图

④古生物（遗迹化石）标志

志留系塔塔埃尔塔格组上段和依木干他乌组中红色砂、泥岩中发育大量 *Scoyenia* 痕迹相中的主要组成分子，包括进食迹 *Scoyenia gracilis*，*Beaconites coronus*，*Beaconites antarcticus*，*Taenidium barretti*，*Taenidium satanassi*，*Steinichnus* isp.，*Cystichnium curvativum*，*Palaeophycus striatus*，*Planolites beverleyensis*，*Palaeophycus wutingensis*，*Planolites* isp.，*Macaronichnus segregatis*；居住迹 *Skolithos verticalis*，*Ophiomorpha nodosa*，*Arenicolites* isp. *Diplocraterion parallelum*；觅食迹 *Cochlichnus anguineus*，*Gordia molassica*；爬行迹 *Cruziana* isp.，*Monomorphichnus linearis* 和停息迹 . *Asterichnus kepingensis* (ichnosp. nov.)，*Rusophycus ramellensis* 等。根据这些遗迹化石的围岩岩性特征及其产状和在沉积序列上的分布特点，可以进一步划分为 2 种不同的遗迹组合（表 2-8），即 *Palaeophycus-Planolites* 遗迹组合与 *Scoyenia-Beaconites* 遗迹组合。前一组合主要由 *Planolites*，*Palaeophycus*，*Macaronichnus*，*Skolithos*，*Ophiomorpha*，*Arenicolites*，*Diplocraterion* 和 *Taenidium* 等遗迹化石组成，呈内迹保存在红色薄层（偶尔为中厚层）状粉砂岩、泥质粉砂岩和细砂岩中，往往与薄层泥岩呈互层，伴生的沉积构造有波状层理、透镜状层理、脉状层理和水平层理，常见泥裂和波痕，是一套潮间混合坪沉积中的遗迹化石组合；后一组合主要由 *Scoyenia*，*Beaconites*，*Steinichnus*，*Cystichnium*，*Planolites*，*Cochlichnus*，*Gordia*，*Asterichnus*，*Cruziana*，*Monomorphichnus* 和 *Rusophycus* 等遗迹化石组成，呈表迹和内迹保存在红色薄层泥岩、砂质泥岩和泥质粉砂岩中，伴生的沉积构造主要是水平层理和波状层理，也常见泥裂和波痕，是一套潮上泥坪沉积中的遗迹化石组合。

表 2-8　塔里木盆地志留系潮坪沉积序列及其遗迹化石组合特征

沉积序列	岩性特征	沉积构造	主要遗迹化石属	遗迹组合名称	沉积环境
	红色薄层泥岩、砂质泥岩与泥质粉砂岩互层	水平层理 波状层理	*Scoyenia* *Beaconites* *Steinichnus* *Cystichnium* *Planolites* *Cochlichnus* *Gordia* *Asterichnus* *Cruziana*	*Scoyenia-Beaconites* Ichnoassemblage	潮上泥坪
	红色薄层细砂岩、粉砂岩与泥岩互层	水平层理 波状层理 透镜状层理 脉状层理 小型波状交错层理板状交错	*Planolites* *Palaeophycus* *Macaronichnus* *Skolithos* *Ophiomorpha*	*Palaeophycus-Planolites* Ichnoassemblage	潮间混合坪
	薄－中厚层细砂岩	板状交错层理 波状交错层理	*Psilonichnus* *Thalassinoides* *Skolithos* *Arenicolites* *Diplocraterion*	*Skolithos-Diplocraterion* Ichnoassemblage or *Psilonichnus* Ichnoassemblage	潮下砂坪

Scoyenia 痕迹相系赛拉赫 1967 年提出，原指非海相包括过度相或泛滥平原和浅水湖沉积的砂岩和泥岩（并常常是红层沉积）中的一种痕迹化石组合。后来，Frey、Pemberton 和 Fagerstrom（1984）进一步研究了 *Scoyenia* 痕迹相，并认为该痕迹相的痕迹化石的组成，以 *Scoyenia gracilis*（细小斯可耶尼亚迹）和 *Ancorichnus coronus*（弯曲锚形迹）或其他生态上相同的痕迹为主，其次为 *Cruziana*（二叶石迹）或 *lsopodichnus*（等足迹）和 *Skolithos*（石针迹）等，并往往伴生有泥裂、水平和波状纹理以及工具痕等物理沉积构造。

痕迹化石的特征，主要是小型、水平、具衬壁和新月型回填构造的进食潜穴，其次是弯曲的爬行痕迹和垂直柱状到不规则形态的居住构造或井形穴（shafts），还可出现许多足迹和拖迹等。造迹生物大多是食沉积物和食肉的无脊椎动物，包括节肢动物和软体动物，如昆虫、腹足类、双壳类及蠕虫动物等。

该痕迹相的典型沉积环境是低能的极浅水滨岸带，通常处于水上和水下之间，并有周期性的暴露和洪水或海水侵漫。生物活动的底层是潮湿到湿、塑性的泥质到沙质沉积底层。

⑤地球物理标志

泥坪沉积自然电位曲线起伏很小，自然伽马曲线则呈高频的锯齿状，表现为高值。在剖面上砂泥坪沉积可以是正韵律也可以是反韵律。在水进层序中通常为反韵律，自然电位曲线上表现为漏斗状。水退层序中多表现为正韵律，自然电位曲线上表现为平滑钟形，自然伽马曲线呈锯齿状，高 GR 值可达 60API。地层倾角以杂乱模式、绿模式和红蓝模式为特征。砂坪沉积自然伽马曲线以齿化钟形组合为主，由于泥质含量的变化而呈钟形。自然电位曲线光滑，随粒度变化呈钟形－漏斗形组合。地层倾角变化大，以红蓝模式组合为特征。

以塔中 33 井为例，该井 4290～4692m 为潮坪相沉积，在地震反射特征上，下部反射层表现为两个低频中－强振幅较连续－连续的层状反射特征；中反射层表现为两个低频弱－中振幅较连续的层状反射特征，上部反射层仅由一个波谷组成（图 2-48）。

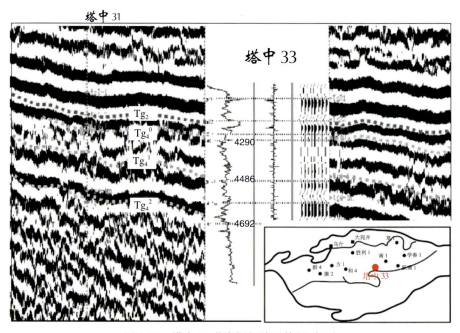

图 2-48　塔中 33 井潮坪相地震特征（S_1t）

⑥潮坪沉积相模式

潮坪沉积的主要水动力作用就是潮汐，因此潮汐作用影响着潮坪沉积物的分布。在低潮线附近，波浪的活动与潮坪较高部位相比要强一些，作用时间长，为砂质沉积称为砂坪；而簸选出的泥主要沉积在高潮线附近，即为泥坪，在砂坪和泥坪之间的砂质、泥质混合带即为混合坪。砂、泥坪的沉积特征不同，反映的沉积环境也有所区别（图2-49）。

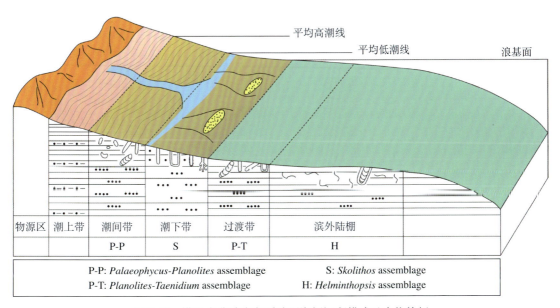

平均高潮线
平均低潮线
浪基面

物源区	潮上带	潮间带	潮下带	过渡带	滨外陆棚
		P-P	S	P-T	H

P-P: *Palaeophycus-Planolites* assemblage　　　　S: *Skolithos* assemblage
P-T: *Planolites-Taenidium* assemblage　　　　H: *Helminthopsis* assemblage

图2-49　塔里木盆地志留系碎屑潮坪沉积模式及生物特征

泥坪沉积：泥坪沉积在塔中地区分布较广泛，在柯坪大湾沟剖面、柯坪铁克立克剖面及众多钻井中（如塔中45井5100～5155m，和中11井4240～4290m）均钻遇了志留系泥坪沉积。它发育以沼泽为主的各类湿地、地势平坦，有早期留下来的部分潮道。泥坪沉积主要为厚的紫红色、棕红色泥岩和粉砂质泥岩，常夹有薄的砂质层。泥岩中发育水平纹层，粉砂岩中具生物扰动构造（图2-50）、生物潜穴以及变形层理，在局部地区尚可见到泥裂（塔中10井、满2井），说明沉积期间存在暴露在水面以外的时期，反映了处于潮上带的泥坪沉积特征。自然电位曲线起伏很小，自然伽马曲线则呈高频的锯齿状，表现为高值。

砂泥坪沉积：砂泥坪位于平均高潮线与平均低潮线之间（图2-49），是潮坪相分布最广的部分，为海缓倾的平坦地带。在塔中10井、塔中45井、满参1井等钻遇了中上志留统砂泥坪沉积。砂泥坪以砂岩与泥岩的不等厚互层为特征，岩性为不等厚互层的棕褐色、灰绿色泥岩、粉砂质泥岩和浅灰色粉细砂岩。泥岩厚为0.05～1.3m，砂岩单层厚为0.15～15m。粉细砂岩的成分成熟度中等，结构成熟度较高，石英含量为52%～60%，长石为10%～16%，岩屑成分复杂，含量为26%～35%。砂岩颗粒呈次棱角状至次圆状，分选中等至好。砂泥坪沉积物具两种概率曲线类型。一种是由跳跃和悬浮总体构成的两段式，跳跃总体含量为60%，直线倾斜45o，细截点的ϕ值为2.75；悬浮总体含量较高，可达30%，反映了波浪回流后水动力能量中等偏弱、泥质悬浮物含量较高的特点。另一种为过渡带沉积，由跳跃和悬浮总体构成的两段式，跳跃总体含量为50%～60%，直线倾斜56°；粒径ϕ值为3.5～5.5，含量为20%～30%；悬浮总体含量较低，反映波浪上涌时能量较强。

蛇形迹（塔中47），S_1t　　　　泥裂（满2），S_1t　　　　韵律层理（塔中12），S_1t

砾混杂堆积（塔中12），S_1t　　漫游迹生物构造（塔中12），S_1t　　透镜状层理，S_1t

图2-50　塔里木盆地志留系沉积构造与生物遗迹特征

　　砂泥坪沉积物中发育丰富的潮间带沉积构造（图2-50）。在棕褐色、灰绿色泥岩和粉砂质泥岩中，可见生物扰动以及波纹层构造；在粉细砂岩中，可见波状层理、透镜状层理以及厚为2～3cm的束状浪成交错层理和板状交错层理以及砂、泥薄互层状的潮汐韵律层理等复合层理，它们是潮流活动期的砂质沉积与憩流期的泥质沉积交替出现的结果。在砂泥坪粉细砂岩中，还可见到包卷层理、递变层理或块状层理以及片状泥砾，泥砾大小为0.1～2.5cm。泥砾为灰绿色、棕红色，大多具棱角并顺层分布，反映了在砂泥坪沉积时有受风暴浪作用产生的重力流沉积。在纵向剖面上，砂泥坪沉积可以是正韵律也可以是反韵律。在水进层序中通常为反韵律，泥质含量少，砂层较厚。下部为具有水平波纹层的泥质粉砂岩，其上为具有小型低角度楔状交错层理、波状层理的粉细砂岩，自然电位曲线上表现为漏斗状。水退层序中多表现为正韵律，泥多砂少，下部为低角度楔状交错层理粉细砂岩，其上为具透镜层理、生物扰动和水平纹层的泥质粉砂岩，自然电位曲线上表现为平滑钟形，自然伽马曲线呈锯齿状，高GR值可达60API，地层倾角以杂乱模式、绿模式和红蓝模式为特征。

　　砂坪沉积：砂坪沉积位于平均低潮线以下，长期受海洋潮汐等水动力作用。塔中45井5290～5395m、塔中54井4580～4650m等井段钻遇了砂坪沉积。砂坪沉积主要岩性为棕褐色或浅灰色细砂岩、棕褐色粉砂岩及浅灰绿色泥岩。泥岩厚度较薄，一般小于1m；砂岩厚度较大，可达18m。砂岩具有较好的成分和结构成熟度，石英含量为62%～90%，长石为4%～8%，岩屑成分复杂，含量为6%～31%。砂岩颗粒为次棱状至次圆状，分选中等至好。砂岩具颗粒支撑结构。砂坪粒度概率曲线主要有三种类型：两段式、过渡式、三段式。总体上跳跃总体为主，含量70%～80%，细截点φ值在2.75左右，悬浮总体含量15%～20%，泥质含量为5%～10%。一种是由跳跃和悬浮总体构成的两段式，跳跃总体含量为70%～80%，直线倾斜55°～60°，细截点的φ值为3.25；悬浮总体含量为

10%～15%；另一种是具有过渡带沉积的、由跳跃和悬浮总体构成的两段式，跳跃总体含量为60%，直线倾斜约58°，过渡带含量可达20%～30%，直线倾斜约30°；悬浮总体含量很少。这两种粒度概率曲线特征反映了在平均高潮线之下较强的潮汐作用以及潮流作用，使得较粗粒沉积物在半悬浮状态下搬运；而三段式则反映了双向水流的特点。由于砂坪在较强水流的沉积环境中，因此其沉积构造类型及其序列也表现出强动力条件。砂岩中常见楔状交错层理（图2-51）、生物扰动、潜穴构造以及层面的浪成波痕沉积构造。另外，在沉积序列的上部可见倾角为3°～5°的楔状交错层理，砂岩单层厚度为0.9～1.4m。在低角度楔状交错层理粉细砂岩之下，还可见厚为3～10cm的复成分砾质粉细砂岩，其中砾石大小多为0.3cm～1cm，呈定向分布，其底以冲刷界面与下伏易碎灰绿色薄层泥岩突变冲刷接触。在砂坪沉积区，低角度楔状交错层理可反映平缓低角度的沉积界面，具冲刷面的砾质粉细砂岩说明了砂坪沉积时有风暴浪的影响。

潮道沉积：潮道是涨潮和退潮的通道，水动力作用强。大的潮道主要为砂质沉积，是由灰色细砂岩、不等粒含砾砂岩与粉砂质泥岩、泥岩组成，并富含介壳和泥砾等滞留沉积。砂体在剖面上呈透镜体状，常见几个向上变细的潮道沉积旋回叠置。单个潮道序列由潮道床底、潮汐水道、废弃潮道组成。潮道床底岩性为不等粒含砾砂岩，其底常为冲刷面，冲刷面上常见滞留的泥砾顺层排列；潮汐水道岩性主要为灰色细砂岩、中砂岩；废弃潮道或潮道间为泥岩。常发育双向水流形成的人字型交错层理（图2-51塔中11所示）、羽状交错层理和再作用面。再作用面是指两个倾斜相同的交错层系间向下游倾斜的侵蚀间断面。它们是次要潮流期的潮流对主要潮流期形成的沙纹或沙丘表面冲刷改造而成的一种波状起伏面，反映双向流水的特征。

交错层理（塔中12），S_1t　　　　双向交错层理（塔中11），S_1t　　　　平行斜层理（塔中11），S_1t

图2-51　塔中地区砂坪沉积构造特征

从累积概率曲线图上也反映出双向水流的特点（图2-52），满参1井是以双向水流为主，部分为单向水流，塔中11井就是在双向水流区，而且主要是细砂至中砂的沉积物，水动力强度较大。塔中11井发育上部单向排列泥砾，砾石直径0.3～2cm，中下部为板状交错层理的双向交错层理，是潮道沉积较典型的沉积构造。在垂向上以底部冲刷面开始，向上由斜层理、冲洗交错层理、波状层理和水平层理组合为特征的正旋回。

（3）陆棚沉积相标志与相模式

①岩性标志

浅海陆棚沉积是由不等厚互层的深灰色、灰绿色厚层泥岩以及粉细砂岩、粉砂岩组成。浅海陆棚上限位于浪基面附近，下限水深一般在200m左右，处于还原环境下，因此所形成的砂岩以灰色、灰绿色为主（图2-53）。而滨岸相由灰紫色、紫红色细砂岩和中细砂岩构成，砂岩单层厚度多为0.5～4m。砂岩成分以石英为主，次为长石及暗色矿物。在潮上带干旱气候区，具有不规则波纹状层理，干裂发育。

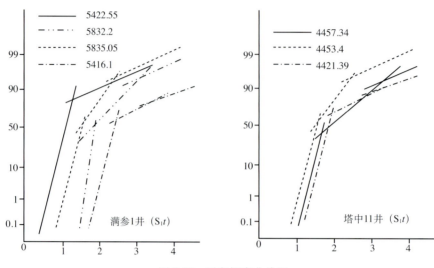

图2-52 累积概率曲线图

沙102井海百合化石，S_1t　　大湾沟柯坪海百合化石，S_1k　　大湾沟柯坪双壳类化石，S_1k　　沙99井东河塘垂直潜穴，D_3d

孔雀1，1807.80m　　孔雀1丘状层理，S_1ts　　槽状层理，S_1ts　　中1井4871.7m　　沙98井5374.20m
截切构造，S_1ts　　　　　　　　　　　　　　　　　　　　　　同生角砾，S_2y　　冲刷面，S_1k

图2-53 塔里木盆地志留系、泥盆系浅海陆棚生物潜穴、化石特征及沉积构造特征

②沉积结构与构造标志

截切构造：它是砂岩顶部与上覆泥岩接触面呈起伏不平的突变界面，看似泥岩"侵蚀"了下伏砂岩（图2-53）。实际上这不是一般的洪水侵蚀所致，而是风暴潮流作用的证据。它反映了快速沉积的特征。在一次风暴过后，水体迅速平静，接受了泥岩沉积，而使下伏砂层表面的构造特征得以保存。

丘状交错层理：丘状交错层理是风暴岩的一种重要的沉积构造，常见于晴天浪基面与风暴浪基面之间。由上凹和下凹，方向不定的交错层系组成，纹层角度平缓。所观察的丘状交错层理主要发育在粉砂岩和泥质粉砂岩中，纹层清晰，厚度一般1～5cm，顶面常呈圆丘状（图2-53）。与丘状交错层理伴生出现的还有大量透镜状层理、波状层理及浪成槽状交错层理。

同生角砾：角砾成分为泥质、粉砂质角砾，大小不一，大者5～10cm，有顺层排列和直立排列的，出现在递变层或块状粉砂岩的底部。大小不一，棱角分明，其成因是泥质沉积后，受风暴的冲刷、挖掘，形成大小不等的碎块，搬运不远，同砂岩一起沉积形成。

冲刷面：风暴成长期以侵蚀作用为主。侵蚀作用在风暴高峰期达到最强，此期风暴浪引起的涡流和风暴回流强烈地冲刷海底，形成明显的冲刷面，并形成扁长沟、槽状的侵蚀充填构造以及工具痕。

垂向序列：一个完整的风暴浪控陆棚沉积层序由下向上包括粒序层或滞留沉积段，有侵蚀的底，此段属风暴成长期，经过风暴的冲刷形成冲刷面和滞留沉积；平行层理段属风暴稍减弱期，形成向上变细的粒序层；丘状交错层理或浪成交错层理段；泥岩或页岩段属风暴停息期，悬浮物质沉积下来形成泥岩段（图2-54）。志留系浅海陆棚可分为风暴浪控浅海陆棚和潮控浅海陆棚，其沉积构造特征和垂向序列都不尽相同：前者沉积构造以截切构造、双向排列砾岩、丘状或洼状交错层理为特征；后者以板状交错层理、楔状交错层理、平行层理和冲刷面为特征。在垂向序列上，前者底部为冲刷面，其上为双向排列砾岩及粒序层理、平行层理，上部为丘状和洼状交错层理，为向上变细的序列；后者底部为冲刷面，上面是泥砾，其上为大型交错层理，上部为小型交错层理，上部为块状席状砂，也是向上变细的序列。

③古生物（遗迹化石）标志

据Seilacher（1963，1964）、Ekdale等（1980）和Frey（1984）等研究，*Cruziana*（克鲁兹迹遗迹相）遗迹相是海洋痕迹中分布较为广泛的痕迹群落。它的丰度和分异度都比较高，几乎包括了海底底栖生物痕迹所有的生态类型，如爬行迹、停栖迹、觅食迹、进食迹以及少量的居住迹和逃逸迹等，一般以表面痕迹（爬迹、拖迹和停栖迹）以及水平进食潜穴为主。在野外剖面中观察到志留系中的痕迹化石丰度和分异度高，已发现4大生态类型，有19属33种，包括进食迹类，觅食迹类，爬行迹类，停息迹类（表2-9）。这些遗迹化石均为*Cruziana*遗迹相中的常见分子。它们的造迹生物由食沉积物、食悬

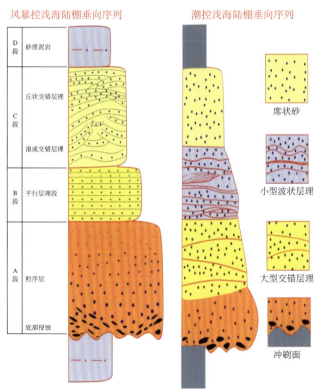

图2-54　塔里木盆地志留系浅海陆棚沉积垂向序列对比

浮物、食肉和食腐等底栖动物组成。该遗迹相中的遗迹化石都产自灰色、暗灰色、灰绿色薄层粉砂岩和泥岩中，伴生的沉积构造为水平纹理和波状层理，实体化石为小型薄壳双壳类和腹足类，其沉积环境为浅海陆棚环境。

表2-9 塔里木盆地志留系浅海陆棚沉积序列及其遗迹化石组合特征

沉积序列	岩性特征	沉积构造	主要遗迹化石属	遗迹组合名称	沉积环境
	灰色、深灰色、灰绿色薄层粉砂岩与泥岩互层夹薄层细砂岩	水平层理波状层理	*Cruziana* *Gyrochorte* *Cochlichnus* *Gordia* *Monomorphichnus* *Protovirgularia* *Rusophycus* *Palaeophycus* *Planolites*	*Cruzinan—Gyrochorte* Ichnoassemblage	滨外近岸浅海陆棚
	灰色、深灰色、灰绿色薄层泥岩夹薄层粉砂岩	水平层理	*Helminthopsis* *Scolicia* *Chondrites* *Spirophycus* *Spirophyton* *Maichnis* *Asterichnus* *Diplichnites* *Gordia*	*Helminthopsis—Scolicia* Ichnoassemblage	滨外远岸浅海陆棚

一般而言，*Cruziana*遗迹相中生物遗迹产生的底层是未固结的沉积物，多为薄层、分选良好的粉砂和细砂，或者是泥质沉积物与干净的砂和粉砂互层（有时可转变为混合的分选差的沉积物）；生物扰动程度中等到强烈，底层沉积物中的食物和水中的悬浮食物均比较丰富。从整体上看，该遗迹相属于稳定的较低能（有时达到中等能量）环境，侵蚀作用不常发生，所以各种生物痕迹保存潜力大。但在浅水区，可出现周期性的风暴波浪冲刷作用。其他环境参数如温度、盐度和沉积速率的突变性都是最小的。这样的环境条件主要包括日常浪击面以下、风暴浪基面以上开阔的潮下浅海或边缘海环境。在某些情况下，*Cruziana*遗迹相则可延伸到潮间带或潮坪环境。一般地讲，边缘海环境中往往伴生有波状、透镜状和脉状层理等物理沉积构造。

在钻井岩心中，沙102井5569.70m灰色泥质粉砂岩中发现了海百合茎化石，海百合是浅海陆棚比较标志性的生物。

④地球物理标志

在地震反射上（图2-55），浅海陆棚沉积地震相反射明显。以草1井为例，草1井以浅海陆棚沉积为主，下部反射层为2～6个中低频中强振幅较连续层状反射特征，中部反射层表现为2～3个中低频弱振幅较连续反射特征，上部反射层表现为两套弱反射夹1～2个强反射波的反射特征。

⑤陆棚沉积相模式

陆棚沉积体系是指晴天浪底至陆棚边缘沉积，在柯坪地区柯坪塔格组剖面、阿瓦提断陷和满加尔凹陷及众多的钻井中均有揭示。按照浅海陆棚的优势水动力条件，可将浅海陆棚划分为潮控浅海陆棚和风暴浪控浅海陆棚。

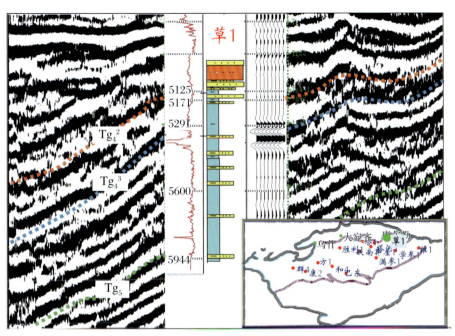

图 2-55　草 1 井志留系浅海陆棚沉积的地震响应特征

陆棚正常沉积：滨外陆棚沉积是由不等厚互层的深灰色、灰绿色较厚层泥岩以及泥质粉砂岩、粉砂岩组成。泥岩具水平层理和小型波纹层，在泥岩层面上发育较多的生物扰动构造，包括层面生物遗迹蛇形迹、网状迹等以及钻入泥岩内部的 U 形迹。粉砂岩中具有微细波状交错层理、透镜状层理等沉积构造。可见腕足类、海百合茎、植物化石碎片和完整的双壳类化石。滨外陆棚沉积物多形成于低水位体系域及海侵体系域，在垂向上构成了厚 0.5 ～ 5m 的下粗上细、下为波状交错层理、上为水平层理的正韵律。正常条件下，一般的波浪对陆棚沉积的作用影响很小，陆棚处于相对静态的环境，以沉积细粒物质为主，主要为深灰色泥岩为主，以及泥质粉砂岩和粉砂质泥岩，在氧气充足的区域，生物繁盛，在岩石留下很多生物扰动的迹象，沉积构造以透镜状层理、细波状交错层理为主。

陆棚风暴沉积：滨外陆棚常发育风暴沉积，其是由灰绿色、深灰色泥岩和泥质粉砂岩、粉砂岩及细砂岩不等厚互层构成。泥岩具水平层理并含有较多的腕足类生物碎屑以及生物扰动构造，粉细砂岩显示正递变层理或块状层理，其底部具槽模等冲刷构造。在具正递变层理或块状层理的下部可见冲蚀下伏泥岩形成的大小为 0.3cm×0.5cm 的泥砾，还可见到尺寸为 2cm×2cm 的腕足类和腹足生物化石碎片。充分反映了风暴浊流作用将前滨或临滨的生物化石碎片搬运到滨外陆棚地区沉积下来的沉积过程。在低水位体系域形成的滨外陆棚和风暴沉积物在垂向上显示出下粗上细、厚 0.5 ～ 3m 的正韵律。生物扰动的泥岩之上为具底模构造的正递变层理粉细砂岩及具波纹层的泥质粉砂岩。

（4）辫状河三角洲沉积识别标志

辫状河三角洲沉积分布范围较小，且以三角洲平原辫状河道沉积为主。辫状河三角洲可分为辫状河三角洲平原、辫状河三角洲前缘及前辫状河三角洲 3 个亚相（图 2-56）。

①辫状河三角洲平原亚相

辫状河三角洲类似于辫状河沉积，由辫状河道、堤岸沉积、废弃河道充填沉积及河漫沼泽组成，其中占主导地位的是辫状河道沉积（图 2-56）。辫状河道沉积物较粗，为砾岩、含砾砂岩及砂岩组成向上变细的砂岩透镜体，其中主体为含砾砂岩，横向延伸数米即迅速变薄、甚至尖灭；纵向上，许许多多砂岩透镜体相互叠置成厚度巨大的砂体；砂体中见冲刷面构造、平行层理及大、中型交错层理。堤岸沉积为洪水期水体漫越河道，在河道两侧积水洼地中沉积的细粒物质，主要由粉砂岩和泥岩组成，因河道砂坝的不断迁移、侵蚀破坏，使其多呈透镜状或藕节状断续展布。废弃河道充填沉积往往呈下凸上平的透镜状，岩层向两端收敛变细、尖灭；充填沉积物由下向上粒度明显变细，一般从砾岩（河道滞留沉积）、砂岩过渡到泥岩；底部见起伏不大的冲刷面，向上见层理构造，其规模从大、中型交错层理、平行层理渐变为小型交错层理，顶部见水平层理，局部层内可见到充填沉积过程中形成的滑塌构造；岩性及沉积构造特征反映了水道充填沉积过程中水动力逐渐减弱的特点（图 2-57）。

孔雀 1 井：2398.15m，$S_1 ts$ 　　　　孔雀 1 井：2406.5m，$S_1 ts$

图 2-56　孔雀 1 井辫状河道沉积特征

自然伽马	岩性柱状及沉积构造	岩心照片	电阻率	岩性简述	沉积环境	
					微相	亚相
2398.15				灰色砂砾岩至中砂岩	辫状河道	辫状平原
				红褐色中砂岩-粉砂岩	心滩	
				灰色含砾粗砂岩大型高角度（20°～30°）交错层理	滨岸（后滨）	滨岸
				浅灰色中砂岩-砂质细砾岩，砾岩以石英砾、硅质砾及变质岩砾组成，夹小槽沉积	辫状河道	辫状平原
					辫状河道夹水槽	
3993.04				杂色中砾岩，分选性、磨圆度差	重力流	
2406.72						

图 2-57　孔雀 1 井辫状河平原沉积特征

②辫状河三角洲前缘亚相

辫状河三角洲前缘由水下分流河道沉积、分流河道间沉积、河口砂坝及远砂坝组成，其中水下分流河道沉积为前缘的主体。水下分流河道是平原环境中辫状河道入湖后在水下的延续部分，为砂、砾岩组成向上变细的透镜体，主体岩性为中、粗粒砂岩，岩石中泥质杂基含量极少，多在 5% 以下，呈颗粒支撑，横向延伸数米即迅速变薄尖灭，纵向上若干砂岩透镜体相互叠置组成厚度巨大的砂体；砂体中侧积交错层极发育，为其主要的沉积构造类型，此外，前积交错层理、平行层理、冲刷充填构造等亦常见。分流河道间沉积由粉砂岩和泥岩组成，由于水下分流河道迁移频繁，河道间沉积物往往受到侵蚀破坏，多以大小不等的透镜状出现在河道砂体中。河口砂坝局部可见，多由中、细粒砂岩（局部为含砾砂岩）组成向上变粗层序，见平行层理和中、小型交错层理。

③前辫状河三角洲亚相

前辫状河三角洲位于辫状河三角洲前缘带向湖的较深水区，由前辫状河三角洲泥和浊流沉积组成。前辫状河三角洲泥为灰绿色、深灰色及灰黑色薄层状泥岩、页岩及粉砂岩构成，常为粉砂岩与泥岩或页岩的薄互层状；粉砂岩中见小沙纹层理，泥岩中见水平层理。浊流沉积在前辫状河三角洲亚相中普遍可见，多呈较稳定的中、薄层状砂岩、粉砂岩夹于前三角洲的泥，浊积岩中见槽模、递变层理、平行层理及沙纹层理等构造。

辫状河三角洲沉积在研究工区的分布面积较小，仅分布在塔塔埃尔塔格组上段和依木干他乌组下段的孔雀河斜坡局部地区，克孜尔塔格组沉积时期，在塔中隆起局部发育辫状河三角洲沉积，相对滨岸相、潮坪相和陆棚相沉积范围局限，在此不作为重点进一步描述。

2. 沉积体系平面展布特征

塔里木盆地志留系分为柯坪塔格组（可细分为下、中和上三段）、塔塔埃尔塔格组和依木干他乌组，泥盆系分为克孜尔塔格组和东河塘组，石炭系可分为巴楚组、卡拉沙依组和小海子组。下面以组（段）为单元，分析沉积体系的平面展布特征。

（1）志留系沉积体系展布

①柯坪塔格组沉积体系展布

柯坪塔格组分为下、中和上三个段。

下部为一套泥质粉砂岩、泥岩，夹少量粉砂质泥岩，属于陆棚沉积；中部为暗色泥质粉砂岩夹泥岩、粉砂质泥岩，为陆棚沉积；顶部为粉砂岩夹泥岩、粉砂质泥岩、泥质粉砂岩和少量细砂岩。在柯坪塔格组下段发育时期，海水从西北部和东北部两个方向侵入塔里木盆地，但其分布面积较小，主要集中在阿瓦提断陷和满加尔凹陷，以柯坪铁热立克阿瓦提和印干村大湾沟剖面出露最全。该层段在塔北—库车大部分地区缺失，其中英买力地区在当时处于暴露区，轮南地区只有少数钻井（轮南60井、草1井等）钻遇。根据该层段的岩性组合，总体上应为陆棚—下临滨相沉积（图2-58）。

柯坪塔格组中期发育期，海水从东北和西北两个方向大面积侵入盆地，在柯坪、塔西南、塔北、阿瓦提—满加尔以及塔东北等地区发育该段地层。该段地层沉积时，海平面持续上升，沉积范围明显增大，在巴楚隆起边缘、塔中和塔北隆起部分地区和孔雀河斜坡以滨岸和潮坪沉积为主，在孔雀河斜坡和古城墟地区局部发育三角洲沉积；在柯坪、阿瓦提—满加尔、塔东北地层以陆棚沉积为主，其中乔1、巴4、普1井区发育深水陆棚沉积，也代表了海侵的方向，满加尔凹陷和阿瓦提断陷为两个沉积中心（图2-59）。

柯坪塔格组上段，在其下部为薄层角砾岩，属于临滨沉积，中部为深灰色细砂岩、中砂岩，夹泥岩、粉砂质泥岩和泥质粉砂岩，属于临滨沉积，上部为灰色细砂岩、褐色细砂岩、泥岩，属于临滨沉积（图2-60），该套地区在盆地分布面积较大，主要发育在巴楚隆起、阿瓦提断陷、顺托果勒低凸、满加尔凹陷和孔雀河斜坡地区，在巴楚隆起、阿瓦提断陷西部和满加尔凹陷发育内陆棚沉积，塔北沙地区主要以滨岸沉积为主，潮坪沉积主要发育在顺托果勒低凸南部，孔雀河斜坡部分地区发育三角洲沉积。

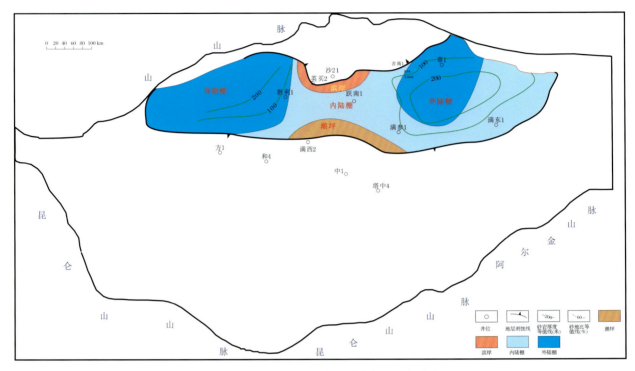

图 2-58　塔里木盆地志留系柯坪塔格组下段沉积相图

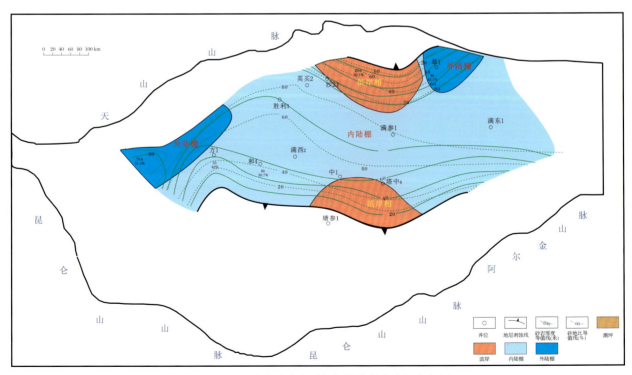

图 2-59　塔里木盆地志留系柯坪塔格组中段沉积相图

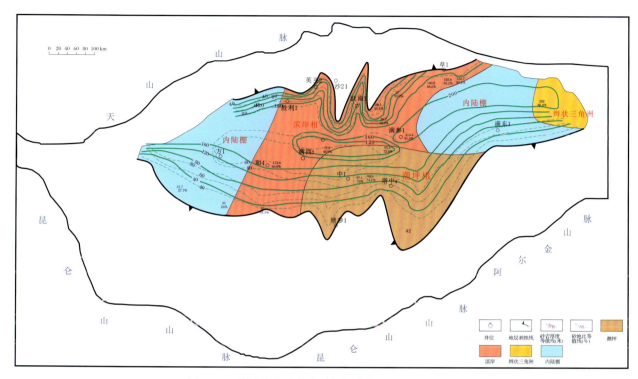

图 2-60　塔里木盆地志留系柯坪塔格组上段沉积相图

②塔塔埃尔塔格组沉积体系展布

塔塔埃尔塔格组下部为一套深灰色泥岩，底部可见薄层深灰色的细砂岩，中部为一套深灰色泥岩夹薄层泥岩、泥质粉砂岩，向上岩性变粗，呈进积叠加样式。在沉积相平面展布上（图 2-61），西部巴楚地区发育外陆棚沉积，阿瓦提断陷和满加尔凹陷发育内陆棚沉积。滨岸沉积分布面积较小，主要发育在顺托果勒低凸起北部；潮坪沉积面积较大，主要分布于塔中地区和顺托果勒低凸起南部地区，在柯坪大弯沟地区也有小范围发育；在孔雀河斜坡地区发育小范围三角洲沉积。

③依木干他乌组沉积体系展布

依木干他乌组下部为一层绿灰色的角砾岩和灰色细砂岩，向上变为泥质粉砂岩、粉砂质泥岩夹泥岩薄层，构成退积的叠加样式，属于砂泥坪沉积；上部以中灰色细砂岩为主夹粉砂岩、泥质粉砂岩，仍为砂泥坪沉积。在沉积相平面展布上（图 2-62），在阿瓦提断陷和巴楚隆起西部发育外陆棚沉积，阿瓦提断陷东部、巴楚隆起东北部和满加尔凹陷中部发育内陆棚沉积；潮坪沉积面积较大，主要分布于顺托果勒低隆南部和满加尔凹陷的南部地区，以砂泥坪沉积为主；滨岸相沉积主要分布于顺托果勒低凸起北部和塔北隆起南部边缘地区，孔雀河南部斜坡发育三角洲沉积。

（2）泥盆系沉积体系展布

①克孜尔塔格组沉积体系展布

克孜尔塔格组的底界面为志留和泥盆系的分界面，其下部为一套灰色的细砂岩夹泥岩、粉砂质泥岩薄层，局部层段颜色较深；上部为一大套灰色细砂岩、含砾细砂岩互层，表明存在三角洲沉积。图 2-63 为该组沉积相平面分布图，在巴楚地区和满加尔凹陷中部发育部分内陆棚沉积，潮坪和滨岸相的沉积范围较大，顺托果勒低凸起南部和满加尔凹陷南部地区发育潮坪沉积。顺托果勒低凸起北部、巴楚隆起东南部和满加尔凹陷北部发育滨岸沉积。

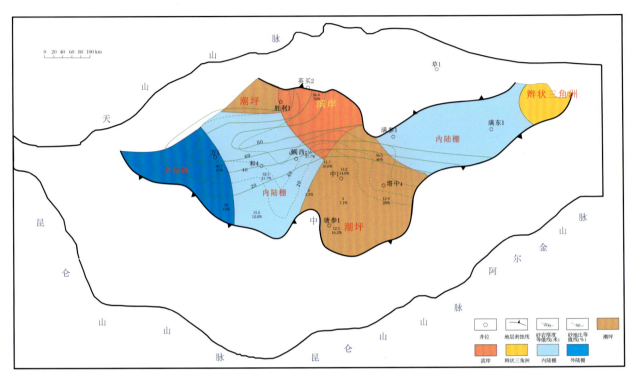

图 2-61　塔里木盆地志留系塔塔埃尔塔格组沉积相图

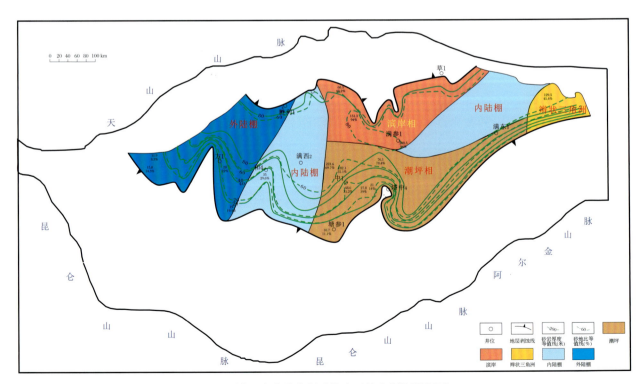

图 2-62　塔里木盆地志留系依木干他乌组沉积相图

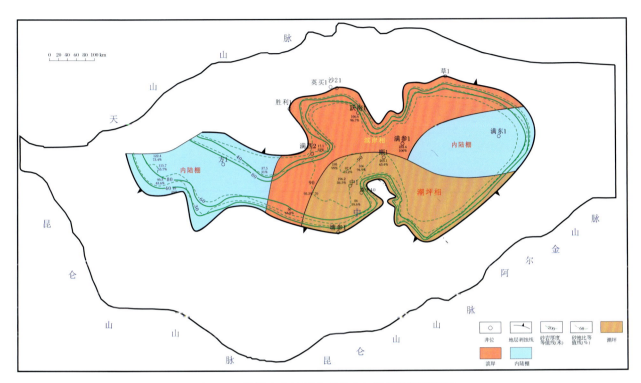

图 2-63 塔里木盆地泥盆系克孜尔塔格组沉积相图

② 东河塘组沉积体系展布

该组为东河砂岩段。其底部为泥质粉砂岩夹少量泥岩，向上粒度级别增加，为一套细—中粒的石英砂岩，含油级别较高，属于滨岸相的临滨沉积，在平面上（图 2-64），东河砂岩总体上以滨岸相沉积为主，遍布于巴楚、塔中、塔北地区，满加尔凹陷缺失此层序，在乔 1 井区周围分布小范围的内陆棚沉积。

（3）石炭系巴楚组沉积体系展布

石炭系巴楚组下部碎屑岩，除塔北轮南、英买力等部分地区无分布外，其他地区均有发育。巴楚组厚度在满加尔地区中部最厚，向四周逐渐超覆并减薄，以至尖灭。上述特征可用陡岸、浅水、平盆潮控扇三角洲—潮坪沉积模式来解释。陡岸指的是塔北轮南、英买力、塔中、柯坪等物源区与盆内满加尔地区的滨岸陡峻，以冲积方式向盆地输入沉积物。而东河塘地区则位于两个山脊间的湾口，形成潮控扇三角洲。浅水指的是水体极浅，基本上位于潮汐作用带，潮汐作用强。平盆指的是满加尔地区当时是沉降中心而不是沉积中心，其腹地稍比四周深，但坡降小，仍在潮汐作用带，只是沉积物输入与可容空间达到补偿，总体厚度巨大，呈席状或毯状分布（图 2-65）。

二、碎屑岩储层特征

1. 储层岩石学及碎屑组分特征

（1）岩石类型与碎屑成分

泥盆系东河砂岩主要为灰白色、浅灰色石英砂岩、岩屑石英砂岩，少量岩屑砂岩（图 2-66）；砂岩的成分成熟度较高，总体表现为石英含量高、岩屑和长石含量低的特点。石英含量一般大小 65%，

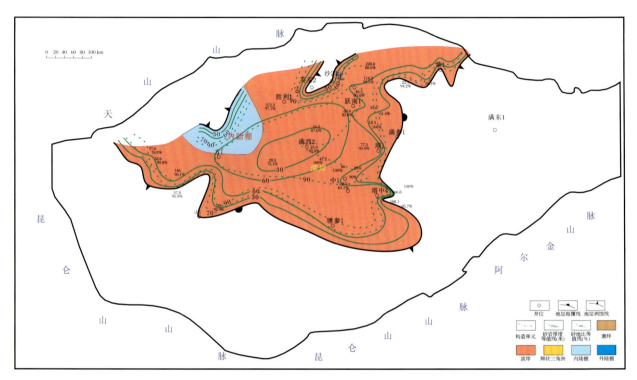

图 2-64　塔里木盆地泥盆系东河塘组沉积相图

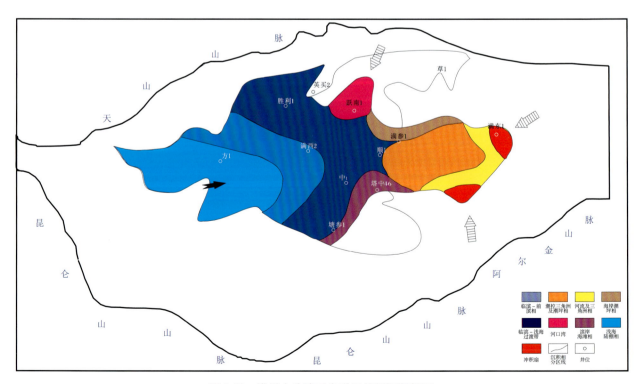

图 2-65　塔里木盆地石炭系巴楚组沉积相图

大部分在 75% 以上，以单晶石英为主；长石含量一般小于 5%，以钾长石为主；岩屑一般大于 0%，多数在 20% 左右，以石英岩屑为主，其次为泥质岩屑、方解石碎屑、喷出岩岩屑和碳酸盐岩屑。

志留系储层主要集中在塔塔埃尔塔格组上砂岩段和柯坪塔格组下砂岩段。

塔塔埃尔塔格组上砂岩段岩性以岩屑砂岩为主，少量岩屑石英砂岩、岩屑长石砂岩和长石岩屑砂岩（图 2-67）；岩屑含量较高，一般为 30% ～ 67%，成分以浅变质岩类（千枚岩和片岩类）和火山岩为主，有些井中可见碳酸盐类岩屑（如中 11 井）；石英含量较低，一般为 24% ～ 38%；长石含量一般 <15%，多数为 5% ～ 10%，顺 2 井含量较高，可达 15% 以上。

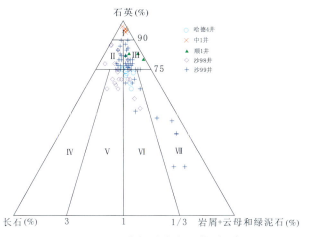

图 2-66　东河砂岩岩石类型三角图

Ⅰ—石英砂岩；Ⅱ—长石石英砂岩；Ⅲ—岩屑石英砂岩；Ⅳ—长石砂岩；Ⅴ—岩屑长石砂岩；Ⅵ—长石岩屑砂岩；Ⅶ—岩屑砂岩

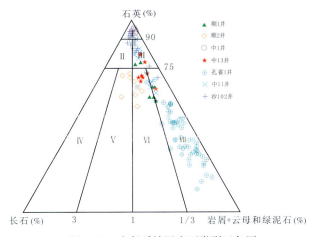

图 2-67　志留系储层岩石类型三角图

Ⅰ—石英砂岩；Ⅱ—长石石英砂岩；Ⅲ—岩屑石英砂岩；Ⅳ—长石砂岩；Ⅴ—岩屑长石砂岩；Ⅵ—长石岩屑砂岩；Ⅶ—岩屑砂岩

柯坪塔格组下砂岩段岩性主要为岩屑砂岩和岩屑石英砂岩，少量石英砂岩和长石岩屑砂岩（图 2-67）；砂岩的成分成熟度高于上砂岩段，石英含量一般在 30% ～ 95% 之间，平均为 60% 左右；岩屑含量一般较高，在 3% ～ 65% 之间；长石含量较低，一般 <10%。

（2）填隙物特征

东河砂岩的填隙物主要有粘土矿物、碳酸盐矿物、硅质、自生长石和黄铁矿。杂基含量较低，一般 <5%；自生粘土矿物主要有高岭石、伊利石和伊／蒙混层矿物，充填粒间孔隙或围绕颗粒形成薄膜；碳酸盐矿物极为普遍，含量在 0 ～ 50% 之间，以方解石为主，少量白云石和铁方解石，多呈斑状、分散状、孔隙式或基底式胶结；硅质也比较常见，但含量较低，一般小于 3%，多以石英次生加大的形式出现；自生长石和黄铁矿含量极低，分布局限，仅在个别井中可见到。

志留系储层砂岩的填隙物类型较多，主要有杂基、自生粘土矿物、碳酸盐矿物、硅质、自生长石和黄铁矿。杂基含量较东河砂岩要高，一般小于 10%，其含量与粒度有关，通常中粒砂岩中杂基含量小于 5%，细粒砂岩中杂基含量大于 5%，主要为泥质或铁泥质，少量灰质；碳酸盐含量最高，一般在 0 ～ 30% 之间，有方解石、白云石、铁方解石和含铁白云石；硅质和自生长石主要以次生加大形式出现，加大边较宽；黄铁矿比较常见，多呈凝块状胶结，见于含油砂岩中。

（3）砂岩结构特征

东河砂岩具有较高的结构成熟度，以中粒、中细粒和细粒砂岩为主，少量含砾砂岩、极细粒砂岩和粉砂岩，分选较好；颗粒磨圆较好，一般呈次圆状或次棱－次圆状，点－线接触关系为主；多数样品为颗粒支撑，孔隙式胶结，个别呈基底式胶结。

志留系储层砂岩粒度范围较大，有中粒、中细粒、细粒、极细粒、不等粒、粉砂岩和泥质粉砂岩，上砂岩段以细粒砂岩为主，局部夹极细粒和粉砂岩，分选中等；下砂岩段稍粗，以细粒砂岩为主，局部夹中细粒和中粒砂岩，分选中等－较好；颗粒磨圆中等，多呈次棱－次圆状或次棱状，以线接触为主，局部点－线接触；一般为颗粒支撑，孔隙式胶结。

2. 储层孔隙类型

（1）泥盆系储层孔隙类型

根据普通薄片、铸体薄片等镜下观察，泥盆系东河砂岩储集空间既有原生孔隙，也有次生孔隙，一般粒度较粗较纯净的石英砂岩样品常以剩余原生粒间孔为主，少量粒间溶孔；稍细的石英砂岩、岩屑石英砂岩中为粒间孔和粒间溶孔的组合。此外还有粒内溶孔、晶间孔、微裂缝和超大孔，但所占比例较小。

①剩余粒间孔：剩余粒间孔是指经过成岩作用后没有被胶结物所充填的孔隙，它的分布与由原始沉积环境所控制的岩石组成、粒度、分选等有关，通常为滨岸相中细粒石英砂岩、岩屑石英砂岩中，杂基含量很少，原始孔隙度较高，抗压实能力强，表现为压实作用减小剩余的原生孔、石英次生加大后剩余的原生孔和早期粘土环边胶结后剩余的原生孔（图2-68a-c）。此类孔隙类型最为常见，所占的比例也最高。

②粒间溶孔：粒间溶孔是指颗粒间由于溶解作用而形成的孔隙，通常形状不规则，发育程度依赖于粒间孔的发育程度和胶结物的溶解程度，通常见于临滨亚相的细粒岩屑石英砂岩中（图2-68e-g）。一般溶解程度较低，说明本区在成岩过程中酸性成岩环境较短，或孔隙流体中有机酸含量较低，不足以对碳酸盐胶结物进行大量的溶解，个别地方可见到溶解强烈形成超大孔，但被晚期形成的铁方解石所充填（图2-68d）。

③颗粒及粒内溶孔：颗粒及粒内溶孔普遍发育，表现为长石粒内溶孔或岩屑蜂窝状溶孔（图2-68e-g），但数量很少，且分布不均匀，连通性较差，因为本区东河砂岩以石英砂岩为主，长石、岩屑等不稳定颗粒组分含量较低，其发育程度与长石、岩屑含量有关。

④晶间孔：晶间孔主要为自生高岭石的晶间孔，但孔径较小，不易识别。

⑤铸模孔：个别样品可见铸模孔，主要为碎屑颗粒或晶体被溶解后仍保留其原来的形状，孔径与颗粒大小一致，一般为300μm左右。

⑥微裂缝：主要为颗粒微裂缝，仅见于沙99井的细粒长石石英砂岩中（图2-68h）。

（2）志留系储层孔隙特征

志留系储层的孔隙类型主要有剩余粒间孔、粒间溶孔、粒内溶孔、微孔隙和微裂缝等。

①剩余粒间孔：与东河砂岩类似，以石英次生加大后剩余的原生孔和早期粘土环边胶结后剩余的原生孔常见，但缺少弱压实作用造成的剩余孔隙，并且由于压实作用较强和石英加大明显，剩余原生孔隙比较有限（图2-69a-b）。

②粒间溶孔：粒间溶孔是志留系储层中最为发育，分布也最广的孔隙类型，不管是塔中地区还是塔北地区的样品中均可见到不同程度的粒间溶孔（图22-69c-d）。

③颗粒及粒内溶孔：粒内溶孔也比较多见，是指不稳定颗粒由于水介质发生变化，在颗粒内部发生溶解作用，可以是内部部分溶解，也可以是颗粒全部溶解，其空间没有被其他自生矿物所充填（图2-69e-f）。

此外，微孔隙和微裂缝在志留系储层中也可见到（图2-69g-h）。

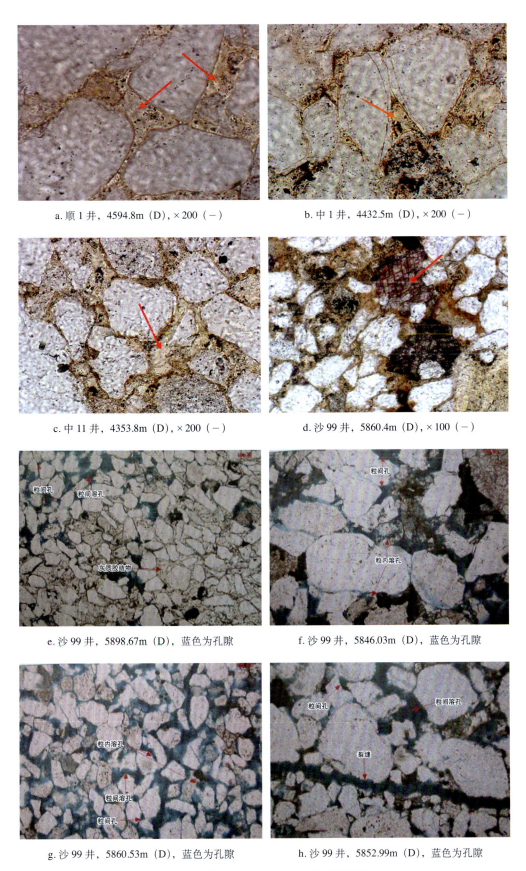

a. 顺 1 井，4594.8m（D），×200（−）

b. 中 1 井，4432.5m（D），×200（−）

c. 中 11 井，4353.8m（D），×200（−）

d. 沙 99 井，5860.4m（D），×100（−）

e. 沙 99 井，5898.67m（D），蓝色为孔隙

f. 沙 99 井，5846.03m（D），蓝色为孔隙

g. 沙 99 井，5860.53m（D），蓝色为孔隙

h. 沙 99 井，5852.99m（D），蓝色为孔隙

图 2-68　塔里木盆地泥盆系储层孔隙特征

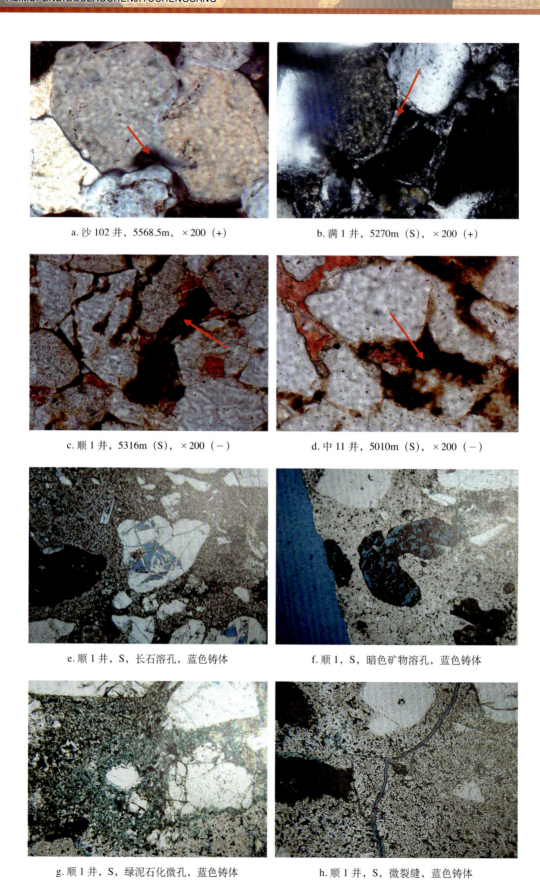

a. 沙 102 井，5568.5m，×200（+）

b. 满 1 井，5270m（S），×200（+）

c. 顺 1 井，5316m（S），×200（－）

d. 中 11 井，5010m（S），×200（－）

e. 顺 1 井，S，长石溶孔，蓝色铸体

f. 顺 1，S，暗色矿物溶孔，蓝色铸体

g. 顺 1 井，S，绿泥石化微孔，蓝色铸体

h. 顺 1 井，S，微裂缝，蓝色铸体

图 2-69　塔里木盆地志留系储层孔隙特征

3. 储层的物性特征及分布

（1）泥盆系储层

①储层物性的特征及分布

泥盆系储层的储集性能在盆地内的不同地区有较大差异，纵向上各井也存在非均质性，孔隙度的范围一般在 0 ～ 30% 之间，渗透率一般在 $(0.001 ～ 1000) \times 10^{-3} \mu m^2$ 之间，物性特征极为复杂。

从平面分布米看，塔中、塔北和满西地区储层物性较好，而巴楚、塘北等地区储层物性相对较差，据前人（刘家铎等，2004）对孔隙度和渗透率分区间的统计表明：孔隙度 >14% 的样品在满西和塔北地区平均占 50.8%，塔中地区平均占 32.6%，其他地区平均占 0.2%；孔隙度 >10% 的样品在满西和塔北地区平均占 74.9%，塔中地区平均占 57.4%，其他地区平均占 7.9%；孔隙度 >6% 的样品在满西和塔北地区平均占 88.8%，塔中地区平均占 74.1%，其他地区平均占 45.4%。渗透率 $>100 \times 10^{-3} \mu m^2$ 的样品在满西和塔北地区平均占 23.5%，塔中地区平均占 18.5%，其他地区平均占 0.32%；渗透率 $>10 \times 10^{-3} \mu m^2$ 的样品在满西和塔北地区平均占 51.5%，塔中地区平均占 41.3%，其他地区平均占 3.2%；渗透率 $>1 \times 10^{-3} \mu m^2$ 的样品在满西和塔北地区平均占 80.6%，塔中地区平均占 65.3%，其他地区平均占 15.7%。

从纵向上看，孔隙度没有随着埋深的增加而减少（图 2-70），如顺 1 井和哈得 9 井孔隙度有随埋深的增加而增加的趋势。塔北阿克库勒地区东河砂岩上部孔隙度一般 >10%，砂岩下部孔隙度一般 <10%，多数在 5% 以下，以沙 99、沙 98 和沙 112 等井为代表；而满西地区正好相反，上部孔隙度多数在 5% 以下，下部孔隙度一般 >10%，最大可达 25% 以上，如哈得 9、顺 1 井；塔中地区纵向变化不明显，孔隙度整体在 10% 左右变化，如中 1、中 11、中 12、中 13 等井。

②孔隙度和渗透率的关系

塔北地区东河砂岩的孔隙度和渗透率相关性总体较差（图 2-71），相关系数一般小于 0.5，有的井相关系数较大，如沙 99 井相关系数可达 0.84，孔隙度和渗透率的相关性较好，即随着孔隙度的增大，渗透率也增大，表明沉积环境对储层的影响较大；塔中孔隙度和渗透率相关性较好，顺 1 井相关系数是 0.80；满西地区孔隙度和渗透率相关性一般，哈得 4 井相关系数为 0.73（图 2-72）。

（2）志留系储层

①储层物性的特征及分布

志留系储层物性总体上比泥盆系要差，多数样品孔隙度在 10% 以下，上砂岩段孔隙度最大值为 20.7%，最小值为 0.1%，平均值在 8% ～ 16% 之间；下砂岩段孔隙度最大值为 25.8%，最小值为 0.1%，平均值在 8% ～ 14% 之间，大于 10% 的样品占 55.2%。

从横向上看，塔中局部地区上砂岩段物性较好，如塔中 14 井，孔隙度为 12.48% ～ 15.63%，渗透率为 $(7.8 ～ 35) \times 10^{-3} \mu m^2$，下砂岩段在塔中 10 号构造带、塔中 I 号断裂带和中央主垒带附近地区物性较好，孔隙度一般为 8% ～ 16%，在北斜坡东部隆起区物性较差，孔隙度多低于 12%；塔北地区储层物性不高，一般在 5% ～ 12% 之间；塔东地区物性较差，孔隙度在 5% ～ 8.6% 之间，平均为 6.42%；柯坪、巴楚地区最差，孔隙度大多 <5%，少数钻井孔隙度可达 5% ～ 10%。

纵向上从各井孔隙度和埋深的关系中可以看出（图 2-73），志留系储层总体有随埋深的增加而减小的趋势，说明压实作用的影响较强，可以识别出两到三个次生孔隙发育带，说明志留系发生了强烈的溶解作用。

②孔隙度和渗透率的关系

塔北地区志留系储层孔隙度和渗透率的相关性仍然较差（图 2-74），相关系数一般小于 0.3；塔中、满西和塔东地区孔隙度和渗透率相关性也较差（图 2-75），相关系数分别为 0.51、0.44、0.38，说明影响志留系储层物性的因素比较复杂，受成岩作用的控制明显；塔西南地区孔隙度和渗透率相关性较好，相关系数为 0.75，可能与现今埋藏较浅有关。

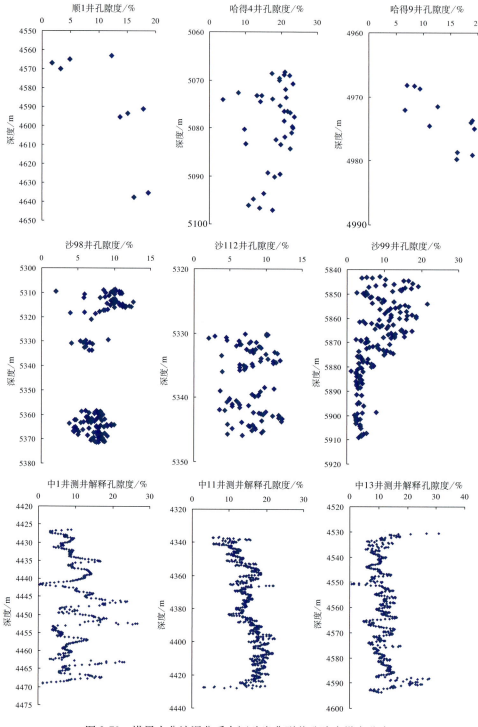

图 2-70　塔里木盆地泥盆系东河砂岩典型井孔隙度纵向分布图

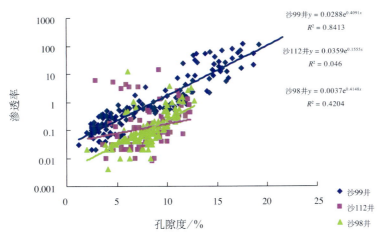

图 2-71 塔北地区东河砂岩孔隙度－渗透率关系图

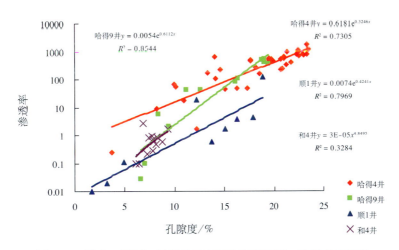

图 2-72 塔中、满西、巴楚地区东河砂岩孔隙度－渗透率关系图

4．储层综合评价及预测

（1）储层分类和评价

根据砂体的成因类型、成岩相组合和储层物性等特征，将塔里木盆地志留系－泥盆系碎屑岩储层划分为Ⅰ、Ⅱ、Ⅲ和Ⅳ类。泥盆系以Ⅱ—Ⅲ类储层为主，少部分为Ⅰ类储层；志留系以Ⅲ—Ⅳ类储层为主，少部分为Ⅱ—Ⅲ类储层，整体泥盆系储层物性好于志留系储层。

①Ⅰ类储层的特征及分布

Ⅰ类储层以中粒、中细粒石英砂岩和岩屑石英砂岩为主，少量岩屑砂岩，分选较好，泥质含量小于 5%，孔隙形体较大；储层以粒间孔或粒间溶孔为主，连通性较好；成岩相以不稳定组分溶解成岩相、黄铁矿胶结成岩相和粘土环边胶结成岩相多见。

Ⅰ类储层主要集中在泥盆系东河塘组和志留系柯坪塔格组上段的前滨、临滨或三角洲前缘水下分流河道砂体中，分布于塔中卡塔克隆起、顺托果勒低隆起和满西地区。

②Ⅱ类储层的特征及分布

Ⅱ类储层以细粒石英砂岩为主，少量细粒岩屑砂岩，分选中－好，硅质或钙质胶结，孔隙大小不均。储层以剩余粒间孔或粒间溶孔为主。成岩相以石英次生加大成岩相或黄铁矿胶结成岩相为主。

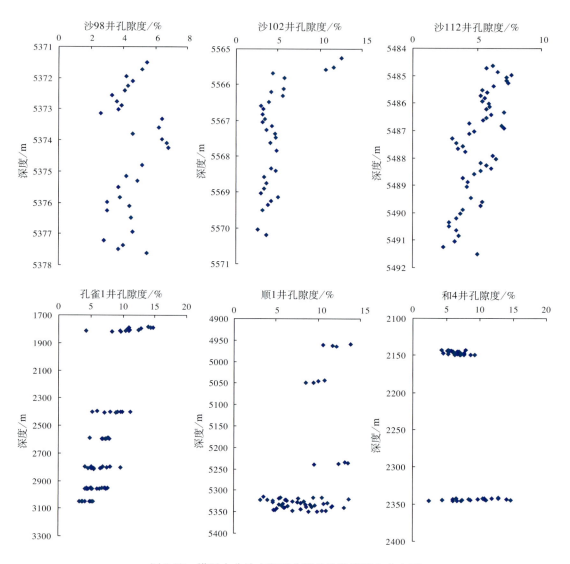

图 2-73 塔里木盆地志留系典型井孔隙度纵向分布图

Ⅱ类储层主要分布在塔中卡塔克隆起和塔北阿克库勒凸起等地区泥盆系东河塘组和志留系柯坪塔格组上段的前滨、中下临滨、砂坪砂体中。

③Ⅲ类储层的特征及分布

Ⅲ类储层以细粒石英砂岩、岩屑石英砂岩为主，分选较好，硅质胶结明显。孔隙以剩余粒间孔为主，喉道较细，连通性较差。成岩相以石英次生加大成岩相为主。

Ⅲ类储层主要分布于塔中卡塔克隆起志留系的前滨和临滨砂体中。

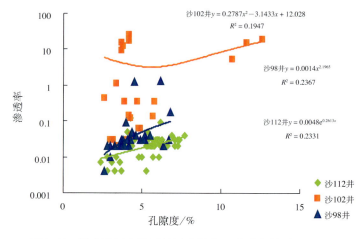

图 2-74 塔北地区志留系储层孔隙度－渗透率关系图

④IV类储层的特征及分布

IV类储层一般由灰质细粒、极细粒岩屑砂岩和岩屑长石砂岩组成，分选较差。孔隙以粒内微孔、粒间微孔和杂基内微孔为主。成岩相以强压实压溶成岩相和碳酸盐胶结致密成岩相为主。

（2）有利储集区预测

①泥盆系有利储层分布区（图2-76）

泥盆系储层孔隙类型以剩余原生孔为主，物性和含油性表现为与砂体类型密切相关，因此泥盆系有利储层分布在有利沉积相和构造高点配合的地区，即塔北地区前滨、临滨砂体与构造高点配合部位；塔中地区前滨、临滨和河口湾砂体与塔中构造配合部位（图2-76）。

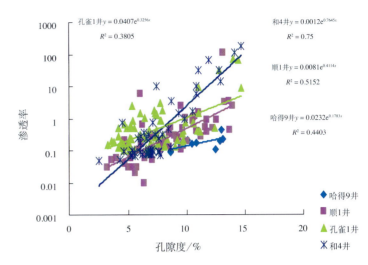

图 2-75　塔中、满西、巴楚地区志留系储层孔隙度−渗透率关系图

②志留系有利储层分布区（图2-77）

志留系储层孔隙类型以次生溶孔为主，成岩作用研究表明溶解作用的发生与烃类注入有关，因此志留系储层有利储层主要分布在毗邻生油凹陷或是油气运移指向与有利沉积相配合地区，即塔中地区前滨、临滨砂体与有利构造高点配合部位、满西地区下临滨和浅海陆棚砂体与局部构造高点配合部位以及塔北地区前滨、临滨砂体与有利构造高点配合的部位（图2-77）。

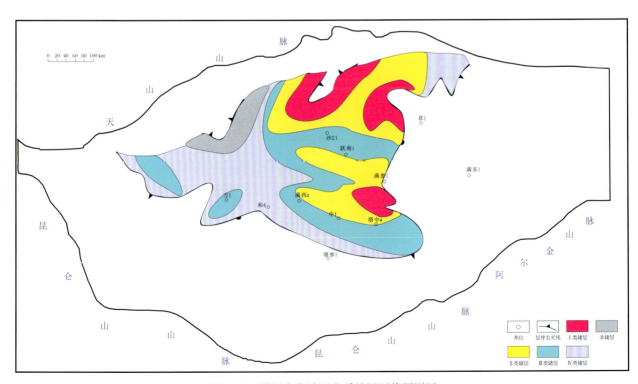

图 2-76　塔里木盆地泥盆系储层评价预测图

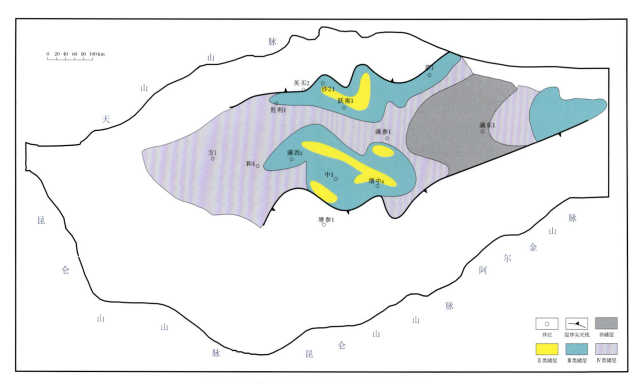

图 2-77　塔里木盆地志留系储层评价预测图

三、碎屑岩储层发育的主控因素

储层物性在纵向上的演化速率受地温场高低所控制，地温梯度高的地区物性的递减速度快，反之则慢，而不同埋深储层的具体物性参数则与储层沉积时所处的沉积相带、岩石结构、组分，成岩过程中水－岩之间反应所形成的自生矿物含量、类型以及构造应力、压实强度、有无烃类注入和异常高压等有关。因此储层物性的影响因素是多方面的，对于塔里木盆地志留－泥盆系储层来说，影响储层物性的主要因素是古地温、古构造、砂体类型、岩石组分、粒度和成岩作用类型。

1. 沉积相对储层物性的影响

沉积相是影响储层的最基本因素，不同成因砂体类型具有不同的物性特征，有利的沉积相是储层发育的物质基础，主要体现在岩石的碎屑成分、泥质杂基的含量、粒度和分选等方面对储层物性的控制。

（1）碎屑颗粒成分对储层的影响

统计表明：石英和石英质颗粒含量高的砂岩储层物性较好（图 2-78），而塑性岩屑含量高的砂岩储层物性较差（图 2-79），这是由于石英等刚性颗粒抗压实能力强，压实作用相对较弱，同时此类岩石的初始粒间孔隙较发育，泥质杂基含量较少，常形成于水动力条件比较强的条件下，如前滨、临滨等砂体；而砂岩中塑性颗粒含量高，则压实程度相对较强，塑性颗粒易被挤入孔隙中，使储层物性变差，此类岩石常距物源较近，沉积环境的水体能量比较弱，淘洗的不够干净，泥质杂基含量也较高，如潮坪砂体。

（2）粒度和分选对储层的影响

储层的粒径大小对储层性质的影响主要反映在以下两个方面。一是粒级相对越细，碎屑组分中往往岩屑含量越高，因而细粒级储层在埋藏过程中更易于被压实，因而储层性质变差；二是在相同压实条件下，粗粒级储层的孔隙和喉道往往比细粒级储层大，因而粗粒级储层的储集性（尤其是渗透率）往往明显优于细粒级储层。

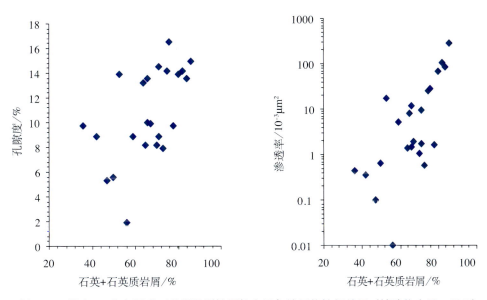

图 2-78　塔中 12 井志留系下砂岩段刚性颗粒含量与储层物性相关图（填隙物含量 <10%）

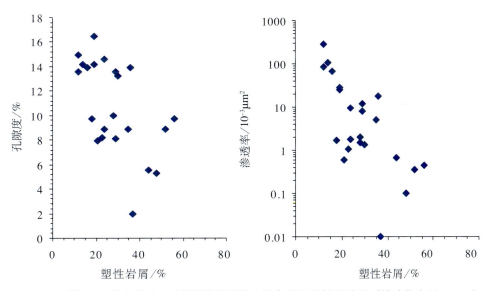

图 2-79　塔中 12 井志留系下砂岩段塑性颗粒含量与储层物性相关图（填隙物含量 <10%）

　　不同粒级储层的孔隙度对比图（图 2-80）和渗透率对比图（图 2-81）清楚地反映出粗粒储层的物性（尤其是渗透率）显著好于细粒级储层。在储层孔隙度与渗透率相关图上（图 2-82）同样可以清楚地看出：细粒级储层在孔渗相关图中一般分布于特低孔特低渗区域，而在相对高孔隙度、特别是高渗透率区域，一般均为细砂以上粒级储层。细砂以下粒级储层（细砂－粉砂岩、粉砂岩）孔隙度一般 <8%、渗透率 <$1 \times 10^{-3} \mu m^2$（且多数小于 $0.1 \times 10^{-3} \mu m^2$），均属特低孔特低渗储层。

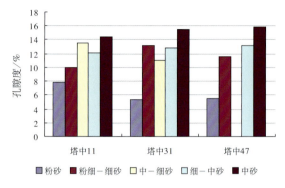

图 2-80　塔中地区志留系不同粒级的储层孔隙度对比图

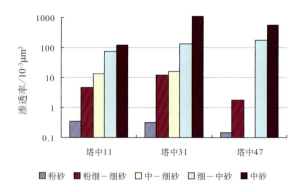

图 2-81　塔中地区志留系不同粒级的储层渗透率对比图

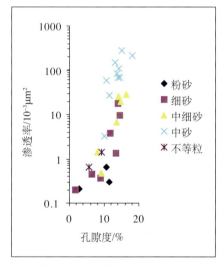

塔中 11 井（填隙物<10%）

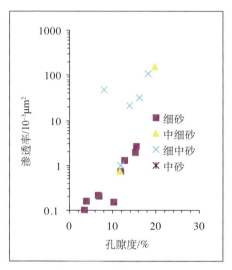

塔中 30 井（填隙物<10%）

图 2-82　塔中地区志留系储层部分井不同粒级储层与物性相关图

2. 成岩作用对储层物性的影响

成岩作用主要表现为压实作用、胶结作用、溶解作用和破裂作用对储层物性的改造，是储层发育的关键因素。其中压实作用是破坏原生孔隙的重要原因；溶解作用是次生孔隙发育的必要条件；而胶结作用具有两重性，一方面充填孔隙空间，使储层物性变差；另一方面早期胶结作用可占据孔隙空间，阻碍了压实作用的进一步进行，之后可在适合的条件下发生溶解作用释放出孔隙空间。

（1）压实作用的影响

根据之前成岩作用类型的研究，压实作用对东河砂岩储层的影响较弱而对志留系储层的影响较强。另据前人研究，志留系下砂岩段储层由压实作用所损失的孔隙量平均为 14.2% ～ 26.0%（最高可达 32.6%）；压实减孔量在空间上具有一定变化，主要受控于三个方面因素：即储层本身岩性、成岩胶结强度和埋藏深度；胶结作用相对较弱者（胶结物含量 <10%），压实作用损失的孔隙量平均 20.7% ～ 26%；胶结作用相对发育者（胶结物含量 >10%）的储层，压实作用损失的孔隙量平均 14.2% ～ 22.1%。相比而言，埋藏深度对储层压实减孔量有一定影响，但影响程度较小。

（2）胶结作用的影响

志留－泥盆系储层砂岩胶结作用总体较强，储层中各种成岩自生矿物（碳酸盐类、石英、高岭石等）发育、局部富集，对储层影响较大。

①粘土矿物胶结：在志留－泥盆系储层中，粘土矿物含量整体较少，一般呈颗粒环边出现，常有效抑制了其他成岩作用的进行。此外，高岭石一般与颗粒溶孔伴生出现，随着高岭石含量的增加，孔隙度也呈增加的趋势。

②硅质胶结：硅质胶结对储层主要是不利的影响，次生加大占据了孔隙空间，使孔隙缩小，喉道变细，降低整个储层的物性。在志留系储层部分砂岩中次生加大明显，使颗粒之间呈压嵌式接触，储层物性很差；但在泥盆系储层中，加大边相对较小，因成岩早期即发生硅质胶结抑制了压实作用而保留了一些原生孔隙。

③碳酸盐胶结：碳酸盐胶结作用在泥盆系和志留系都很发育，对储层物性的影响也最明显，一般碳酸盐含量与孔隙度和渗透率之间呈较明显的负相关性（图2-83），即随着碳酸盐含量的增加，孔隙度明显降低。此外根据对沙99井的细致观察，不同的碳酸盐胶结物类型对应着不同物性特征的储层，即泥晶方解石、早期形成的细晶方解石及连晶方解石胶结的砂岩物性较差，碳酸盐总体含量较高（一般>15%）；而晚期形成的铁方解石和白云石发育的储层物性较好，碳酸盐总体含量较低（一般<5%）。

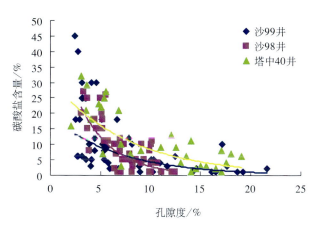

图 2-83　砂岩中碳酸盐含量与孔隙度的关系

（3）溶解作用的影响

如前所述，志留系储层砂岩中均不同程度地发生各种溶解作用，以碎屑颗粒和碳酸盐胶结物溶解为主，统计表明：以长石和岩屑为主的碎屑颗粒的溶解作用所增加的孔隙量有限（一般<5%）；以碳酸盐类为主的胶结物的溶解纵向上分布不均，局部碳酸盐胶结发育层段溶蚀作用往往较强，溶蚀增加的孔隙量可达5%～10%（最高达13%），对储层性质的改善起了一定作用。如塔中31井下砂岩段上亚段4513.75～4517.4m井段碳酸盐胶结物溶孔平均8.6%，该段储层孔隙度平均14.5%，渗透率平均$8.13×10^{-3}\mu m^2$。

综上所述，古地温背景是孔隙保存的首要条件；有利砂体类型是有利储层发育的物质基础；成岩作用是改变储层物性的关键因素。

3. 孔隙形成机理及保存机制探讨

（1）泥盆系储层原生孔隙的保存机制

如前所述，原生孔隙的保存是多种地质因素叠合作用的结果，目前多数学者认为主要是以下三种保存因素：①颗粒包膜和颗粒环边；②烃类的早期注入；③流体超压等。通过观察和分析：泥盆系东河砂岩以原生孔隙为主，其保存因素主要是古地温、岩性和砂体类型、颗粒环边以及压实作用弱。

①古地温：塔里木盆地古地温低，东河砂岩自晚泥盆世至早第三纪末的三百多万年一直处于浅埋藏，在低温的环境中，成岩演化速度慢，有利于孔隙的保存。

②岩性和砂体类型：东河砂岩主要是一套滨岸相前滨和临滨砂体，水动力条件强，岩性以石英砂岩或岩屑石英砂岩为主，由于成分成熟度和结构成熟度都很高，初始原生孔隙就比较高，再加上石英较强的抗压实能力，保存下来大量的原生孔隙。

③颗粒环边：颗粒环边的发育是目前公认的孔隙保存因素之一，此次在镜下观察中发现东河砂岩的颗粒环边发育明显，被粘土环边包裹的颗粒通常没有次生加大的出现，也少有其他自生矿物的胶结，颗粒间常呈点接触或点－线接触，有的岩心样品甚至很疏松，说明早期形成的粘土环边最大限度地抑制了其他成岩作用的进行，从而保护了原生孔隙。

压实作用弱是以上三种因素导致的结果，保留一定量的原生孔隙。

（2）志留系储层次生孔隙的形成机理

自20世纪70年代以来次生孔隙的形成机理一直是众多学者关注的话题，概括起来主要有六种成因：①有机酸和二氧化碳酸性水的溶解作用；②不整合面下地表水淋滤作用；③热化学硫酸盐还原作用产生的有机酸的溶解作用；④地层水热循环对流产生的溶解作用；⑤无机成因二氧化碳酸性水的溶解作用；⑥断裂带附近地层水和地表水混合对流引起的溶解作用。

志留系储层以次生孔隙为主，其形成机理是由干酪根热演化和深部热化学硫酸盐还原作用而产生的有机酸的溶解作用。其依据如下：

次生溶孔多出现在含油砂岩中，如中11井、顺1井、满1井等；其他不含油的砂岩一般次生孔隙少见，粒间多呈紧密接触，即使有不稳定组分的大量存在也未发生溶解，如顺2井。也就是说次生孔隙是在深埋阶段干酪根热演化过程中产生的有机酸溶解了不稳定组分颗粒或胶结物而形成。

次生溶孔往往与自生黄铁矿相伴出现，黄铁矿中常见颗粒溶解的残余，也就是说黄铁矿是溶解作用后形成的，通常是在深部 SO_4^{2-} 和烃类发生反应，其反应产物 H_2S、S 与地层中的铁离子结合形成黄铁矿。

总之，通过以上研究，泥盆系储层成岩压实作用弱，胶结作用强，溶解作用产生的孔隙微弱，储集空间类型以剩余原生孔为主，储层物性的主控因素是砂体类型，即相控，次为胶结作用；志留系储层以次生孔隙为主，储层物性的主控因素是成岩作用，其中溶解作用尤为关键，压实作用强损失了大量孔隙，胶结作用的影响次之。

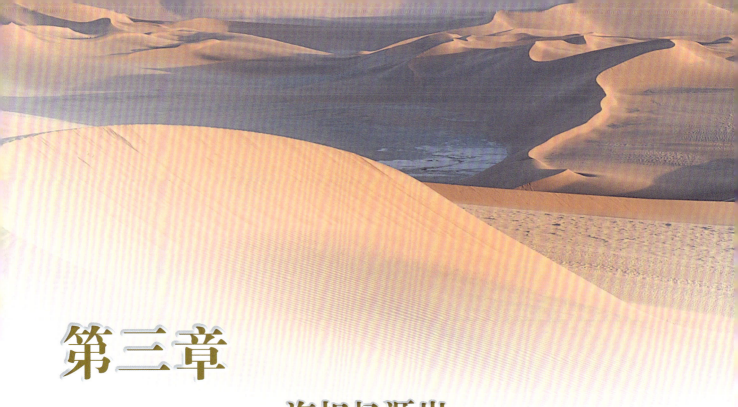

第三章

海相烃源岩

第一节　烃源岩品质、形成与分布

　　勘探与研究表明，下古生界寒武–奥陶系烃源岩是塔里木盆地的主要有效烃源岩发育层段。按有机质丰度和分布范围的差异，下古生界烃源岩又可分为中下寒武统、上寒武–下奥陶统、中上奥陶统三套烃源岩。此外，在环阿满坳陷区东部地区还发育有次要的陆相侏罗系煤系地层烃源岩。

一、寒武系—下奥陶统烃源岩

　　寒武系烃源岩在盆地的分布范围最广，除在柯坪、库鲁克塔格露头区广泛分布外，在台盆区已有塔东1、塔东2、库南1、塔参1、和4和方1等6口井钻遇（仅库南1井寒武统未穿）（图3-1）。

1. 中下寒武统烃源岩

　　从全盆地来看，中下寒武统烃源岩主要发育于东部满加尔凹陷的欠补偿盆地相和中、西部的局限台地–蒸发潟湖相地层之中，它们都具有良好的有机相和较高的有机质丰度和厚度分布。

　　（1）有机相

　　寒武纪–早奥陶世，塔里木盆地处于伸展构造环境，古地势、古水深总体上具有自克拉通块体向四周缓缓降低，水体渐深的特征，因此，其沉积相具有欠补偿盆地与台地两大沉积体系的分异。盆地东部满加尔凹陷、西南部塔西南地区主要是欠补偿盆地相沉积体系，其又有深水盆地与浅水盆地亚相两种类型区别，在欠补偿盆地周缘则又发育台缘斜坡–盆地边缘相沉积体系。中、西部地区主要是克拉通台内坳陷和克拉通边缘盆地相沉积体系，包括台缘斜坡、开阔台地、局限台地、蒸发台地等沉积相类型。研究表明，塔里木盆地中下寒武统烃源岩主要赋存于东部的欠补偿盆地、台缘斜坡、盆地边缘相及中西部台缘斜坡、台地边缘相和蒸发潟湖相地层中。

　　盆地东部欠补偿盆地相以灰质硅质泥岩与泥灰岩、并夹灰黑色放射虫页岩沉积为特点，表现为上涌洋流的沉积作用，因而成为高有机质丰度烃源岩的最佳发育场所。因为该环境生物链短，水体清澈温暖且沉积速率缓慢，海水透光性好、养分充足而利于浮游生物勃发，水体分层又使海底缺氧并富集

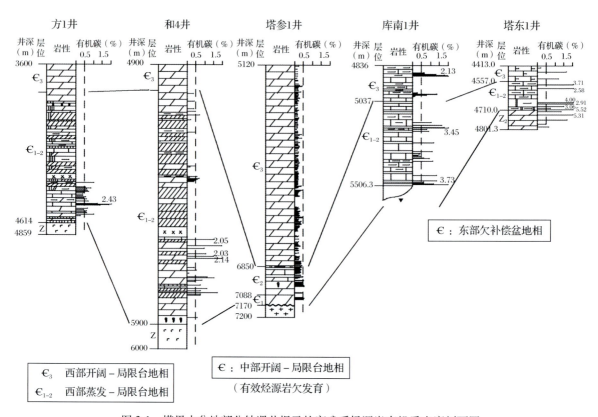

图 3-1　塔里木盆地部分钻遇井揭示的寒武系烃源岩有机质丰度剖面图

H_2S 和 CH_4，从而使表层海水中的浮游生物沉降海底得以完好保存。此外，由于海水水体较深对海平面升降变化不敏感，由此形成的烃源岩具有厚度、有机质丰度较为均一的特点。

由满加尔凹陷周缘的塔东 1、塔东 2、库南 1、尉犁 1 等井实钻证实，中下寒武统欠补偿盆地相岩性主要是一套含碳的硅磷黑色页岩建造，而与中国南方下寒武统碳硅泥岩相似，推测其有与中国南方相似的以浮游藻类为主的有机相特征。王飞宇（1999）在研究柯坪肖尔布拉克剖面玉尔吐斯组（$\unicode{x20AC}_1y$）硅质岩时，发现了大量的包埋于燧石之中的球状甲藻化石，亦证明了这一点。柯坪露头区早寒武世早期的玉尔吐斯组沉积，主要是一套磷质岩、硅质岩和黑色页岩，沉积相属于盆地边缘－欠补偿盆地相，其黑色页岩的 TOC 最高可达 7%～14%。此外，周志毅（1990）对库鲁克塔格南、北区研究发现，其下寒武统下部地层岩石组合以含碳、硅、磷泥岩为主，属于黑色建造，其中的生物相主要以海绵骨针浮游藻为主。

盆地西部中下寒武统具有广泛分布的蒸发潟湖相沉积，为比较典型的被动边缘蒸发沉积建造。夹于蒸发膏盐岩中的高有机质丰度烃源岩的形成原因，主要与干热气候条件下高温、高盐海水对营养盐的富集作用有关，由此导致短的生物链、特别是适应高盐环境的菌、藻类繁盛，并沉降至盐层之下的强还原水底，得以完好保存。

中下寒武统蒸发潟湖相源岩的生烃母质以藻－球状甲藻生物相为特征。典型代表为和 4 井，在其钻遇的岩屑和岩心样品中都发现了丰富的球状甲藻，在该井 5722～5846m 井段，TOC 为0.44%～1.54%，其中 5778m 代表性样品中盐藻占 30%、球状甲藻占 10% 左右。

总之，中下寒武统烃源岩主要有三类有机相（表 3-1）：一是分布于满参 1 井以东的满加尔凹陷东部区，主要是欠补偿盆地－浮游藻有机相；二是分布于满加尔凹陷西部－盆地中部的台缘斜坡、盆地边缘－浮游藻有机相；三是分布于盆地中西部的蒸发潟湖－浮游藻有机相，它们都有烃源岩分布范围广，有机质丰度高的特点。

表3-1　塔里木盆地寒武系—中奥陶统下部有机相类型、特征与分布

沉积相	有机相	烃源岩特征	烃源岩分布
蒸发台地相	蒸发潟湖－（咸水盐藻、球状甲藻）浮游藻有机相	1. 岩性以泥质泥晶云岩及泥质泥晶灰岩为主； 2. TOC多在0.21%～2.14%，平均可达0.86%； 3. TOC≥0.5%的层段厚170～200m；生烃母质生物主要为盐藻、球状甲藻等	广泛分布于盆地的中西部的中寒武统地层中，目前仅在巴楚隆起的和4、方1、康2和塔中隆起的塔参1井钻揭
台缘斜坡－盆地边缘相	台缘斜坡、盆地边缘－浮游藻有机相	1. 岩性以泥晶灰岩及泥岩、炭质泥岩为主； 2. TOC多在0.20%～1.50%之间； 3. TOC≥0.5%的层段厚50～200m； 4. 生烃母质生物主要为浮游藻为主	主要分布于满加尔凹陷西部的寒武系－中奥陶统下部（黑土凹组，O_2ht）及巴楚西部、柯坪下寒武统，塔东2井（ϵ_3－O_1）、塔参1井（ϵ_1）中钻揭
欠补偿盆地相	欠补偿盆地－（海绵骨针、放射虫、笔石）浮游藻有机相	1. 岩性以泥灰岩和灰质硅质泥岩为主； 2. TOC多在1.24%～5.52%之间，最高可达12.5%； 3. TOC≥0.5%的层段厚150～350m； 4. 生烃母质生物主要为浮游藻，如海绵骨针、放射虫、笔石等	主要分布于满参1井以东的满加尔凹陷东部的寒武系－中奥陶统下部（黑土凹组，O_2ht），塔东1、塔东2、库南1、尉犁1井中钻揭。在塔西南坳陷区也可能有所分布

（2）烃源岩有机质丰度、厚度分布

在满加尔凹陷东部区，中下寒武统烃源岩的岩性组合与沉积相之间呈有序分布，在欠补偿深水盆地亚相中，发育以塔东1井为代表的硅质泥岩、灰质泥岩、页岩夹薄层状泥质泥晶灰岩或两者不等厚互层；在欠补偿浅水盆地亚相中，则发育以库南1井为代表的泥质泥晶灰岩夹暗色灰质泥岩、页岩。总体上，满加尔凹陷东部地区中下寒武统烃源岩具有厚度大、分布广、丰度高的特点。钻遇该套烃源岩的钻井有塔东2、塔东1、库南1、尉犁1等井。

从钻井的有机质丰度剖面来看（图3-1），塔东1和库南1井的总有机碳含量（TOC）平均值分别为1.24%和2.28%，TOC最高可达到5.52%，两口井的中下寒武统烃源岩厚度分别为153m（其中碳酸盐岩厚98m、泥质岩厚55m）和336m（其中碳酸盐岩厚239m、泥质岩厚97m）。据塔里木油田公司对塔东2井所做单井评价，中下寒武统烃源岩厚度达182m（其中碳酸盐岩厚85m、泥质岩厚97m），泥质岩为黑灰色硅质泥岩和泥岩，平均TOC达1.93%，最高可达4.48%。

中石化钻揭的尉犁1井（图3-2），其中下寒武统岩性与塔东1井相似，主要是硅质泥岩、灰质泥岩、页岩夹薄层状泥质泥晶灰岩，TOC≥0.50%的平均值为1.56%，最高可达3.52%，烃源岩总厚度可达265m（碳酸盐岩烃源岩厚143m，泥质岩烃源岩厚122m）。

盆地中、西部地区在早寒武世时，塔中、巴楚的沉积水体较浅，为台地边缘相的灰色、灰白色砂屑云岩、砂砾屑云岩夹台缘斜坡相的黑灰、深灰色泥岩泥晶云岩源岩，而在沙西凸起、塘古孜巴斯凹陷沉积时的水体较深，为台地边缘－盆地边缘相的暗色泥质泥晶云岩夹暗色云质泥岩源岩的沉积。中寒武世时塔里木盆地中、西部地区主体沉积环境是蒸发潟湖相沉积。岩性主要为膏岩、盐膏岩、膏泥岩、盐岩、盐泥岩夹暗色泥质泥晶云岩、泥质泥晶灰岩烃源岩。如塔参1、和4、方1井。

塔参1井下寒武统为台地边缘浅滩夹台缘斜坡相，中寒武统为蒸发潟湖相，其烃源岩厚度累计38m，有机碳含量较低，一般为0.2%～0.8%，平均达0.51%。和4、方1井中、下寒武统为局限－蒸发台地相，两井的有机质丰度相对较高，和4井中寒武统烃源岩的TOC一般为0.21%～2.41%，平均0.81%，其中TOC≥0.5%的烃源岩厚度达173m，TOC>1.0%的烃源岩厚度为108.5m，约占中、下寒武统地层的30%左右。方1井中、下寒武烃源岩的TOC一般为0.49%～2.43%，平均为0.91%，

其中TOC ≥ 0.5%的烃源岩厚度为195m。

阿瓦提断陷和柯坪地区主要发育中下寒武统克拉通台内坳陷闭塞环境相烃源岩。整个台地自下而上经历了台缘斜坡－台地边缘－蒸发台地，水体由深到浅，台地逐渐（垂向）加积和侧向增生的演变。在玉东2－乔1井一线以北的地区，出现下寒武统的缺氧滞留陆棚相沉积，形成下寒武统底部黑色炭质泥岩烃源岩，但厚度较薄，如肖尔布拉克剖面在玉尔吐斯组的下部发育有8m多的黑色页岩，该套烃源岩的TOC一般为1.39% ～ 9.80%，平均6.45%，为高丰度烃源岩（图3-3）。

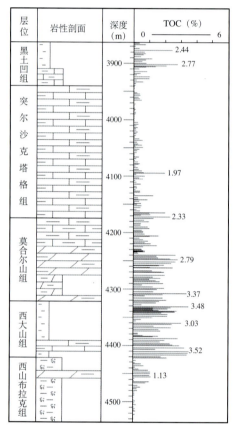

图3-2 尉犁1井寒武系－中奥陶统
烃源岩有机质丰度剖面图

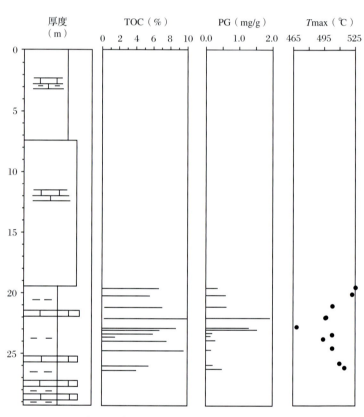

图3-3 柯坪肖尔布拉克剖面寒武系玉尔吐斯组（$\in_1 y$）
有机相地球化学柱状图

（据塔里木油田分公司研究院，2002）

从全盆中下寒武统烃源岩有机质丰度与厚度分布来看（图3-4 ～ 图3-6），盆地东部满加尔凹陷区主要发育与欠补偿盆地－浮游藻有机相有关的烃源岩，有机质丰度较高，平均达到1.0% ～ 2.0%。厚度较大，一般达到150 ～ 350m，泥质岩烃源岩厚度一般为50 ～ 150m，碳酸盐岩烃源岩厚度一般为100 ～ 120m，总体上烃源岩厚度中心分布在库南1井以南－满参1井以东、以南－塔东2井以西、以北－满东1井以西－尉犁1井以西的周围地区。

盆地中西部地区主要发育与蒸发潟湖－浮游藻有机相有关的烃源岩，有机质丰度中等，平均达到0.50% ～ 1.0%。由巴楚隆起上的和4、方1井的中寒武统蒸发盐岩建造推测发现，整个塔里木盆地西部约有$20 \times 10^4 km^2$的广大地区都发育该套地层。如在巴楚隆起膏盐层厚度为800m，塘古孜巴斯凹陷可达1400m，沙西地区可达1200m，因此在巴楚隆起上发育的中下寒武统烃源岩在塔里木盆地西部的广大地区（沙西、阿瓦提、巴楚、麦盖提斜坡和塘古孜巴斯凹陷）都有分布，并据此追踪了柯

坪－阿瓦提地区该套烃源岩的厚度和分布。总体上盆地中西部地区该套烃源岩最厚可达240m，一般
为100～200m，其中以碳酸盐岩类烃源岩较为发育，泥质岩仅在巴楚隆起西部零星发育。

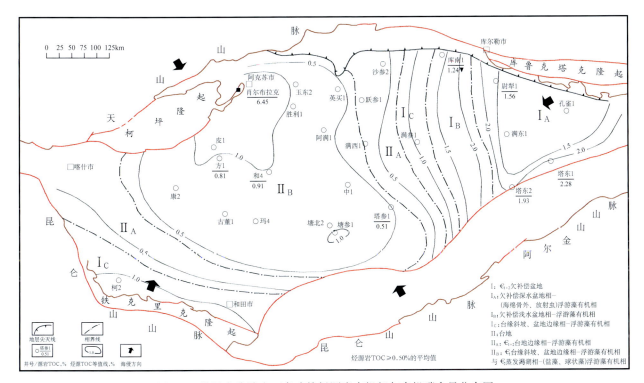

图3-4　塔里木盆地中下寒武统烃源岩有机相与有机碳含量分布图

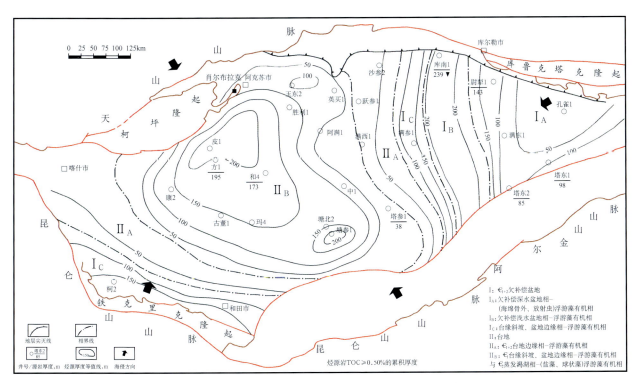

图3-5　塔里木盆地中下寒武统碳酸盐岩烃源岩厚度分布图

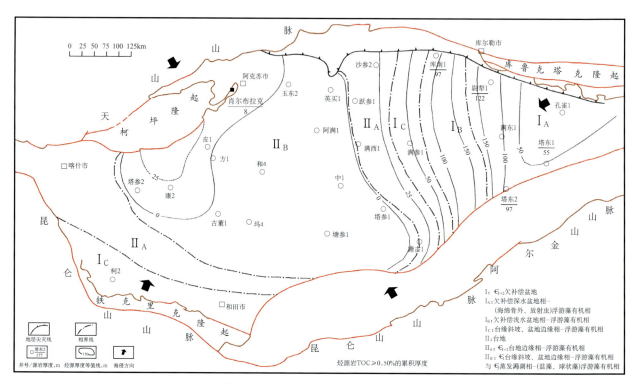

图 3-6　塔里木盆地中下寒武统泥岩烃源岩分布厚度图

2. 上寒武—下奥陶统烃源岩

从全盆地来看，上寒武－下奥陶统烃源岩发育程度相对较差，仅局限发育于盆地东部的满加尔凹陷区。

（1）有机相

由于晚寒武－早奥陶世期，海平面处于相对稳定阶段，优质烃源岩发育于满加尔凹陷东部的欠补偿盆地相及其西缘的台缘斜坡－盆地边缘相中，而在以西的广大地区为陆表海型碳酸盐台地无有效烃源岩的发育。

满东地区，烃源岩有机相可分为欠补偿盆地－浮游藻有机相和台缘斜坡、盆地边缘－浮游藻有机相（表 3-1）。与中下寒武统欠补偿盆地相和台缘斜坡－盆地边缘相相似，其生物相应以球状甲藻为代表的浮游藻为特征。如在塔北牙哈 5 井 6019～6077m 井段上寒武统岩心样品中发现了丰富的球状甲藻，表明球状甲藻在塔里木盆地寒武系烃源岩中是广泛存在的。

对于盆地的中西部广大碳酸盐岩台地区，具有地势平缓、水体浅、海平面上升与沉积作用基本保持同步的三大特征，因而在该地区表现为典型的垂向加积作用而发育巨厚的浅水碳酸盐岩建造，是塔里木盆地寒武－奥陶纪碳酸盐台地发育的鼎盛时期，同时该时期是处于全球性或区域性的轻碳期，表现为贫碳的沉积，因而该地区不具备形成高有机质丰度烃源岩的发育条件。

（2）烃源岩有机质丰度与厚度分布

上寒武－下奥陶统烃源岩仅发育于满加尔凹陷东部，从钻井揭示来看，以塔东 1 井下奥陶统（4413～4471m）、上寒武统（4471～4557m）及库南 1 井上寒武统（4836～5037m）为代表。岩石类型为薄层状泥质泥晶灰岩夹灰质泥岩，塔东 1 井 TOC 为 0.86%～2.67%，平均为 1.93%，烃源岩厚度 144m。库南 1 井 TOC 为 0.17%～2.13%，平均为 1.15%，TOC ≥ 0.5% 的烃源岩厚度 98m。塔东 2 井上寒武统主要为一套灰色泥灰岩夹薄层灰岩，烃源岩厚度达 177m。

尉犁 1 井钻揭的上寒武－下奥陶统一套灰色泥质灰岩地层中，同样具有有效烃源岩的发育，TOC ≥ 0.50% 的平均 0.91%，最高可达 2.33%（图 3-2），烃源岩厚度达 45m。

从烃源岩有机质丰度与厚度平面分布上来看，满东地区上寒武－下奥陶统主要发育欠补偿浅水盆地－浮游藻有机相和台缘斜坡、盆地边缘－浮游藻有机相烃源岩，有机质丰度较高，平均一般达 1.0% ～ 1.5%，烃源岩厚度一般为 50 － 150m，厚度中心在库南 1 井以南－满参 1 井以东－学参 1 井以西至塔东 2 －塔东 1 井区。

中西部地区虽有巨厚的碳酸盐岩建造，但无高有机质丰度的有效烃源岩的发育，如塔中 1 井上寒武统钻厚 2920m，塔中 3 井下奥陶统钻厚 1327m。但塔中 1 井 TOC 为 0.01% ～ 0.48%，平均为 0.18%，塔参 1 井 TOC 为 0.10% ～ 0.50%，平均为 0.20%。在柯坪－阿瓦提地区表现为开阔台地相沉积，同样也不发育烃源岩，如和 4 井上寒武统和下奥陶统的 TOC 一般低于 0.2%。

二、中上奥陶统烃源岩分布

中奥陶世是塔里木盆地构造－沉积古地理格局处于被动大陆边缘向活动大陆边缘转化，碳酸盐台地与欠补偿盆地的分异向碳酸盐台地与超补偿盆地分异的转化时期；而且，该时段又适逢全球性高海面的影响，因此，其构造、沉积、有机相格局具有寒武纪－早奥陶世与晚奥陶世的过渡阶段的双重特征，即中奥陶世的构造－沉积古地理格局具有满东欠补偿盆地（黑土凹组）、中西部碳酸盐台地（一间房组）、西部（阿瓦提断陷－柯坪）闭塞－半闭塞陆源海湾（萨尔干组）的分异，而且这三个构造－沉积单元均有高丰度源岩发育。

晚奥陶世中期的塔里木盆地，却进入了一个全新的构造－沉积演化阶段、出现了海相复理石沉积建造。沉积格局表现为东部满加尔凹陷区为超补偿盆地，中、西部为陆棚、台地（台地边缘、台缘斜坡）、半闭塞陆源海湾相。在中西部台缘斜坡、半闭塞陆源海湾相沉积环境中有较高丰度烃源岩发育。

总体上，中上奥陶统烃源岩分布于中－晚奥陶世期发育的不同沉积环境中，其中东部满加尔凹陷区发育中奥陶统下部的欠补偿盆地相的黑土凹组源岩；在顺托果勒低凸区即阿瓦提断陷东部－塔中隆起北部－满加尔凹陷西部满参 1 井以西－塔北隆起南部发育中奥陶统台缘斜坡－丘间洼地相的一间房组源岩；在阿瓦提断陷－柯坪隆起区发育中奥陶统的闭塞陆源海湾相的萨尔干组源岩、上奥陶统的半闭塞陆源海湾相的因干组源岩，在塔中、塔北隆起区发育上奥陶统台缘斜坡灰泥丘相的良里塔格组源岩。

1. 中奥陶统下部黑土凹组烃源岩

早－中奥陶世早期，即黑土凹组沉积期，时逢奥陶纪最大海侵，在满加尔凹陷东部地区及库鲁克塔格南相区露头广泛发育了黑灰、灰黑色薄层状硅质页岩、泥岩夹含放射虫硅质岩，并以夹有含放射虫硅质岩而区别于上覆上奥陶统的却尔却克群，属典型的欠补偿深水盆地有机相沉积（表 3-1）。代表井有塔东 1、塔东 2 井。塔东 1 井 TOC 一般为 0.50% ～ 2.67%，平均达 1.94%，烃源岩厚 48m；塔东 2 井 TOC 一般为 0.35% ～ 7.62%，平均为 2.84%，烃源岩厚 54m。

据沉积相与地震相预测，尉犁 1 井区至满参 1 井以东地区为欠补偿浅水盆地－盆地边缘相沉积，尉犁 1 井岩性表现为灰色、深灰色的泥岩及泥质灰岩，TOC 一般为 0.12% ～ 2.78%，TOC ≥ 0.50% 的平均值 1.11%，烃源岩厚 46.5m（图 3-2）。黑土凹组的生烃母质生物相，推测应与寒武系－下奥陶统欠补偿盆地相相似，为浮游藻，但以富含放射虫为特征。

平面上（图 3-7、图 3-8），满东地区中奥陶统下部黑土凹组烃源岩应为欠补偿盆地－浮游藻有机相，有机质丰度平均一般在 0.5% ～ 2.0%，最大可达 2.84%，源岩厚度一般为 40 ～ 50m。

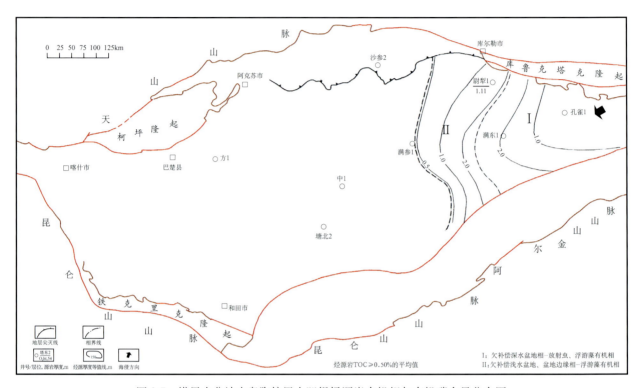

图 3-7　塔里木盆地中奥陶统黑土凹组烃源岩有机相与有机碳含量分布图

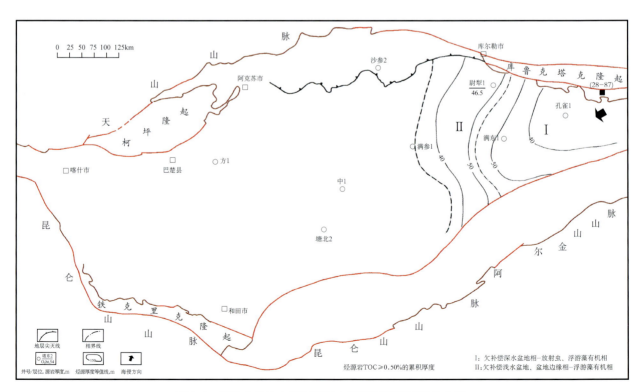

图 3-8　塔里木盆地中奥陶统黑土凹组烃源岩厚度分布图

2. 中奥陶统一间房组烃源岩

中奥陶世一间房组沉积期，在阿瓦提断陷东部、顺托果勒低凸起、塔中隆起北部、满加尔凹陷西部区及巴楚隆起的西部地区主要表现为碳酸盐台地相的沉积，一间房组烃源岩的发育则主要与碳酸盐台地内台内斜坡－台内洼地灰泥丘相泥质泥晶灰岩沉积有关。

（1）有机相

从典型的巴楚一间房剖面及部分钻井的钻揭来看，一间房组沉积期具有造礁建隆的碳酸盐灰泥丘沉积的岩相古地理条件，有利于高丰度有机质源岩的发育。巴楚隆起一间房剖面中，一间房组（O_2yj）发育有厚约73.3m的灰色生屑、砂屑、砂砾屑灰岩夹葵盘石灰泥丘，其中葵盘石灰泥丘厚约7m。在塔北隆起阿克库勒凸起南部区部分钻井钻揭，一间房组主要分布在T444－T414－轮南54井一线以南地区，发育2个建滩－造礁沉积序列，沉积环境为台地边缘浅滩－台内礁。建滩－造礁沉积序列一般厚约50m左右，纵向上分两部分，下部建滩序列岩石组合主要为砂/砾屑灰岩、藻鲕灰岩、鲕粒灰岩，含丰富的底栖生物（三叶虫、腕足、介形虫、苔藓等）；上部造礁序列岩石组合主要为海绵礁灰岩、藻粘结灰岩、生物骨架灰岩。在羊屋2井区，一间房组为含葵盘石的灰色生屑、砂屑、砂砾屑灰岩沉积。轮南48井钻揭的含葵盘石灰泥丘厚约5m。塔中地区塔中29井6269～6300m井段为一间房组（未穿）台内斜坡灰泥丘的成丘层位，古隆1井5875～6002m井段的一间房组岩性则与羊屋2井相似，为灰色粉屑、砂屑、砾屑泥晶灰岩，为台地边缘浅滩相沉积。

前人研究表明，灰泥丘可发育于台地内部（台内凹地）、台地边缘等能量较低的环境中，尤以水动力条件很弱的较深水环境中最多见。古生物学及沉积学研究成果表明，葵盘石生存的水体较深，为斜坡环境。由巴楚一间房剖面、轮南48、塔中29井一间房组都发育含葵盘石灰泥丘推测，自巴楚西北部向北至阿瓦提断陷东、向东至塔中隆起东部围斜区（巴楚中东部至塔中隆起区缺失一间房组），再至塔北隆起南斜坡的大片地区，亦即在顺托果勒低凸的主体区，在中奥陶世一间房组沉积期，这一地区的碳酸盐台地处于深水环境中，其形成原因与中奥陶世全球性海平面升高即高海平面有关，水体清澈且宁静，因而具有发育台内斜坡及台内洼地的葵盘石灰泥丘相沉积的条件。

据周延东（1997）研究，在塔中29井向NW向羊屋2井南－跃南1－阿满1－满西2－塔中45井北的所围地区及其邻区，发育有一系列的丘状地质异常体，认为这些丘状异常体为大型葵盘石灰泥丘建隆，其主体地层层位应属中奥陶统一间房组。但目前还未有钻井得到证实，此外，针对异常体钻探的顺2井钻揭的是一火成岩体，但并不能排除发育在这一地区的众多异常体中就没有大型葵盘石灰泥丘建隆的存在。因此，该地区一间房组灰泥丘相源岩是否发育还有待今后勘探的证实。

从古生物学和沉积学上来看，一间房组源岩表现为台内斜坡、台内洼地葵盘石灰泥丘－复合藻有机相（表3-2）。在葵盘石灰泥丘之间则可以发育高有机质丰度的、单层厚度很大的丘间洼地相黑色泥质泥岩、页岩、泥灰岩源岩。这些均可在国内外大型灰泥丘建隆间丘间洼地相发育高有机质丰度、特高有机质丰度优质烃源岩的实例来获得证明。如广西邕江大沙田露头剖面，下泥盆统郁江组（D_1y）即为葵盘石灰泥丘及与之共生的丘间洼地相黑色薄层状泥岩、泥质泥晶灰岩及页岩等优质烃源岩；在俄罗斯乌拉尔－伏尔加地区，上泥盆统含有丰富造礁动物和钙藻的碳酸盐灰泥丘发育在海底水下隆起区，而含泥的细层状灰岩与暗灰泥岩、灰质泥岩、泥质灰岩互层沉积在丘间洼地凹陷中。这些灰泥丘相源岩的TOC含量一般为2%～15%，最高可达20%。

塔里木盆地构造沉积与成藏
ALIMUPENDIGOUZAOCHENJIYUCHENGCANG

表3-2　塔里木盆地中上奥陶统有机相类型、特征与分布

沉积相	有机相	烃源岩特征	烃源岩分布
台内斜坡、台内洼地相	台内斜坡、台内洼地葵盘石灰泥丘-复合藻有机相	①岩性以灰质泥岩、泥岩、泥晶灰岩、页岩、泥灰岩为主； ②TOC分布于0.20%~15%； ③生烃母质生物主要为复合藻	推测主要分布于盆地中部的顺托果勒低凸即塔中29井向NW向羊屋2井南-跃南1-阿满1-满西2-塔中45井北所围地区的中奥陶统一间房组（O_2yj）地层中。目前仅塔中29井钻揭，但源岩不甚发育
台缘斜坡相	台缘斜坡灰泥丘、丘间洼地-宏观藻、浮游藻有机相	①岩性以泥质泥晶灰岩及与宏观藻灰质泥岩为主，较高丰度源岩一是呈纹层状、条带状夹于灰泥丘之中，二是赋存于丘间洼地之中； ②TOC分布于0.20%~5.44%之间； ③塔中地区TOC≥0.50%有优质烃源岩分布，厚度平均约80~100m，塔北地区厚度小于20m； ④生烃母质生物主要为备类宏观藻、浮游藻等	广泛分布于塔中隆起区及巴楚东部、塔北南斜坡（局限分布）的上奥陶统良里塔格组（O_3l）地层中
闭塞-半闭塞陆源海湾相	闭塞、半闭塞陆源海湾-笔石、浮游藻有机相	①岩性以黑色页岩夹饼状泥灰岩为主； ②黑色页岩的有机质丰度较高（TOC介于0.3%~2.87%，平均1.56%），饼状泥灰岩有机质丰度也较高； ③柯坪露头TOC≥0.5%，厚度约40~110m； ④生烃母质生物主要为笔石、浮游藻	主要分布于柯坪隆及阿瓦提断陷西部的中奥陶统萨尔干组（O_2s）和上奥陶统因干组（O_3y）地层中

（2）烃源岩有机质丰度、厚度分布

一间房组高有机质丰度的烃源岩的分布主要与台内斜坡-台内洼地灰泥丘有机相分布有关，而台地边缘浅滩相内的烃源岩则不发育。从目前塔北地区钻遇的台地边缘浅滩相一间房组来看，塔河油区近12口井的一间房组灰岩有机质丰度低，TOC分布于0.02%~0.49%，平均值仅为0.10%，属非烃源岩。另据梁狄刚（2002）对羊屋2、乡3、轮南48、轮南24、轮南17等5口井分析，除羊屋2和乡3井含油段外，其余各井一间房组灰岩TOC<0.2%，亦属非烃源岩。

目前台内斜坡相灰泥丘烃源岩仅塔中29井钻遇，其一间房组泥灰岩有机质丰度TOC为0.50%~1.30%，平均为0.66%，≥0.5%TOC的烃源岩厚度为10m（未穿）。由一间房组葵盘石灰泥丘发育模式推测，在塔中29井向NW向羊屋2井南-跃南1-阿满1-满西2-塔中45井北地区及其邻区有可能发育高有机质丰度的烃源岩，推测的TOC含量平均可达0.8%，烃源岩厚度平均可达30m，这一烃源岩的分布还有待今后勘探的证实。

3. 中奥陶统萨尔干组烃源岩

中奥陶统萨尔干组（O_2s）烃源岩主要分布于阿瓦提断陷-柯坪隆起区，其烃源岩的发育主要与该区域的闭塞陆源海湾相沉积有关。

（1）有机相

据柯坪-阿瓦提地区露头剖面，中奥陶统萨尔干组（O_2s）岩石类型主要为黑色、棕灰色薄片状页岩并夹有薄层状泥灰岩或透镜体。据萨尔干组页岩中黄铁矿结核样品的硫稳定同位素分析，$\delta^{34}S$值分别为-26.50‰和-27.72‰，均较Claypool等（1980）报道的奥陶纪原始海水的$\delta^{34}S$值强烈亏损，表明它属于闭塞陆源海湾环境（克拉通内坳陷）。

萨尔干组有机相生烃母质生物组成以浮游藻和疑源藻为主（表3-2），并与笔石共生；其有机显微组成以藻类体和藻屑体为主，并含有少量动物有机体，生烃母质构成主要为浮游藻类，有机质类型主

168

要为Ⅰ型。

（2）烃源岩有机质丰度与厚度分布

据柯坪大湾沟剖面，萨尔干组页岩为闭塞陆源海湾相的黑色、棕灰色页岩夹饼状泥质泥晶灰岩，其沉积环境决定了其具有高有机质丰度，TOC一般为0.13%～5.05%，平均可达2.24%，TOC ≥ 0.5%的烃源岩厚度为13.6m（图3-9）。

因干剖面萨尔干组页岩同样具有很高的有机质丰度，TOC一般为0.56%～2.78%，平均为1.56%，氯仿沥青"A"含量介于（470～2090）×10^{-6} 之间，平均为1188×10^{-6}，TOC ≥ 0.5%的烃源岩厚度为12m。

对阿瓦提断陷地震相研究结果表明，在阿瓦提断陷中西部、胜利1井以西地区地震相表现为中、强振幅层状，向顺托果勒低凸区则相变为弱振幅杂乱地震相。中、强振幅层状地震相相当于柯坪露头的萨尔干组页岩、坎岭－其浪组瘤状灰岩和因干组页岩的波阴抗差异特征，结合柯坪露头区烃源岩情况，预测在阿瓦提断陷中西部地区存在中奥陶统萨尔干组

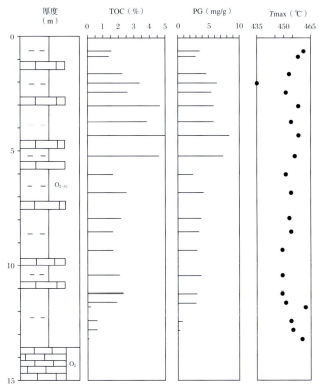

图3-9　柯坪大湾沟剖面奥陶系萨尔干组（O$_2$s）有机地球化学柱状图

（据塔里木油田分公司研究院，2002）

（O$_2$s）和上奥陶统因干组（O$_3$y）烃源岩。以此推测在阿瓦提中西部地区可发育中奥陶统闭塞陆源海湾相萨尔干组烃源岩，推测其有机质丰度平均可达1.0%，烃源岩厚度平均可达10m。

4. 上奥陶统良里塔格组烃源岩分布

受沉积相带的控制，上奥陶统良里塔格组烃源岩主要发育于混源台地、台缘斜坡灰泥丘相、丘间洼地相沉积环境，其分布主要在塔中卡塔克隆起和沙雅隆起的草湖凹陷西－阿克库勒－哈拉哈塘区。

（1）有机相

晚奥陶世时，上奥陶统良里塔格组（O$_3$l）台缘斜坡灰泥丘相的暗色泥质泥晶灰岩和宏观藻灰质泥岩主要发育于塔中隆起区，在塔北隆起南斜坡也有台缘斜坡灰泥丘相的局限分布。

前人的研究成果显示，上奥陶统良里塔格组源岩的发育密切与台缘斜坡的灰泥丘有关。灰泥丘相高丰度的有机质源岩主要有两种赋存形式，一是赋存在丘间洼地亚相中；二是呈纹层状、条带状赋存在层状、层状－生物灰泥丘亚相中，而在块状灰泥丘（主要为各类微晶凝块灰岩）中有机质丰度则较低。

台缘斜坡灰泥丘相的有机质存在两种来源，一是浮游的藻类和疑源类，二是底栖的叶状体植物（宏观藻类），总的有机相特征表现为台缘斜坡灰泥丘、丘间洼地宏观藻－复合藻有机相（表3-2）。

（2）烃源岩有机质丰度与厚度分布

塔中隆起上奥陶统良里塔格组灰泥丘相烃源岩有机质丰度高、厚度较大。从目前主要集中在塔中隆起北斜坡及少部分南斜坡（塔中52、塔中60）已有20余口井钻遇统计（表3-3、图3-10），TOC分布范围为0.20%～5.44%，平均达0.50%～1.02%，烃源岩厚度分布为15～300m。总体上，有机质丰度平均0.8%～1.0%，烃源岩平均厚度可达到80～100m（图3-11）。

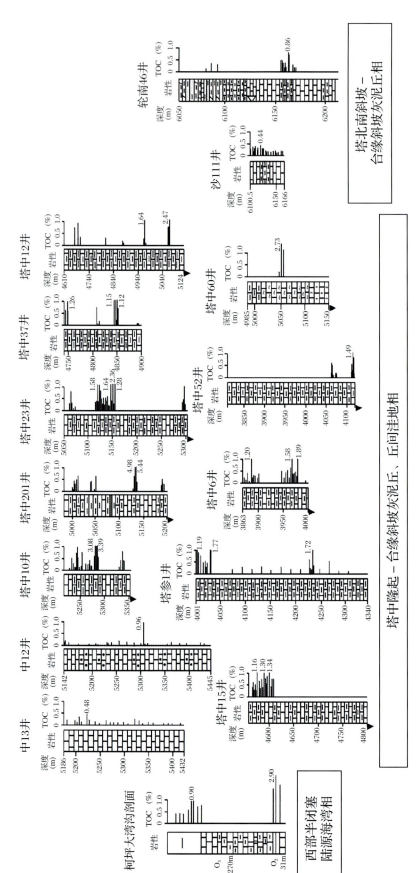

图 3-10 塔里木盆地上奥陶统良里塔格组经源岩有机质丰度剖面对比图

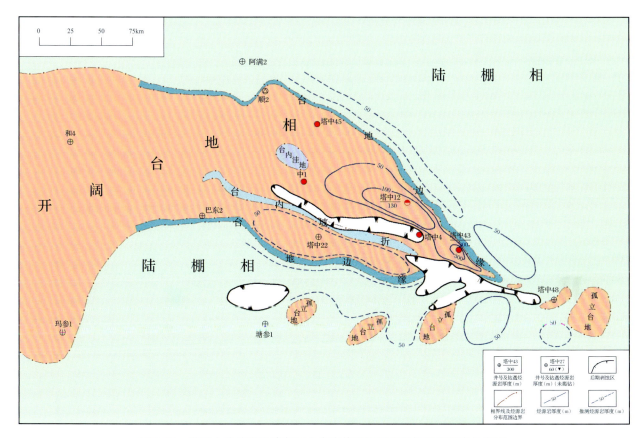

图 3-11 塔里木盆地塔中隆起区上奥陶统良里塔格组烃源岩厚度分布图

从烃源岩的厚度分布来看，塔中隆起区北斜坡具有两个上奥陶统良里塔格组烃源岩厚度至少大于 100m 的生烃中心。一个是在塔中 43 − 塔中 6 − 塔中 101 − 塔中 103 − 塔中 25 − 塔中 27 井区，最大厚度可达 300m，该区的岩心分析数据显示，有机质丰度相对较高，其中塔中 101 井 TOC 含量为 0.29% ～ 1.26%，平均 0.60%，测井源岩识别 ≥ 0.5% 的烃源岩厚度 44m（未穿），塔中 6 井 TOC 含量为 0.20% ～ 1.89%，平均 0.49%，测井源岩识别 ≥ 0.5% 的烃源岩厚度 40m（未穿），塔中 27 井 TOC 含量为 0.29% ～ 1.62%，平均 0.63%，测井源岩识别 ≥ 0.5% 的烃源岩厚度 60m（未穿），塔中 43 井 TOC 含量为 0.21% ～ 1.87%，平均 0.77%，测井源岩识别 ≥ 0.5% 的烃源岩厚度最达 299.5m。

另一个生烃中心位于塔中 Ⅰ 号断裂带内侧西部的塔中 10 − 塔中 201 − 塔中 23 − 塔中 11 − 塔中 12 − 塔中 30 − 塔中 50 − 塔中 15 井区，岩心分析数据表明，塔中 10 井 TOC 含量一般为 0.20% ～ 3.39%，平均为 0.66%，测井源岩识别 ≥ 0.5% 的烃源岩厚度为 30m（未穿），塔中 201 井 TOC 含量一般为 0.20% ～ 5.44%，平均为 0.84%，测井源岩识别 ≥ 0.5% 的烃源岩厚度为 90m（未穿），塔中 23 井 TOC 含量一般为 0.41% ～ 0.69%，平均为 0.53%，测井源岩识别 ≥ 0.5% 的烃源岩厚度为 15.5m（未穿），塔中 50 井 TOC 含量一般为 0.28% ～ 1.12%，平均为 0.55%，测井源岩评价其有机质丰度最高达 2.1%，≥ 0.5% 的烃源岩厚度达 200m，同时在这一区域，发育有以塔中 42 井为代表的台缘生屑、砂屑滩夹点礁所构成的障壁，显示该区具有良好的高丰度的灰泥丘烃源岩的发育。

需要指出的是，在塔中隆起北坡新钻井虽然都揭示有上奥陶统良里塔格组泥灰岩，但据地质录井评价该泥灰岩段的有机质丰度较低，烃源岩厚度小于 10m（表 3-3）。

表 3-3 塔中隆起区良里塔格组灰泥丘相烃源岩有机碳丰度及厚度概览

井号	有机碳分布范围（%）	有机碳平均含量（%）	烃源岩厚度（m）	备注
塔中12	0.26～2.17	0.75	130	中石油探井（北坡）
塔中10	0.20～3.39	0.66	30	
塔中201	0.20～5.44	0.84	90	
塔中23	0.41～1.69	0.53	44	
塔中50	0.28～1.12	0.50	77	
塔中15	0.26～1.34	0.58		
塔中37	0.21～1.26	0.73	20	
塔中101	0.29～1.26	0.60	44	
塔中26	0.20～1.89	0.49	40	
塔中43	0.21～1.87		300	
塔中27	0.29～1.62	0.63	60	
塔中52	0.20～2.17	0.75	15	中石油探井（南坡）
塔中60	0.5～2.73	1.02	53	
中11	0.06～3.54		3.4	中石化探井（北坡）
中12	0.04～0.96		2.39	
中13	0.07～0.48		无	
中4	0.10～0.46		无	中石化探井（南坡）

　　据近期的岩相古地理研究显示，塔中隆起南斜坡与塔中Ⅰ号坡折带相似，也发育中晚奥陶世的坡折带。在良里塔格沉积期统一的镶边碳酸盐岩台地沉积背景下，也应当有良里塔格组烃源岩的发育。目前南斜坡钻井少，但塔中60井、塔中52井已钻揭良里塔格组灰泥丘相烃源岩。塔中60井上奥陶统良里塔格组灰泥丘相烃源岩 TOC 为 0.5%～2.73%，测井源岩评价其厚度为53m；塔中52井上奥陶统良里塔格组 TOC 为 0.20%～1.49%，平均为0.53%，烃源岩厚度15m（未穿），由塔中南坡向西延伸至巴楚东部，和3井上奥陶统良里塔格组，TOC 平均为0.96%，测井源岩厚度41m。从这三口探井的情况推测，在塔中隆起南斜坡至巴楚东部地区，上奥陶统良里塔格组灰泥丘相源岩有机质丰度 TOC 平均约0.8%，烃源岩厚度平均约50m。

　　塔北隆起南部，可能是上奥陶统良里塔格组灰泥丘相烃源岩另一个局部发育的地区。据塔河油田南数十口钻井揭示，上奥陶统良里塔格组主要分布于 T616 - T443 - LG12 井一线以南地区，残留厚度为数十米至百余米。岩性主要为灰、灰白色藻灰岩、藻鲕灰岩、藻粘结灰岩、藻砾屑灰岩、生物屑灰岩、微晶灰岩，总体表现为碳酸盐开阔台地相沉积，局部发育藻丘、藻礁和滩相沉积。对近27口井的有机质丰度统计（表3-4）显示，TOC 一般为 0.01%～0.44%，平均仅为0.13%，属于非烃源岩。

　　但据梁狄刚（2002年）分析，轮南46井上奥陶统良里塔格组最大钻揭厚度为96m，有机质丰度 TOC 为 0.2%～0.96%，测井评价烃源岩厚度22m，轮南48井烃源岩厚28m，但乡3、羊屋2井钻遇岩性以灰岩为主，TOC 含量大都＜0.15%，属于非烃源岩。

　　总体来看，塔北地区上奥陶统良里塔格组烃源岩分布局限，其主要分布在哈拉哈塘凹陷南部。从平面分布来看（图 3-11），该区的烃源岩有机质丰度 TOC 平均约为 0.7%，烃源岩厚度平均仅有 20m 左右，远比塔中隆起区差，其原因与当时该区地势低，水体较深且较混浊而使碳酸盐岩发育受到抑制，特别是缺少像塔中 35 井北 - 塔中 54 - 塔中 42 - 塔中 44 - 塔中 161 - 塔中 24 - 塔中 26 井那样的镶边状台缘生屑、砂砾屑滩夹点礁的障壁作用有关。因此，分布于塔北包括哈拉哈塘凹陷南部的良里塔格组源岩，难以也不可能成为塔北阿克库勒凸起塔河 - 轮南地区海相工业性油藏的主力烃源层和主要贡献者。

表 3-4　塔河油田南部分钻井上奥陶统良里塔格组有机质丰度统计表

井号	TOC分布（%）	平均值（%）	井号	TOC分布（%）	平均值（%）
沙11（岩屑）	0.04～0.21（19）	0.12	沙116	0.19～0.25（3）	0.21
沙72	0.03（1）	0.03	沙117	0.24（1）	0.24
沙87	0.03～0.06（2）	0.05	沙118	0.02～0.19（6）	0.07
沙99	0.01～0.02（2）	0.02	T114	0.01～0.09（2）	0.05
沙101	0.09（1）	0.09	T205	0.05～0.32（7）	0.16
沙106	0.02（1）	0.02	T706	0.01（1）	0.01
沙107	0.20（1）	0.20	T726	0.02（1）	0.02
沙108	0.05（1）	0.05	T750	0.01～0.17（2）	0.09
沙109	0.07（1）	0.07	T901	0.01（1）	0.01
沙110	0.03～0.32（2）	0.18	T902	0.03～0.11（3）	0.07
沙111	0.10～0.31（4）	0.21	T903	0.06（1）	0.06
沙111（岩屑）	0.1～0.44（16）	0.24	T912	0.01（1）	0.01
沙114	0.02～0.03（3）	0.02	T914	0.03～0.42（12）	0.10
沙115	0.08～0.27（11）	0.17			

注：据中国石化石油勘探开发研究院无锡石油地质研究所（2005）。

5. 上奥陶统因干组烃源岩分布

上奥陶统因干组烃源岩局限分布于柯坪 - 阿瓦提地区。与中奥陶统萨尔干组相似，因干组烃源岩岩性主要为薄片状或块状黑色泥岩，并夹有薄层状泥灰岩或透镜体。柯坪大湾沟剖面因干组页岩中细分散黄铁矿所测的 $\delta^{34}S$ 值为 $-25.78‰$，与奥陶纪原始海水的 $\delta^{34}S$ 值相近，表明它属于半闭塞环境。因干组的沉积环境决定了其具有较高的有机质丰度。同样，因干组有机相生烃母质生物组成以浮游藻和疑源藻为主（表 3-2），并与笔石共生；其有机显微组成以藻类体和藻屑体为主，并含有少量动物有机体，生烃母质构成主要为浮游藻类，有机质类型主要为 I 型。

因干剖面因干组页岩为半闭塞陆源海湾相的黑色泥岩夹页岩。TOC 为 0.3%～2.10%，平均 0.61%，总体上评价为中等厚度的烃源岩，TOC ≥ 0.5% 的烃源岩厚度为 97m。

从地震相及岩相古地理分析，阿瓦提断陷西部在上奥陶统因干组沉积期与柯坪地区具有相似的沉积环境，表现为半闭塞陆源海湾相沉积，而向东则相变为超补偿盆地的广海陆棚相沉积。推测阿瓦提断陷西部的因干组烃源岩有机质丰度中等，TOC 平均 0.60%，烃源岩厚度约 30～90m。

第二节　烃源岩差异生烃演化特征

烃源岩生烃演化史研究，是圈定有效烃源区、定性、定量评价烃源岩在不同地质历史时期生烃量及预测烃类流体性质的关键。生烃史研究的基础包括烃源岩成熟度的标定和盆地在不同地质时期热历史（古地温）的研究。本研究侧重在收集盆地现有的大量成熟度标定和古地温资料的基础上，采用Petromod80（德国）盆地模拟软件分析主要探井和烃源岩区成熟度随时间的变化规律，明确烃源岩的生烃史。

一、主要构造单元的地质热历史

对塔里木盆地的热体制，前人做了大量有价值的研究，这些研究不仅涉及盆地现今的地温、大地热流以及地温梯度的分布状况，还涉及对石油地质研究与油气勘探实践更为重要的盆地古地温、大地热流以及地温梯度的演化（谢觉新等，1994；王钧等，1995；潘长春等，1996；邱楠生等，1997，2002；解启来等，1998，2002；黄清华等，1999；张水昌等，2000；王良书等，2003，1995，1994；李慧莉等，2004）。

塔里木盆地古地温史的研究主要是通过不同构造单元内典型探井的研究展开的。典型探井的热历史研究，主要是根据探井中可以获得的古温标（镜质体反射率、磷灰石裂变径迹等）采用反演模拟的方法进行。谢觉新等（1994）在实测部分镜质体反射率、沥青反射率、无定性干酪根反射率，同时收集整理大量前人数据的基础上，应用当时广泛使用的 TTI－Ro 拟合反演方法，结合矿物流体包裹体测温数据、沉积自生矿物（粘土矿物）的成岩演化以及磷灰石裂变径迹等方面的研究，对塔里木盆地部分构造单元中一些典型探井（英买1、和1、轮南46、轮南1、轮南5、满西1、群克1、和2、塔中1、塔东1、曲3）的古地温梯度进行了拟合计算。解启来等（1998）也在前人研究的基础上，实测了部分镜质体反射率、沥青反射率、海相镜质体反射率（镜状体反射率）、无定形干酪根反射率，并应用 Easy%Ro 模型，拟合计算了一些主要探井（塔参1、塔中12、和4）的古地温梯度；同时还对牙形石色变指数、矿物流体包裹体的测温数据以及有机包裹体的组分、光性（荧光、红外、紫外）特征作了分析；另外还应用激光拉曼光谱技术，测定计算了部分古地温数据。张水昌等（2000）针对塔里木盆地下古生界海相烃源岩成熟度评价尚未得到较好解决的问题，将实测的镜状体反射率、沥青反射率及笔石反射率转换成等效镜质体反射率，结合流体包裹体均一温度、磷灰石、锆石裂变径迹分析数据，对塔里木盆地中一些典型探井（英买1、轮南46、满西1、群克1、和4、塔中12、塔参1、塔东1、曲3）的古地温进行了反演恢复。此外，潘长春等（1996）根据镜质体反射率以及沥青反射率等资料，分别应用 TTI－Ro 和 Easy%Ro 方法反演计算了塔里木盆地三口探井（轮南5、塔中1、塔东1）的古地温梯度。邱楠生等（1997），根据实测的磷灰石裂变径迹资料，应用"扇型模型"反演恢复了塔中10井的古地温梯度。李慧莉等（2004）根据实测的磷灰石裂变径迹数据，同时结合收集得到的镜质体反射率数据，应用磷灰石裂变径迹的"扇型模型"与镜质体反射率的"Easy%Ro模型"对塔中隆起上三口探井（塔中12、塔参1、塔中45）的古地温史进行了反演计算。表3-5为塔里木盆地热历史研究成果概览。

综合上述研究结果，可以对塔里木盆地部分构造单元的地质热历史进行分析，如图3-12所示。

①塔北隆起区：据英买1、和1、轮南46、轮南1、轮南5等井研究，塔北隆起在奥陶纪，古地温梯度约为3.4℃/100m；志留－泥盆纪，地温梯度3.1℃/100m，石炭－二叠纪地温梯度相对较高，约为3.1～3.2℃/100m。进入印支运动以来，地温场逐渐降低。中生代平均地温梯度为2.7～3.0℃/100m。

喜马拉雅运动以来，地温梯度继续降低，古近纪为 2.7℃/100m，新近纪为 2.4℃/100m。第四纪地温梯度约为 1.9℃/100m。

表 3-5　塔里木盆地古地温梯度（℃/100m）研究成果概览

	时代	Q	N	E	K	J	T	P	C	D	S	O$_{2+3}$	O$_1$	€	资料来源
塔北隆起	英买1	1.72	2.72	2.9	2.9	2.9	3	3.2		3	3	3.5			谢觉新等(1994)
	和1	2	2.22	2.5	2.6	2.7	2.9								
	轮南46	2	2.2	2.65	2.7	2.8	3	3.2	3.2	3	3	3.5	3.5		
	轮南1	2	2.3	2.65	2.7	2.8	3	3.3					3.5		
	轮南5	1.82	2.45	2.7	2.8	2.85	3	3.2	3.1	3.05			3.5		
	英买1	1.7	2.7	2.9	2.9	2.9	3.0	3.2	3.2	3.0	3.0	3.5			张水昌等(2000)
	轮南46	2.0	2.2	2.7	2.8	3.0	3.2	3.2	3.0	3.0	3.5	3.5			
	轮南5	2.0	2.4	2.6	2.7	2.8	2.9	3.0	3.0	3.0	3.0	3.1			潘长春等(1996)
满加尔凹陷	满西1	1.7	2.4	2.7	2.8	2.9	3	3.2	3.2						谢觉新等(1994)
	群克1	2	2.2	2.6	2.7	2.8	3	3.1	3	2.85					
	满西1	1.7	2.4	2.7	2.8	2.9	3.0	3.2							张水昌等(2000)
	群克1	2.0	2.2	2.6	2.7	2.8	3.0	3.1	3.0	2.9	2.9	2.9			
中央隆起带	和2	2	2.2	2.5	2.6			3							谢觉新等(1994)
	塔中1	2.05	2.6	3	3.05	3.05	3.1	3.2	3.2	2.9			3.5	3.5	
	塔东1	2.25	2.65	3.05	3.1	3.1	3.15	3.2	3.85				3.5	3.6	
	塔中12	2.2	2.5	2.8	3	3	3.1	3.2	3.2	3	3	3.35	3.5		解启来等(1998)
	塔参1	2.2	2.6	2.7	2.8	2.9	3	3.15	3.15	3	3	3.4	3.45	3.45	
	和4	2	2.2	2.4	2.6	2.6	2.6	2.9	2.9	2.7	2.7	2.9	2.95	2.95	
	塔中12	2.2	2.5	2.8	3.0	3.0	3.1	3.5	3.2	3.0	3.0	3.4	3.4		张水昌等(2000)
	塔参1	2.2	2.6	2.7	2.8	2.9	3.1	3.5	3.2	3.0	3.0		3.1	3.3	
	和4	1.9	2.1	2.4	2.6	2.6	2.6	3.5	2.9	2.7	2.7	3.2	3.0	3.0	
	塔东1	2.3	2.7	3.0	3.1	3.1	3.2	3.2	3.8	3.8	4.0	4.0	3.5	3.6	
	塔中1	2.0	2.5	2.6	2.7	2.8	2.9	3.1	3.0	3.0	3.1			3.2	潘长春等(1996)
	塔东1	2.3	2.5	2.6	2.7	2.9	3.3	3.6	3.6	3.6	3.6	3.7		3.8	
	塔中10		2.5	2.6	3.0	3.1	3.1	3.06	3.06	2.9	2.9	3.54	3.0		邱楠生等(1997)
	塔参1	2.3	2.3	2.2	2.3	2.4	2.6	2.7	2.5	2.6	2.6	2.7			李慧莉等(2004)
	塔中12	2.5	2.5	2.4	2.5	2.6	2.9	3.1	2.9	3.0	3.0	3.1			
	塔中45	2.1	2.1	2.1	2.2	2.3	2.6	2.9	2.9	3.1	3.1	3.3			
西南坳陷	Q3	2.1	2.5	2.85				3.2							谢觉新等(1994)
	Q3	2.1	2.5	2.8	2.8	2.8	2.8	3.2							张水昌等(2000)

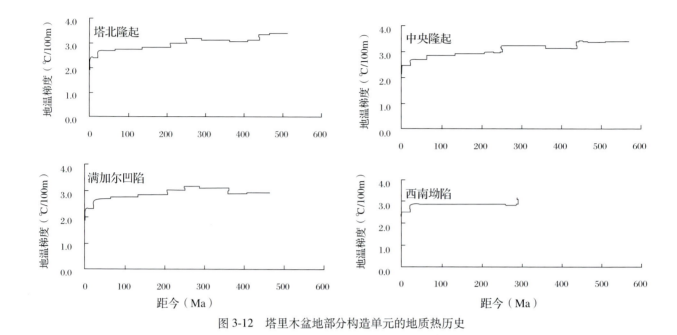

图 3-12　塔里木盆地部分构造单元的地质热历史

②满加尔凹陷：据满西 1、群克 1 井的地热史可知，在中晚奥陶世－泥盆纪的平均地温梯度为 2.9℃ /100m，石炭纪－二叠纪为 3.1℃ /100m；进入中生代以来地温梯度逐渐降低，由三叠纪的 3.0℃ /100m，降为白垩纪的 2.7℃ /100m 左右；第三纪以来地温梯度继续下降，由早第三纪的 2.6℃ /100m 左右，降为现今的 1.8℃ /100m 左右。

③中央隆起带：据塔东 1、塔中 1、塔参 1、塔中 12、塔中 10、塔中 45、和 2、和 4 等井，寒武纪－早奥陶世地温梯度为 3.3℃ /100m；中晚奥陶世－泥盆纪平均地温梯度 3.1 ～ 3.3℃ /100m；石炭纪－二叠纪地温梯度相对较高，约为 3.2℃ /100m；进入中生代以来，地温梯度逐渐降低，由三叠纪的 3.0℃ /100m 降至早第三纪的 2.7℃ /100m；第三纪、第四纪地温继续降低，晚第三纪时为 2.5℃ /100m，至今约为 2 ～ 2.3℃ /100m 左右。此外，地质历史上中央隆起带有由西向东古地温梯度逐渐升高的趋势。

④西南坳陷区：以往的研究仅恢复了 Q3 井的古地温，Q3 井石炭系地温梯度较高，可达 3.2℃ /100m，中生代以来地温梯度降低。二叠纪－早第三纪平均地温梯度 2.85℃ /100m，晚第三纪以来由 2.5℃ /100m 降为现今的 2.1℃ /100m。

从以上部分构造单元的地热史看，时间尺度上塔里木盆地地温梯度的变化具有一定的相似性。古地温在整个塔里木盆地表现为逐渐下降的趋势，其间存在两个相对较高的古地温期，一个是寒武－早奥陶世，另一个是石炭纪－二叠纪。寒武－早奥陶世古地温梯度最高，为 3.2 ～ 3.5℃ /100m；志留－泥盆纪地温梯度相对较低，为 3.0℃ /100m；石炭－二叠纪地温梯度略有回升，为 3 ～ 3.2℃ /100m；三叠－早第三纪为降温期，早第三纪时地温梯度 2.5 ～ 3℃ /100m；喜马拉雅运动以来，地温继续下降，现今塔里木盆地的地温梯度 2℃ /100m 左右。

从根本上说，塔里木盆地时间尺度上地温梯度的变化受控于其大地构造演化背景。寒武纪－早奥陶世，古亚洲洋开启，塔里木盆地处于克拉通边缘坳拉槽阶段，地壳拉张减薄，此时盆地大地热流高，地温梯度大，寒武－奥陶纪地温梯度 3.2 ～ 3.5℃ /100m。此后随着古亚洲洋的闭合，塔里木克拉通边缘坳拉槽消亡，塔里木进入前陆盆地发展阶段，大地热流逐渐降低，古地温梯度总体呈下降趋势，志留－泥盆纪地温梯度 3.0℃ /100m。石炭纪－二叠纪，古特提斯局部伸展，塔里木盆地克拉通内有裂谷发育，岩石圈板块构造运动以及岩浆活动导致此阶段大地热流略有升高，地温梯度相对较高，石炭－二叠纪地温梯度 3 ～ 3.2℃ /100m。中生代、新生代，中－新特提斯碰撞挤压，盆地快速沉降，塔里木盆地主要为前陆盆地阶段、断陷盆地阶段、复合前陆盆地阶段，大地热流整体呈逐渐下降的趋势，中生代末地温梯度 2.5℃ /100m 左右，现今地温梯度 2℃ /100m 左右。

塔里木盆地各构造单元在时间尺度上古地温梯度的变化虽然具有一定的相似性，但在空间尺度上，各构造单元的古地温梯度并不相同。从图 3-12 与表 3-5 中可以看到，塔北隆起、塔中隆起区，古地温梯度始终相对较高，而满加尔凹陷地温梯度则相对较低。这是因为塔北隆起与塔中隆起区在地质历史过程中，长期处于基底隆起区，因此大地热流较高；而满加尔凹陷长期处于坳陷区，基底埋深大，古热流相对较低。再有，由于各构造单元的构造演化历史不同，古地温梯度的变化特征也不相同。如图 3-12 与表 3-5 塔中隆起与塔西南坳陷新生代以来的古地温梯度虽然都表现出下降的趋势，但是塔西南坳陷地温梯度下降趋势更为明显，幅度更大。这是因为新生代期间，印度板块与欧亚板块的碰撞，使塔里木盆地受南北向的挤压，两侧山脉强烈抬升；由于山脉的负载作用，使盆地中部岩石圈相对上拱，边缘向下挠曲，在盆地边缘形成深坳陷。这些深坳陷新生代期间持续的快速沉降使得盆地边缘坳陷区地温梯度下降迅速且幅度较大，如塔西南坳陷，而盆地中部的岩石圈相对上拱，造成地温梯度变化较小或略有上升，如塔中隆起。

二、台盆区烃源岩差异动态生烃特征

如上所述，受构造演化背景的控制，塔里木盆地的地层沉积埋藏史与地热史表现出多旋回叠合复合盆地的复杂特征。与之相关，塔里木盆地下古生界烃源岩的生烃史在时间尺度上也不再是一个统一连续的过程，而表现出间歇性、多阶段、多期次的动态生烃特征。空间尺度上，由于盆地地域面积的广大及构造演化的长期性，不同构造单元、甚至同一构造单元的不同地区，烃源岩生烃史也存在显著差异。不同的构造演化时期烃源岩有效供烃区表现出动态变化的迁移特征。

1. 烃源岩现今成熟度概况

烃源岩现今的成熟度是烃源岩生烃史研究中首先需要关注的问题。下古生界烃源岩由于时代古老，缺乏镜质体颗粒，因此其现今成熟度无法用常规的镜质体反射率测定法加以确定。目前常用的是等效镜质体反射率（VRo）法，即测定烃源岩中的沥青反射率、镜状体（海相镜质体）反射率、无定形体反射率以及笔石、疑源类、几丁质反射率，再通过一定的经验公式转换成等效镜质体反射率以确定烃源岩成熟度的方法（王飞宇等，2001，2003；曹长群等，2000；刘祖发等，1999；汪啸风和陈孝红，1997；王飞宇和刘德汉，1996；程顶胜等，1995；肖贤明等，1995；丰国秀和陈盛吉，1988；刘德汉等，1982；Bertrand 和 Heroux，1987）。对于塔里木盆地下古生界烃源岩的成熟度，"八五"、"九五"期间均有研究；近几年来，其他研究人员也积累了不少很有价值的测试数据（谢觉新等，1994；梁狄刚等，1998；张水昌等，2000；王铁冠等，2003，2006）。本书对这些前期的研究成果进行了收集整理，分析了塔里木盆地各主要构造单元下古生界烃源岩现今成熟度面貌。

（1）中下寒武统烃源岩

塔里木盆地钻揭中下寒武统的钻井较少，烃源岩成熟度测试数据也少。从仅收集到的中央隆起带巴楚隆起上方 1、和 4，塔中隆起上塔参 1，古城墟地区塔东 1 井的 VRo 测试数据（梁狄刚等，1998；谢觉新等，1994）来看（图 3-13），塔中隆起的塔参 1 井中下寒武统埋深 7000 余米，现今 VRo 为 2.2% 左右，处于高成熟阶段。巴楚隆起的方 1、和 4 井中下寒武统埋深 4000 ～ 6000m，现今 VRo

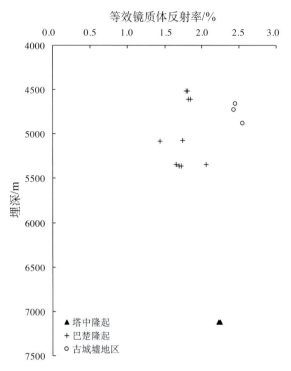

图 3-13　中央隆起带中下寒武统现今成熟度

为 1.44% ~ 2.06%，平均 VRo 为 1.76% 左右，处于较高成熟度阶段。古城墟地区塔东 1 井埋深 4000 ~ 5000m 的下寒武统现今 VRo 为 2.4% 左右，处于高成熟阶段。中央隆起带，巴楚隆起上中下寒武统现今成熟度最低，塔中隆起上次之，而以塔中隆起东段古城墟地区最高。

（2）上寒武统—下奥陶统烃源岩

盆地中钻揭上寒武 - 下奥陶统地层的探井很多，现有烃源岩成熟度测试数据也较多（谢觉新等，1994；梁狄刚等，1998；张水昌等，2000；王铁冠等，2003，2006），主要收集了塔中隆起塔参 1、塔中 1 等 7 口井、巴楚隆起方 1、和 4 等 6 口井、古城墟地区塔东 1 井和塔北隆起牙哈 3、牙哈 5、库南 1 等 17 口井的 VRo 测试数据，对不同构造单元中上寒武 - 下奥陶统地层现今的成熟度进行了分析（图 3-14）。

塔中隆起上，埋深 3500 ~ 6500m 的上寒武 - 下奥陶统，随着埋深的增大，VRo 呈逐渐增加的趋势，主要分布在 0.9% ~ 2.5% 范围内，平均 1.37%，处于较高成熟阶段。塔北隆起上，埋深 5000 ~ 6500m 的上寒武 - 下奥陶 VRo 主要分布在 0.8% ~ 1.9% 范围内，平均 1.36%，处于较高成熟阶段，但 VRo 随深度逐渐增加的趋势并不明显。巴楚隆起上，埋深 3000 ~ 5000m 的上寒武 - 下奥陶统 VRo 分布在 1.0% ~ 1.7% 范围内，平均 1.42%，处于较高成熟阶段。古城墟地区塔东 1 井上寒武 - 下奥陶统 VRo 为 2.23%，处于高成熟阶段。比较而言，塔北隆起与塔中隆起上上寒武 - 下奥陶统成熟度最低，巴楚隆起上略高，古城墟地区最高。

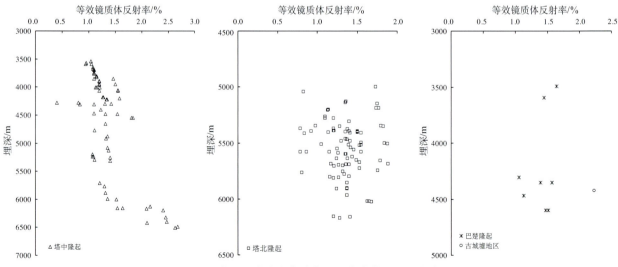

图 3-14　塔里木盆地上寒武统 - 下奥陶统现今成熟度

（3）中上奥陶统烃源岩

同样，中上奥陶统具有众多钻井钻遇，现以收集的塔中隆起 12 口井、巴楚隆起 4 口井、塔北隆起 16 口井、顺托果勒"低凸" 2 口井以及孔雀河斜坡上孔雀 1 井、塘古孜巴斯凹陷塘参 1 井的 VRo 测试数据（谢觉新等，1994；梁狄刚等，1998；张水昌等，2000；王铁冠等，2003，2006），分析了各构造单元中中上奥陶统地层现今的成熟度面貌（图 3-15）。

塔中隆起上，埋深 3500 ～ 6500m 的中上奥陶统，VRo 主要分布在 0.8% ～ 1.8% 范围内，平均 1.09%，处于较高成熟阶段；且随着深度的增加，VRo 呈逐渐增大的趋势。塔北隆起上，埋深

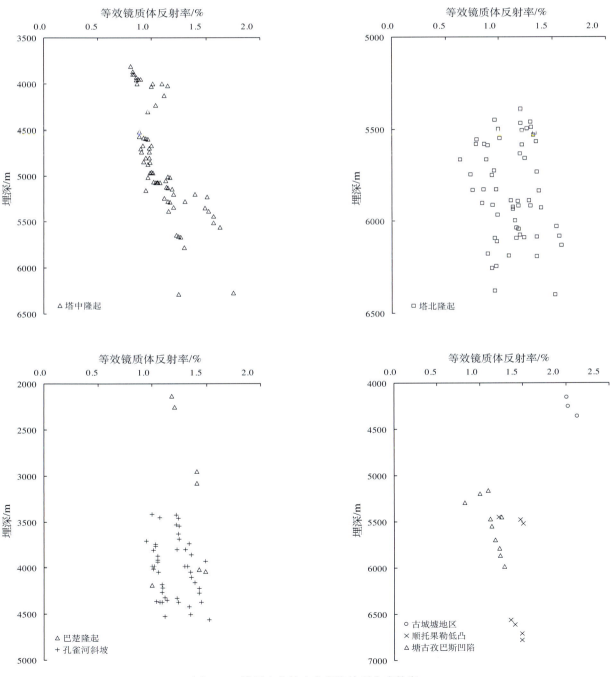

图 3-15 塔里木盆地中上奥陶统现今成熟度

5000～6500m的中上奥陶，VRo 主要分布在 0.6%～1.6% 范围内，平均 1.13%，处于较高成熟阶段，但 VRo 随深度逐渐增加的趋势并不明显。巴楚隆起上，埋深 2000～4500m 的中上奥陶统，VRo 分布在 1.0%～1.49% 范围内，平均 1.30%，处于较高成熟阶段。古城墟地区塔东 1 井中上奥陶统 VRo 平均 2.06%，处于高成熟阶段。孔雀河斜坡上，孔雀 1 井中上奥陶统 VRo 分布在 0.9%～1.6% 范围内，平均 1.19%，处于较高成熟度阶段。顺托果勒低凸上，埋深 5000～7000m 的中上奥陶统 VRo 分布在 1.22%～1.49% 范围内，平均 1.42%，处于较高成熟度阶段。塘古孜巴斯凹陷中，塘参 1 井 VRo 分布在 0.8%～1.3% 范围内，平均 1.14%，处于较高成熟度阶段。比较而言，古城墟地区中上奥陶统成熟度最高，顺托果勒"低凸"与巴楚隆起上次之，塔中隆起、塔北隆起以及孔雀河斜坡、塘古孜巴斯凹陷成熟度较低。

2. 主要构造单元烃源岩的差异生烃

如前所述，塔里木盆地各构造单元的构造演化历史互不相同，地层沉积埋藏史差异显著，地质热历史也有所不同，因此烃源岩具有不同的生烃史。以收集到的台盆区 90 余口井剖面中的 Ro 或 VRo 实测数据为标尺，结合沉积埋藏史与地热史的分析，应用典型探井与人工虚拟井 1D 数值模拟的方法，分析了台盆区各主要构造单元下古生界烃源岩的差异动态生烃特征。

（1）塔中隆起区

如图 3-16 所示，塔中隆起区下古生界烃源岩总体上具有两阶段不连续生烃的特征。中下寒武统烃源岩第一个生烃期为中晚奥陶世，以生油－凝析油气为主；志留纪－泥盆纪生烃作用基本停止；石炭纪进入第二个生烃阶段，以生凝析油气－干气为主，现今处于生干气阶段。中上奥陶统烃源岩自石炭纪－二叠纪开始成熟以来，长期处于生烃阶段，以生油－凝析油气为主，现今仍处于生凝析油气范围内。

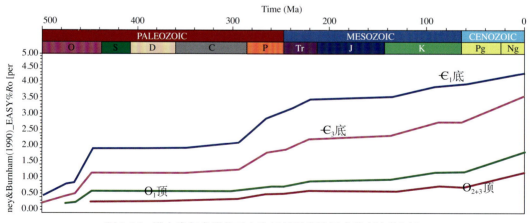

图 3-16 塔中隆起虚拟井下古生界烃源岩地层成熟度演化历史

（2）巴楚隆起区

从图 3-17 中可以看到，巴楚隆起上下古生界烃源岩具有早期生烃的特征。中下寒武统烃源岩中晚奥陶世开始成熟，此后至二叠纪末，长期生烃，经历了生油－凝析油气－干气阶段；二叠纪以后，生烃作用停止。中上奥陶统烃源岩，志留－泥盆纪开始成熟生烃，至二叠纪，主要为生油－凝析油气阶段，二叠纪以后生烃作用停止。

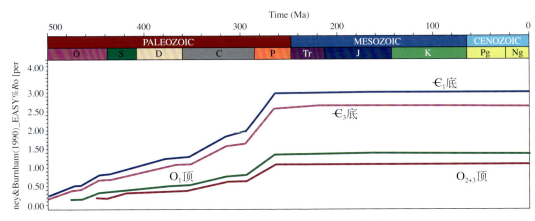

图 3-17　巴楚隆起虚拟井下古生界烃源岩地层成熟度演化历史

（3）古城墟地区

如图 3-18 所示，古城墟地区西部下古生界烃源岩具有两阶段不连续生烃特征，以早期生烃作用为主。中下寒武统与上寒武–下奥陶统烃源岩中晚奥陶世快速成熟演化，进入生干气阶段；奥陶纪末以后烃源岩生烃作用长期停止；直至白垩纪末，烃源岩再次进入生干气阶段，但由于烃源岩演化程度较高，生气能力有限。

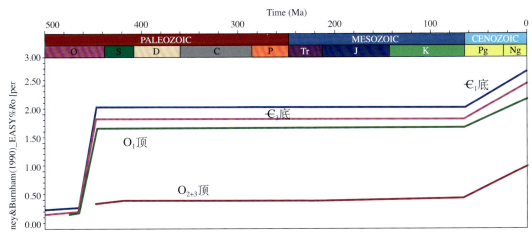

图 3-18　古城墟地区西部虚拟井下古生界烃源岩地层成熟度演化历史

（4）塔北隆起区

塔北隆起区东段与西段下古生界烃源岩生烃特征不尽相同，如图 3-19、图 3-20 所示。

塔北隆起东段阿克库勒凸起下古生界烃源岩具有两阶段不连续生烃的特征（图 3-19）。中下寒武统烃源岩中晚奥陶世开始成熟进入生油阶段；志留纪–泥盆纪生烃作用基本停止；石炭纪–侏罗纪烃源岩演化缓慢，长期处于生油–凝析油气阶段；白垩纪以来烃源岩快速演化，由生凝析油气进入生干气阶段。上寒武–下奥陶统烃源岩成熟生烃期相对较晚，现今处于生凝析油气阶段。中上奥陶统烃源岩石炭–二叠纪开始成熟生油，现今处于生油–凝析油阶段。

塔北隆起西段沙西凸起上，下古生界烃源岩也具有不连续生烃的特征（图 3-20）。中下寒武统烃源岩中晚奥陶世开始成熟进入生烃阶段，中晚奥陶世–二叠纪晚期，烃源岩处于生油–凝析油阶段；二叠纪以后，生烃作用停止；直至白垩纪末烃源岩再次开始生烃，为生凝析油气–干气阶段为主。

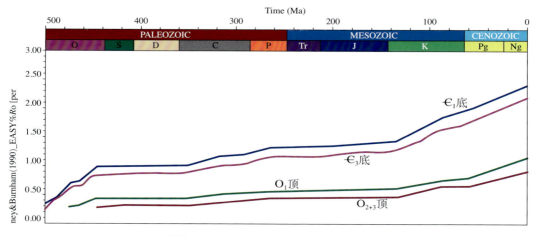

图3-19　阿克库勒凸起虚拟井下古生界烃源岩地层成熟度演化历史

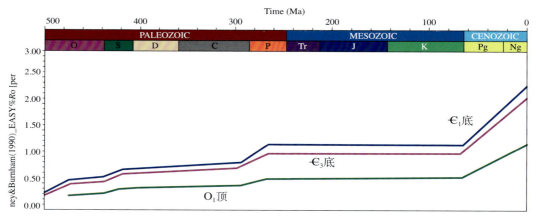

图3-20　沙西凸起虚拟井下古生界烃源岩地层成熟度演化历史

（5）孔雀河斜坡区

孔雀河斜坡区下古生界烃源岩主要存在两个生烃阶段，以早期生烃为主，如图3-21所示。中下寒武统与上寒武－下奥陶统烃源岩，中晚奥陶世快速成熟演化，进入生干气阶段；泥盆纪以来直至白垩纪末，烃源岩生烃作用不明显；新生代以来，烃源岩再次开始演化，但由于成熟度较高，生烃能力有限。

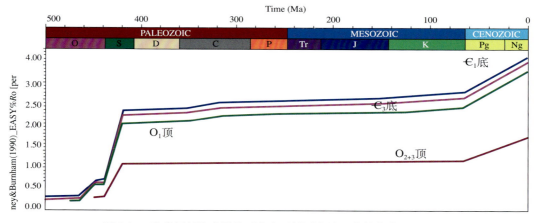

图3-21　孔雀河斜坡虚拟井下古生界烃源岩地层成熟度演化历史

（6）顺托果勒"低凸"、满加尔凹陷与阿瓦提断陷

如图 3-22 所示，顺托果勒地区下古生界烃源岩具有持续生烃特征。中下寒武统烃源岩，中晚奥陶世开始成熟生烃，志留-泥盆纪进入生干气阶段。中上奥陶统烃源岩，志留-泥盆纪开始生烃，现今处于生凝析油-干气阶段。

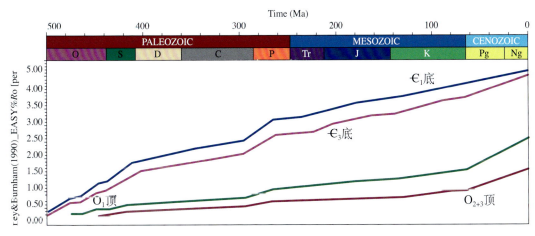

图 3-22　顺托果勒"低凸"虚拟井下古生界烃源岩地层成熟度演化历史

满加尔凹陷下古生界烃源岩具有早期快速生烃的特征（图 3-23）。满加尔凹陷中下寒武统烃源岩中晚奥陶世快速演化生烃并进入生烃"死线"；上寒武-下奥陶统烃源岩与其类似，但生干气阶段可以延续至志留-石炭纪。

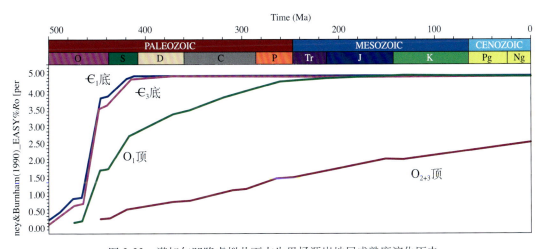

图 3-23　满加尔凹陷虚拟井下古生界烃源岩地层成熟度演化历史

阿瓦提断陷下古生界烃源岩也具有早期生烃的特征，但生烃期较长（图 3-24）。中下寒武统烃源岩中晚奥陶世开始成熟生烃，经历生油、生凝析油气阶段，二叠纪进入生干气阶段；三叠纪后基本不具生烃能力。

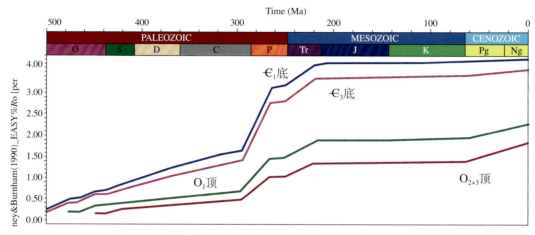

图 3-24 阿瓦提断陷虚拟井下古生界烃源岩地层成熟度演化历史

三、台盆区烃源岩有效生烃区分布

从成熟演化的角度看，有效烃源岩是指成熟生烃范围内存在生烃过程的烃源岩。除成熟度达到 $R_o >$ 4.0%，超过生烃死亡线的认为是无效烃源岩外，对于成熟演化处于停止状态（成熟度不增加）的烃源岩，

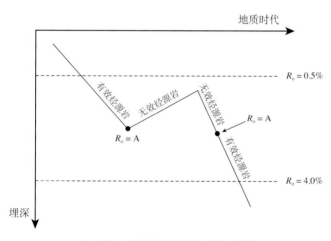

图 3-25 "有效"烃源岩判别示意图

一般也认为是无效烃源岩。烃源岩的二次生烃模拟实验及机理研究表明，只有当烃源岩继续再埋深或有某个热事件发生，达到烃源岩二次生烃条件再生烃时，则认为烃源岩再次有效而成为有效烃源岩。为此，可以通过如图 3-25，判断某烃源岩在地质历史时期中的某一时期是否是有效烃源岩。

对于烃源岩品质的评价，主要是通过烃源岩在地质历史时期中的生烃强度大小和前后期的变化来判断。事实上，烃源岩生烃强度的大小也体现了成熟演化程度，在达到生烃高峰期（$R_o = 1.0\% \sim 1.2\%$）以前，生烃强度随成熟

度的增高而增大，生烃高峰期后则随着成熟度的增高而减小直至达到生烃死亡而趋于零，而烃源岩在某一地质历史时段成熟度处于停滞状态时，生烃强度则不会发生变化。为此，我们在数值盆地模拟的基础上，开展了烃源岩的生烃强度的研究，计算了塔里木盆地台盆区下古生界烃源岩在主要地质历史时期的生烃强度，包括生油强度和生气强度。在此基础上，综合各烃源岩层系成熟演化史、生烃强度的研究，就可以开展烃源岩的有效生烃区的划分。在此，我们主要对中加里东期、晚加里东－早海西期、晚海西期以及喜马拉雅期台盆区下古生界烃源岩的有效生烃区进行分析。生油气区的划分原则是，$VR_o 0.5\% \sim 1.0\%$ 为生油区；$VR_o 1.0\% \sim 2.0\%$ 为生凝析油气区；$VR_o 2.0\% \sim 4.0\%$ 为生干气区。

1. 主要地质历史时期有效生烃区分布及生烃特征

（1）早、中加里东构造期

早、中加里东期，台盆区主要有中下寒武统（图 3-26、图 3-27）、上寒武统－下奥陶统（图 3-28）

184

及中奥陶统黑土凹组三套有效烃源岩生烃区的分布。

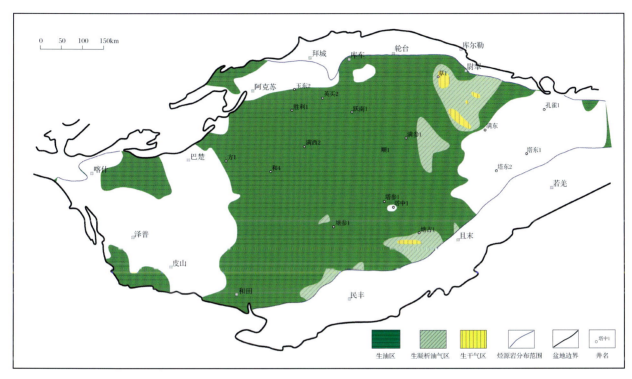

图 3-26　塔里木盆地中下寒武统烃源岩早加里东期末有效烃源岩分布图

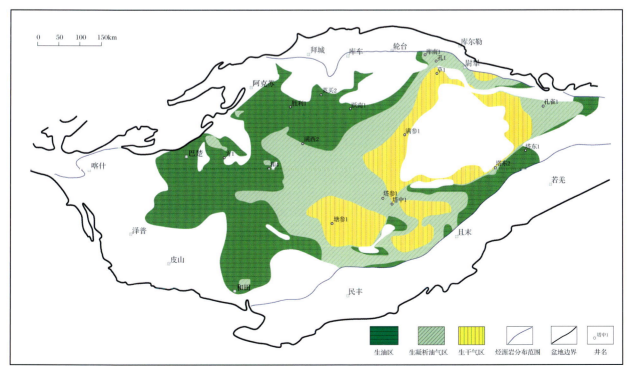

图 3-27　塔里木盆地中下寒武统烃源岩中加里东期末有效烃源岩分布图

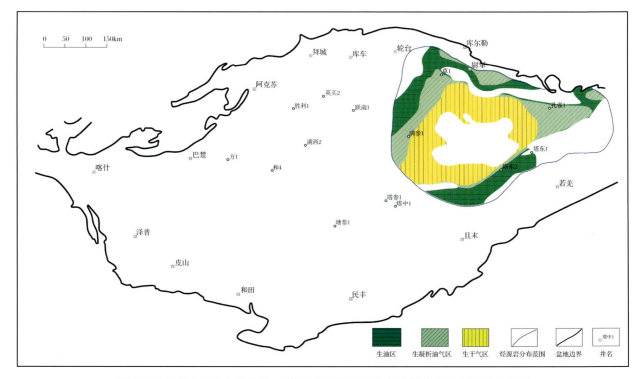

图3-28　塔里木盆地上寒武统－下奥陶统烃源岩中加里东期末有效烃源岩分布图

虽然中下寒武统有效烃源岩分布范围广泛几乎遍布全台盆区，但成熟演化史分析显示，满加尔凹陷主体区中下寒武统成熟度 $R_o > 4.0\%$，超过了生烃死亡线而为无效烃源岩，这也显示早在奥陶纪时，满加尔凹陷区就不是一个完整的供烃中心区。塔北隆起中西部、巴楚隆起西部及塔西南坳陷区，中晚奥陶世时一直处于低熟－成熟阶段，供烃能力差，也不是有效的生烃区。中下寒武统中加里东期有效生烃区主要分布于台盆区的中东部，其一方面围绕满加尔凹陷的斜坡区分布，另一方面分布于塘古孜巴斯凹陷区、塔中隆起区－巴楚隆起的中东部、顺托果勒低凸区及阿瓦提断陷的南部地区，油气结构主要是凝析油气－干气，生烃区的外围则有正常油的分布。

上寒武－下奥陶统烃源岩有效生烃区在环满加尔凹陷区呈环带状分布。在整个满加尔凹陷区，除坳陷中心仅在满东1井西南地区有局限的 $R_o > 4.0\%$ 的无效生烃区分布，其他地区包括古城墟地区的北部、西部、孔雀河斜坡南部都在有效生烃的范围内。油气结构较复杂，坳陷中心为干气区，斜坡区主要是凝析油气和正常油。

中奥陶统黑土凹组烃源岩是中加里东期在满加尔凹陷区的另一个有效生烃区，其分布与油气结构与上寒武－下奥陶统烃源岩具有相似的特征，仅是在坳陷中心的无效生烃区更小。

奥陶纪，是塔里木盆地台盆区中下寒武统、上寒武－下奥陶统、中奥陶统黑土凹组烃源岩的主生油气时期。塔北隆起、塔中隆起区在奥陶纪时已具雏形，成为这一时期有利油气运移指向区，也为这一时期油气运聚成藏提供了场所。特别是满加尔凹陷主体的快速埋深生烃，为隆起及斜坡区的寒武－奥陶系古油藏的形成提供了巨大丰富的物质基础，塔东2井寒武系、塔中1井奥陶系古油藏正是这一时期形成，而大部分生成的烃类有可能通过断裂以"离散有机质"的方式向上运移分散于巨厚的中上奥陶统砂泥岩互层中。这些古油藏、离散有机质为后期的成藏建立了有利的生烃"中转站"，对满东地区志留系、侏罗系以原油裂解气成藏起到了关键性的作用。

（2）晚加里东—早海西期

晚加里东—早海西期，台盆区下古生界烃源岩均有有效生烃区分布。中下寒武统的有效生烃区是这一时期分布较大的主要供烃区（图3-29），主要分布于台盆区的中西部地区，包括巴楚及其南部－塘古孜巴斯凹陷－塔中隆起－顺托果勒低凸起－阿瓦提断陷区，以生正常油－凝析油气为主，部分干气。与中加里东期中下寒武统烃源岩有效生烃相比，台盆区东部满加尔凹陷及南北隆起区成为了无效生烃区，这是因为晚加里东－早海西期，满加尔凹陷主体区 $R_o > 4.0\%$ 的非生烃扩大，同时塔北隆起东部的阿克库勒凸起－草湖及其以南地区、孔雀河斜坡、古城墟地区由于这一时期的构造运动抬升剥蚀，成熟演化停滞而退出有效生烃区范围。

上寒武－下奥陶统烃源岩的有效生烃区呈局限分布于满加尔凹陷北斜坡区（图3-30），以生正常油－凝析油气为主。

中上奥陶统烃源岩有效生烃区主要分布于两个区域（图3-31）：一是分布于满加尔凹陷区，为中奥陶统黑土凹组烃源岩有效生烃区，由于构造运动造成隆起、斜坡区的抬升，生烃区仅围绕坳陷呈环状分布而中心部位为无效区，以生干气为主，仅在北斜坡有部分凝析油气区；二是分布于顺托果勒低降区，是为推测的中奥陶统一间房组烃源岩生烃区，油气结构以正常油为主，东南部有局部生凝析油气区的分布。

晚加里东－早海西期，是下古生界烃源岩又一次大规模生烃期，此期，除巴楚隆起外，塔中隆起、塔北隆起、塔东低凸起已经形成，成为油气有利运移聚集区。现今发现的在塔北、塔中、巴楚隆起区广泛分布的志留系沥青砂，主要环绕着中下寒武统有效生烃区的分布，正是这一时期供烃的结果。对于满东地区而言，志留系中没有广泛的沥青砂是由于寒武系－下奥陶统烃源岩在该区没有有效生烃区的分布，而中奥陶统黑土凹组的有效生烃区则主要是提供以干气为主的烃类，因而也就不可能有沥青

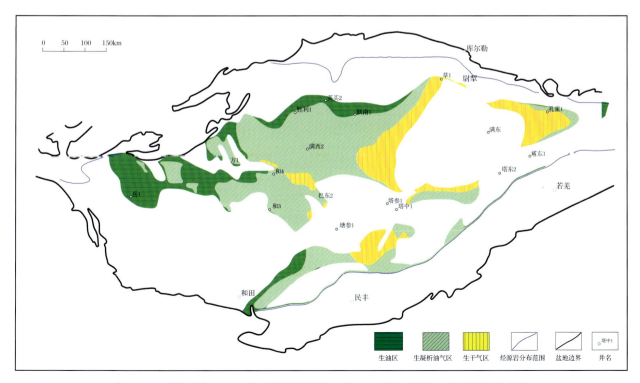

图3-29　塔里木盆地中下寒武统烃源岩晚加里东－早海西期末有效烃源岩分布图

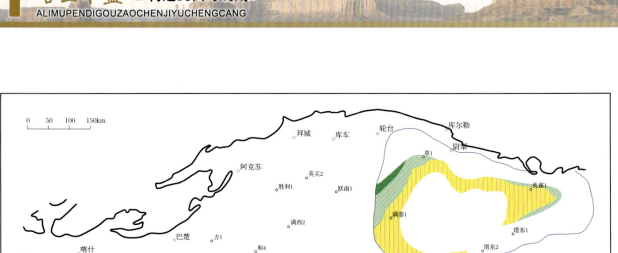

图 3-30 塔里木盆地上寒武统－下奥陶统烃源岩晚加里东－早海西期末有效烃源岩分布图

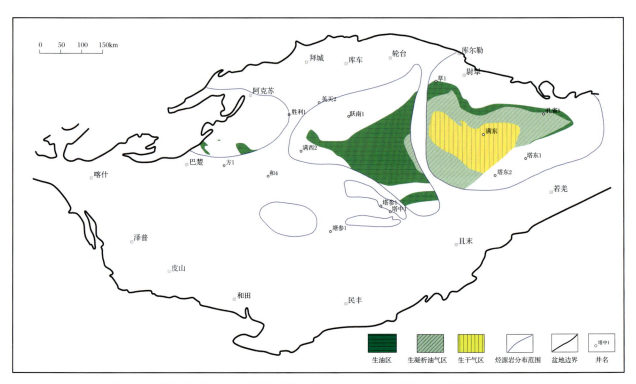

图 3-31 塔里木盆地中上奥陶统烃源岩晚加里东－早海西期末有效烃源岩分布图

砂的产生。

总之，下古生界烃源岩在晚加里东－早海西期的有效生烃，可形成大规模的成藏，但由于构造运动的挤压抬升，志留系遭到广泛剥蚀，隆起高部位的寒武－奥陶系地层也有不同程度的剥蚀，油气藏保存条件变差甚或丧失，已聚集的原油在水洗、生物降解等作用下形成稠油、固体（软）沥青，但它们在后期演化过程中可进一步演化改造，以再生烃源的方式继续供烃。

（3）晚海西期

晚海西期，台盆区下古生界有效生烃区分布如图 3-32 至图 3-34。随着晚海西期构造热体制的转换，古地温场的升高，台盆区下古生界烃源岩除上奥陶统外，成熟演化程度得到了全面提高，一方面先期处于无效生烃范围的隆起区烃源岩得到活化而变为有效，另一方面满加尔凹陷主体部位的无效生烃区不断扩大，塘古孜巴斯凹陷、阿瓦提断陷西部也出现中下寒武统烃源岩的无效生烃区。此外，有效生烃区的油气结构也发生了改变，主要是以生干气－凝析油气为主，生正常油区仅分布于部分隆起区。

中下寒武统有效生烃区（图 3-32）分布最为广泛，满加尔凹陷区的无效生烃区较先期几乎扩大至整个坳陷区，亦即至晚海西期满加尔凹陷再无中下寒武统有效生烃区分布，同时在塘古孜巴斯凹陷、阿瓦提断陷西部地区也出现了无效生烃区。巴楚隆起西部为生凝析油气区，塔西南坳陷区主要是生以正常油－凝析油气为主，对和田古隆起的成藏极为有利。顺托果勒低凸中西部－阿瓦提断陷中东部、巴楚隆起东部、塘古孜巴斯凹陷大部以生干气为主。塔中隆起区以生凝析油气－干气为主。塔中隆起在晚海西期为一较为稳定的古隆起，是油气有利的运移指向区，因此，塔中隆起及其周缘，特别是发育于顺托果勒低凸区的干气区，是晚海西期塔中地区天然气成藏的主力供烃区。

晚海西期，塔北隆起区由先期长期处于无效生烃状态达到有效生烃的高峰期，以生正常油和凝析油气为主，成为该地区晚海西期的主力供烃区。

分布于台盆区东部的上寒武－下奥陶统烃源岩，在晚海西期成熟演化程度增高，除满加尔凹陷无效生烃区较晚加里东－早海西期有所扩大外，其他地区都是有效生烃区（图 3-33）。满加尔凹陷斜坡区以生干气为主，孔雀河斜坡区油气结构复杂。特别是塔北草湖及其周围地区，由先期的无效区转变为有利的生烃区，以生正常油和凝析油气为主，成为阿克库勒凸起的另一供烃区。

晚海西期的中奥陶统烃源岩，除满加尔凹陷中奥陶统黑土凹组烃源岩较先期的无效区有所扩大外，分布于台盆区的其他地区都进入有效生烃区范围（图 3-34）。油气结构上，中奥陶统黑土凹组生烃区在满加尔凹陷斜坡区以生干气为主，孔雀河斜坡区以生正常油－凝析油气为主，草湖地区生正常油和凝析油气，成为该区有利的又一供烃区；分布于顺托果勒低凸区的中奥陶统一间房组生烃区主要以生凝析油气为主，东部部分生干气；推测分布于阿瓦提断陷区的中奥陶统萨尔干组烃源岩，在晚海西期达到生烃高峰期，以生正常油与凝析油气为主。

总体上，晚海西期是台盆区极为重要的生烃期也是主要的油气成藏期。由于晚海西期地温场的特殊性，台盆区下古生界烃源岩的成熟演化程度普遍增高，尤其是塔北隆起区中下寒武统烃源岩及东部的上寒武－下奥陶统、中奥陶统黑土凹组由原先加里东－早海西期的无效生烃状态转变为高效的以生正常油和凝析油气为主的有效生烃，它们共同构成塔北隆起区特别是阿克库勒凸起区的主力供烃区，阿克库勒凸起大规模的奥陶系油藏和沙西凸起英买力1、2号奥陶系油藏正是在这一时期形成。塔中地区部分奥陶系、石炭系凝析气藏也是这一时期形成。

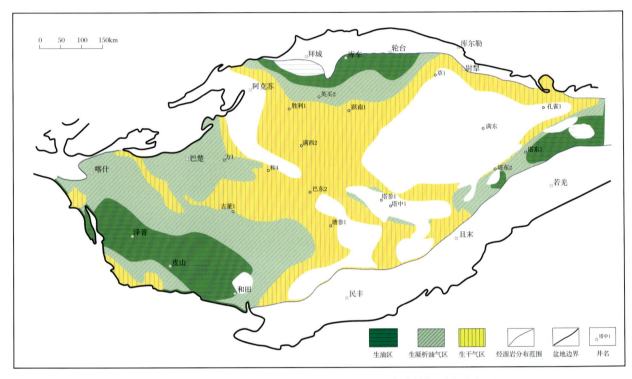

图 3-32　塔里木盆地中下寒武统烃源岩晚海西期末有效烃源岩分布图

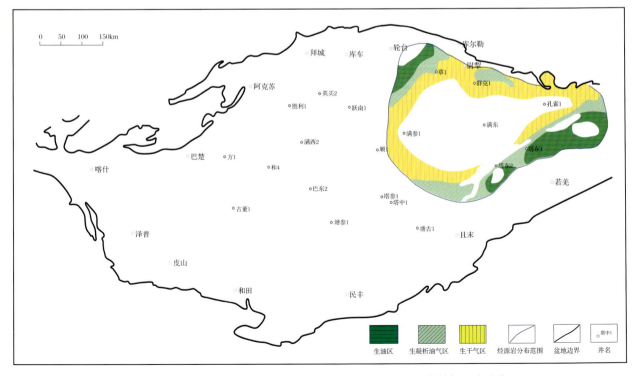

图 3-33　塔里木盆地上寒武统－下奥陶统烃源岩晚海西期末有效烃源岩分布图

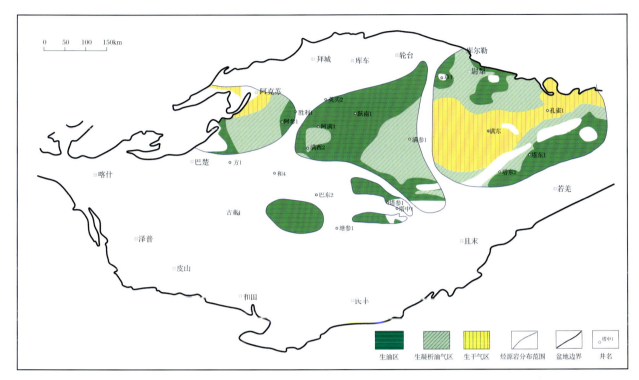

图 3-34 塔里木盆地中上奥陶统烃源岩晚海西期末有效烃源岩分布图

（4）印支—燕山期

由于中生代古地温场的降低，加之晚海西期受构造运动的挤压影响，隆起区的抬升剥蚀，从而造成印支－燕山期的台盆区下古生界烃源岩的成熟演化增高迟缓。除坳陷区外，台盆区的大部分地区成熟演化基本保持晚海西期的面貌，而坳陷区内成熟度的增高进一步构成 $R_o > 4.0\%$ 生烃死亡区的扩大。因此，除局限地区烃源岩继续生烃演化外，台盆区下古生界烃源岩基本无大面积的有效生烃区分布（图 3-35 ～图 3-37）。

（5）喜马拉雅期

喜马拉雅期，受新生代盆地两侧两个前陆盆地（库车坳陷和塔西南坳陷）的形成和演化的控制，特别是晚第三纪以来的巨厚沉积，使得台盆区下古生界烃源岩成熟度快速增高，造成台盆区非生烃区继续扩大，特别是中下寒武统烃源岩的非生烃区几乎覆盖了整个阿满坳陷区。此时的中下寒武统、上寒武－下奥陶统、中奥陶统烃源岩有效生烃区分区域出现，同时还形成了上奥陶统烃源岩的有效生烃区（图 3-38 ～图 3-40）。

中下寒武统烃源岩有效生烃区主要在三个区域分布（图 3-38）：一是塔北隆起生烃区，喜马拉雅期时受库车前陆盆地沉积巨厚的新生代地层的牵引，塔北隆起区也沉积了较厚的新生代地层，隆起整体再埋深，在印支－燕山期处于生烃停滞的烃源岩再次活化并快速达到高－过成熟阶段，以生凝析油气和干气为主，再次成为塔北隆起以晚期天然气成藏为特征的供烃区；二是塔中隆起区古城墟西部生烃区，该生烃区局限分布于古城墟地区西部并向西北端延伸至满西 1 井以东地区，以生干气为主，是塔中地区晚期天然气成藏的供烃区；三是塔西南坳陷生烃区，由于塔西南山前新生代前陆盆地的形成，特别是沉积巨厚的第三系地层，塔西南坳陷区快速埋深，烃源岩由先期的成熟演化停滞快速演化为过高－过成熟，而成以生凝析油气－干气为主的、对巴楚隆起南缘天然气成藏主力供烃的有效生烃区。

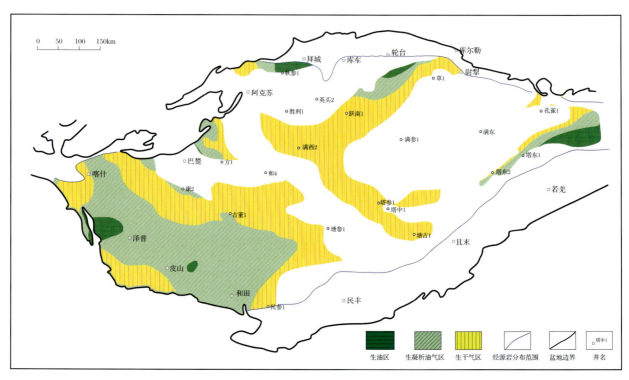

图 3-35　塔里木盆地中下寒武统烃源岩印支－燕山期末有效烃源岩分布图

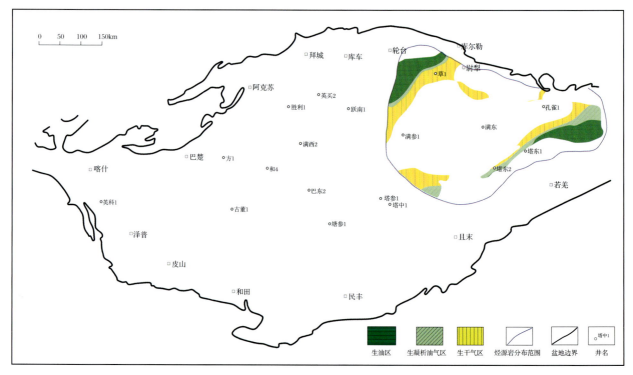

图 3-36　塔里木盆地上寒武－下奥陶统烃源岩印支－燕山期末有效烃源岩分布图

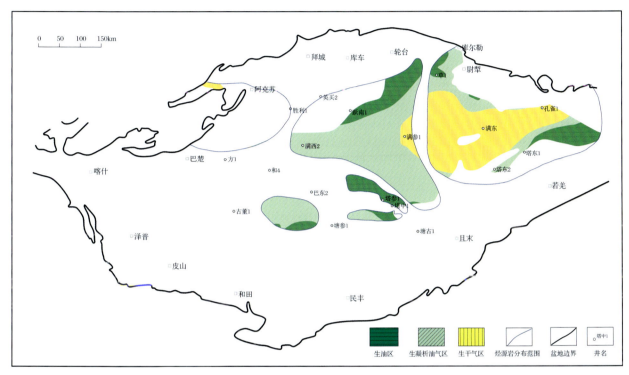

图 3-37 塔里木盆地中上奥陶统烃源岩晚印支-燕山期末有效烃源岩分布图

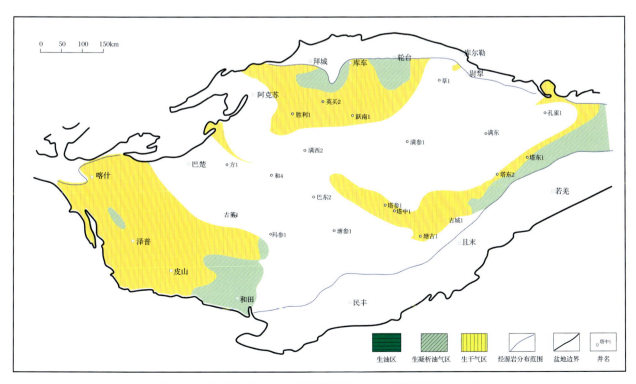

图 3-38 塔里木盆地中下寒武统烃源岩现今有效烃源岩分布图

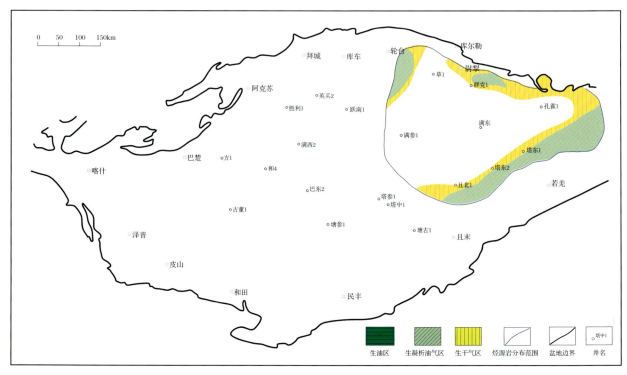

图 3-39　塔里木盆地上寒武统－下奥陶统烃源岩现今有效烃源岩分布图

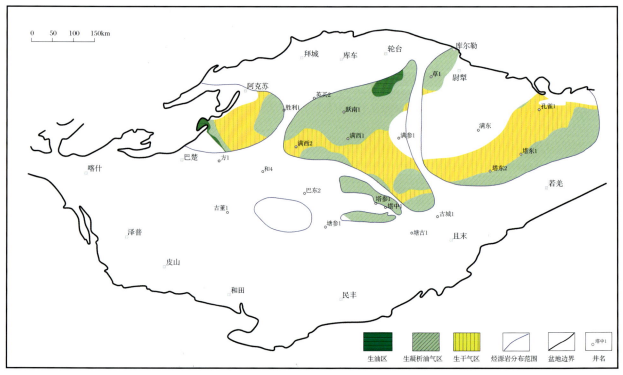

图 3-40　塔里木盆地中上奥陶统烃源岩现今有效烃源岩分布图

上寒武－下奥陶统有效烃源分布区有限，主要是生凝析油气－干气区，分布在古城墟地区及塔北东部的草湖地区两个区域（图3-39）。

中上奥陶统有效生烃区（图3-40），主要是凝析油气－干气区。其中盆地东部中奥陶统黑土凹组烃源岩有效生烃区的分布与上寒武－下奥陶统生烃区相似并重叠，古城墟地区为生凝析油区，草湖地区为生凝析油气－干气区；顺托果勒低隆区的中奥陶统一间房组烃源岩生烃区以生干气为主，可能对塔中地区晚期天然气成藏有贡献；阿瓦提断陷区则分布有中上奥陶统萨尔干组和因干组烃源岩有效生烃区，主要是以生凝析油气－干气为主。塔中隆起及塔北地区分布有上奥陶统良里塔格组烃源岩有效生烃区，主要是生凝析油气的生烃区，特别是塔中地区上奥陶统有效生烃区，是该区晚期奥陶系成藏的主力供烃区。

综上所述，台盆区下古生界烃源岩的有效供烃区具有动态迁移演化的特点，在不同的地质历史时期供烃特征差异显著。但总的看来，下古生界烃源岩存在三期大范围的有效供烃，第一期为中晚加里东－早海西期，以"生油"为主要特征；第二期为晚海西期，以"油气并举"为特征，北部生油、中部生气；第三期为喜马拉雅期，以"生气为主、生油为辅"为主要特征，北部生气、中部（主要是塔中地区）油气同生。

2. 下古生界烃源岩的有效供烃区分布特征

从上述各主要地质历史时期台盆区下古生界烃源岩有效供烃区的分布和生烃特征可以看到，地质历史中每一烃源层的有效供烃区并非一成不变，也不是连续演化，而是随着构造运动中盆地构造格局的演化而发生动态迁移演化。总的看来，盆地中有效烃源区的分布具有如下特征：

（1）坳陷区并非地质历史中都为有利的供烃区

盆地中早期发育的坳陷区，由于烃源岩层系持续深埋，早期大量生烃，晚期不具备供烃能力，因此并非盆地中最为有利的供烃区。如满加尔凹陷，早在加里东－早海西期就为部分有效供烃区，而不是全坳陷覆盖区、全层系烃源岩的有效生烃区，晚海西期以来则成为无效供烃范围，类似的还有塘古孜巴斯凹陷。晚期发育的坳陷区的情况有所不同，阿瓦提断陷为喜马拉雅晚期形成的"新生"断陷，在此之前具有台地、斜坡背景，因此有效生烃期较长，其中中下寒武统烃源岩直至晚海西期仍存在部分有效供烃范围。塔西南坳陷也是如此，喜马拉雅期以前，长期处于古隆起、古斜坡背景，长期以来烃源岩成熟演化较迟缓，晚期的快速埋深成"坳"，成为晚期烃源岩的有效生烃区。

（2）古隆起具有多阶段不连续供烃的特点

盆地中的古隆起在多期构造运动中大都经历了多次的抬升剥蚀，其下古生界烃源岩具有多阶段、不连续的生烃特征。如塔北隆起，中下寒武统烃源岩在加里东－早海西期为无效供烃区，晚海西期成有效供烃区；印支－燕山期则又为无效供烃区，直至喜马拉雅期再次转变为有效供烃，巴楚隆起仅在晚海西期以前为有效供烃区，此后则为无效区。虽然塔中隆起具有长期连续供烃的过程，但其本身具有多套烃源岩发育的特征而具有连续供烃的能力。

（3）斜坡区是最有利的供烃区

盆地中隆起与坳陷的斜坡区，特别是坡度较小的缓坡，在历次的构造运动中变动较小，烃源岩层系持续埋藏且并未经历快速热演化过程，因此地质历史中持续生烃，是最有利的供烃区。如塔北隆起南斜坡、塔中隆起西北斜坡，从加里东期直至现今始终是下古生界烃源岩的有效供烃区。此外，顺托果勒，作为坳陷区中的"低隆"也具有与斜坡区类似的供烃特征。

第三节　再生烃源及其生烃潜力

　　塔里木多旋回叠合盆地背景下，烃类的聚集除了与传统意义上以干酪根生烃为主的烃源岩有关外，还存在"再生烃源"的贡献。所谓"再生烃源"是指地质历史中已经生成的赋存于运载层与烃源层中的聚集与非聚集烃类（如沥青、古油藏、分散可溶有机质等）。"再生烃源"对后期的油气聚集可能有重要作用。

一、志留系沥青砂岩

　　沥青砂岩，作为富含有机质的岩石，"七五"期间至今，一直受到广泛的关注（金之钧等，2005）。它在热的作用下应有烃类的生成，从而成为后期油气成藏的有效烃源。

1. 志留系沥青砂岩分布

　　塔里木盆地志留系大面积分布沥青砂岩，主要分布于塔中隆起区、塔北隆起区、巴楚－柯坪以及顺托果勒低凸地区，分布面积约 $3.05 \times 10^4 km^2$，厚度 2 ~ 150m（图3-41）。

　　其中，塔中隆起区钻井控制面积约 $1.6 \times 10^4 km^2$；厚度最大可达101.5m（塔中11井），总体上，具有中西部厚东部薄、北部斜坡厚主垒带薄的特征。塔北隆起区吉南－哈得逊北－哈拉哈塘－沙西地区有沥青砂岩分布；厚度为30m左右，其中，H1井沥青砂岩厚达150m，为全盆之最。巴楚－柯坪地区的沥青砂岩主要分布于巴楚隆起北部以及柯坪阿克苏等地区，厚度较薄，为 4 ~ 12m。顺托果勒地区也有沥青砂岩分布，厚度30m以上，其中顺1井沥青砂岩厚77.2m。表3-6为塔里木盆地钻遇志留系沥青砂岩的统计情况。

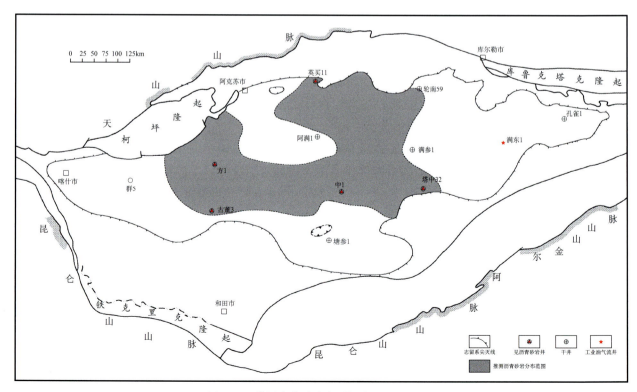

图3-41　塔里木盆地志留系沥青砂岩分布图

表3-6　塔里木盆地钻井志留系沥青砂岩厚度统计表

地区	井号	沥青砂岩厚度（m）	地区	井号	沥青砂岩厚度（m）
塔中隆起区	塔中4	2.5	塔中隆起区	塔中49	20.0
	塔中47	32.0		塔中50	24.0
	塔中401	2.0		塔中54	31.0
	塔中45	64.0		塔中67	35.5
	塔中16	8.5		塔中451	62.5
	塔参1	5.5		塔中452	94.5
	塔中10	41.0		塔中42	12.0
	塔中11	101.5		塔中43	2.5
	塔中111	17.5	塔北隆起区	中1*	61.2
	塔中112	23.5		中11*	9.8
	塔中117	44.0		中13*	55.1
	塔中12	13.5		中16*	2.0
	塔中14	9.5		H1	150
	塔中15	48.5		H4	31
	塔中17	7.0		英买2	4
	塔中18	4.0		英买11	45
	塔中201	63.0		哈得2-1C	33.5
	塔中20	33.0		哈得11	49
	塔中23	20.5		YW2	32.5
	塔中30	17.5	顺托果勒低凸	YN1	31.5
	塔中31	11.5		顺1*	77.2
	塔中32	10.0		顺8*	30.5
	塔中33	27.0	巴楚－柯坪地区	巴东2	12
	塔中35	57.5		曲1	8
	塔中37	23.0		古董3	5.5
	塔中44	28.5		方1	4
	塔中63	44		和4	4
	塔中62	5		同1*	2.1
	塔中169	25			
	塔中68	5			

注："*"标注为中石化探井，未标注为中石油探井。

从统计分析情况看，志留系沥青砂岩的分布具有如下特征。

①区域上受下古生界烃源岩有效供烃区分布范围的控制：志留系沥青砂岩的形成是晚加里东－早海西期油气大规模成藏与破坏的结果。志留系沥青砂岩的分布受晚加里东－早海西期中下寒武统烃源

岩有效烃源区分布范围的控制。晚加里东－早海西期，中下寒武统烃源岩在盆地中西部地区大范围供烃，而满加尔凹陷区由于烃源岩热演化程度高而大部分地区不属于有效烃源区，仅斜坡部位存在生凝析油气与干气区。因此，盆地中西部地区的志留系大规模成藏，并于后期的构造运动中遭到破坏形成现今分布广泛的沥青砂岩；而塔东地区，由于缺乏大范围供烃条件，志留系并未发生大规模的油气成藏，满加尔凹陷斜坡区虽有生凝析油气－干气区的存在，志留系即便有成藏作用的发生，也不会形成分布广泛的沥青砂岩。

②区域上受古隆起构造背景的控制：塔中隆起区、塔北隆起区以及巴楚－柯坪地区均为古隆起，在供烃条件具备的情况下，是志留系古油藏形成的最有利地区，因此，也是现今沥青砂岩最发育的地区。

③纵向上受盖层分布的控制：塔中隆起区、塔北隆起区以及巴楚－柯坪地区的志留系沥青砂岩大都分布于红色泥岩段之下的上、下沥青砂岩段中，红色泥岩段之上少有分布。这反映志留系沥青砂岩的分布受盖层发育的控制。如塔中隆起上，志留系沥青砂岩主要集中分布于红色泥岩段之下，只有红色泥岩段相变区或有大规模断裂活动的地区，红色泥岩段之上的砂泥岩段中才有分布（塔中30、塔中16）（图3-42）。

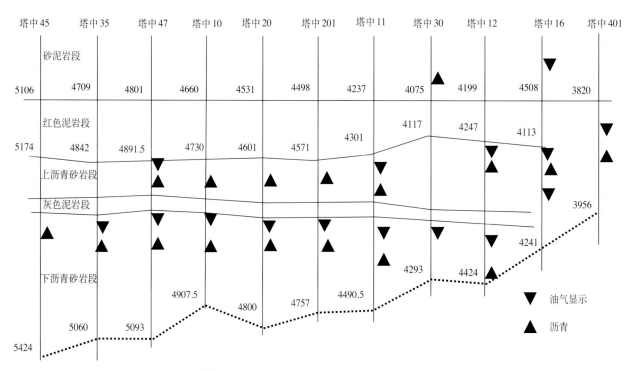

图3-42　塔中45-塔中401连井剖面的油气显示和沥青砂岩分布图
（据中石油塔里木油田公司，2003）

2. 沥青砂岩生烃特征与潜力

志留系沥青砂岩现今的面貌是早期古油藏遭到破坏、储层中的烃类先氧化降解，后期又经历热演化的产物。但是早期构造运动中古油藏的破坏程度、烃类流体遭受氧化降解的程度难以界定，其沥青砂岩后期热演化阶段的生烃潜力与生烃特征不清楚。针对这一问题采用重质油热模拟实验与沥青砂岩热模拟实验对比研究的方法，对志留系沥青砂岩的生烃潜力与生烃特征进行研究。

（1）热模拟实验样品

考虑到志留系古油藏破坏后烃类氧化降解产物的多样性，实验中选用了两类样品，一类是主要来自中下寒武统烃源岩的重质油，另一类是已固结的志留系沥青砂岩。重质油采自塔河油田 TK606 井，产层为奥陶系；沥青砂岩采自顺 1 井志留系。实验样品的物理及地球化学特征如表 3-7 所示。

表 3-7a　沥青砂岩样品基本情况

样号	井名与深度	层位	类型	TOC (%)	沥青A (10^{-6})	S_1+S_2 (mg/g)	t_{max} (℃)
1	顺1井5136.2m	S_1t	沥青砂岩	1.49	2.0247	12.49	437
2	顺1井5324.8m	S_1t	沥青砂岩	0.73	0.79055	5.47	440

表 3-7b　重质油样品基本物性测试结果

样号	井名与深度	层位	类型	密度 (g/cm³)	黏度 (mPas)	含硫量 (%)	含蜡量 (%)
3	TK606井	O_1y	重质油	1.004	9856.61	3.2	2.26

（2）热模拟实验

热模拟实验在中国石化无锡石油地质研究所完成，实验装置为该所自行研制的 YDH-Ⅰ型常规热压模拟实验装置，主要由三个部分组成：高压反应釜、温控装置、产物收集装置（秦建中等，2005）。

对三个实验样品共进行了四组热模拟实验，实验方案如表 3-8 所示。热模拟实验步骤如下：①在高压釜中放入样品（50～100g 沥青砂岩，或 0.15g 左右的重质油），加入其重量 10% 的水，对高压釜抽空充 N_2 反复 3 次，最后充 N_2 至常压后密封；②通过温控装置将样品由室温 24 小时升温至指定温度，恒温各 24 小时；③产物的收集与计量。产物收集时先将高压反应釜温度降至 200℃，打开高压釜，收集气态烃与凝析油；其中"气态烃"是指通过冷凝器收集的气态产物中的烃类气体，"凝析油"是指气态产物在冷凝器中冷却得到的液态烃。此后，高压釜温度降至室温，打开实验装置，以二氯甲烷洗出反应釜中样品排出的液态烃，称为"轻质油"；之后取出样品，用氯仿抽提得到"沥青A"，称为"残留油"。"残留油"、"轻质油"与"凝析油"的总量为液态烃量。

表 3-8　沥青砂岩生烃潜力研究热模拟实验方案

温度/℃	150	200	250	300	350	400	450	500	550
1	★	★	★	★	★	★	★	★	★
2	★	★	★	★	★	★	★	★	★
3	☆	☆	☆	☆	★	★	★	★	★
3（加岩）	☆	☆	☆	☆	★	★	★	★	★

注："★"为样品有该温度点下的热模拟实验；"☆"为样品没有该温度点下的热模拟实验；"3（加岩）"指 3 号重质油样品热模拟实验时加入了取样层位处理后的岩样。

此外，实验中还测定了低成熟长焰煤经过相同热模拟实验后 R_o 的变化。长焰煤镜质体反射率的变化可以用于定量标定热模拟实验中样品经历的热演化程度。

（3）热模拟实验结果

热模拟实验结果如图 3-43 至图 3-46 所示。从图 3-43、图 3-44 中可以看到沥青砂岩热模拟实验中，随着温度的升高，总烃、液态烃表现出先逐渐降低（150～450℃），后趋于稳定的变化趋势（450～550℃）；而气态烃则表现出先缓慢上升（150～300℃），再快速升高（300～450℃），最后趋于稳定的特征（450～550℃）。液态烃组成中，轻质油生成量表现出明显的先增后降的变化趋势。从图 3-45、图 3-46 中可以看到，重质油样品热模拟实验中，随着温度的升高，总烃与液态烃表现出先降低后渐趋稳定（500℃后）的变化趋势；而气态烃则表现出先逐渐增加后趋于稳定的特征（500℃后）。图 3-45 与图 3-46 表明重质油样品在加岩样与不加岩样的热模拟实验中，各种烃类产物的变化趋势基本一致，但生烃量存在一定差别，这与岩石矿物生烃过程中的催化或抑制作用有关。

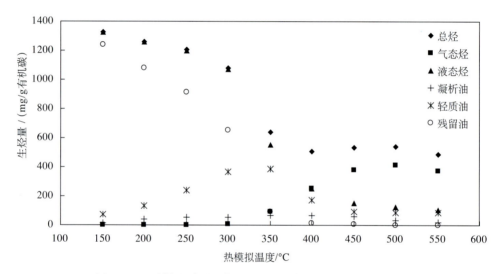

图 3-43　1 号样品（顺 1 井 5136.2m 沥青砂岩）热模拟实验结果

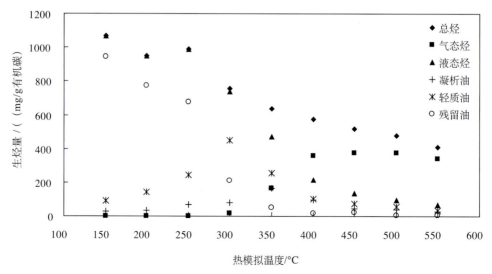

图 3-44　2 号样品（顺 1 井 5324.8m 沥青砂岩）热模拟实验结果

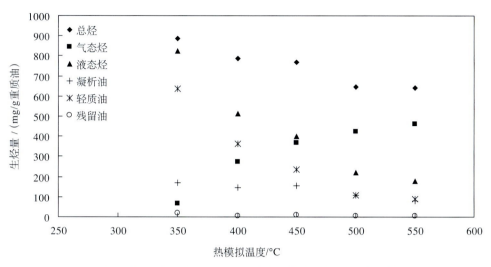

图 3-45　3 号样品（TK606 井重质油样品）热模拟实验结果

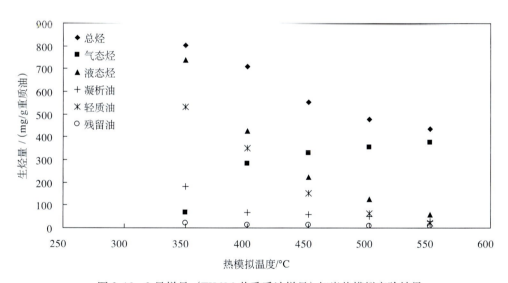

图 3-46　3 号样品（TK606 井重质油样品）加岩热模拟实验结果

（4）志留系沥青砂岩生烃特征与生烃潜力的讨论

从热模拟实验的结果看，志留系沥青砂岩再埋藏过程中的生烃具有如下特征。

①沥青砂岩与重质油的生烃过程中均表现出烃类热裂解的特征

与传统意义上的烃源岩不同，志留系古油藏破坏后形成的重质油、沥青作为已经生成的烃类，再埋藏"生烃"过程有其特殊的规律。热模拟实验中，无论是重质油还是已经固结的沥青砂岩，随着热模拟温度的升高，其总烃生成量均表现出先逐渐降低，后趋于稳定的变化特征。实际上，无论是正常原油、重质油还是沥青，作为已经生成的烃类，在热的作用下将发生一系列的热裂解反应，热裂解反应使长链烃（包括饱和烃和芳烃）断键成为短链烃，使含杂原子的非烃和沥青质一方面断键成为低分子烃类物质，另一方面缩聚成更大分子量的高缩聚物质和固体碳，最终形成 CH_4 和"死碳"。热模拟实验中样品总烃生成量的变化特征就反映了这一过程的发生。总烃生成量逐渐降低的过程实际上就是重质油或沥青砂岩不断产出烃类，同时累积"死碳"的过程。从物质守恒的角度看，"死碳"逐渐累积

并从烃类中脱出造成了总烃生成量的降低。沥青砂岩与重质油样品热模拟实验前期均表现出总烃逐渐降低的"生烃"特征；而热演化后期总烃趋于稳定，说明沥青砂岩或重质油作为烃源的"生烃"潜力已消耗殆尽，"死碳"的累积过程缓慢，烃类产物中以 CH_4 为主。

热模拟实验中以长焰煤镜质体反射率的变化为标尺，对样品经历的"热历史"进行了定量标定。从图 3-47 中可看到，沥青砂岩和重质油，$R_o>3.0\%\pm$ 后，总烃生成量趋于稳定，"生烃潜力"基本耗尽，"生烃"过程趋于停止。从志留系底现今的等效镜质体反射率数值模拟结果看，除巴楚北部、柯坪阿克苏地区以及阿瓦提断陷外，志留系底现今镜质体反射率均未超过 3.0%；因此绝大多数地区分布的志留系沥青砂岩现今仍有可能处于有效生烃阶段内。

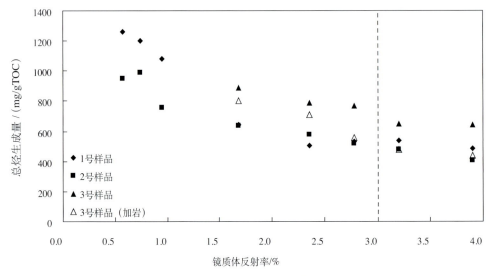

图 3-47　热模拟实验中总烃生成量的变化趋势

刘大锰等（1999）在研究 H1 井志留系沥青砂岩光片时曾观察到有沥青颗粒内部与边缘灰度不一致，内部较暗，边缘灰白，从内部向边缘伸出许多渗出物，荧光下颗粒中间较暗部分发绿色荧光，而周边则无荧光。由此说明，H1 井沥青砂岩中的生烃过程至今仍在继续。秦建中和刘宝全（1994）、刘宝全和郭树芝（1998）的研究中根据碳同位素、甾烷、萜烷等系列的油源对比，并采用多元统计方法认为塔里木盆地现今石炭系等油藏的原油可能部分来自志留系沥青砂岩。而这些油藏大都被认为是晚海西期后形成的。这些都说明志留系沥青砂岩可能成为有效烃源，并且现今仍然能够有效供烃。

②重质油、沥青砂岩的生烃过程中既有气态烃产出也有液态烃产出

从热模拟实验结果看，重质油与沥青砂岩样品生烃过程中既有液态烃的产出也有气态烃的产出。从图 3-48、图 3-49 中可以看到沥青砂岩与重质油随着热演化程度的提高，均表现出前期以液态烃产出为主，后期以产气态烃为主的特征。图 3-48 中，沥青砂岩热演化前期，液态烃总产出量（凝析油、轻质油、残留油）明显大于气态烃产出量；热演化后期，随着液态烃产出量的下降，气态烃产出量大幅度上升，直至以气态烃为主。另外，图 3-48 中沥青砂岩的热模拟生烃过程中还可以观察到明显的轻质油生成高峰。图 3-49 中，重质油样品热模拟生烃过程与沥青砂岩稍有不同，但也表现出前期产液态烃为主，后期产气态烃为主的特征。这一特征实际上体现了重质油、沥青的热裂解过程：长链烃→短链烃→气态烃。

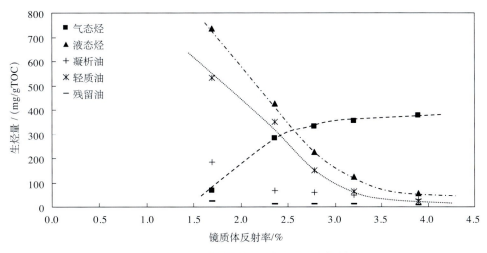

图 3-48 2 号沥青砂岩样品热模拟生烃特征

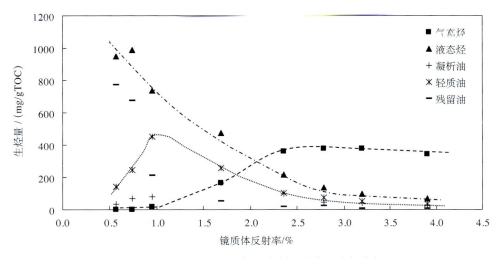

图 3-49 3 号重质油（加岩）样品热模拟生烃特征

③重质油、沥青砂岩与海相烃源岩生烃潜力相当

重质油、沥青作为古油藏破坏产物，是地质历史中可能的烃源，其生烃潜力的分析是需要关注的重点问题之一。研究中对重质油、沥青砂岩与一般海相烃源岩的生烃潜力进行了对比分析。

由于塔里木盆地现今缺乏低成熟海相烃源岩，研究中采集了云南楚雄盆地泥盆系华宁组低成熟度海相烃源岩样品，采用热模拟实验的方法对其生烃潜力进行了研究。样品为泥晶灰岩；有机碳含量（TOC）0.56%，沥青"A"650.485×10^{-6}；沥青反射率（R_b）0.39%，等效镜质体反射率（VR_o）0.59%；样品有机质类型为Ⅱ$_1$型，干酪根以无定形腐泥组为主。热模拟实验过程与重质油、沥青砂岩的基本一致。具体的实验数据与结果这里不做详细讨论，仅对比分析海相烃源岩与重质油、沥青砂岩的生烃潜力。

热模拟实验中，温度450℃之后，无论是重质油、沥青砂岩还是海相烃源岩，其生烃总量均趋于稳定，反映生烃潜力已消耗殆尽。图 3-50 为 500℃时各类烃源生烃量的对比。由此可见，500℃生烃总量已趋于稳定的情况下，除重质油样品直接裂解外，沥青砂岩 1 号样品、2 号样品，重质油（加岩）样品与取得的海相烃源岩样品总烃生成量、气态烃生成量大体相当；虽然海相烃源岩样品液态烃生成量较小，但相差不大。这说明志留系古油藏破坏后形成的重质油以及沥青在后期的热演化过程中，生烃

潜力与一般海相烃源岩的生烃潜力相当。

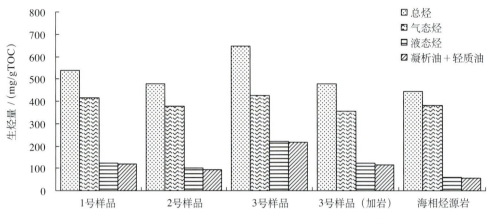

图 3-50　热模拟实验温度 500℃时各类烃源生烃量的比较

从热模拟实验结果看，沥青与重质油，再次热演化过程中能够生成烃类，生烃潜力与一般品质的海相烃源岩大体相当，生烃过程表现出烃类热裂解的特征，其间既有液态烃的生成也有气态烃的生成。这在塔里木盆地的油气勘探实践中应当引起足够的重视。但是需要看到的是，由于沥青成因的复杂、现今赋存形式的多样以及后期改造因素的不确定，其作为烃源生烃过程中的很多问题还有待于进一步讨论。更为重要的是，沥青砂岩在实际油气成藏中的贡献尚有待进一步的有机地球化学证据的验证。

二、古油藏原油裂解特征

地质历史中先期形成的古油藏，后期可能产生相态的转变，发生油气的再聚集，能够成为新生油气藏的有效烃源，这已为广泛接受的事实。塔里木盆地中的塔东地区以古油藏原油裂解气为烃源的天然气成藏就是例证之一。

1. 塔东地区天然气地球化学特征

塔东地区泛指包括满加尔凹陷、孔雀河斜坡以及古城墟地区在内的塔里木盆地东部广大地区。已在塔东地区发现了丰富的油气显示（表 3-9）。

表 3-9　塔东地区油气显示及发现井一览表

井名	层位	井深（m）	油气产量
HYC1	S	4400～4420	轻质油2000ml，水1.13m³
LK1	J	4265.35～4305	油：100mL
	S	4635～4637.4	油：2.87m³
英南2	J	3626.02～3667.56	气：(14.5～17.6)×10⁴m³/d
	J	3624.8～3667.56	油：4.72m³
塔东2	€	4569.4	油：30L
KQ1	S	2781.49～2811.75	中途测试狭气：3941m³/d
MD1	S	5555.19～5607	气：(2.9～5.65)×10⁴m³/d
QM1	O	5711.38～5770	油：8.53m³
GL1	O₁₋₂y	5877.30～6400	6252.8～6419.3m井段中途裸眼测试，日产天然气10067m³

塔东地区的天然气主要来源于古油藏的原油裂解气。

（1）天然气组分特征

表3-10为塔东地区有关探井的天然气组分特征，从表中可见，塔东地区天然气组成特征相似，烃气以CH_4为主，含一定量的重烃气。

表3-10 塔东地区天然气组分特征统计表

井号	井深（m）	层位	C_1 (%)	C_2 (%)	C_3 (%)	iC_4 (%)	nC_4 (%)	iC_5 (%)	nC_5 (%)	C_{6+} (%)	N_2 (%)	CO_2 (%)
LK1	4471.77~4488.24	J	84.60	7.60	2.28	0.35	0.58	0.16	0.13	0.29	3.85	0.16
	4637.49~4769.81		81.80	9.08	2.45	0.28	0.56	0.13	0.14	0.28	4.98	0.32
	4635~4646	S	82.05	9.18	3.20	0.46	0.93	0.28	0.33	0.49	2.99	0.09
	4712~4714		79.56	11.45	3.83	0.48	1.06	0.25	0.28	0.43	2.60	0.07
KQ1	2781.49~2811.75	S	76.11	6.18	1.63	0.133	0.263	0.06	0.05		14.59	1.35
YN2	3470.9~3510.65	J	69.83	7.70	2.8	1.25		0.27			17.87	0.08
	3505~3517.85		72.21	6.85	2.32	1.11		0.28			16.9	0.05
	3626.02~3667.56		75.10	6.45	1.46	0.99		0.37			15.09	0.10
	3725.85~3776	S	76.67	5.98	1.85	0.96		0.27			13.78	0.10
	3805.47~3833.99		75.58	6.53	1.99	1.18		0.46			13.67	0.31
HYC1	4461~4482	T	87.46	2.75	0.43	0.17	0.05	/	/	3.4	8.95	0.17
MD1	4868.5~5616.5	S	64.97				14.33				20.39	0.31
GL1*	6335~6430	$O_{1-2}y$	79.11	0.66	/	/	/	/	/	/	12.21	8.02
			79.33	0.67	/	/	/	/	/	/	11.97	8.03

注："*"号数据仅供参考。

Behar等（1991）曾利用热模拟实验的方法研究过干酪根裂解气与原油裂解气组分上的差别。研究表明干酪根初次裂解和原油二次裂解形成的天然气，其C_1/C_2与C_2/C_3的变化情况截然不同。干酪根初次裂解气中C_2/C_3基本保持不变，Ln（C_2/C_3）基本保持在0.2左右；C_1/C_2则逐渐增大，Ln（C_1/C_2）为1~3。原油裂解气中，C_2/C_3急剧增大，Ln（C_2/C_3）为0~3；C_1/C_2基本不变，Ln（C_1/C_2）与干酪根类型有关，维持在3左右。Behar等（1991）的研究中以此为依据对安哥拉与堪萨斯天然气的成因进行了判断。赵孟军和卢双舫（2000）与赵孟军等（2001）也以此为依据对塔里木盆地和田河气田、桑塔木气田的天然气成因进行了分析。

根据Ln（C_1/C_2）—Ln（C_2/C_3）的关系对塔东地区的天然气成因进行了判别。从图3-51中可以看到，塔东地区的天然气Ln（C_1/C_2）为2~3.5，Ln（C_2/C_3）为1~2，总体上反映原油裂解气的特征。

（2）天然气碳同位素特征

碳同位素组成特征是划分天然气类型、判别气源的重要依据。表3-11为塔东地区天然气碳同位素组成情况的统计。

从表3-11中可以看到，塔东地区天然气碳同位素值主要表现为$\delta^{13}C_1 < \delta^{13}C_2 < \delta^{13}C_3 < \delta^{13}C_4$的

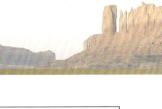

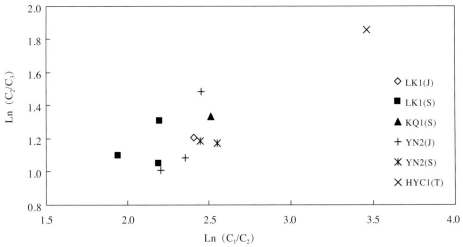

图 3-51　塔东地区天然气组分成成因判别

分布特征（图 3-52），呈正碳分布序列，应当为有机成因气。同时依据用于母质类型判别的 $\delta^{13}C_2$ 判断（图 3-52），除 HYC1 井外，$\delta^{13}C_2$ 均小于 -28‰，与塔里木盆地台盆区海相油型气同位素特征类似（甲烷 $\delta^{13}C$ 主要分布区间在 -33‰ ～ -46‰，乙烷 $\delta^{13}C$ 主要分布区间在 -33‰ ～ -39‰）；而明显不同于库车坳陷区的煤型气特征（甲烷 $\delta^{13}C$ 主要分布区间为 -25‰ ～ -35‰，乙烷 $\delta^{13}C$ 主要分布在 -17‰ ～ -25‰）。因此塔东地区的天然气主要为来自于海相腐泥型干酪根的"油型气"。

表 3-11　塔东地区天然气碳同位素组成统计表

井号	层位	井段（m）	碳同位素 $\delta^{13}C_{PDB}$（‰）					
			C_1	C_2	C_3	nC_4	iC_4	CO_2
YN2	J	3470.9～3510.65	-36.3	-30.9	-28.8	-29.5		
		3505～3517.85	-36.2	-31.5	-28.2	-27.6		
		3626.02～3667.56	-37.3	-33.3	-29.3	-30.3		
		3725.85～3776	-37.2	-34.6	-29.1	-27.6		-10.3
		3805.47～3833.99	-37.5	-34.7	-28.9	-27.3		-15.9
LK1	J	4476.77～4488.24	-40.4	-35.5	-28.8	-34.3		
HYC1	J	4461～4482	-38.6	-25.3	-17.4	-27.3		
		4461～4482	-37.8	-23.2	-29.8	-23.2		
	S	4903.84	-37.3	-24.7	-29.2	-23.9		
KQ1	S	2811.12～2813.49	-38.3	-38.5	-30.9	-27.9	-27.83	
			-37.9	-38.2	-30	-33.2	-27.6	
MD1	S	4868.5～5616.5	-38.2	-37.7	-33.7	-32.5		

　　根据戴金星等（1992）的腐泥型天然气成熟度公式（$\delta^{13}C_1 = 15.8$，$\lg R_o - 42.2$），对各井天然气成

熟度进行了计算，结果如图3-53所示。塔东地区天然气成熟度高，R_o为2.0%左右，说明天然气已经达到高演化阶段，应该属于原油裂解气或干酪根裂解气。对塔东地区天然气成藏的研究认为，这些天然气藏大都形成于燕山－喜马拉雅期，而此时寒武系－下奥陶统烃源岩在塔东地区并不具备大范围供烃条件，因此天然气应当以原油裂解气为主。另外若塔东地区天然气以干酪根裂解气为主，那么裂解气应当表现出干气特征，但实际上塔东地区天然气组成显示湿气特征。因此更大的可能是塔东地区的天然气主要为原油裂解气，湿气是原油没有充分裂解的产物。

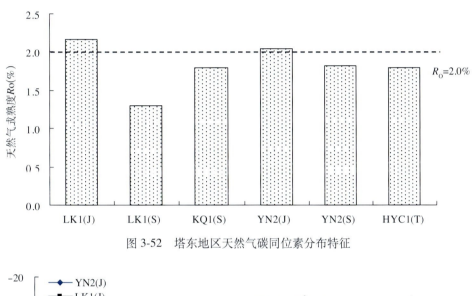

图3-52 塔东地区天然气碳同位素分布特征

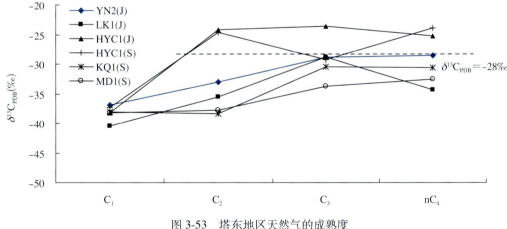

图3-53 塔东地区天然气的成熟度

Rooney等（1995）建立了海相天然气形成温度模版，根据海相天然气$\delta^{13}C_2 - \delta^{13}C_1$和$\delta^{13}C_3 - \delta^{13}C_2$可计算天然气形成的温度。研究中对各井天然气的形成温度进行了计算，从图3-54可以看到，塔东地区天然气形成温度均大于170℃，应当属于原油裂解气。

Prinzhofer和Huc（1995）曾利用$\delta^{13}C_2 - \delta^{13}C_3$与$lnC_2/C_3$图版进行天然气成因的判别。研究中利用SH1井沥青砂岩与TK606井重质油热模拟实验的资料，建立了来自寒武系－下奥陶统烃源岩的原油裂解气判别图版。并以此为依据对塔东地区天然气的来源进行了判别。如图3-55所示，图中虚线为SH1井志留系沥青砂岩与TK606井重质油热模拟实验中热裂解气碳同位素的变化特征，MD1井志留系、LK1和YN2井侏罗系天然气碳同位素特征与其具有良好的可比性，说明塔东地区天然气主要为古油藏中的原油或其破坏后产物的裂解气。

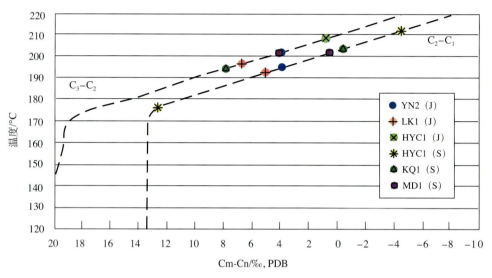

图 3-54　塔东地区天然气形成温度判别

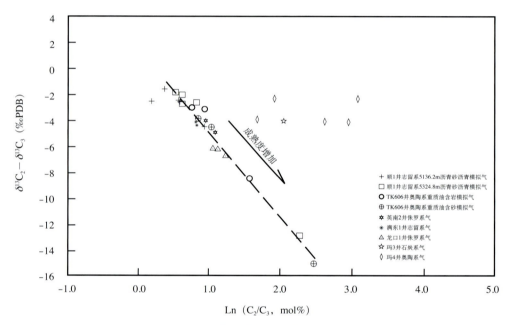

图 3-55　塔东地区碳同位素特征天然气成因判别

综上所述，诸多的地球化学证据显示，塔东地区天然气的主要来源为古油藏的原油裂解气。塔东地区天然气成藏的实例表明地质历史中已经形成的烃类聚集能够成为后期油气成藏的有效烃源。

2. 预测的原油裂解区分布

地质历史中形成的古油藏随着埋深的增加，当物理化学条件（温度与压力）超过液态烃稳定存在的上限，古油藏中的原油将发生裂解，生成天然气。从理论上讲，原油稳定存在的条件与温度、压力以及原油的组成有关。高压或特定的组成能够使原油在较高的温度下稳定存在。对于特定的盆地或地区而言，温度与压力随埋深的变化通常具有一致性，这为盆地中原油裂解区的预测提供了有利的条件。传统的看法认为，地质情况下，160℃时原油大量裂解，200℃时几乎全部转化成湿气和焦碳。从上述塔东地区天然气形成温度的研究中可以看到，塔东地区天然气的形成温度均大于170℃，与传统的认识基本一致。因此可以将温度作为标尺，对塔里木盆地现今原油裂解区进行预测——将温度大于160℃的地区作为潜在的原油裂解生天然气区。另外，塔里木盆地构造演化史分析与油气成藏的研究成果显示，能够成为后期有效天然气源的古油藏主要形成于中晚加里东–早海西期，可能赋存于上寒武统、奥陶系以及志留系中。因此重点对志留系底面（T_7^0）、中上奥陶统底面（T_7^4）以及上寒武统底面（T_8^1）的潜在原油裂解区进行预测（图3-56～图3-58）。

从图3-56中可见，现今志留系底面潜在原油裂解区主要分布在阿瓦提断陷、塔西南以及孔雀河部分地区，范围有限。从分布规律看，志留系底面潜在原油裂解区的分布主要与塔西南坳陷与库车坳陷中巨厚的第三纪沉积地层有关，为喜马拉雅期以来前陆坳陷形成的结果。

从图3-57中可见，现今中上奥陶统底面潜在原油裂解区分布广泛，台盆区除巴楚隆起区、塔中隆起区、塔北隆起区部分地区外，均处于潜在原油裂解区内。其分布主要受中上奥陶统巨厚沉积地层的控制。

图3-58中可见，上寒武统底面现今潜在原油裂解区分几乎遍布全盆，仅巴楚隆起、塔北隆起部分地区不在其分布范围内。这是现今上寒武统底面普遍深埋的结果。

从上述志留系底面、中上奥陶统底面与下寒武统底面的潜在原油裂解区的分布看，包括孔雀河斜坡、塔中隆起东段古城墟地区以及塔北隆起东部在内的塔东地区为现今潜在原油裂解生气最有利的地区，另外，巴楚隆起南部塔西南坳陷的斜坡区以及阿瓦提断陷也为潜在原油裂解生气的有利地区。这里需要说明的是，潜在原油裂解生气区，并不一定对应有效古油藏原油裂解供天然气区，这是因为古油藏的分布至关重要。而古油藏的分布又与古构造以及构造沉积背景控制下的储层、盖层发育等多种因素有关。因此要想准确地确定现今有效原油裂解供天然气区的范围，还需要开展大量的研究工作。

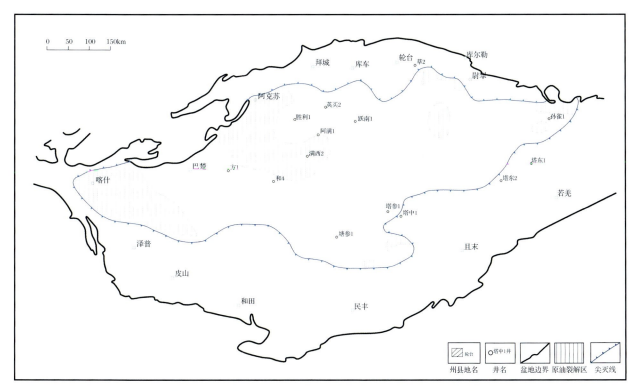

图3-56　塔里木盆地志留系底面现今潜在原油裂解区分布图

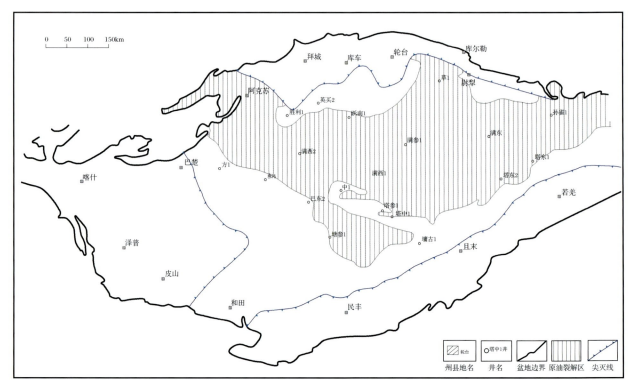

图 3-57　塔里木盆地中上奥陶统底面现今潜在原油裂解区分布图

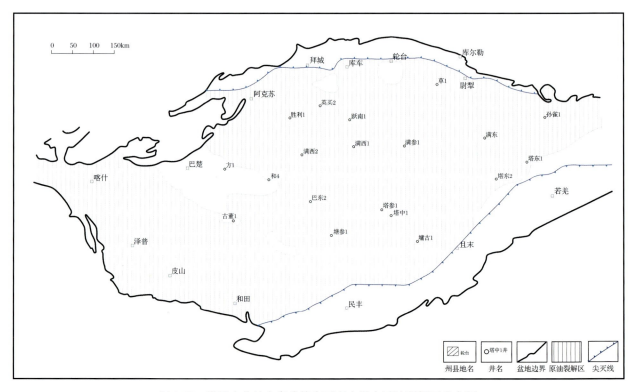

图 3-58　塔里木盆地上寒武统底面现今潜在原油裂解区分布图

第四章
油气成藏组合特征与分布

成藏组合是"盆地-含油气系统-成藏组合-远景圈闭"这一含油气地质单元评价序列中的一个层次，是从油气成藏要素及其相互关联性的整体角度来评价特定的区域和层段的勘探对象。

不同的学者对油气成藏组合有着不完全相同的理解或定义，如：White（1988，1980）将成藏组合定义为一组在地质上相互联系的具有相似或相同源岩、储层和圈闭条件的勘探对象；Grovelli（1986）将成藏组合视为具有相似地质背景的远景圈闭的集合体；Allen（1990）则将成藏组合定义为一组具有共同的储层、区域盖层和油气充注系统的远景圈闭和未发现的油气藏。

尽管不同学者在定义上和研究重点上有所差别，但更多的是共识，即成藏组合是特定地区和层段内具有时间和空间匹配性、可形成有效（或潜在）油气聚集的一套生-储-盖-圈闭的组合。它具有地理和地层的限制，常限于一组在岩性、沉积环境及构造发育史上密切相关的储层/圈闭单元。每一个成藏组合一般对应一个或几个油源层；反之，一个油源层也可能形成几种成藏组合，它的分布不完全受构造带的控制。

在不同地质条件下，成藏组合研究关注的重点是不同的。在我国南方海相层系中，封盖系统、构造演化及构造分割性是决定油气成藏组合有效性的关键要素，盆地区域构造演化控制了封盖层的形成；构造分割性决定了某一油气成藏组合内油气田的规模（沃玉进等，2006）。在塔里木盆地油气成藏组合评价中，多类型储层的发育条件与分布规律是关键因素，包括储层类型、储层发育条件、储层分布的规律性、储层缝洞单元的连通性等。因此，本书油气成藏组合分析是以储层（圈闭）为主线，重点研究储层与储盖组合特征，以及储层（圈闭）与烃源岩的配置关系。

塔里木盆地古生界发育碳酸盐岩与碎屑岩两套岩系，盆地经历了复杂的演化与构造变动改造，形成了多套各具特色的油气成藏组合，而每套成藏组合的形成均受到特定地质条件的约束。

第一节 古隆起控制的岩溶储层油气成藏组合

一、古隆起分布、演化与油气聚集

古隆起是盆地内部最重要的油气聚集单元。油气关键成藏期的古隆起及其后期的发展演化，影响着盆地的地质结构，制约着油气的聚集与分布。古隆起形成后，在漫长的地史演化过程中，受不同时期构造运动的影响而具有不同的表现形式，研究不同地质时期古隆起的形成演化，对分析塔里木盆地的油气聚集规律具有重要意义。

1. 早奥陶世末古隆起分布

早奥陶世末期的加里东中期运动，使塔里木克拉通南部由伸展体制转化为挤压环境。塔西南隆起进一步发育，轴线向北西方向发生旋转，并在塔中隆起和塔西南隆起之间的构造平衡带处发育和田低凸起。在克拉通的中部则形成孤立的塔中隆起，呈西部宽缓、东部窄陡的条状形态展布。在其以东的塔东1、2井区则发育有低缓的近扁圆形塔东南隆起。在塔里木克拉通的北部与南天山海槽之间的塔北隆起开始发育，古隆起呈 NE 向展布，隆起北翼较陡，南翼宽缓，为两翼不对称的边缘隆起。围绕着塔中、塔北和塔西南隆起发育大面积的古斜坡，尤其在塔中隆起的北部、塔北隆起的南部和塔西南隆起的东北部地区，古斜坡形态明显（图 4-1）。

加里东中期，盆地东部的中下寒武统泥页岩烃源岩开始进入生烃门限，此外在塔西南的叶城地区、柯坪地区以及塔中南部地区发育的碳酸盐岩烃源岩也开始生烃，油气聚集指向区主要为塔西南、塔北和塔中三个隆起及其斜坡区，而和田低隆起及其斜坡区也是非常值得关注的有利勘探区域。

2. 奥陶纪末古隆起分布

奥陶纪末期区域挤压作用增强，塔里木克拉通发生东西向翘升运动，塔东地区发生大面积隆升，形成西低东高古构造格局。

该时期，塔里木盆地的主要隆起为塔西南隆起、塔北隆起、塔东南隆起和塔中隆起。塔西南古隆起此时演化为大型的 NW 走向南翼较陡北翼平缓的大型隆起（其北翼呈西倾的大型单斜），该时期是该古隆起发育的高峰期，面积及形态较早奥陶世末都有较大变化。塔东南隆起的主体集中在且末—若羌一带。塔中古隆起奥陶纪末期定型，为一大型的穹状隆起，呈 NW 走向，较早奥陶世末面积有所扩大，在塔中隆起的西部发育一个局部低凸起。塔北隆起"四凸两凹"的构造格局基本定型，隆起为不规则的长轴状，在塔北隆起的西部和南部发育两个局部低凸起。该期斜坡带仍主要围绕塔中、塔北和塔西南隆起发育，但面积较大，塔中斜坡带和塔西南斜坡带连为一体，覆盖整个塔西南地区和塔中隆起带两侧，塔北斜坡带则继承早奥陶世末的形态，并有所发展和扩大（图 4-2）。

加里东晚期，中下寒武统的泥页岩烃源岩达到高成熟阶段，开始大量排烃生气，中下奥陶统泥页岩烃源岩达到生烃门限，进入生烃高峰期。受烃源岩和古隆起斜坡带分布的影响，该时期油气有利聚集区主要集中在塔中隆起、塔北隆起及其斜坡带。

3. 志留纪末、泥盆纪末古隆起分布

志留—泥盆纪末期，受塔里木板块与中昆仑岛弧弧—陆碰撞及南天山洋消减的影响，塔东地区抬升加剧，塔东南隆起与塔中隆起连成一体，其间在古城以西存在一低洼相隔，北民丰—罗布庄隆起北侧的民丰北—且末大断裂活动并向北大规模逆冲隆升，演化为具有断隆性质的呈 NE 走向的线状隆起，并在且末1井附近地区也发育一小型低凸起。塔西南隆起此时也演化为北西倾的单斜隆起，中上奥陶统、志留系、泥盆系被剥蚀而缺失。受构造运动影响，塔里木盆地南部斜坡带连成一片，围绕着塔中、塔西南和塔东南隆起呈东西向展布于塔里木盆地的南部。此时，塔北隆起演化为北陡南缓的不对称和不规则的长轴状隆起，轮台凸起下古生界被强烈剥蚀，温宿、新和及轮台等局部地区缺失，北部斜坡带依然围绕着塔北隆起展布（图 4-3）。

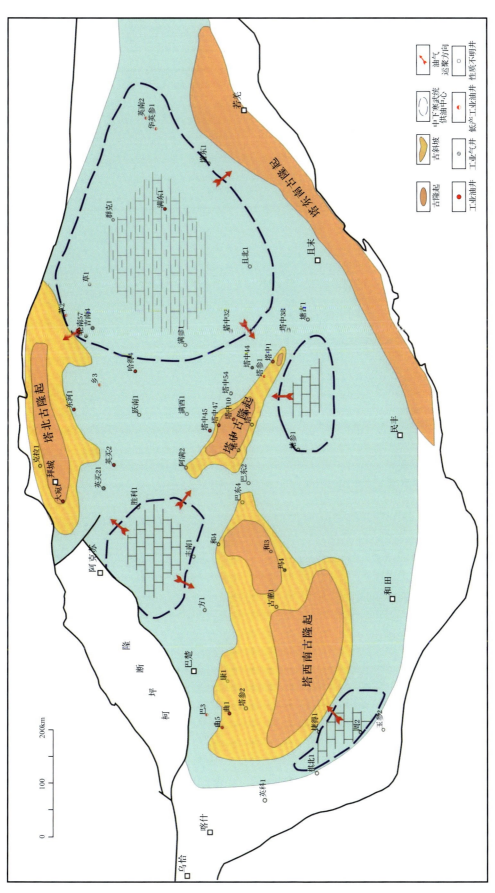

图 4-1 塔里木盆地早奥陶世末古隆起、古斜坡分布及油气运聚指向

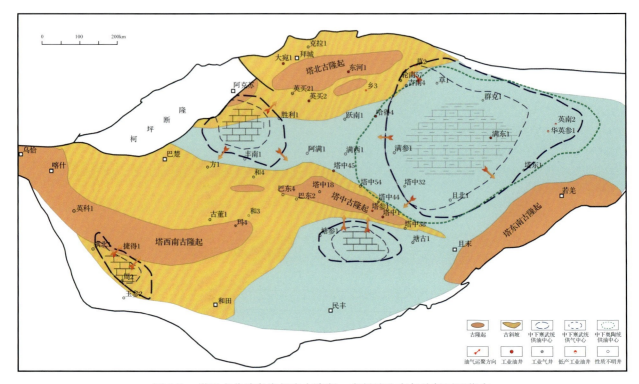

图4-2 塔里木盆地奥陶纪末古隆起、古斜坡分布与油气运聚指向

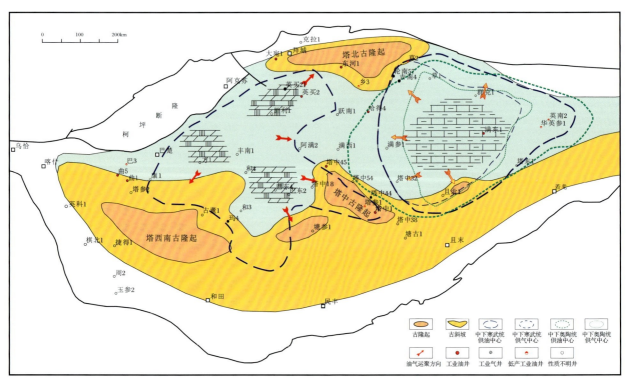

图4-3 塔里木盆地志留纪末古隆起、古斜坡分布与油气运聚指向

加里东末期，塔里木盆地东部中下寒武统的泥页岩烃源岩和中下奥陶统的泥页岩烃源岩都进入生油末期和生气高峰期，而盆地中西部的碳酸盐岩膏泥岩烃源岩则开始排烃，进入生油高峰期。受烃源灶和古隆起及斜坡带形态影响，该时期的油气有利聚集区主要集中在塔北隆起、塔中隆起区及其斜坡带。

4. 石炭纪末、二叠纪末古隆起分布

二叠纪末期的海西晚期运动，对古隆起的演化影响极大（图4-4）。首先出于巴楚隆起的形成发育，使由巴楚隆起、塔中隆起区构成的横贯盆地中央的大型隆起带——中央隆起带基本定型，隆起带整体呈 NE—NW 走向，西高东低，三大凸起呈右行雁行排列。巴楚隆起位于隆起带的西部，周缘由断裂所围限，具有断隆的性质，隆起呈 NW 走向，面积 $4.30 \times 10^4 km^2$。巴楚隆起的形成，改变了塔西南地区自震旦纪以来北倾单斜的古构造格局，取而代之为大型南倾单斜，塔西南古隆起则从石炭纪开始逐步萎缩，成为南倾的单斜隆起，至二叠纪末几乎消亡。北民丰－罗布庄隆起则继承西低东高线状隆起的构造特征。塔东隆起维持西倾单斜的构造格局，面积较泥盆纪末期有所扩大。塔北隆起在二叠纪末期演化为低缓的隆起（图4-4、图4-5）。

海西晚期，塔里木盆地东部中下寒武统泥页岩烃源岩进入生气末期，中下奥陶统的泥页岩烃源岩则进入生油晚期和生气末期，盆地中西部的中下寒武统碳酸盐岩膏泥岩烃源岩进入生油晚期和生气高峰期，局部地区的上奥陶统碳酸盐岩烃源岩开始生油。该时期，塔北隆起、巴楚隆起、塔中隆起和塔东隆起及其斜坡带是油气的有利聚集区。

5. 中新生代古隆起分布

三叠纪，塔南、巴楚（及塔西南）地区处于隆起状态，塔北隆起为 NE 倾的鼻状隆起，塔中隆起区则处于低平的古地理环境，发育三叠系沉积。侏罗系沉积时，叠置在塔东古隆起之上的英吉苏凹陷开始发育，其北部演化为西南倾单斜隆起——孔雀河斜坡，并延续到白垩纪末期，塔东古隆起成为中新生代坳陷和斜坡之下的残余古隆起。新生代沉积时，塔北地区因库车坳陷沉降加剧而演化为北倾单斜状的残余古隆起。塔西南古隆起因昆仑山向盆地逆冲推覆，塔西南坳陷的中心逐渐向北迁移，在原古隆起部位被动塌陷而消失，演化为塌陷型古隆起。代之而起的巴楚隆起则进入发育的高峰期，且至今依然在活动。北民丰－罗布庄隆起因于田－若羌坳陷的快速沉降，隆起逐渐向南倾斜并向北逆冲，演化为与巴楚隆起类似的活动性隆起。塔中隆起区则自加里东运动后期以整体升降运动的形式占主导，为较稳定的隆起（图4-6）。

喜马拉雅期，盆地东部中下寒武统的泥页岩烃源岩已停止排烃，西部的碳酸盐岩膏泥岩也进入生气末期；中下奥陶的泥页岩烃源岩也处于生气末期；此时，上奥陶统的台缘灰泥丘烃源岩已经成熟，进入生油期，该时期，巴楚隆起及其围斜部位是主要的油气勘探有利区，此外，塔东地区也值得重视。

古隆起—古斜坡是油气运移指向区，也是油气聚集的重要场所。古隆起的形成时间、后期构造的稳定性以及古隆起的规模等都对油气的运移和聚集有着重要的影响。

二、塔北与塔中古隆起岩溶发育条件对比分析

塔里木盆地在奥陶系沉积期间以及奥陶系沉积之后，由于遭受加里东期至印支期构造运动的影响，使塔中—巴楚地区、塔北地区奥陶系地层受程度不等的剥蚀而形成多期岩溶系统。塔中和塔河的奥陶系碳酸盐岩的主要岩溶期相似，发育有相似的岩溶作用类型和分布层位；但暴露时间、古地貌结构、

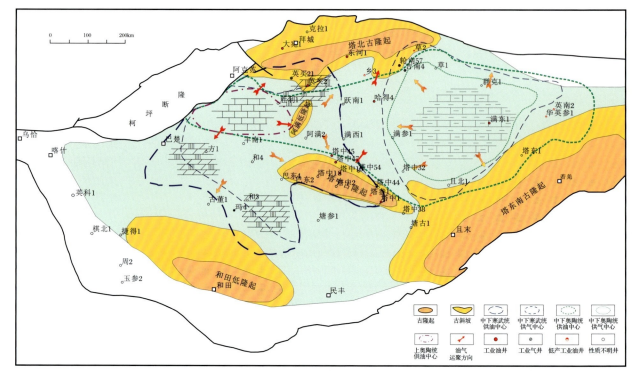

图 4-4 塔里木盆地石炭纪末古隆起、古斜坡分布与油气运聚指向

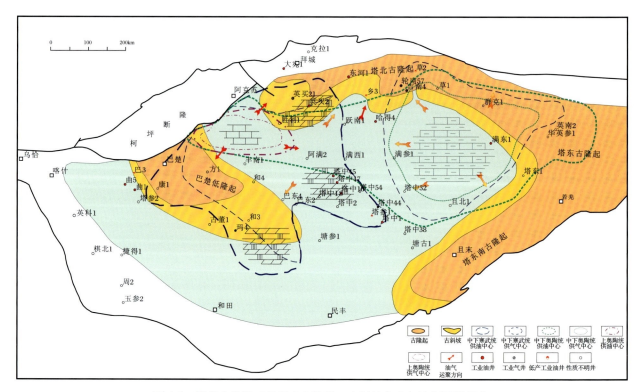

图 4-5 塔里木盆地二叠纪末古隆起、古斜坡分布与油气运聚指向

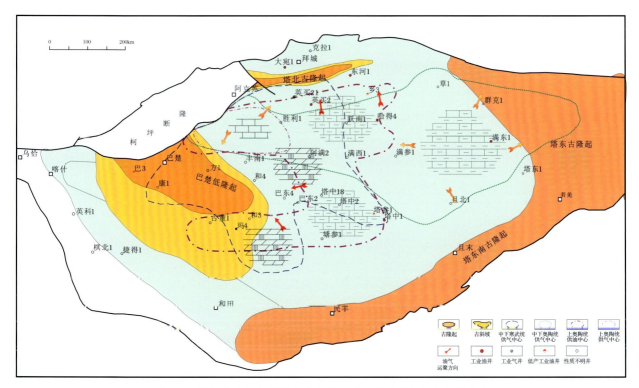

图 4-6 塔里木盆地中新生代古隆起、古斜坡分布与油气运聚指向

沉积相带与岩性、构造演化等存在一些不同，这决定了塔中和塔河在岩溶发育上有许多可对比性，又存在着显著差异。

1. 岩溶作用期次对比

对塔里木盆地奥陶系碳酸盐岩岩溶作用起重要影响的几次主要的构造运动有：加里东晚期、海西早期、海西晚期及印支期等。对比塔河和塔中地区奥陶系不同时期岩溶作用，其特征有很多相似和不同。塔中和塔河油田均发育多期、多类型岩溶作用，两者均发育准同生期、后期大气淡水暴露淋滤作用、埋藏作用等溶蚀过程，塔河油田除了加里东中期，海西早期外，还有印支—燕山期岩溶作用，但以海西早期岩溶为主，其次是加里东中期岩溶，多期次的海平面下降构成了多旋回的垂向分带；塔中地区以加里东中期岩溶为主，其次是海西早期岩溶，加里东中期运动构成的削截－抬升－溶蚀作用较强，后期暴露时间相对较短，发育强度要大大低于塔河油田。

泥盆纪末的海西早期运动对塔河地区岩溶储层的形成有着重要的影响。下石炭统与中下奥陶统灰岩呈假整合接触，揭示了岩溶作用主要发育于海西早期。从区域构造演化、地震反射结构、地球化学特征及钻井等资料看，塔河地区还具有发育加里东中期岩溶作用的条件。在塔河主体区海西早期、加里东中期形成的两个不整合面重合，加里东中期岩溶作用形成的洞穴被海西早期构造运动剥蚀或改造，从而无法识别，但在塔河外围深层加里东期岩溶储层发育。

加里东中期运动对塔中隆起区岩溶储层的形成有重要作用。早奥陶世末加里东中期，塔中区域性的上隆致使整个中奥陶统和上奥陶统恰尔巴克组缺失，意味着整个中奥陶世，该区都处于暴露剥蚀状态，下奥陶统碳酸盐岩长时间接受岩溶改造。在塔中 4、塔中 6、塔中 16 和塔中 61 井奥陶系剖面上，发育的加里东中期岩溶洞穴层，占塔中地区已发现洞穴层钻井数的一半，证实了奥陶纪末加里东中期岩溶的重要性。海西早期，由于巨厚的良里塔格组覆盖和条带状分割出露的可溶岩石的限制，只在局部地区发育海西早期岩溶，如塔中 3—塔中 7 井区、塔中 25—塔中 48 井区和塘沽 1 井区奥陶系灰岩段直接与石炭系接触，该区岩溶储层的形成主要受海西早期构造运动控制。

塔中、塔河地区加里东中期第一幕岩溶作用都相对较弱；中、晚奥陶世之间的加里东中期运动，使塔中、塔河地区均发生整体抬升作用，塔中间断时间长，抬升幅度大，塔北表现较弱。但这一时期的隆升是一个区域性的上隆过程，局部断裂和褶皱构造不发育，碳酸盐岩地层中的裂缝系统欠发育，流体活动初始通道的缺乏，限制了流体的有效活动。但局部地区如塔中 II 号断裂已有活动，在这些断裂带附近，下奥陶统碳酸盐岩有较强的岩溶作用改造并形成好的岩溶储层。与此相似，在塔河地区兰尕盐体之下的一批成功探井（如沙 112、沙 106 井等）与加里东期南北向断裂控制的岩溶裂缝有成因联系。

2. 岩溶作用主控因素对比

（1）古地貌

岩溶作用及其孔洞缝网络体系的发育与岩溶古地貌关系密切。岩溶高地是岩溶大气水的区域补给区，地下水动力以垂向渗入渗流带为主，水平潜流带欠发育，决定了储渗空间以溶蚀裂缝、孤立孔洞发育为特征，潜水面洞穴层和洞穴层储层欠发育；而岩溶谷地的地下水水动力分带不明显，地下水的动力和化学溶蚀能力均已减弱；岩溶斜坡相带是连接岩溶高地和岩溶谷地的过渡带，地下渗流和水平潜流均发育，决定了该带是岩溶储层发育的最好区带。

构造演化差异导致岩溶古地貌的不同。加里东期塔中地区抬升幅度明显大于塔河地区，可溶岩地层出露区分散并呈条带状分布，缺乏大面积分布的岩溶斜坡区，造成多个小型、分散的岩溶地下水系统。塔中隆起不同地区的古地形高差很大，整体上受控于塔中 I 号断裂和塔中南缘断裂，主要发育高陡的"垒式"或"花式"背冲型背斜构造，塔中地区古岩溶地貌存在高陡潜山、中幅潜山和低幅潜山或残丘四种，而斜坡带的岩溶作用可能不发育。在塔河地区，海西早期阿克库勒凸起冲断褶皱强烈，下奥陶统顶部及上覆地层剥蚀夷平，塔河地区岩溶斜坡发育。在奥陶纪末至早石炭世，阿克库勒凸起以北部高地、东西两侧的谷地以及中部的丘丛-洼地相间的古地貌形态出现，使得塔河地区奥陶系碳酸盐岩发育大规模、多旋回岩溶带。

（2）围岩性质与流体

灰岩与白云岩的溶蚀性质有很大的差异。塔河油田主体区风化壳内可溶岩主要为奥陶系鹰山组纯灰岩，塔中地区风化壳内可溶岩石类型相对多样，有致密性灰岩、孔洞性灰岩、孔隙性白云岩和致密性白云岩等，并呈带状展布。灰岩的岩溶作用以化学溶蚀为主，机械破碎作用弱，当构造作用下产生裂缝系统时，大气降水将通过裂隙渗入地下，流体进入地层后主要沿先前的裂缝系统流动，呈管状流溶蚀改造先前的裂缝，形成大型管状洞穴系统；白云岩的岩溶作用除化学溶蚀外，机械破碎溶解也有重要意义，呈现整体溶蚀，难见大型洞穴系统。

对塔河及塔中油田水化学分析可见，①两者的矿化度总体较高，但塔河油田平均值稍高；②大多属于 $CaCl_2$；③塔河油田水中的 HCO_3^- 要低于塔中油田水对应值；④塔河油田水中 rNa^+/rCl^- 高于塔中油田水对应值，可能代表含盐层有所贡献的地层水；⑤与塔中油田水相比，塔河油田水中出现较低 $\delta^{18}O$，反映塔河受淡水淋滤作用要强。研究发现，在塔中现今油田水物化性质下，方解石大部分溶解，少量沉淀，有利于灰岩溶解；但白云石基本不溶解，有利于白云石化进行。在滨海碳酸盐岩含水层咸—淡水过渡带中，碳酸盐岩的岩溶化作用常常超过淡水含水层的岩溶化作用强度，这可能是塔河油田的岩溶作用要远高于塔中的原因之一。

3. 岩溶储层特征与分布对比

（1）岩溶储层的类型

塔河油田奥陶系碳酸盐岩主要发育孔洞—裂缝型储层。下奥陶统储层基质孔隙包括晶间孔、残余粒间孔、粒内和粒间溶孔等。残余粒间孔仅在南缘礁滩型颗粒灰岩中发育（如沙76井），粒内和粒间溶孔的分布与裂缝及古岩溶发育带密切相关，常常分布在岩溶高地边缘或部分岩溶斜坡区，大致位于风化面以下0～300m范围内，多期构造线的交汇处及褶皱的轴部等。裂缝—孔洞型储层的主要储集空间为次生的溶蚀孔洞，裂缝仅起渗滤通道和连通孔洞的作用，塔河油田沙48井、塔河402井较为典型，分布于岩溶斜坡区。生物礁（滩）型储层常常位于台地边缘的斜坡带，如沙76、沙69、沙60井等多口井的奥陶系一间房组发现生物礁滩，呈现带状展布的特征。储层受原始沉积环境及后期溶蚀孔洞发育程度的控制。

塔中地区上奥陶统碳酸盐岩储集层可划分为孔隙—裂缝型、孔洞—裂缝型、裂缝－孔洞型三种类型。良里塔格组砂屑灰岩层段中的藻砂屑粒内溶孔是主要的孔隙类型。此外，构造裂缝型储层也十分重要，溶洞在裂缝发育的礁滩层段较为发育。上奥陶统碳酸盐岩储集层主要受沉积相带和后期改造作用控制。礁滩相主要沿塔中Ⅰ号断裂坡折带上盘分布。东段为礁滩型和裂缝—孔隙型储层，中段为凝块石格架孔－粒间孔－超大溶孔，西段为断裂裂缝－岩浆期后热液活动产生的溶蚀孔洞微裂缝－孔洞型储层。塔中地区下奥陶统－寒武系碳酸盐岩储集层特征主要为溶蚀孔洞为主，中小型溶洞、溶孔较为发育。下奥陶统储层为开阔台地相碳酸盐岩受多种类型的溶蚀作用形成。与塔河相比，大型风化壳表生岩溶不发育，储集性能相对也较差。

（2）岩溶储层发育层位及分布特征

中下奥陶统的生物礁丘相（一间房组）和台地碳酸盐岩（鹰山组）均是岩溶发育的主要层段。与塔河灰岩洞穴为主的岩溶作用相比，塔中地区的白云岩多孔，构成多孔层的弥散流，中小型溶孔大量发育，但溶洞规模一般小于灰岩。塔中上奥陶统灰岩的岩溶发育时间短，部分地区一间房组至鹰山组上部缺失，大部分地区有志留系覆盖，因而，岩溶发育程度、范围要小于塔河油区。但顺西－卡1区块等火山活动较强，岩浆热液期后的热水溶蚀不可忽视。

塔河地区岩溶洞穴型储层大面积多层系叠置连片分布，中奥陶统一间房组是重要产层，上奥陶统良里塔格组储层局部发育。在塔河地区，奥陶系海西早期不整合面以下约250m的深度范围内，受海西早期构造脉动式抬升控制，发育3个岩溶旋回，纵向上分为3个岩溶洞穴层，平面上洞穴层的发育受海西早期岩溶相带的控制，整体上具多层系叠置连片分布的特征。经多期抬升在洞穴层顶底附近普遍发育风化裂缝型储层，这些密集发育的不规则网络状风化裂缝系统与构造裂缝连通，构成不同期次洞穴子系统。此外，加里东期岩溶形成的洞穴型储层分布范围和涉及深度也较大，只是发育程度不及海西早期的岩溶储层，主要分布在塔河外围。

塔中地区岩溶洞穴型储层发育分布局限，主要分布在构造断垒带等窄条状的地区，如东部高陡潜山带等。但与孔隙性白云岩有关的小型岩溶孔洞比较发育，塔中隆起区下奥陶统白云岩层段与石炭系直接接触，其间的不整合侵蚀面为白云岩段溶蚀作用改造提供了有利条件，形成小型岩溶孔洞。上奥陶统良里塔格组台地边缘浅滩相发育溶蚀孔隙型储层，主要分布于塔中东北部，受控于塔中Ⅰ号断裂坡折带的台地边缘相带。

由前面分析对比，塔中隆起、阿克库勒低凸起碳酸盐岩储集层的发育及分布有较多的共性，但在后期成岩作用和构造改造作用方面差距较大。

三、碳酸盐岩岩溶储层有关的成藏组合

由于不同隆起区的岩溶发育情况有所不同，因而与岩溶储层相关的成藏组合也有着一定的差异，下面分别论述塔中、巴楚和塔河地区与碳酸盐岩岩溶储层有关的成藏组合。

1. 巴楚地区成藏组合

巴楚地区东部在和田河气田探明了石炭系及奥陶系的多个天然气藏，包括石炭系生屑灰岩气藏和奥陶系潜山气藏。油气源对比表明，巴楚地区和田河气田天然气为寒武系烃源岩的产物，并且除原油的裂解气之外，混有寒武系晚期干酪根的裂解气；和田河气田产出的凝析油，主要来源是石炭系烃源岩，但也混入了一定量的寒武系来源的油。寒武系来源的油主要是晚海西期断裂活动造成的油气向上运移及散失后的残余物（赵孟军等，2003）。因此，根据目前的勘探成果，主要的碳酸盐岩岩溶储层成藏组合有三种：

①寒武系烃源岩＋下奥陶统潜山岩溶储层＋中上奥陶统泥岩或致密碳酸盐岩、志留系泥岩以及石炭系下泥岩段为盖层的气藏成藏组合（图4-7）。该成藏组合的典型代表是和田河气田。和田河气田位于中央隆起带巴楚隆起南缘玛扎塔格构造带，其碳酸盐岩储集层发育于石炭系生屑灰岩段和T_7^4不整合面下的下奥陶统。奥陶系碳酸盐岩储层主要由生物灰岩、粒屑灰岩、鲕粒灰岩和细结构的泥晶灰岩组成，储层类型为风化壳岩溶型；储集空间主要为粒间孔、晶间孔等基质孔隙和溶蚀孔洞，其次是构造裂缝；储集类型为裂缝－孔洞型为主。和田河气田为潜山背斜风化壳岩溶储层油气藏。和田河气田的分布很有规律，主要产气层段有两部分。一是T_7^4不整合下的下奥陶统岩溶储层（下奥陶统储，巴楚组泥岩盖），一是石炭系巴楚组生屑灰岩段（巴楚组储，卡拉沙依组盖）。玛5井有上奥陶统地层，在T_7^0不整合面之下岩溶储层发育，且形成气藏；而T_7^4不整合面之下岩溶储层不发育，无油气形成；这反映出晚加里东期运动比早加里东期运动对岩溶储层发育和油气成藏更为有利，这与中1井区储层发育规律相吻合。把玛5井和玛2、3、4井对比发现，多期岩溶叠合，对储层发育更有利。在玛2井、玛3井和玛4井的T_7^4不整合面之下岩溶储层都很发育，且形成气藏，这可能与早加里东岩溶与晚加里东岩溶，甚至更晚期的岩溶相互叠合有关。

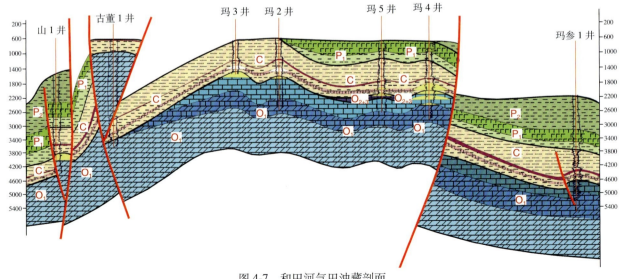

图4-7　和田河气田油藏剖面

②寒武系烃源岩＋石炭系生屑灰岩为储层＋石炭系上泥岩段盖层的气藏成藏组合（图4-8）。该成藏组合的典型代表是巴什托－亚松迪气藏。巴什托－亚松迪气藏也是一个风化壳岩溶储层油气藏。该油气藏分布规律性很明显，主要集中在两套地层。一部分是沿石炭系巴楚组顶部生屑灰岩段（巴楚组储，卡拉沙依组盖）分布，另一部分沿石炭系小海子组顶部灰岩段（小海子组储，二叠系盖）。以卡拉沙依为界，断裂上盘为亚松迪气藏，成藏模式为早期成藏－破坏－晚期成藏模式；断裂下盘为巴什托油藏，成藏模式为早期成藏他生模式。

③寒武系烃源岩＋中下寒武统白云岩为储层＋中寒武统膏盐岩为盖层的气藏成藏组合。以中寒武统盐膏层为盖层，下伏寒武系（或震旦系）碳酸盐岩为储层。在和4井、方1井及巴楚隆起南缘的康2井等均在寒武系钻遇了一套厚达400～500m的盐膏层，在塔参1井寒武系6800～7085m井段也发出泥质云岩、膏质云岩和膏岩组成的优质盖层，地震资料表明，该套盐膏层分布广泛，厚度较稳定，是一套区域性的优质盖层。并且和4井、和田1井见到良好油气显示，中下寒武统岩心录井获得含气岩心17.93m/3层；塔参1井在7108～7132m井段见到4层10m气测异常段。该组合在本区的主要凹中隆圈闭的6号构造，最大埋藏深度为6200m，其他地区埋藏更浅，可作为巴楚地区的勘探领域。

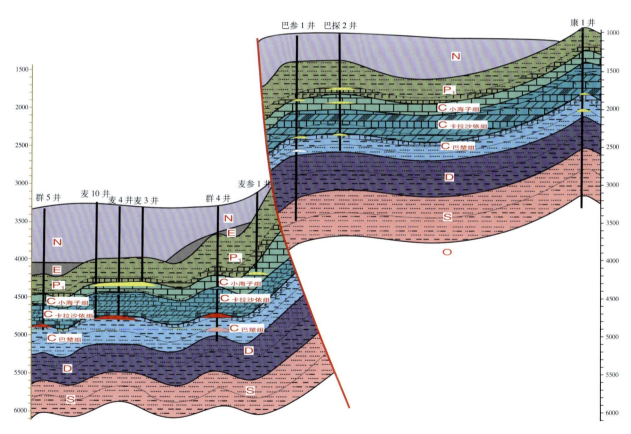

图4-8　巴什托—亚松迪气田油藏剖面

2. 塔中地区成藏组合

相比而言，塔中除了有上述巴楚地区存在的三套成藏组合外，还分布有：

①寒武系－奥陶系烃源岩＋上奥陶统良里塔格组岩溶储层＋上奥陶统泥岩或致密碳酸盐岩、志留系泥岩以及石炭系下泥岩段为盖层的油气藏成藏组合（图4-9、图4-10）。塔中16号构造位于塔中地

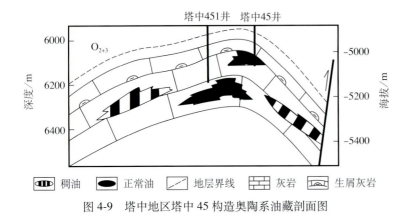

图 4-9 塔中地区塔中 45 构造奥陶系油藏剖面图

图例：
稠油　　正常油　　地层界线　　灰岩　　生屑灰岩

图 4-10　塔中地区塔中 16 构造奥陶系油藏剖面图

区的中东部，是一个下古生界受塔中 I 号基底断裂及其伴生的断裂控制的潜山，已经证实是一个中型油气田，油藏剖面图如图 4-10 所示。塔中 16、161 井缺失上奥陶统泥岩段，位于构造较高部位。该构造带奥陶系上覆志留系砂岩，中上奥陶统灰岩储层岩溶作用发生在第三期。据岩心资料，中上奥陶统灰岩段储集空间主要为垂直裂缝、溶洞晶间孔、网状微裂缝，是较好的储集空间。塔中 16 井孔、洞尤其发育，井深 4256.74m 灰岩中见放空 1.68m，该井段位于岩溶垂向分带中的水平潜流带，经测试获得工业油流。

②寒武系烃源岩＋上寒武统—下奥陶统白云岩为储层＋石炭系上泥岩段为盖层的气藏成藏组合。塔中 1 井区气藏是以白云岩储层为储集体而形成的潜山油气藏。受多期构造运动影响，塔中 1 井井区地层遭受巨大剥蚀，石炭系地层直接覆盖在下奥陶统地层之上；使 T_7^0 不整合面之下地层受多期不整合作用影响，形成与风化壳作用有关的多期白云岩岩溶储层。同时，在下奥陶统内部，受成岩作用环境影响，形成白云岩内幕储层。以这两种白云岩储层为储集体，石炭系泥岩为盖层，源岩断裂为输导，寒武系膏盐岩为烃源岩，形成了早期成藏的塔中 1 井气藏。分析塔中 1 井潜山气藏的成藏关键因素是白云岩内幕储层的形成，而决定白云岩能否成为储层的关键条件是白云岩的成岩环境及物质基础。因此，控制潜山型油气藏的主要因素还是白云岩的成岩物质基础，当然，盖层、源岩和断裂输导也是成藏的必要条件。

3. 塔北地区成藏组合

多套储层、多套储盖组合、多种圈闭类型，大型碳酸盐岩缝洞－岩溶型储集体发育是形成塔河大型复式油气田的重要条件（图 4-11）。塔河油田的碳酸盐岩与岩溶储层有关的成藏组合主要有以下几种：

①寒武系烃源岩＋上寒武统岩溶储层＋石炭系下泥岩段为盖层的油气藏成藏组合。这种成藏组合在塔河油田分布范围很局限。

②寒武系烃源岩＋中下奥陶统岩溶储层为储层＋石炭系上中下泥岩段为盖层的油气藏成藏组合。这种成藏组合在塔河油田分布范围很广，塔河油田的主体区均为该种成藏组合。

③寒武系烃源岩＋上奥陶统岩溶储层为储层＋志留系砂泥岩段为盖层的油气藏成藏组合。这种成藏组合主要分布在塔河油田的外围区。

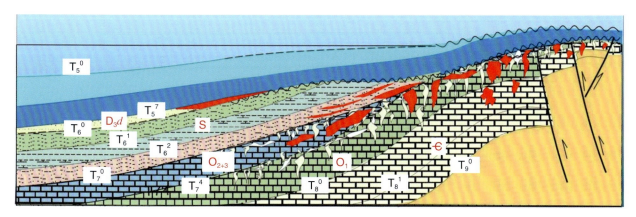

图 4-11　塔河油田岩溶油气藏分布特征

　　综上所述，塔中隆起、巴楚隆起和塔北隆起区在构造演化、烃源岩分布、储层特征、储盖组合、主成藏期、成藏组合方面均有许多共性，也存在差异。主要差异在于：塔中隆起形成及定型时期早，后期改造及调整比较弱，具有稳定古隆起的特征；巴楚隆起发育和定型时期晚，并且至今依然在活动，具有活动古隆起的特点；阿克库勒凸起具有残余古隆起的特征。寒武系－下奥陶统烃源岩在整个区域均有分布，而中上奥陶统烃源岩主要分布在塔中、塔北。寒武系储层在巴楚埋藏浅，更具勘探意义，而奥陶系岩溶储层在塔河和塔中则具有重要的油气勘探潜力。

四、古隆起区油气成藏模式

　　从世界范围看，古生代碳酸盐岩油气聚集和分布与坳陷（盆地相沉积）边缘的古隆起（碳酸盐岩台地）有密切的关系。对于经历了长期发育演化的古老克拉通盆地，继承性的古隆起一直是油气运移的指向区，同时古隆起总是与烃源岩相邻，或者对后期的烃源岩发育起到明显的控制作用。

　　从已有的勘探成果来看，塔里木盆地台盆区的奥陶系油气田（藏）主要分布在塔北、塔中和巴楚三个古隆起区，明显表现出古隆起及其斜坡控油的特点，具有古隆起或古构造背景是台盆区海相油气藏形成的一个重要条件。目前发现的海相油气藏无不围绕古隆起及其斜坡分布或者具有古隆起或古构造背景。塔中、塔北隆起已发现的油气藏、巴楚隆起的和田河气田、麦盖提斜坡的巴什托普油藏等，均分布于古隆起及其斜坡地区或形成较早的局部构造。

　　古隆起对海相油气富集的控制作用，主要因为以下几方面的有利条件：①海相古隆起形成时间早，且多具继承性发育特点，是油气运移长期的有利指向区。②海相古隆起规模大。③海相古隆起具有良好的生储盖组合条件。与古隆起相邻的深坳陷发育厚度较大的优质烃源岩。在相对较高的地温梯度背景下，有机质热演化成烃期早，生成的油气沿断层及不整合面运移，在古隆起低势区聚集，形成古油（气）藏。沉积期多处于台地边缘高能环境的粒屑碳酸盐岩（好储层）与坳陷部位盆地相烃源岩，构成良好的生储组合。古隆起部位构造升降运动频繁，利于溶蚀性储层的形成。④古隆起晚期构造活动相对较强，利于油气的聚集与调整。

　　海相古隆起油气分布通常呈现复式聚集的特点。古隆起对油气成藏的控制与影响，不仅仅涉及古隆起及其内幕，而且还影响到古隆起之上覆层系。受古隆起控制的、具有成因联系的油气藏组合，在纵向层系上，可分为上、中、下三个组合，平面上可分为古隆起核部、上斜坡、下斜坡及深坳陷（图4-12）。

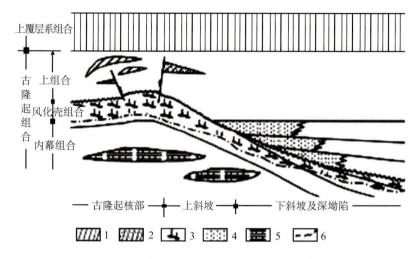

图 4-12　古隆起结构特征及圈闭组合示意图

1—披覆背斜与岩性圈闭；2—断块圈闭；3—风化壳型（地层）圈闭；4—地层—岩性圈闭；
5—古隆起内幕圈闭；6—风化壳古潜水面

分析认为，影响古隆起油气形成与富集程度的因素除了烃源岩和储盖条件外，古隆起的形成时间、后期构造的稳定性以及古隆起的规模等都是十分重要的控油因素。古隆起-古斜坡带多旋回的沉积-剥蚀过程，导致多个不整合的发育与复合，形成了广泛分布的大型地层超覆-退覆带、岩相变化及岩溶带，控制着盆内主要储盖组合的形成分布，决定着复杂岩性-地层或构造-地层油气藏的形成和分布（图 4-13）。

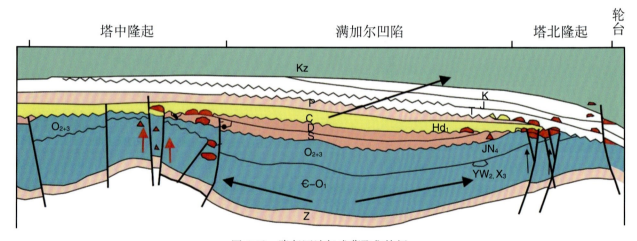

图 4-13　隆起区油气成藏聚集特征

塔里木盆地是十分典型的叠合盆地，经历了多次构造运动，油气保存与破坏的矛盾比较突出。对油气聚集和保存，隆起边缘比隆起顶部似乎更有优势，主要原因还是早期构造活动比较强烈，隆起高部位的剥蚀破坏作用使隆起高部位的油气藏被夷平。不同特征的古隆起有着不同的油气藏形成和发育模式，塔中和塔北两种古隆起的成藏模式有着显著的不同。

稳定古隆起在塔里木盆地以塔中隆起较为典型。这类古隆起由于长期继承发育，后期构造相对比较稳定，因而以形成原生油气藏为主，具有成藏时间早、后期保存较好的特点，且以原生油气藏为主。但由于塔里木盆地后期特别是喜马拉雅期以来构造活动十分强烈，加之喜马拉雅期气侵作用也十分普遍，从而造成这类古隆起在形成原生油气藏为主的同时，也存在后期调整改造而形成的次生油气藏，只不过后期调整作用主要仅发生在隆起顶部，且调整幅度不大，因而储量仍主要集中在原生油气藏中，次生油气藏一般规模很小（图 4-14）。如塔中隆起古油藏的后期调整作用主要仅发生于中央断垒带。稳定古隆起无论是斜坡还是隆起高部位均是寻找大中型原生油藏的有利部位。

改造型古隆起在塔里木盆地以塔北隆起最为典型。这类古隆起由于后期叠加改造十分强烈，因而油气藏调整改造十分普遍，从而形成原生油气藏和次生油气藏均很重要的油气藏分布格局，只不过原生油气藏与次生油气藏的富集部位存在明显差异。一般来说，改造型古隆起的斜坡部位因后期构造变动相对较弱，区域盖层剥缺较少，油气藏保存条件较好，因而以形成原生油气藏为主，是寻找大型原生油气藏的最有利部位；而隆起高部位则因后期构造变动较为强烈，区域盖层剥缺严重，从而造成早期形成的原生油气藏遭到破坏或发生调整改造，因而以形成次生油气藏为主，是寻找大中型次生油气藏的主要地区，残余的原生油气藏规模一般较小（图4-15）。如塔北隆起的斜坡部位已发现大型的塔河油田，其主力油藏为晚海西期形成的奥陶系潜山油藏，石炭系和二叠系油藏均为后期调整形成的次生油藏，规模相对较小。而在隆起高部位的轮南断垒带和桑塔木断垒带，油气主要分布于三叠系和侏罗系，为后期由奥陶系调整形成的次生油藏；相反，其奥陶系原生油藏则因后期调整改造较为强烈而保留较少，储量规模不大，且原油受到较强烈的生物降解等后期改造作用，造成油质变差，以稠油为主。

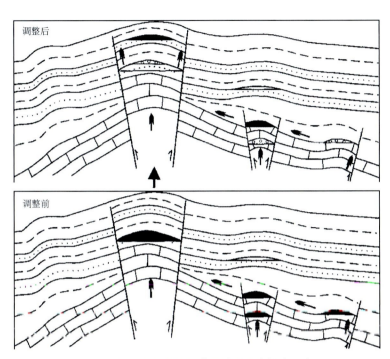

图 4-14 稳定古隆起油气藏形成和分布模式示意图

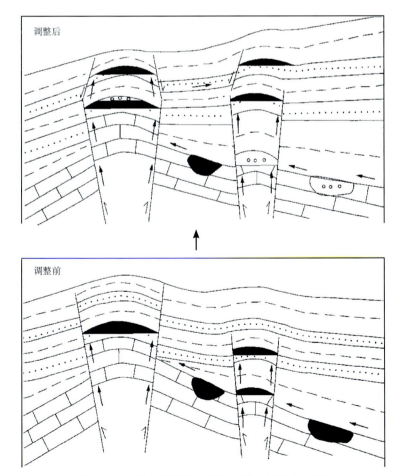

图 4-15 改造古隆起油气藏形成和分布模式示意图

塔里木盆地 构造沉积与成藏
ALIMUPENDIGOUZAOCHENJIYUCHENGCANG

第二节　台缘坡折带控制的礁滩储层油气成藏组合

塔里木盆地已发现的海相碳酸盐岩油气藏中，礁滩相储层占有相当大的比重。塔里木盆地亿吨级大油气田——塔河-轮南大油田，其储层主要为台地边缘、开阔台地相粒屑灰岩、生屑灰岩。储层类型主要是孔洞-裂缝型和裂缝-孔洞型。目前对这套碳酸盐岩储层形成的主要认识是，高能环境下形成的浅滩相粒屑灰岩是基础，风化壳岩溶作用和破裂作用是关键。轮南地区奥陶系一间房组和大湾组为沉积于台地边缘浅滩和台内滩的粒屑灰岩、生屑灰岩，质纯，有利于风化壳溶蚀和裂缝发育。塔中地区Ⅰ号断裂带（或坡折带）发现了多个工业油气藏。其储层的岩石类型主要是台地边缘粒屑滩相，其次为台缘格架礁、灰泥丘及砂屑砾屑滩相。巴楚地区巴什托普油气田探明石油地质储量329万吨，天然气7.9亿 m^3，其储层为石炭系巴楚组生屑灰岩段台缘高能浅滩相带。环满加尔地区西缘寒武系-下奥陶统发育的台地边缘高能相带已为大家所公认，且相带在横向上的迁移形成了较大的空间分布规模。近期实施的塔深1井钻遇了寒武系高能相带，并有油气显示，证实了该区寒武系-下奥陶统台缘高能浅滩相带的存在。综合已有油气发现可知，塔里木盆地台缘生物礁滩相具有重要油气储集意义。

一、台缘坡折带类型及时空分布

地震、钻井层序地层分析表明，塔里木盆地寒武-奥陶纪经历了4种不同的碳酸盐台地结构型式的演变，这4种台地结构型式包括：①早、中寒武世缓坡型碳酸盐岩台地；②晚寒武世-早中奥陶世弱镶边斜坡型碳酸盐岩台地；③晚奥陶世早期孤立型碳酸盐岩台地；④晚奥陶世中晚期淹没型碳酸盐岩台地（图4-16）。不同类型的碳酸盐岩台地在其剖面结构、台地边缘特征、沉积相构成等方面有着显著的差异，特别是对礁滩储集体的发育起着明显的控制作用。

在不同碳酸盐台地结构模式下，台缘斜坡的形态、坡度、宽度以及所处的位置也不相同（见图2-9）。寒武纪时期，斜坡带沿草3井-满参1井-且末-塔东1井连线一带呈"V"字形环满加尔凹陷展布，塔东1井揭示了陆棚坡脚亚相沉积。斜坡带分布范围不大，宽度窄，坡度小，为一沉积型缓斜坡。早奥陶世时期，斜坡带大致沿库南1井-满参1井-且末连线一带呈向西凸出的马蹄形东倾环满加尔凹陷展布，斜坡坡度较寒武纪时期有明显增大，宽度也变大，原来塔东1井区的斜坡相被半深海盆地相所代替，斜坡相向台地相区迁移，这时的斜坡相为典型镶边型斜坡相。中晚奥陶世时期，随着海平面的上升，早奥陶世向西凸出的东倾斜坡相带到中晚奥陶世继续向西部的台地相区迁移，但宽度减小，坡度变大，同时斜坡带的走向在盆地南部发生了明显的改变，斜坡带绕过塔中隆起，经由塘参1井向策勒县方向延伸。此外，随着海平面的升降变化，台缘斜坡的位置也随着海水的侵入、退出而发生迂回迁移。在寒武、奥陶纪的不同时期，台地边缘相都有所迁移。台地边缘相的迁移控制着礁滩相的分布。在早中寒武世时期，台地边缘相向海方向迁移，相带分布范围较窄。晚寒武世到早奥陶世，随着海水的侵入，台地边缘相开始向台地相区退缩，而且相带分布有所扩大。到了中晚奥陶世，由于中上奥陶统灰岩形成于海平面上升背景下，各种沉积相带在平面展布上具有明显迁移特征，向着台地高部位逐步退缩。海水的升降变化和台地边缘相的迁移，都影响着礁滩相的分布。其礁滩相往往随着台地边缘相的迁移而迁移。

目前，礁滩储集体勘探成效最为明显的是塔中和塔河地区的奥陶系。为此，我们对塔中地区奥陶系的台缘坡折带分布进行了重点分析（图4-17）：塔中地区早奥陶世的礁滩相带主要环满加尔沿满参1井-塔中32井-古城4井连线一带分布，在古城4井和满参1井附近都有礁滩相分布。晚奥陶统早期

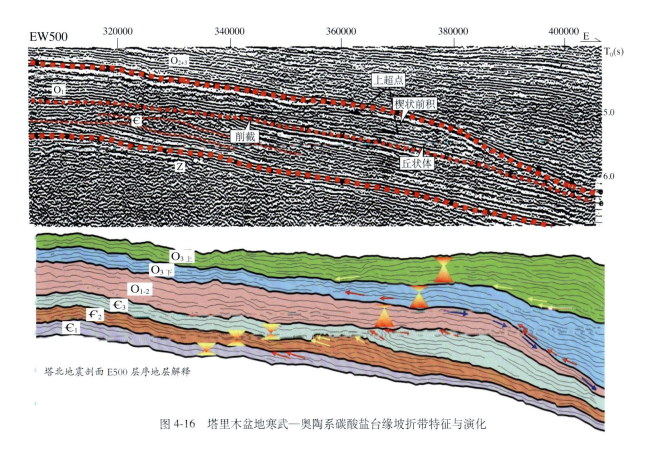

图 4-16　塔里木盆地寒武—奥陶系碳酸盐台缘坡折带特征与演化

的台缘礁滩相带在塔中北坡主要沿Ⅰ号断裂带分布，在斜坡带的西部倾末端顺西地区发育大量地质异常体，南坡主要沿塔中 60 井－中 3 井－巴东 2 井连线一带分布；台内礁滩主要发育在 10 号断裂带附近的台内缓坡带，如塔中 23、塔中 35 等井。晚奥陶世晚期的台缘礁滩相带在塔中北坡则主要沿 10 号断裂带发育，南坡的台缘礁滩相带则仍主要沿塔中 60 井－中 3 井－巴东 2 井连线一带分布，向台内稍有迁移；台内礁滩则主要发育在中央断垒带附近的台内缓坡带，尤其是中央断垒带南侧缓坡如塔中 9 井区等区带。

在纵向剖面上，奥陶系可划分为上、中、下三个统。奥陶系下统丘里塔格群上亚群，其下段基本上全部由白云岩组成，岩性为灰色、褐灰色等不同晶粒级别的白云岩、残余颗粒白云岩、藻白云岩以及粒屑白云岩。上部岩性主要为浅灰、褐灰色泥晶和粉晶灰岩、砂屑灰岩、云质灰岩、灰质云岩的不等厚互层，白云石的含量由上至下逐渐增加。

奥陶系中统一间房组在巴楚地区发育生物礁灰岩，与生物礁灰岩伴生的是一套泥晶砾屑灰岩、藻屑砂屑灰岩。柯坪部分地区的大湾沟组也发育少量生物礁灰岩，但大湾沟组主体岩性以瘤状生屑灰岩为主。塔北地区一间房组以含礁颗粒灰岩为特征，而塔中则缺失一间房组地层。

上奥陶统良里塔格组是另一个重要的生物礁滩发育层段，由上至下分为三个岩性段：泥质条带灰岩段、颗粒灰岩段或纯灰岩段及含泥灰岩段，是塔里木盆地目前井下生物礁最为发育的组段。

泥质条带灰岩段以泥质条带发育为特征，岩性主要为灰色、褐灰色、浅灰色中厚层－薄层状泥晶灰岩、粉屑泥晶灰岩、生屑泥晶灰岩、泥晶生屑灰岩以及泥晶砂屑灰岩，局部发育生物障积岩，多夹深灰色泥质条带和泥质条纹。岩石常呈假角砾状或疙瘩状构造，泥质条带由上至下逐渐减少、变薄。

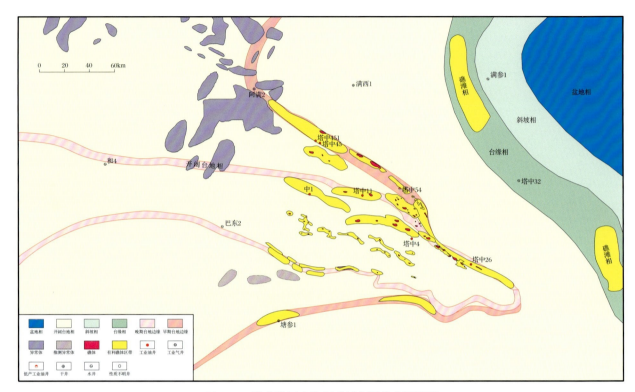

图 4-17　塔中地区奥陶纪礁滩相带分布预测图

颗粒灰岩段或纯灰岩段以岩性较纯为特征，主要为灰色、褐灰色、浅灰色中厚层－块状泥晶－亮晶颗粒灰岩、隐藻灰岩和生物礁灰岩。生物种类多，数量丰富，常见灰泥丘和生物礁。本段厚度一般为 50 ～ 150m，为生物礁滩的主要发育段，也是良好的油气显示段。

含泥灰岩段以质不纯和泥质含量较高为特征，岩性主要为灰色、深灰色厚层状泥晶灰岩、泥质泥晶灰岩和泥灰岩，夹褐灰—灰褐色薄层－中层状生屑泥晶灰岩、藻屑或藻砂屑灰岩，上部有时发育颗粒灰岩、隐藻灰岩或者礁灰岩。

上奥陶统桑塔木组泥岩段，以发育灰色、深灰色厚层泥岩和灰质泥岩为特征，并夹有多种不同岩性的其他岩层，包括泥灰岩、灰岩、粉砂岩、细砂岩以及沉凝灰岩和凝灰质砂、泥岩等。

二、与台缘坡折带有关的礁滩相储集体成藏组合

以生物礁滩为储集体的油气藏多受沉积环境及成岩作用控制，这类储层除具有良好的原生孔隙发育条件外，还易于在成岩作用中进一步发育大量次生孔隙。这些岩石类型常常受沉积相带的展布的控制而形成于碳酸盐岩台地边缘相带。

塔里木盆地与礁滩相有关的成藏组合的形成受沉积相带展布特征和沉积物岩性分布规律控制作用明显。综合塔北、塔中和巴楚地区的礁滩储集体发育情况，塔里木盆地与礁滩储集体有关的成藏组合主要有以下几种：

①寒武系烃源岩＋上寒武统－下奥陶统的滩相为储层＋下奥陶统的致密灰岩或上奥陶统泥岩为盖层的成藏组合。该成藏组合主要分布在满加尔凹陷西缘，沿塔深 1 井－塔中 32 －古城 4 井连线一带（图 4-18），塔深 1 井是其典型代表。

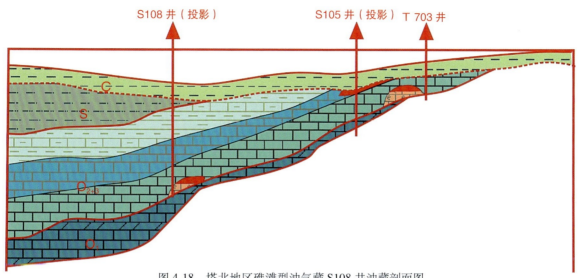

图 4-18　塔北地区礁滩型油气藏 S108 井油藏剖面图

　　②寒武系烃源岩＋中奥陶统－间房组的生物礁滩相为储层＋上覆泥灰岩或桑塔木组泥岩为盖层的成藏组合。该成藏组合主要分布在塔里木盆地北部的塔北斜坡带和西部巴楚地区的台缘斜坡地带（图 4-17）。沙 108 是其代表（图 4-18），沿早奥陶世末，随着海水的上升，在 T_7^4 不整合面之上发育大量生物礁，后期的溶蚀改造作用使其形成良好的储集层，加上临近烃源岩，而其上的泥质灰岩和泥岩又能够起到很好的封堵作用，这就为一间房组礁滩储集体形成良好成藏组合提供了充分条件。

　　③寒武系烃源岩或中上奥陶统烃源岩＋上奥陶统良里塔格组的生物礁滩相为储层＋桑塔木组的泥页岩为盖层的成藏组合。该成藏组合主要分布在中央隆起带北侧的塔中 I 号断裂带附近，塔中 10 号断裂带附近以及塔中南斜坡。塔中 62 井、塔中 82 井油气藏是该成藏组合的良好体现（图 4-19、图 4-20）。塔中 62 井紧邻的 I 号断裂和塔中南缘断裂对寒武系的烃源岩起到了很好的垂向输导作用；而晚期奥陶系烃源岩则可直接沿 T_7^4 不整合面作横向运移到达礁滩储集层，上覆的厚层桑塔木泥岩为油气藏的保

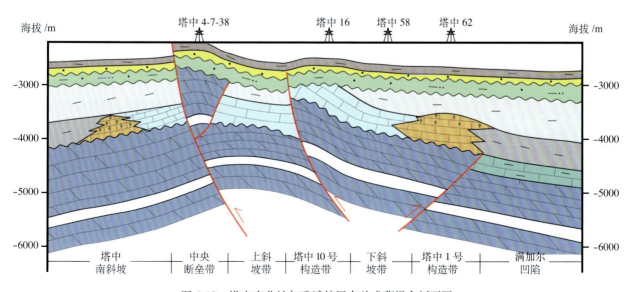

图 4-19　塔中南北坡与礁滩储层有关成藏组合剖面图

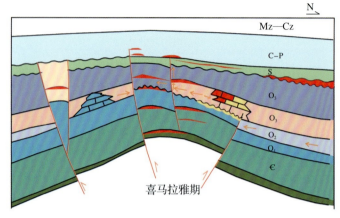

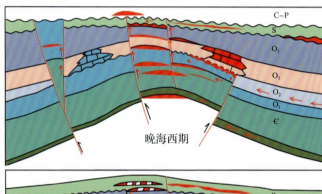

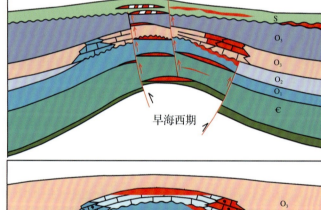

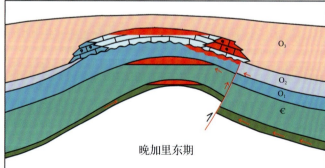

图 4-20 塔中斜坡带不同时期礁滩相成藏组合

存起到了关键作用。塔中 82 井井区油气藏是典型的礁滩型储层油气藏。塔中 82 井处于晚奥陶世早期礁滩发育的台缘斜坡带，礁滩储层发育良好，油源近，之上又有桑塔木组泥岩做盖层，具备形成油气藏的得天独厚条件。塔中 12 处于晚奥陶世中晚期礁滩发育的台缘斜坡带，礁滩储层发育良好，同样临近烃源岩区，之上又有桑塔木组泥岩做盖层，源岩断裂和不整合为其提供了良好输导体系，形成油气藏就顺理成章了。塔中 50 奥陶系储层没有形成油气藏是因为其缺少桑塔木组泥岩做盖层。塔中 50、塔中 12 志留系成藏，上有红色泥岩做盖层。

④上奥陶统台缘灰泥丘 + 上奥陶统良里塔格组的生物礁滩相为储层 + 桑塔木组的泥页岩为盖层的成藏组合。这是一套自生自储的成藏组合，礁滩相经过岩溶作用改造能形成很好的储层，而礁前的灰泥丘相本身就具有很好的生烃能力，生成的油气不需要作长距离运移，在原地储存就可以形成油气藏（图 4-20）。桑塔木组沉积早中期，塔中隆起的良里塔格组礁滩复合体岩性圈闭和塔中 I 号断裂带下降盘构造斜坡带的奥陶系岩性圈闭可以大面积捕获斜坡相和台地相碳酸盐岩烃源岩生成的油。

⑤寒武系烃源岩、奥陶系烃源岩或石炭系烃源岩 + 石炭系的生物礁滩相为储层 + 石炭 - 二叠系泥岩为盖层的成藏组合。该成藏组合主要分布在群 6 井、群 5 井、琼 002 井区及以西的台缘浅滩地带。

近年来，与礁滩相有关的成藏组合引起了大家的广泛重视。塔中 I 号断裂带附近的上奥陶统良里塔格组礁滩相油气藏、塔北中奥陶统一间房组礁滩相油气藏以及巴楚地区

石炭 - 二叠系礁滩相油气藏的相继发现，为我们寻找礁滩相油藏组合注入了活力。目前，塔中南斜坡良里塔格组礁滩储层、满加尔西缘寒武 - 下奥陶统滩相储层、以及巴楚地区石炭系礁滩相储层是实现塔里木盆地碳酸盐岩油气勘探突破的有利区带。

三、台缘坡折 – 斜坡区油气成藏模式

坡折带和古隆起一样，历来都是油气富集的主要区带。坡折带是一个由多种地貌单元组合在一起的地貌景观，它由斜坡、坡折和坡脚三部分组成。在地质学上，坡折带主要是指陆架边缘的斜坡地带，泛指其上下的地形坡度都迅速变缓的陡坡地带。坡折带往往就是一个油气的聚集带，坡折带控油理论，在寻找地层岩性油气藏上具有重要的指导意义。塔里木盆地的古隆起是岩溶储层成藏组合的主要聚集区带，而台缘斜坡带则是礁滩储层成藏组合发育的有利场所。斜坡带不仅是生物礁滩发育区，更是油气运移的必经之路，而且从圈闭形成的角度来看，除了构造圈闭外，也十分有利于地层圈闭、岩性圈闭的发育，塔中Ⅰ号断裂带附近大批油藏的发现即是例证。

不同类型斜坡带是油气富集的重要场所。寒武－奥陶系的台缘坡折带控制着礁滩型油气藏的分布，如塔河－轮南油田、塔中44、45油田；志留－泥盆－石炭系的古地貌坡折带则控制着地层超覆型油藏分布，如哈得逊油田。

塔中北斜坡是塔中地区油气藏形成条件和保存条件最好的地区，该区构造稳定，断裂主要是断至石炭系以下层系的源岩断裂，十分发育的不整合面又是油气侧向运移的通道，而上奥陶统巨厚的泥岩盖层为油气的保存创造了条件。塔中北斜坡奥陶系油藏的成藏模式主要是受台缘坡折带控制的，以断裂垂向运移为主的成藏模式（图4-21）。油气藏主要沿塔中Ⅰ号断裂坡折带分布，断裂坡折和中上奥陶统巨厚泥岩石油气藏形成和分布的2个主要控制因素。断裂既是油气运移的主要通道，又是优质碳酸盐岩储层分布的主要地带。桑塔木组泥岩盖层是塔中Ⅰ号断裂带油气藏形成和保存的关键。

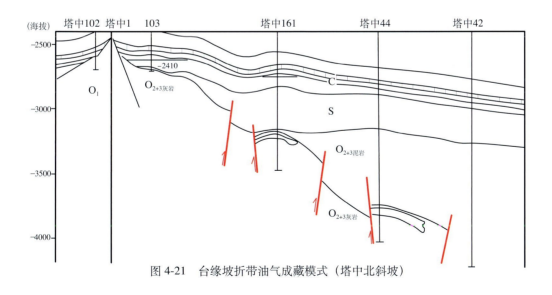

图4-21　台缘坡折带油气成藏模式（塔中北斜坡）

第三节　白云岩储层油气成藏组合

一、白云岩储层的发育背景

1. 白云岩的层位分布

塔里木盆地白云岩储层主要分布于寒武、奥陶系。从时代上看，地层时代越老，白云岩越发育，因此寒武系白云岩居多，塔里木盆地钻遇寒武系的深探井和4、方1、同1等井都有良好的揭示；而奥

陶系则以石灰岩为主，仅在下奥陶统下部发育白云岩，下奥陶统上部多为石灰岩－白云岩的过渡型岩类，上奥陶统以石灰岩为主。

许多的研究结果已证明，由白云岩组成的储层，其储集物性明显优于灰岩类储层，而灰质云岩的储集物性优于白云岩和灰岩，中4、塔中1、中1等井均在白云岩层段见到工业油流（或是很好的油气显示）。从岩石学角度分析，白云石形成时具有许多晶间孔、晶间隙，在其后的溶蚀作用过程中，为溶液提供了渗滤通道，并被溶蚀扩大，形成大大小小的溶蚀孔隙，提高了岩石本身的储渗能力。另外，在深埋条件下，白云岩在构造应力作用下，较易产生裂缝，从而提高了白云岩的储渗能力。

塔里木盆地下寒武统白云岩分布范围较大，主要集中在巴楚隆起、塔中隆起中部及阿北区块；上寒武统和下奥陶统白云岩的分布范围呈现分区的态势，一部分位于塔中隆起和巴楚隆起，另一部分为阿北－顺北以北的区域。

2. 白云岩储层发育的控制因素

白云岩储层的形成受多种因素制约，作为其物质基础的沉积作用起到决定性的控制作用；而成岩作用是叠加在沉积作用之上使储层不均一性更加剧烈的另一重要因素；对于白云岩地层来说，构造作用在某种程度上能够强烈改善储层储集物性；后期的溶蚀作用也是增大白云岩储集空间的一个有效途径。

（1）沉积相带

大量勘探实践证实，原始沉积相带对储层物性具有重要的控制作用。在塔里木盆地寒武系，白云岩主要发育于中央隆起带下寒武统的局限台地相，局限台地相沿同1－方1－和4－巴东4－塔参1－中4一线，呈北西南东向展布。

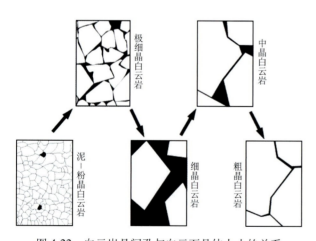

图4-22　白云岩晶间孔与白云石晶体大小的关系

（2）成岩作用

包括岩石结构、白云石化类型和白云石化程度等。白云岩的储集空间受白云石晶体大小、自形程度、方解石的赋存状态以及后期充填方式等结构因素的制约。根据对本区大量薄片观察，随着白云石晶体大小由泥－粉晶→粉－细晶→中－粗晶，晶间孔由不发育→发育→降低，亦即，晶间孔在泥－粉晶白云岩中不发育，在粉－细晶白云岩中明显加大，而在中－粗晶白云岩中则有所降低（图4-22）。白云石的自形程度对晶间孔的控制作用表现为，晶间孔具有随白云石自形程度增加而增加的趋势。

中央隆起带中下寒武统白云岩的晶体结构类型以泥晶－粉晶为主，局部水体较深时发育细晶含云灰岩、含灰云岩。和4井发育的含气膏盐质结核云岩以中晶结构为主，次为细晶结构。膏盐质结核云岩中含气说明细晶－中晶云岩具有很好的储集空间。

对塔中地区岩心及露头剖面172块样品薄片鉴定的统计结果表明，晶间孔隙的发育受到岩石中白云石含量的控制。其基本规律是，当白云石含量低于50%时，白云石晶体尚未形成支撑格架，多呈分散状晶体状"漂浮"在灰质基质之上，此时白云石晶间孔隙度一般<5%。当白云石含量大于50%时，白云石晶体逐渐形成支撑格架，晶间孔隙度逐渐加大（普遍>5%）。而后，随着白云石的进一步增加，晶间孔也逐渐增多，直至到达某一峰值（白云石含量大约为82%～85%时，面孔率为10%～15%）。再往后，随着白云石含量的进一步增加，晶间孔隙度发生逆转，不仅不增加，反而急剧降低，其原因是此时发生过白云岩化作用，晶间孔被白云石外围不断生长的环带所挤占（图4-23）。因此，处于白云岩与灰岩过渡地带的层段是晶间孔隙最发育的部位，也即含有灰岩的白云岩具有较好的储集物性。下寒武统的灰质云坪沉积即属于此类情况。

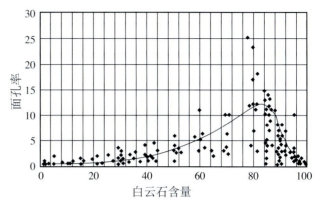

图4-23　塔中地区白云岩晶间孔面孔率与白云石含量关系图

（3）构造运动

构造运动对白云岩储层的控制主要体现在形成构造裂缝上，裂缝通常为断裂的伴生产物，裂缝发育在断裂带周围。在塔中隆起－巴楚隆起一线，断裂构造发育，通过方1、和4、康2、塔参1井的岩心缝洞统计，可知寒武系的白云岩构造裂缝比较发育，它是较好的油气储集空间及主要的渗滤通道。

裂缝的发育程度受岩石岩性的直接控制：岩性越纯，裂缝发育越差，如白云岩和灰岩。表现为裂缝发育条数占比例高，岩心总长度占比例也高，导致裂缝线密度值低；不纯或含杂质的岩性裂缝发育好，如隧石结核白云岩、含灰白云岩、硅质白云岩、云质灰岩、鲕粒灰岩及泥质灰岩，表现为短的岩心长度内发育了数量较高的裂缝，故裂缝线密度值高（图4-24）；从岩性分布看，裂缝发育好的岩性分布局限。

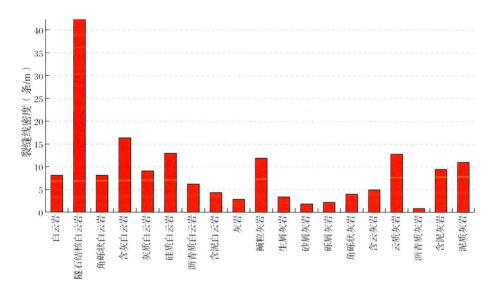

图4-24　塔中地区碳酸盐岩裂缝发育程度与岩性关系图

（4）溶蚀作用

通过单井分析，沿着裂缝发育了大量溶蚀孔洞，此外在膏岩段具有较强的深部膏溶特征。所以后期的溶蚀改造作用是寒武系白云岩、灰质白云岩、膏质白云岩储层发育的一个重要控制因素。埋藏溶蚀作用多发育于灰岩与白云岩过渡段，在白云岩中，深部溶蚀的主要特征是非组构选择性，流体既溶蚀颗粒白云岩中的颗粒又溶蚀各世代胶结物，同时还溶蚀白云岩。膏岩段易发生深部膏溶作用，膏岩段常具有较强的深部膏溶岩溶特征，具洞穴砂沉积。膏岩岩溶几乎在所有钻井上都有揭示。塔参1井的上、下石膏层段夹粉晶云岩、膏质云岩的层段膏溶发育明显。和4井中寒武统第32筒岩心中的含膏泥晶白云岩中也发育膏溶现象。方1井下寒武统的第19筒岩心中，不仅溶孔十分发育，窗格孔也比较发育。可见，膏溶可以很好地改善岩层的储集物性。

二、与白云岩储层有关的成藏组合

1. 寒武系—奥陶系内幕成藏组合

在寒武系—奥陶系发育二套厚度稳定、分布广泛的盖层，它们是：①中寒武统膏泥岩段盖层：中寒武统膏泥岩段厚300～500m，岩性以膏泥岩为主，夹少量灰岩和白云岩。这套膏泥岩在塔中、巴楚、阿北－顺北、英买力等地区广泛分布，是一套良好的区域性盖层。②上奥陶统泥岩段盖层：上奥陶统"黑被子"泥岩段，为厚—巨厚层状的褐灰、深灰、灰色泥岩、灰质泥岩夹褐灰色灰质粉砂岩、泥质灰岩。塔中地区厚200～600m，巴楚地区厚100～200m，除塔中中央断垒带高部位、塔北阿克库勒高部位等局部地区因剥蚀缺失外，是区内稳定分布、厚度巨大的良好盖层。

以上述两套盖层为基础，寒武－奥陶系内幕组合序列包括了二个亚组合：一是以缝洞型的下寒武统白云岩、灰质白云岩等为储层，以中寒武统膏泥岩或中上奥陶统泥质岩为盖层构成的储盖组合，英买1、2号构造便是此种组合的典型实例。一是下奥陶统下部白云岩与上覆的奥陶系泥岩盖层构成的储盖组合，轮南46井中上奥陶统良好的油气显示，属于此类储盖组合。

①中下寒武统自生自储型内幕成藏组合：寒武系自生自储型成藏组合是塔里木盆地非常典型的一种成藏组合，是天然气聚集的主要场所。该类成藏组合以中下寒武统白云岩、膏泥岩为烃源岩，中寒武统膏泥（盐）岩为盖层，下伏白云岩为储层。巴楚地区的同1井、康2井、方1井、和4井、和田1井、巴东4井，塔中地区的塔参1井、中4井均揭示了该套自生自储型内幕成藏组合，该成藏组合的特点是：储层为下寒武系白云岩，储集空间主要为白云石晶间溶孔和晶间孔，盖层为中寒武统膏盐岩盖层。

②上寒武统－下奥陶统下生上储型内幕成藏组合：烃源岩为中下寒武统白云岩和膏泥岩，储层为上寒武统白云岩，盖层为下奥陶统底部致密云岩夹泥质云岩、灰质云岩。在巴楚地区，和4井在该组合中见到良好的油气显示，中下寒武统岩心录井获得含气岩心17.93m/3层，综合解释差气层2.5m/1层。

③下奥陶统与中上奥陶统下生上储型内幕成藏组合：下奥陶统顶部白云岩，受岩溶作用等，各类成因的裂缝发育，且具有低孔、高渗特点。盖层为中奥陶统下部致密灰岩、泥灰岩，或中上奥陶统上部的泥岩。该组合分布于塔中隆起北翼斜坡、南翼斜坡及阿东地区。塔参1井在该组合中见荧光及含油岩心43.76m，为较好的储盖组合。

2. 寒武－奥陶系储层与上覆盖层构成的成藏组合

在构造运动和地层改造作用下，寒武—奥陶系储层与上覆不同时代的盖层，特别是与上覆的石炭系中上部膏泥岩盖层相配置，构成不连续型的储盖组合。在此类组合中，储层为寒武－奥陶系顶部不整合面以下风化淋滤溶蚀带或白云岩化地层，盖层为不同时代的致密岩层，包括石炭系泥岩、侏罗系煤系地层等，构成储盖组合。该类组合在塔北、塔中的局部构造高部位发育，在孔雀河地区也存在此类组合。

三、盐下白云岩储层成藏特征分析

盐下白云岩的分布范围主要为巴楚隆起和塔中隆起的西部。烃源岩主要为中下寒武统，下寒武统为局限台地相沉积，发育厚层暗色白云岩，具有很强的生烃潜力，该套烃源岩与膏岩密切共生，以赋存于大套膏岩之下为特征。其岩性主要为深灰、灰黑色含盐、含膏的泥质泥晶白云岩。储层主要为中下寒武统白云岩，储集空间为晶间溶孔、晶间孔及成岩过程中和后期构造运动形成的裂缝。盖层为中寒武统膏盐岩，中寒武统为蒸发台地相沉积，发育厚层膏盐岩、膏泥岩，局部夹薄层白云岩，膏盐岩的塑性使其具有良好的封盖能力。

1. 下寒武统白云岩储层分析

（1）早、中寒武世储层发育的构造—沉积环境

早－中寒武世巴楚、塔中地区为张裂构造环境，发育箕状断陷。箕状断陷具有典型的楔状形态。楔形体内沉积厚层沉积物。后期，由拉张环境转变成挤压环境，形成与前期箕状断层倾向相反的调节断层，两期构造运动共同作用形成现今的构造格局。断层下盘发育厚层沉积，厚层沉积物为潟湖环境的产物。断层上盘沉积物较薄，为潮上带沉积；介于二者之间的属于潮间带沉积环境。

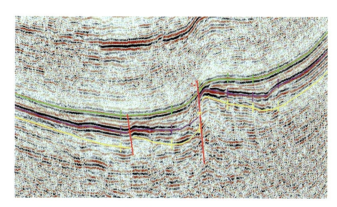

在半地堑充填中，不仅地层厚度变化明显，其内部的地震相特征也发生明显的改变，反映其岩性—岩相存在着变化。通常，半地堑内部振幅较弱、连续性较差，说明半地堑内部沉积的物质较均一，在成分上没有大的变化；半地堑斜坡部位及上部振幅较强、连续性较好，说明纵向上物质有变化，反映环境的频繁变化（图4-25）。

图 4-25　箕状断陷结构样式（HTH-TZ03-256.6SN）

单个箕状断陷的规模均较小，但小型箕状断陷在平面上成带发育，成带发育的一系列小型箕状断陷构成一个大的箕状断陷，大型箕状断陷同样具有单个小型箕状断陷的三分结构——高地、斜坡、深洼。大型箕状断陷的深洼内沉积厚度普遍较大，斜坡和高地位置沉积厚度较薄，但是在局部又受小型箕状断陷控制。大型箕状断陷构成了区域性的沉积地貌格局，制约着区域性地层发育与沉积相带展布。而小型箕状断陷仅控制小范围内地层的发育与沉积相带的展布（图4-26）。

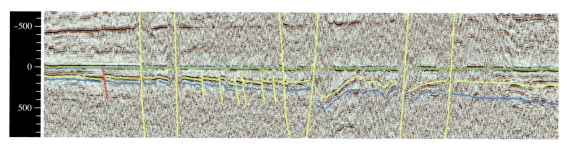

图 4-26　BC04-L1 上寒武统沉积前剖面样式

断裂平面展布特征：在平面上，断裂以北西－南东走向为主，倾向以北东、南西向为主。T_8^2界面控制沉积的断裂广泛发育，主要分布在巴楚隆起的西部、和田河西区块及塔中隆起的卡1、卡2、卡3区块，顺西区块也有零星分布（图4-27a）。而在T_9^0界面控制沉积的断裂同样分布在以上区块，但是规模和密集程度都有所降低（图4-27b）。

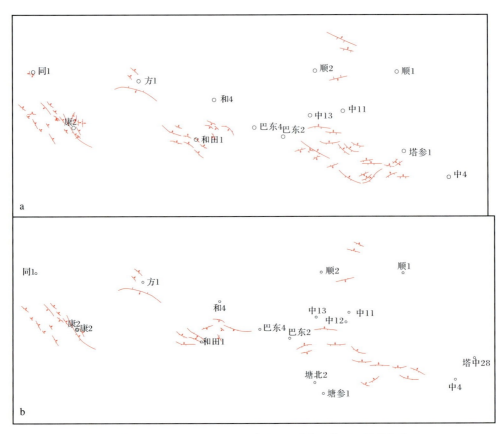

图4-27 巴楚－塔中隆起（a）T_8^2界面、（b）T_9^0界面断裂分布图

中下寒武统厚度存在三种关系。一是下寒武统与中寒武统具有很好的继承性，地层厚度变化趋势一致。但中寒武统地堑形态比下寒武统更明显，反映了中寒武世断裂活动更加强烈。这种情况说明中下寒武世具有相同的构造背景，构造反转是发生在中下寒武世之后的某期构造运动。根据和田河区块TZ03－256.6sn测线的演化史剖面可以看出构造反转直接受喜马拉雅运动控制（图4-28）。

二是下寒武统厚度大，而中寒武统厚度在横向上基本没有变化，说明早寒武世处于拉张环境，沉积厚层沉积物，中寒武世发生构造反转且反转幅度较小，因此中寒武统厚度基本没有变化。

三是下寒武统厚度大处中寒武统厚度小，说明早寒武世处于拉张环境，沉积厚层沉积物，中寒武世发生构造反转，并且反转幅度较大，导致早寒武世沉积较厚处中寒武世沉积较薄。

（2）下寒武统白云岩储层预测与评价
①钻井揭示的白云岩储层特征
中央隆起带钻遇下寒武统的钻井有同1、康2、方1、和4、塔参1井。其中钻穿下寒武统的钻井有同1、方1、塔参1井。同1井下寒武统顶部主要发育白云岩，白云岩中夹有泥岩；下部主要发育膏岩、泥质膏岩。地震上，通过同1井的地震剖面进行分析，从左向右，下寒武统厚度逐渐增厚，

而同 1 井所处的位置为厚度较薄的位置，最终得出的结果为同 1 井下寒武统是局限台地内的膏坪沉积环境，而右侧地层较厚的位置为云坪沉积。

由于康 2 井并未钻穿下寒武统，因此只能根据仅有的钻井信息分析康 2 井的沉积特征及沉积相。康 2 井岩性特征很单一，为白云岩沉积，因此属于云坪沉积。地震上，康 2 井与同 1 井具有相似性，不同的是同 1 井位于厚度较薄的位置，而康 2 井位于厚度较大的位置，并且康 2 井地震反射特征为：振幅较强、连续性中等，这种反射特征也正是云坪沉积所具有的反射特征。所以，康 2 井钻井上与地震上的对应关系很好，属于云坪沉积。方 1 井主要发育泥质云岩、灰岩及泥质灰岩，属于水体较深的灰坪沉积。地震上，方 1 井地震反射特征为强振幅、强连续，符合灰岩应该具有的地震反射特征。因此，将方 1 井定为灰坪沉积。和 4 井下寒武统主要发育红色（褐色）盐岩、白云岩、灰质云岩沉积。地震上，和 4 井两侧出现超覆现象，说明和 4 井位置为水体较浅的盐坪沉积。塔参 1 井下寒武统主要发育白云岩，顶部夹有页岩，页岩的出现说明塔参 1 井处于局限台地内水体较深的部位。

通过以上 5 口井的分析，得知中央隆起带下寒武统沉积微相具有多样性。可以出现膏坪、云坪、盐坪、灰坪和局限台地内深水潟湖沉积。

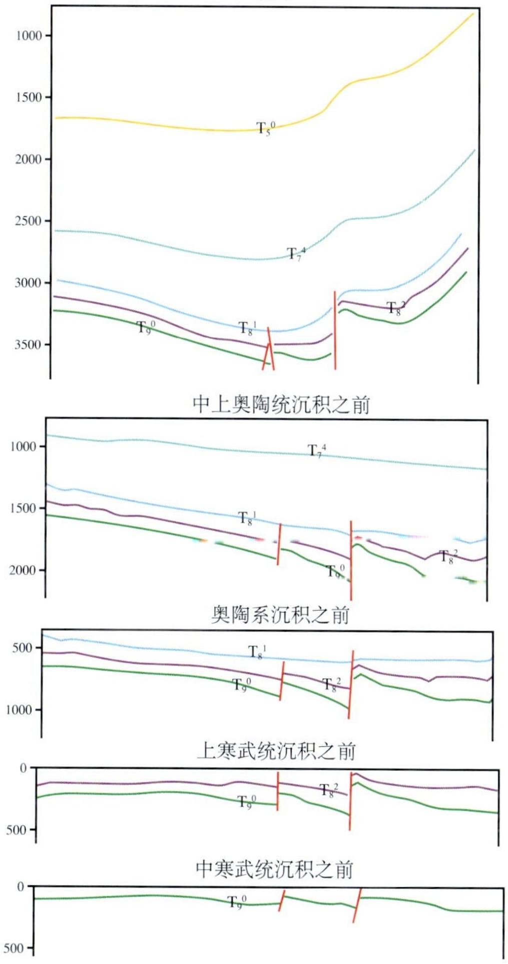

图 4-28   HTH-TZ03-256.6SN 演化史剖面

②下寒武统沉积微相分析

巴楚隆起下寒武统平面沉积相分析：西部为膏坪沉积环境，东部为云坪沉积环境。夏河区块西南部及小海子区块东南部为深水沉积，由方 1 井进行控制，方 1 井下寒武统为灰坪沉积，因此该区域为深水灰坪沉积环境。在和田河西区块的东北部，存在同样的特征，因此均属于灰坪沉积。盐坪沉积位于水体最浅的区域，由和 4 井进行限定，一共圈定出两个盐坪区域。一个位于和田河区块北部，另一个位于和田河西区块西南部。膏坪沉积的水体介于灰坪沉积与盐坪沉积之间，主要位于方 1 井北部及和田河区块南部。总体上，巴楚隆起下寒武统沉积呈现西薄东厚的态势，西部为膏坪沉积，局部夹有云坪沉积。西部主要为云坪沉积，局部夹有膏坪沉积和盐坪沉积。

塔中隆起下寒武统平面沉积相分析：首先根据属性分析将下寒武统分成两部分：西南部的卡 1、卡 2、卡 3 区块为局限台地相沉积，东北部的三顺区块及卡 4 区块为开阔台地、斜坡相沉积。然后根据厚度图及均方根振幅属性对两部分分别进行细化。根据厚度图可以看出在局限台地内部存在厚度较大的区域，将该区域定为局限台地内的深水潟湖沉积。根据均方根振幅属性提取对东北部深水沉积进行细化，振幅值较大的蓝色区域为开阔台地相沉积，向东依次为斜坡相和陆棚相。

总体上，中央隆起带的沉积微相从西向东依次为膏坪、云坪、开阔台地、斜坡、陆棚沉积。膏坪中局部发育云坪，云坪中发育灰坪、膏坪、盐坪及深水潟湖（图 4-29）。

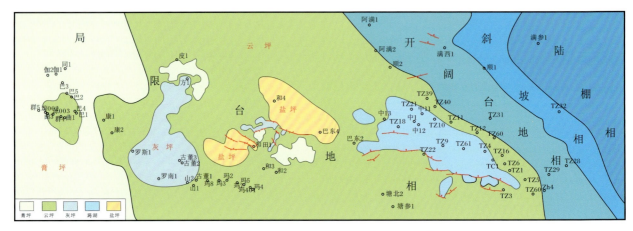

图 4-29　中央隆起带下寒武统沉积（微）相图

③下寒武统白云岩沉积模式

箕状断陷的深洼处通常发育暗色灰岩、云岩沉积，过渡到斜坡带时发育膏质云岩沉积，在箕状断陷的隆起部位发育盐质云岩（图 4-30）。

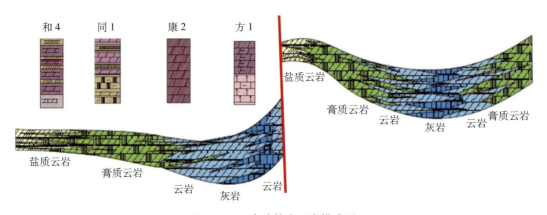

图 4-30　下寒武统白云岩模式图

2. 中寒武统膏岩盖层发育特征及评价

巴楚－塔中隆起钻至寒武系的深探井有同 1、康 2、方 1、和 4、巴东 4、和田 1、塔参 1、中 4 井。8 口井既具有共性，又具有个性。岩性上，普遍发育膏岩、盐岩、泥岩及红层，但不同的是各种岩性的含量出现变化。根据沉积物颜色及岩性组合型式将 8 口井分成 4 类，分别反映不同的沉积环境。

和 4、康 2、巴东 4 型：中寒武统上膏岩段发育灰色（巨）厚层膏盐岩、厚层红褐色泥岩；下膏岩段在厚层膏盐岩频繁出现较薄的褐红色泥岩层。代表着潮上—潮间浅水、暴露环境的地层特点。同 1、和田 1 型：褐红色泥岩层主要发育在中寒武统上膏岩段，且红层厚度较小且与深水沉积频繁交替，说明开始水体较深，后期变浅并且水体频繁波动。因此，这两口井属于潮间带内局部水体较深的潟湖沉积环境。方 1 型：以灰白色膏岩、盐岩为主，红色膏泥岩很少发育，仅在局部夹层分布，反映一种水体较深的潟湖沉积环境。中 4、塔参 1 型：以厚层云岩为主，夹膏岩层和泥岩条带，形成于潮下、潟湖环境。和 4 和塔参 1 井中大套泥质夹层不再出现，而膏岩、白云岩含量明显增加，说明塔参 1 井与和 4 井不再属于蒸发台地相，开始向局限台地相转变，为局限台地内的膏坪沉积。

①地震反射特征分析

地震剖面反射特征表现为：原始的膏盐层顶底（T_8^1、T_8^2界面）部具有较强的反射特征，振幅强，连续性较好，易于追踪，是区域地层对比的标志层。在盐构造的内部则呈杂乱反射，振幅较弱，局部扭曲变形，这种反射特征在箕状断陷的深洼处有很好体现。

单井上所反映的岩性特征在地震上有很好的对应关系（图4-31）。

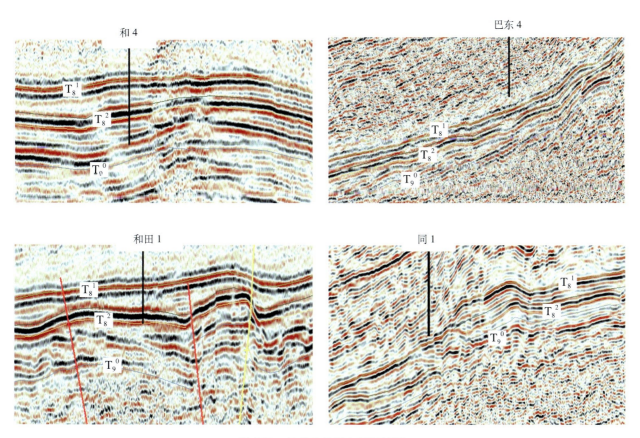

图4-31 钻井在地震上反射特征

通过过康2井和方1井的地震剖面BC04－L1可以看出：由西南向东北地层厚度逐渐增大，由斜坡上部的康2井的潮上－潮间沉积环境，向下演变为方1井的潟湖沉积环境。下寒武统则由斜坡上部的康2井云坪沉积演变为方1井的灰质云坪沉积。和4井两侧出现超覆现象，说明与两侧地层相比，和4井位于局部地形高地上，中寒武统处于潮上浅水、暴露环境，红褐色泥岩发育；下寒武统发育厚层云岩，夹盐岩，为局限台地内的盐坪沉积。巴东4井位于斜坡上部，中寒武统处于潮上浅水、暴露环境，红褐色泥岩发育。和田1井位于局部洼地，上部为灰、褐色厚层云岩，下部为厚层云岩与褐红色泥岩互层。为潮间—潟湖沉积。同1井位于半地堑内，沉积直接受箕状断陷控制，沉积厚度同样较大，向两侧依次变薄，属潮下潟湖沉积。

②中寒武统沉积微相分析

巴楚隆起的沉积中心位于夏河、小海子区块，沉积厚度大，尤以小海子区块的东北部厚度最大，厚度大的原因有两个：一是原始沉积厚度大，二是后期逆冲推覆使地层发生重复。这两个区块属于潟湖沉积环境，潟湖沉积环境内局部存在潮间带及潮上带沉积。由夏河、小海子区块向两侧地层变薄，最薄的沉积位于巴什托区块及以西的区域，属于潮上带沉积环境，中部存在潮间带沉积环境。亚松迪、毛拉、和田河东、和田河西区块厚度居中，为潮间带沉积环境。在潮间带沉积环境中，和田河区块的厚度较亚松迪、毛拉区块的厚度稍微大一些，但是总体都属于潮间带沉积。因此，整体上，巴楚隆起西部为浅水沉积，中部夏河、小海子区块为深水沉积，其他地区水体介于二者之间。因此，巴楚隆起主要为潮间带沉积，潮间带内发育断陷潟湖及潮上带沉积。西部为潮上带沉积，局部发育潮间带沉积。中部为潟湖沉积，局部发育潮上带和潮间带沉积。塔中地区以满西1井－塔中31井－塔中60井－塔中61井－塔中9井－塔中22井为分界线，该分界线以西沉积厚度较大，为蒸发台地相沉积。以东沉积厚度逐渐变薄，为局限台地相沉积。根据均方根振幅属性可以将局限台地进行两分，西部是以塔参1井、中4井为代表的膏坪沉积，东部为云坪沉积。因此，塔中隆起的沉积微相自西向东依次为潮间带、局限台地膏坪、局限台地云坪。西南部蒸发台地和膏坪内发育断陷潟湖（图4-32）。

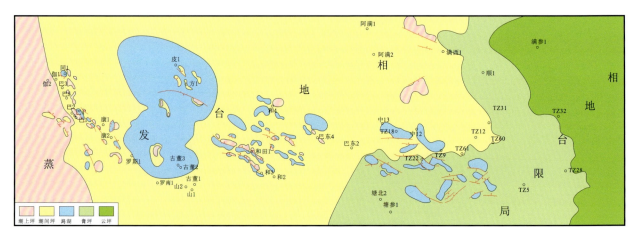

图4-32　中央隆起带中寒武统沉积（微）相图

③中寒武统膏盐岩沉积模式

蒸发环境下碳酸盐岩的沉积与海水中Ca^{2+}、Mg^{2+}的饱和度有直接关系，通常$CaCO_3$先达到饱和，从海水中析出，产物为文石。其后是蒸发矿物包括$CaSO_4$（石膏）和$NaCl$，然后是难沉淀的KCl以及其他盐类（盐岩），最后是近于暴露环境下形成的红层。因此，从开阔台地、局限台地到蒸发台地反映水体逐渐变浅的一个过程，出现的沉积物由深至浅依次为碳酸盐岩、膏岩、盐岩、红层（据强子同，1998）。

中央隆起带的箕状断陷中的沉积模式与上述沉积模式类似。断陷的深洼处发育云岩、灰岩，颜色通常为灰色、深灰色，属于还原环境的产物。斜坡位置常发育膏岩、盐岩、泥岩，且频繁交互式发育，说明水体频繁动荡。沉积物颜色偏红，为近于暴露环境的产物。在断陷内位置最高的部位主要发育红色、红褐色泥岩，属于暴露环境的产物。

3. 成藏模式分析

（1）巴楚隆起盐下白云岩储层油气成藏模式

中下寒武统烃源岩生烃高峰期为海西早期，由于区域性的基底断裂还未形成，油气只能在层内做侧向运移，在有利的储集空间中形成油气聚集。中下寒武统发育一系列箕状断陷，箕状断陷的发育导致断裂附近形成裂缝型储集空间，因此，油气在进行侧向运移的同时运达断裂带时，会进入断裂带内的裂缝形成油气聚集。由于后期挤压应力的作用导致形成挤压逆冲褶皱，挤压逆冲褶皱的形成为油气聚集提供良好的储集空间。早期箕状断陷通常并不断开T_8^1界面（中寒武统顶界面），因此中寒武统膏泥岩可以构成很好的油气封盖层。海西晚期，基底深大断裂如玛扎塔格断裂、吐木休克断裂、色力布亚断裂的形成使早期形成的油气聚集遭到破坏，不受深大断裂影响的油气聚集仍然可以保存下来。喜马拉雅期，区内断裂进一步发育，对油气分布进一步进行调整，最终形成现今的油气分布格局。因此，巴楚隆起盐下白云岩储层油气成藏模式为盐下源内（或近源）侧向运聚早期成藏晚期调整成藏模式（图4-33）。

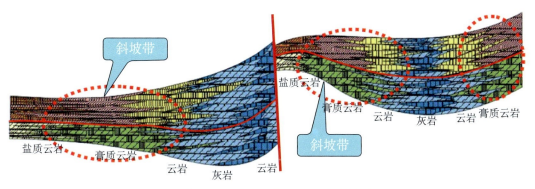

图4-33　盐下白云岩储层油气成藏组合模式

（2）塔中隆起盐下白云岩储层油气成藏模式

塔中隆起盐下白云岩储层的烃源岩也为中下寒武统，塔中隆起形成时间较早，在加里东期断裂开始发育，而下部烃源岩的生烃高峰期为海西早期，因此海西早期生成的烃类在排烃早期不仅会沿着层内做侧向运移，同时还会顺着深大断裂向上运移至使油气发生逸散，因此，只有远离深大断裂或是封盖能力非常好的地区才可能在盐下形成油气聚集。塔中隆起盐下白云岩储层油气成藏模式为盐下源内（或近源）侧向－垂向运聚早期成藏早期调整成藏模式。

第四节　坳陷区斜坡扇与海底扇油气成藏组合

一、满加尔凹陷斜坡扇及海底扇发育的构造－沉积背景

初步研究表明，塔里木盆地海底扇发育于盆地的东部，即塔中－孔雀河地区，中石化有顺南－卡塔克4区块、孔雀河斜坡的孔雀河、孔雀河东、孔雀河北区块及库尔勒区块位于该区带。

塔里木盆地东部地区钻井较少，钻至奥陶系及以下层位的井有塔中28、塔中29、塔中31、塔中33、塔东1、塔东2及英东2井，中石化西部新区实施了尉犁1及古隆1井。其中塔中28、塔中29、塔中33主要针对中上奥陶统的异常体进行了钻探，证实中上奥陶统异常体有火山岩体，亦有浊流沉积。

已有研究成果表明，中天山南缘存在古生代的板块俯冲和蛇绿岩，这表明塔里木陆块和中天山微陆块之间存在一个洋盆。库鲁克塔格和阿克苏一乌什一带震旦纪有碱性、双峰值火山岩套，这表明塔里木板块北缘早古生代可能存在被动大陆边缘。何起祥、王东坡（1985）指出，世界上的许多古裂谷沉积都具有双层结构，即扩张阶段非补偿型沉积与压缩阶段超补偿型沉积的纵向叠置关系。如加拿大西部的Athapuscow裂陷槽，其沉积物具典型的双层结构。其下部是一套由粗变细的非补偿陆屑沉积，顶部出现泥灰岩层，说明裂谷盆地已沉陷到相当大的深度。上部以滑塌沉积开始，上覆具石盐假晶的浅水相泥岩、河流相砂泥岩及厚达4000m的洪积扇砾岩，呈现裂谷压缩阶段补偿沉积的典型面貌。尽管因为地质环境的不同，裂谷历史千差万别，但双层结构却是极为普遍的基本特征之一。

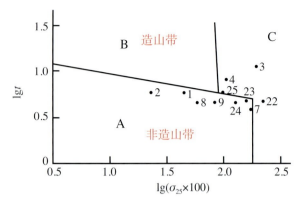

图 4-34　库鲁克塔格地区双峰值火山岩套，表明存在古大
陆裂谷带

（据高长林，2004）

库鲁克塔格——满加尔一带震旦、寒武、奥陶系的地质－地球化学特征表明，该区已发展到陆间原洋裂谷，高长林等把此类盆地称之为原洋裂谷盆地（protoceanic rift basin），此类边缘称之为初始被动大陆边缘（protopassive marlin）（图4-34）。这些研究表明，塔里木盆地在其演化期间，曾经历了与当前深水区大地构造背景类似的阶段，具有海底扇发育的构造背景。

地震、钻井和地质资料研究表明，满加尔凹陷及其周缘的不同地区，奥陶纪不同时期处于不同的区域构造背景，表现出不同的构造－沉积特征。

盆地东部震旦纪—早奥陶世发育库鲁克塔格－满加尔拗拉槽，南北分别受阿尔金山地区的巴什考供断裂和库鲁克塔格地区的兴地断裂控制，形成向东开口的克拉通边缘盆地，发育了一套厚100～800m深海槽盆相沉积，岩性为深灰、黑灰色岩屑细－粉砂岩、泥岩、笔石页岩和薄层放射虫硅质岩等，具欠补偿沉积特征。中、晚奥陶世，塔里木盆地边缘由于被动大陆边缘转化为活动大陆边缘，受盆地南北缘大洋板块俯冲活动影响，东部库－满拗拉槽快速沉降与快速充填，并向西发展，沉积了深海槽盆相的巨厚复理石地层，厚度一般为3500～6000m。晚奥陶世晚期，受盆地南北缘，特别是南缘昆仑山向其南侧的中昆仑地块强烈的俯冲活动事件影响，盆地内部库－满拗拉槽消亡。

作为满加尔凹陷的西部边缘，塔中地区在早奥陶世则处于克拉通内坳陷中部相对高的构造地貌，总体表现为一向东倾没的巨型鼻状隆起构造，轴向位于和2井－塔中1一线。早奥陶世末，随着盆地边缘由被动大陆边缘开始向活动大陆边缘的转化，塔中地区构造高部位进一步抬升，并露出水面，遭受剥蚀。中、晚奥陶世，塔中地区隆起主体部位的沉积作用主要受早加里东运动（早奥陶世末）形成的克拉通内坳陷的大型隆起（台背斜）控制，主要发育浅水的局限台地相沉积，具有台地斜坡、台地边缘、半局限台地（包括台地潮坪、潟湖）及碳酸盐岩岛等地貌单元，其东北界为塔中I号早期正断层控制的陡边缘，陡边缘的北部主要发育斜坡相、深水盆地相的碎屑岩沉积；其南部的塘古孜巴斯地区中上奥陶统沉积受克拉通内坳陷内的凹陷（台向斜）控制，主要发育相对较深水的开阔台地相碎屑岩和碳酸盐岩沉积。

二、斜坡扇及海底扇特征构成及主要成藏组合

1. 海底扇的层序构成特征

（1）地震层序格架及沉积演化

满加尔凹陷奥陶系以地震界面 T_7^0 或 T_8^0 为顶、底界，奥陶系内部发育二个特征明显的反射界面

T_7^4 和 T_7^2，前者是下奥陶统与中上奥陶统的分界面，后者可能是上奥陶统内部良里塔格组与桑塔木组的分界面。T_7^2 位于中上奥陶统内部，其上下地层产状不协调，上覆地层倾角较陡，与 T_7^2 界面近于平行，局部见上超、下超现象；下伏地层反射同相轴较 T_7^2 平缓，局部终止于 T_7^2 界面，表现为削蚀或视削蚀特征。T_7^4 是中上奥陶统碎屑岩与下伏下奥陶统碳酸盐岩之间的分界面，为一强反射面和区域下超面，其下伏地层 (O_1) 与 T_7^4 平行，上覆地层 (O_{2+3}) 由南而北依次下超终止于该界面。以 T_7^2 为界，可以将中上奥陶统划分为 2 个地震层序，分别是介于 T_7^2 与 T_7^4 之间的层序 1 和介于 T_7^0 与 T_7^2 的层序 2(图 4-35)。

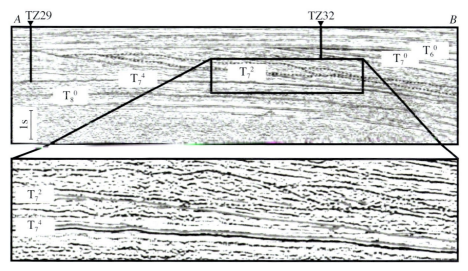

图 4-35 奥陶系海底扇地震层序构成特征

(据钟广法等，2006)

地震层序 1 由一组自南而北逐渐收敛和下超的反射单元构成，沉积厚度由南向北明显减薄（图 4-35）。TZ29 井中上奥陶统残厚 2438m，均位于该层序内，主要为深灰色泥页岩，夹薄层泥灰岩、粉砂岩和细砂岩，泥页岩产深水化石组合，细、粉砂岩发育递变层理和 Bomma 序列，为浊流沉积，与下伏下奥陶统浅水台地相灰岩沉积形成鲜明对照。

地震层序 2 残存于塔中 29、塔中 28 井一线以北，主要由两部分组成，下部以叠覆的丘状反射单元为特征，内部发育前积结构，局部反射杂乱（图 4-35）。塔中 28 井钻遇该套地层，厚 268m，主要由块状或具正粒序的砂、砾岩组成，根据其上、下地层及内部夹层均为笔石页岩和钙质泥岩，属深水沉积，推测为叠置的海底扇沉积。层序 2 中上部反射连续性变好，发育平行反射结构，局部下超于下伏丘状单元之上。塔中 28 井揭示，层序 2 中部紧靠丘状反射之上，为笔石页岩和钙质泥岩，夹薄层浊积岩，属深水沉积。塔中 32 井钻揭层序 2 顶部，为泥岩与粉、细砂岩不等厚互层，泥岩深灰色，发育水平层理，生物扰动构造呈层状富集，粉砂岩发育波状、透镜状、脉状层理，细砂岩见槽状交错层理，推测为潮控陆棚沉积。

根据层序发育特征，中晚奥陶世，塔中 28 井区可能位于库满拗拉槽西南缘斜坡底部及其与东北部深水海槽的过渡带。层序 2 下部以叠置的海底扇碎屑岩为特征，反射层的产状较层序 1 变陡，说明层序 2 发育早期，塔中 28 井已处于斜坡环境，到层序 2 发育晚期，水深进一步变浅，主要为陆棚砂、泥岩沉积。因此，中晚奥陶世沉积环境经历了从斜坡坡脚或盆地到斜坡扇，直至潮控陆棚的演变，总体

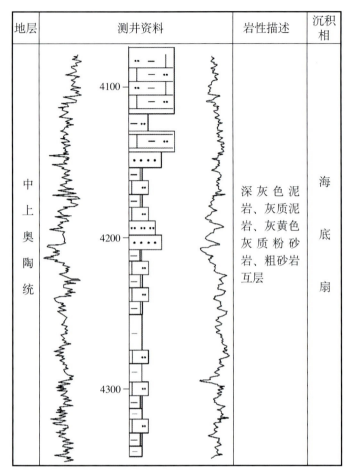

地层	测井资料	岩性描述	沉积相
中上奥陶统	4100 4200 4300	深灰色泥岩、灰质泥岩、灰黄色灰质粉砂岩、粗砂岩互层	海底扇

图 4-36 海底扇亚相沉积特征（群克 1 井）

上表现为一水深变浅的进积序列。

（2）露头及钻井层序特征与对比（图 4-36）

库鲁克塔格地区却尔却克奥陶系露头剖面的奥陶系下、中统地层岩性具有三单元结构特点，即灰绿色中层状细粒砂岩和粉砂岩、灰绿色—深灰色微晶砂质灰岩和深灰色页岩，三类岩性出现于层序的不同部位，细粒砂岩和粉砂岩主要发育于层序的下部，对应于低位期海底扇沉积，页岩形成于海进期和最大海泛面附近，此时物源区收缩，陆源供给能力低，而微晶砂质灰岩则形成于高位体系域。

奥陶系上统地层岩性主要为灰绿色泥质粉砂岩、钙质中—细砂岩与中厚层状泥岩互层，碳酸盐岩不发育。低位域砂岩单层厚度较大，粒度相对较粗，发育细砂岩，高位域则以粉砂岩和泥岩互层为特征。

塔东地区的钻井资料展示了奥陶系层序特征和沉积面貌。其中，塔中 1、塔中 2、群克 1 井等是具有代表性的钻井（图 4-36）。下奥陶统揭示为盆地相沉积，地层厚度很小，特征单一，岩性主要为黑灰色页岩和浅灰色钙质泥岩。代表着一种沉积速率极低的深海相欠补偿沉积特征。中上奥陶统包含了海底扇和深海平原两种沉积相。在层序构成特征上，层序的中下部为海底扇中扇沉积，以单层厚度较大的深灰色细砂岩、粉砂岩和泥质粉砂岩为主，夹持着层厚相对较小的黑色泥岩或页岩；层序中部多为海底平原相沉积，对应于最大海进期，岩性以厚层黑灰色页岩和泥岩互层为特征；层序的上部多为黑灰色泥岩与浅灰色粉砂岩互层，是海底相外扇的沉积特点。

2. 海底扇沉积与储层特征

在塔中隆起北侧的塔中 28、塔中 32 等井中，海底扇的沉积特征主要表现为：

①中上奥陶统主要由深灰色泥页岩组成，产浮游笔石－薄壳腕足化石组合，证明总体为深水沉积环境（何远碧等，1995）。

②夹于深水泥页岩中或与之互层的砂、砾岩主要有两类，一是块状或无层理的砾岩、砂质砾岩、砾状砂岩、含砾砂岩和砂岩，为碎屑流沉积；二是发育递变层理、平行层理、砂纹层理、包卷层理，并可用 Bomma 序列描述的砂岩和粉砂岩，为典型的浊流沉积。在塔东北地区，库鲁克塔格露头剖面和维玛 1 井、塔东 1 井、塔东 2 井等揭示，奥陶系海底扇为一套巨厚的砂岩、粉砂岩与灰黑色泥岩交互构成内部具平行层理、波状层理和粒序层理，底面具槽模、沟模等沉积构造，是形成于大陆斜坡或斜坡脚、水下峡谷出口处的扇体。

③重力流成因的砂、砾岩体表现为明显的丘状外形，内部发育前积反射结构，应属斜坡扇，这类扇体在塔中Ⅰ号断裂坡折带十分明显（图4-37）。

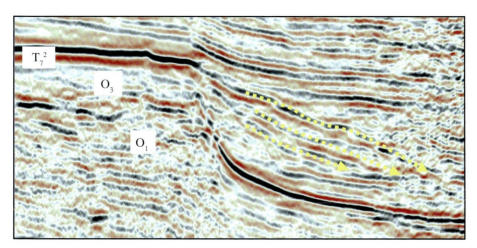

图4-37　塔中Ⅰ号断裂坡折带控制的斜坡扇前积反射地震相

3. 海底扇展布特征与物源分析

根据区域地质背景及区域地震剖面分析，满加尔凹陷的斜坡－海底扇的物源主要来自三个方向：

①东南隆起区：在区域南北向地震剖面上，海底扇丘状反射体内可见清晰的由南向北的前积结构，反映东南方向物源的存在。在海底扇砂岩碎屑组成为：岩屑（L）60%～95%，平均70.6%；石英（Q）4%～37%，平均23.8%；长石（F）1%～10%，平均5.6%。岩屑以凝灰岩、流纹岩等酸性火山岩为主，含少量中基性火山岩、硅质片岩、泥质片岩、板岩、变砂岩、变粉砂岩及硅质岩，表明物源以酸性岩浆弧为主，少量浅变质岩及硅质岩岩屑可能来自于岛弧造山带。在 Dicksinsonetal（1983）的砂岩成分与物源区构造环境关系图解上，本区海底扇砂岩落入岩浆弧及紧邻岩浆弧的再旋回造山带区域，支持东南方向物源的推断。研究区东南部岩浆弧物源区的形成可能与早奥陶世末阿尔金洋壳向北俯冲导致塔里木板块南部被动边缘向活动边缘的转化有关（贾承造等，1995；魏国齐等，2000）。

②东北方向物源：根据钻井资料勾绘出的海底扇体平面展布图的分析（图4-38），上奥陶统海底扇存在来自东北方向库鲁克塔格地区的物源。一是岩矿变化特征：库鲁克塔格地区岩性以含泥长石岩屑砂岩、岩屑长石砂岩、细砾岩和含砾粗砂岩为主，夹有深色薄层钙屑浊积岩，而研究区内则以泥质粉砂岩、粉细粒长石岩屑砂岩、凝灰质粉砂岩、凝灰质细粒岩屑砂岩及含灰（硅）质岩屑长石砂岩为主，从粒度上看，满加尔凹陷钻井揭示的砂岩比库鲁克塔格地区的要细得多。从成分上看，研究区砂岩与库鲁克塔格砂岩有一定的亲缘关系，且砂岩的颗粒成分中含有少量的碳酸盐岩，符合沉积物在搬运过程中的分异原理，即搬运距离越远，则沉积物粒度越细，不稳定成分越少；二是重矿物含量的变化：随着沉积物搬运距离的增加，稳定重矿物的含量也会增加。将重矿物中最稳定的锆石、电气石和金红石三者的相对百分含量之和作为比较的指标（ZTR指数），把塔东1井中重矿物资料与却尔却克和雅尔当山的加以对比，可以看出元宝山的稳定重矿物的含量最低，塔东1井重矿物的稳定性则介于上述两者之间，表明了东北方向物源的存在。

③塔中低凸起局部物源：在塔中Ⅰ号断裂东侧及库南1井区均发现了台地斜坡区坍塌和重力流沉积。重力流沉积包括重力滑塌沉积、钙屑碎屑流沉积和钙屑浊流沉积。在地震剖面上，沿塔中Ⅰ号断

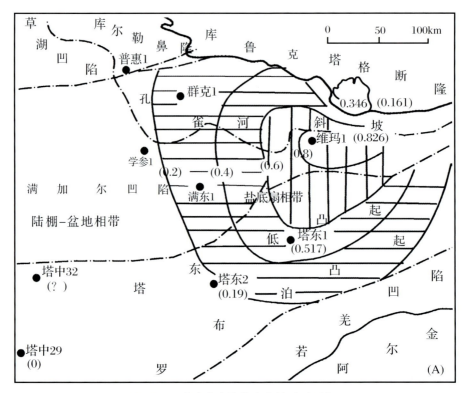

图 4-38　中上奥陶统海底扇的平面展布

（据刘忠宝等）

裂带发育巨厚楔状体，由台缘斜坡向着盆地方向前积。在钻井中，位于塔中 I 号断层附近的塔中 5 井见到了典型的岩崩与滑塌沉积，发育巨—粗砾云岩，夹碎屑流成因的中—细砾云岩和斜坡上静水沉积的薄层灰质粉晶灰岩。

三、斜坡扇及海底扇油气成藏条件与勘探方向

1. 斜坡扇与海底扇成藏条件

对于斜坡扇、海底扇储层的成藏评价，油源供给是一个突出的问题。因为中上奥陶统厚度巨大的泥岩层，其有机碳指标普遍偏低。但近来的研究表明，分散有机质生烃及古油藏裂解，作为再生烃源，可能是满加尔地区的主要油气来源，其资源潜力雄厚。

再生烃源是指地质历史中生成的，分散或富集于烃源层、储集层中的多种相态的烃类。这类烃源在后期的油气成藏中可能产生重要的贡献（刘文汇、赵文智等）。

地质历史中先期形成的古油藏，后期可能产生相态的转变，发生油气的再聚集，能够成为新生油气藏的有效烃源。古油气藏作为晚期成藏的中转站式的烃源灶，已被勘探实例所证实，在库鲁克塔格南雅尔当山剖面，中奥陶统见有含油及沥青灰岩，寒武系见有灰黑色中厚层状含油灰岩，其味重，裂缝充填大量沥青，污手。古隆 1 井下奥陶统鹰山组砂屑灰岩镜下观察，其溶蚀孔、缝发育，裂缝切割围岩成角砾状，见有多为方解石、沥青质充填物质。塔东 2 井寒武系灰岩晶间孔、溶洞、微裂缝甚至在泥岩中，可见大量干沥青，研究认为是古油藏中的原油热变过程中的裂解产物。以上这些都可作为古油藏存在的直接证据。

已有的地球化学证据表明塔东地区已发现的天然气聚集，如满东 1、英南 2、孔雀 1 等井的天然

气均表现为原油裂解气的特征。这说明古油藏作为一类再生烃源，可能在油气成藏过程中具有重要的作用。

从区域上的生烃成藏历史看，加里东－海西早期烃源岩成藏具有差异成熟的特点，满加尔凹陷在加里东中期快速成熟造成主力烃源岩形成一个范围很大的生烃中心，阿瓦提断陷在加里东晚－海西早期亦形成一个生烃中心，由此加里东中－海西早期成为一个最广泛的成藏期。通过构造演化史分析，在台盆区构造演化史过程中，从加里东期开始即形成了规模很大的隆凹格局，围绕满加尔凹陷与阿瓦提断陷的北部沙雅隆起、塔中隆起区、东部的孔雀河地区古低隆成为早期可能形成古油气藏的主要构造单元。同时，在加里东中－海西早期主要生排烃时期，台盆区发育一套厚度达 1000 ～ 6000m 巨厚的中上奥陶统区域盖层，成为下覆烃源岩的优质封盖层，对早期生成的油气起到了很好的保护作用，使其得以相当规模的保存，成为晚期的有效烃源。

塔东地区是塔里木叠合盆地的重要组成部分，古生代克拉通盆地与中新生代盆地的叠加形成一个叠合型构造单元。烃源岩研究表明，该区主要发育下古生界烃源岩。

烃源岩的差异生烃演化表明，满加尔凹陷烃源岩持续深埋快速成熟，奥陶纪末进入高成熟演化阶段，并快速演化进入过成熟阶段而成无效生烃区。周缘斜坡与古隆起区烃源岩演化程度相对凹陷区滞后，部分高隆起区奥陶纪末演化停滞或终止。目前寒武系与中下奥陶统烃源岩整体演化程度较高，对于油气资源的贡献主要集中在加里东期－海西期，海西期后下古生界早期生成的原油在坳陷区发生大规模裂解，为塔东地区提供气源条件。研究表明，满东1、英南2、龙口1、孔雀1井天然气是由原油（包括沥青质）裂解成气成因，而非由干酪根裂解形成，由于供烃及保存条件形成于燕山晚期～喜马拉雅期，今油气藏起重要作用的关键时刻为喜马拉雅期。

加里东期是一次大规模的成藏期，油气主要富集在早期的古隆起及斜坡部位；之后坳陷区持续沉降，发生大规模原油裂解，为后期天然气成藏提供了再生烃源。周缘古隆起自加里东以来，经历了相当长的抬升，早期形成的古油气藏没有完全被裂解成气，现今部分残余原油资源，如塔东2井寒武系古油藏。

古生代围绕满加尔凹陷的古隆起与古斜坡是油气聚集的主要场所，中新生代形成的构造区油气源主要依靠下古生界，油气成藏的主要类型为再生源晚聚型，在满加尔凹陷持续深埋区，古生界早期聚集的原油晚期大量裂解，形成有效供气区。

2. 斜坡扇及海底扇的油气勘探领域

塔里木盆地中上奥陶统海底扇勘探，目前尚无成功的实例。根据斜坡扇、海底扇的形成条件，特别是考虑其储层发育条件，有三个领域可作为勘探的目标区。

①塔中1号断裂坡折带北侧斜坡扇：塔中1号断裂坡折带北侧发育裙带状分布的多个小型斜坡扇体，其地震楔形特征明显，内部可见前积结构（图4-39）。根据塔中5井揭示，斜坡扇为典型的岩崩与滑塌沉积，发育巨—粗砾云岩，夹碎屑流成因的中—细砾云岩和斜坡上静水沉积的薄层灰质粉晶灰岩。可能与塔中1号断裂之上的礁滩体前缘垮塌作用有关（图4-39、图4-40）。

②塔东南隆起海底扇群：在塔东南地区，发育大面积分布的海底扇群。扇体厚度大，面积广，邻近物源区，推断其储层物性条件较好，可作为潜在油气勘探领域。

③孔雀河地区海底扇：该区海底扇具有分布广，埋藏深度相对浅的特点，并为被钻井所揭示。但该区的海底扇砂岩较细，储层物性较差，需寻找有利的储集相带。

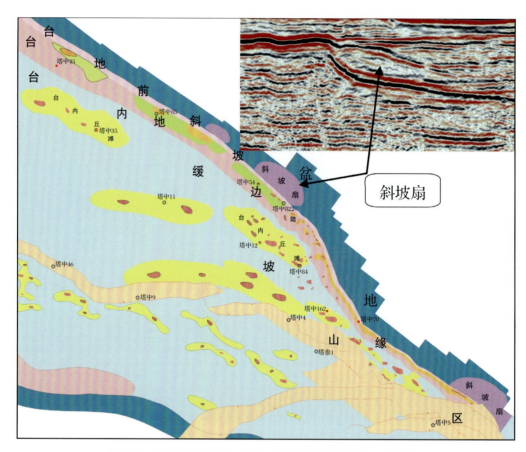

图 4-39　塔中 I 号断裂坡折带北侧垮塌斜坡扇地震响应及分布

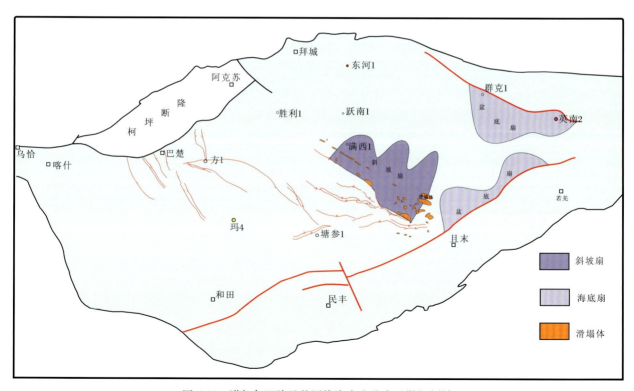

图 4-40　满加尔凹陷及其周缘海底扇分布及勘探领域

第五节 不整合控制的地层圈闭油气成藏组合

一、控制地层圈闭发育的不整合三角带的特征及分布

叠合盆地内许多构造不整合面的接触关系显示出明显的差异，可以从高角度不整合接触过渡为微角度、平行不整合或整合接触关系，反映了盆地不同构造部位构造活动强度和剥蚀程度的变化。长期或多次隆起带往往遭受了强烈的剥蚀，形成了多个不整合面的重合或复合带，这些隆起带的边缘则形成多个不整合面构造的三角带。研究表明，从盆地规模上，构造不整合面的分布显示出特定的构成样式。从隆起区向凹陷区，大体可划分出三个不整合发育带：①不整合叠合带，②不整合三角带，③平行不整合和整合带（图4-41）。

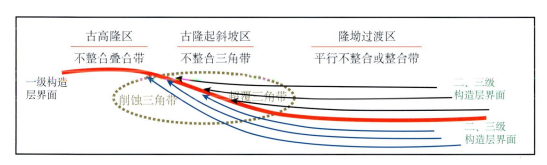

图 4-41　不整合三角带特征

1. 不整合三角带

不整合三角带是指由主不整合面与次不整合面构成的三角带。不整合三角带是明显角度不整合接触发育带，也是从高隆区向凹陷区过渡的古隆起斜坡区或过渡带。从不整合的构成样式上，可划分出削截不整合三角带和上超不整合三角带。

削截式叠合表现为主不整合面削蚀下伏的次一级不整合，造成不整合面三角带。这种结构也反映出高隆区的叠合带是一种削截叠合带。上超不整合三角带是由次一级的不整合面上超于主不整合面之上形成的不整合三角带。这种不整合构成中的主不整合面位于三角带的下部，高隆区的叠合带为上超式叠合带。不整合三角带的构成和分布反映出当时古隆起斜坡带的分布和古地形等特征。这一个带是形成大型不整合或岩性—地层圈闭的有利地带。三角带内主不整合面与次不整合面或地层界面的交角大小反映出构造隆起的强度。高角度相交无疑与相对强的构造作用有关。

2. 不整合三角带的分布特征

在发生强烈剥蚀作用的 T_7^0、T_6^0、T_5^0、T_4^6 等多个不整合面，均发育不整合三角带。地层三角带一般出现在构造隆起的斜坡区，是由古隆起的多个不整合面的叠合部位，向着盆地内部连续沉积区的过渡带，不整合面下伏地层因削截呈现三角楔，上覆地层由于上超作用构成超覆楔。

对于碳酸盐岩地层而言，不整合面之下的地层剥蚀作用对油气储层的形成及成藏具有显著的控制意义，塔河—轮南下奥陶统油气藏、塔中下奥陶统岩溶型油气藏均属此类；对于碎屑岩地层而言，虽然侵蚀可以形成地层不整合遮挡圈闭而成藏，但更多的则是不整合面之上的地层超覆圈闭的形成和成藏，哈得逊东河砂岩油藏、塔中石炭系油藏属于此类（图4-42、图4-43）。

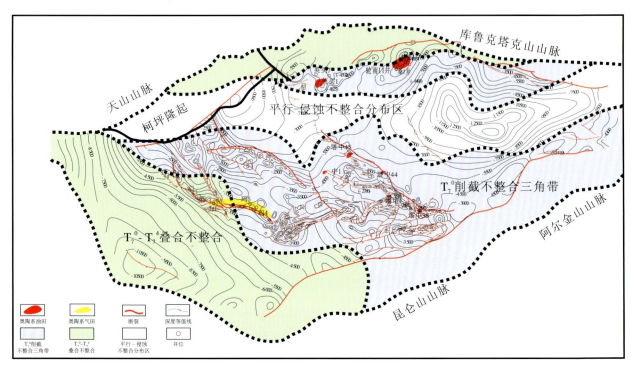

图 4-42　塔里木盆地奥陶系油气田分布与其顶面不整合面类型的关系

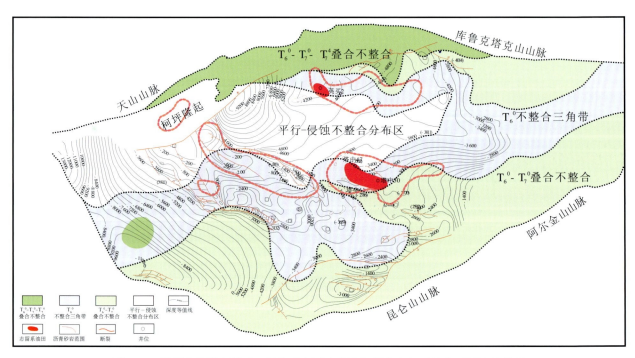

图 4-43　塔里木盆地志留系—泥盆系东河砂岩油气藏分布与不整合面属性的关系

二、不整合面圈闭形成条件与分布

1. 不同整合面之下地层削截圈闭

塔里木盆地削截不整合油气藏和超覆不整合油气藏都很发育，且具有产量高、分布广、规律明显等特点。它的形成既受不整合类型、圈闭及其形成期与油气运聚期匹配的控制，又受生、储、盖组合及配套断裂发育状况的制约。成藏期前形成的不整合圈闭有利于捕获油气，重建封闭作用有利于晚期成藏。古隆起、古斜坡的削截不整合尖灭带及超覆不整合带是寻找不整合油气藏的最佳地带。

不整合面下地层削截圈闭是不整合面之下倾斜的地层被不整合面之上非渗透性地层封盖后形成的油气聚集场所。例如，塔里木盆地震旦—奥陶系发育的巨厚台地相碳酸盐岩，受多期构造运动的影响，这些碳酸盐岩地层隆起抬升并遭到剥蚀，形成一定厚度的风化淋滤破碎带，做为良好的储集体，被不整合面之上的非渗透性地层封盖后便形成地层剥蚀圈闭，雅克拉凝析气田便属于这类圈闭。

塔里木盆地 T_7^0 不整合面与下伏 T_7^4、T_7^2 等不整合面形成的削截不整合三角带主要分布在中央隆起带、塔东隆起和塔北隆起的南斜坡。轮南—塔河油田、英买力油田、和田河气田和塔中油气田的奥陶系地层剥蚀圈闭都是受 T_7^0 削截不整合三角带的控制的。

塔里木盆地 T_6^0 不整合面与下伏 T_6^1、T_6^2 等不整合面形成的削截不整合三角带主要分布在塔西南、中央隆起带、塔东隆起和塔北隆起的南斜坡，呈条带状沿东西向展布于盆地的中央。哈得逊油田、英买2油田、和田河气田、塔中47油田和塔中4油田的志留系油藏都是受 T_6^0 削截不整合三角带的控制而形成的地层削截圈闭。T_6^0 不整合面三角带对志留系砂岩尖灭—地层圈闭或油气藏的形成有重要的控制作用。

此外，T_4^6 不整合面与下伏 T_5^0 不整合面形成的削截不整合三角带主要分布在塔北，轮南—塔河油田、羊塔克油田、英买7油田的三叠系地层圈闭就是受此三角带控制。T_4^6 不整合面与下伏 T_5^4 不整合面、T_4^6 不整合面与下伏 T_6^0 不整合面形成的削截不整合三角带呈条带状沿南北向分布于盆地中央，影响着三叠系地层圈闭的形成。T_3^0 不整合面与下伏 T_4^0 不整合面形成的削截三角带则主要分布于巴楚隆起上，并控制着白垩系砂岩尖灭岩性—地层圈闭油气藏。

2. 不整合面之上地层超覆圈闭

地壳差异升降运动常引起水体的进退，在剖面上表现为地层的超覆和退覆。当水体渐进时，沉积范围逐渐扩大，较新沉积层覆盖在较老的沉积层之上，并向陆地方向扩展，与更老的地层侵蚀面以不整合相接触时就形成了地层超覆。在水体渐进时，水盆逐渐扩大，沿着沉积坳陷边缘的侵蚀面沉积了储集性能较好的孔隙性砂岩，随着水盆继续扩大，水体加深，在砂层之上超覆沉积了渗透性差的泥岩，泥岩往往含有机质，既可做为良好的生油岩，同时又可做为良好的盖层，因此便形成了地层超覆型圈闭。多次的水退水进变化，便可形成旋回式和侧变式的生储盖组合。油气成藏后，就近运移或沿不整合面运移至地层超覆圈闭中聚集起来，形成地层超覆油气藏。这种类型的油气藏集中分布在地质历史时期的水陆交替地带，在海相沉积盆地的滨海区、大而深的湖泊相盆地的浅湖区，经常存在地层超覆油气藏。例如塔里木盆地轮南油田、塔中101东河砂岩油藏，均属于此种类型的油气藏。

超覆不整合常常分布于盆地边缘、盆内古隆起、古凸起的周缘。如 T_6^0 面上超覆不整合沿满北斜坡及塔中北翼斜坡呈窄带状展布；T_5^0 面上超覆不整合沿阿满南、北斜坡及巴楚隆起东南部、麦盖提斜坡分布；T_4^0 面上超覆不整合主要发育于满北斜坡及麦盖提斜坡、铁克里克等地，其中阿克库勒地区超覆不整合比较具有代表性。阿克库勒地区发育的超覆不整合油气藏，均为 T_6^0 面上的下石炭统超覆不整合油气藏。海西早期运动后，石炭系海进砂体超覆不整合在奥陶系褶皱、断褶削截不整合面之上，然后被石炭系泥岩等盖层封闭形成圈闭面积大、闭合度高的超覆不整合圈闭。

（1）志留系斜坡带超覆圈闭的形成条件

志留纪早期沉积作用受到 T_7^0 不整合面的控制。志留系底界上、下的超覆削截特征表明，沿不整合面发育明显的坡折地貌。它是一种具有地形差异的古地貌，往往坡折高差小、坡度缓，地震剖面上坡折的位置介于最高和最低超覆点之间。超覆斜坡的形成通常与早期的古地貌特征有密切的关系，如区域或局部的隆起等，因此有别于早期陆架坡折。

志留纪超覆坡折主要沿塔中－塔东低凸起一线发育，在塔中地区，坡折部位发育了一套前滨－临滨沉积，坡折之上是潮坪相，之下为盆地相沉积，具有明显的超覆特征（图4-44）。而在塔东地区，该坡折控制了低位域沉积，坡折带的斜坡位置发育特征明显的进积复合体，坡折之下则有可能是盆底扇。

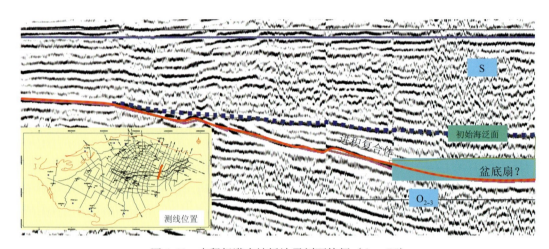

图 4-44　志留纪满南坡折地震剖面特征（tlm-z75）

陆架坡折的发育与盆地演化、区域构造特征息息相关。奥陶纪时期是塔里木盆地南北缘被动大陆边缘发展的重要时期，表现为对寒武纪构造活动的继承和发展。奥陶纪早期，塔中鼻状隆起开始发育，塔中坡折开始出现；奥陶纪中晚期，塔北隆起、塔中隆起形成，同时塔中Ⅰ号断裂坡折形成，表现为中晚奥陶世塔中坡折的逐渐发育并形成。在盆地北部，库满拗拉槽由发展至奥陶纪晚期消亡，海水逐渐退出塔里木盆地，沿着该拗拉槽仍然发育满加尔坡折，同时出现了塔东坡折。

在经历晚奥陶世巨大构造变形期后，志留纪开始步入活动大陆边缘发展期，是周缘前陆盆地构造发展的初期。其板块内部为克拉通内坳陷，是志留纪塔里木盆地稳定沉积沉降区，因此在整个志留纪陆架坡折的发育可能性较小。但由于早期的古隆起仍然存在，受其影响，可形成一系列具有地形差异的古地貌，对地层和沉积起到一定的控制作用。如志留纪塔里木克拉通内坳陷次级构造－中央隆起形成了满南坡折。这种坡折具有坡折高差小、坡纵向宽度大、坡度小的特征。

（2）东河砂岩尖灭带超覆圈闭的形成条件

东河砂岩是塔里木盆地的主力储层段，岩性主要为浅灰色石英细砂岩，其次为中砂岩、砂质小砾岩，根据岩石物性差异，可分为三个岩性段，自上而下为：含砾砂岩段、东河砂岩段、底砾岩段。东河砂岩分布在盆地的中西部，面积约 $30000km^2$，占塔里木盆地面积的一半以上。

在早中泥盆纪末，早海西运动使塔里木盆地发生东西翘倾，东部区域性抬升，在这种古构造背景下，东河砂岩由西向东超覆沉积，并在一定部位超覆尖灭，在塔里木盆地东部形成了一条东河砂岩尖灭线，这条尖灭线基本沿古城鼻隆围斜及阿克库勒凸起围斜展布，是塔里木盆地非构造圈闭发育的有利场所。

志留纪末的晚加里东运动使塔里木盆地两隆一坳的构造格局得到了进一步的发展。泥盆纪时，盆地的基本格局继承了晚加里东期的特征。早中泥盆纪末的早海西运动在塔里木盆地基本表现为不均匀的区域性抬升，这次不均匀的区域性抬升改变了塔里木盆地西高东低的构造格局，而开始向东高西低的构造格局转化，具体表现在塔里木盆地东部整体抬升，古城鼻隆、塔中、塔北两大古隆起进一步抬升，下泥盆统、志留系、奥陶系地层遭到大量剥蚀，海水从西南向东北侵入，东河砂岩总体从西向东超覆沉积，并在一定部位形成超覆尖灭带。

东河砂岩是介于中下泥盆统和石炭系两大构造层之间的一套具有"填平补齐"特征的粗碎屑沉积，这套地层在塔里木盆地广泛分布，但不同地区分布的厚度及岩性变化很大。控制这套沉积的主要因素有三个：一是塔里木盆地东高西低的构造背景；二是东河砂岩沉积时的古地貌；三是东河砂岩沉积时的物源条件。

大地构造背景决定了东河砂岩西厚东薄，并在东部超覆尖灭，形成横贯盆地中东部的一条超覆尖灭带。

古地貌特征决定了东河砂岩在塔北隆起南坡及塔中凸起分布较厚，并在局部潜山周围形成裙边式超覆尖灭带（塔中 101 井），具填平补齐作用。物源条件对东河砂岩的控制作用也是明显的，东河砂岩沉积时，物源区为北、东、南三个方向，在东河塘、草湖、塔中及南部地区，沉积了较厚的东河砂岩，其他距物源较远的地方，东河砂岩分布较薄，东河塘地区东河砂岩的最大厚度达 300m 左右，塔中地区东河砂岩的厚度 100m 左右。

东河砂岩的盖层条件优越，为石炭系巴楚组，巴楚组以灰岩和泥岩为主，厚 200 余米，在塔里木盆地分布稳定，是一套优质的区域性盖层，与东河砂岩构成良好的储盖组合；东河砂岩超覆尖灭带的圈闭类型以地层超覆圈闭为主，主力油源岩为中上奥陶统灰岩，该套生油岩成熟期在燕山—喜马拉雅期，与圈闭形成期配套。因此，东河砂岩地层圈闭具有优越的石油地质条件，是塔里木盆地重要的碎屑岩非构造圈闭勘探场所。

三、不整合控制的地层圈闭成藏组合与成藏模式

1. 地层圈闭成藏组合

受不整合控制的地层圈闭成藏组合最为明显的是志留系下砂岩段和泥盆系东河砂岩的岩性—地层圈闭成藏组合。

（1）志留系下砂岩段地层超覆圈闭成藏组合

沉积作用过程及模式决定了成藏组合可能的油气富集特点，成藏组合的褶皱、断裂、不整合模式则决定了它可能的油气分布规律。志留系砂岩整体呈沿盆地中央沉积，向四周逐渐减薄以致尖灭，呈楔形体沉积的沉积模式。志留系成藏组合可以根据储层和圈闭的发育特征进一步划分为 4 种次级组合，每一个成藏组合都具有自己的独特的油气分布特征。

①岩性—地层成藏组合：该次级成藏组合是受不整合三角带发育分布特征和志留系砂岩岩性控制的岩性—地层成藏组合。它以志留系下砂岩段砂岩为储层，以寒武系烃源岩为源岩，以不整合和断裂为输导，在古隆起边缘超覆—削截尖灭，上为石炭系泥岩或不整合覆盖，构成的地层—岩性不整合次级成藏组合。该成藏组合主要分布在塔北隆起南缘的乡 3 井—轮南 57 井一线、孔雀河南斜坡、塔东隆起北坡、塔中隆起南缘的塘参 1 井—塔中 4 井一线。

②地层超覆成藏组合：该成藏组合是受不整合控制的，主要分布在草湖凹陷南缘和满加尔凹陷西缘。

③岩性—构造成藏组合：该类组合主要分布在塔中隆起中部的塔中 2—塔中 32 井连线一带。

④构造圈闭成藏组合：主要发育在巴楚隆起的西部、塔北隆起的南缘、塔中隆起的北部和塔东隆

起的龙口地区。

（2）东河砂岩地层超覆圈闭成藏组合

另一个明显受不整合控制而形成地层圈闭成藏组合的就是泥盆系东河砂岩成藏组合。泥盆系东河砂岩成藏组合以东河砂岩为储层，以上覆泥岩为盖层，以寒武—奥陶系烃源岩为源岩，以断裂和不整合为输导的成藏组合，可进一步划分为5种次级成藏组合。

①地层超覆成藏组合：东河砂岩向轮南凸起、塔中隆起等地区逐渐超覆，后被石炭系及三叠系不整合覆盖而形成该次级成藏组合。该次级成藏组合主要发育在塔中隆起的塔中2—塔中1—塔中26—塔中44井，塔北隆起的东河1—东河4，轮南的轮南57—草2，巴楚地区的古董1—和4—方1—柯平断隆一带。

②地层削截成藏组合：该成藏组合以滨岸海滩砂岩为储层，分布于塔北地区的哈得逊地区和英买力地区，英买31井、哈得4井油藏就是该成藏组合。

③岩性成藏组合：该成藏组合主要分布在塔中地区，呈零星状分布。

④构造—地层超覆复合型成藏组合：该成藏组合主要分布于哈得逊地区，哈得4油田是其典型代表。

⑤构造成藏组合：主要分布于塔中起区、巴楚地区和塔西南，呈零星斑点状分布，规模小。

2. 地层圈闭的成藏模式

古隆起、古斜坡是形成各类不整合油气藏的有利地带，此处既可形成不整合面下的各类削截不整合油气藏，又可形成不整合面上的超覆不整合油气藏。不整合油气藏的形成，既受控于不整合类型、圈闭及其形成期与油气运聚成藏期匹配的控制，又受生、储、盖组合的配套、断裂发育状况、构造变形的制约。盖层的好坏及重建封闭作用直接关系到不整合油藏能否形成；不整合储集体的好坏及储集层的非均质性直接影响油气藏的储量和产能。不整合（面）对油气聚集成藏既有建设性作用，又有破坏性作用。

不整合面是塔里木盆地克拉通区油气侧向运移的一个重要途径，因此不整合面对克拉通区油气分布也具有重要的控制作用。塔里木盆地不整合油气藏的成藏模式是以寒武—奥陶系烃源岩为源岩，以断裂为垂向输导途径，以不整合为侧向运移通道，以不整合上下储集岩为储层，以上覆泥岩为盖层，而形成超覆地层圈闭或削截地层圈闭（图4-45）。塔里木盆地克拉通区发育多个不整合面。但由于各不整合面的储渗条件差异较大，因而油气富集程度也存在显著差异。不整合面的运移聚集条件取决于下伏地层顶部岩层的渗透性，这主要与不整合面暴露剥蚀的时间以及下伏地层的岩性有关。

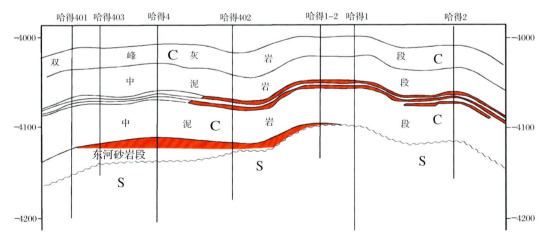

图4-45　哈得逊地区石炭系油藏剖面

多期不整合（面）控制油气的聚集成藏，除削截不整合带和超覆不整合带外，还有不整合叠置带、地层尖灭带及渐进不整合亦是捕获油气的有利地带。各类不整合油气藏形成后的保存好坏，关键在于后期构造运动的强弱。后期构造运动弱则不整合油气藏保存好。塔里木盆地不整合油气藏类型多、分布广、规律明显，这与叠加复合型含油气盆地，多期地质事件造就多期区域性控制油气的不整合面及其丰富的油气资源等独特地质条件密切相关。

第六节　山前冲断带构造圈闭油气成藏组合

塔里木发育了多期次的冲断带，如二叠纪的逆冲—走滑和新近纪—第四纪冲断。前者主要发生在塔北隆起、库车坳陷和孔雀河斜坡等北部地区，后者可发生于南北两部，包括库车和塔西南等地区。山前带构造样式多样，一般经历了多次构造运动，形成了"多次构造叠加"，是构造最发育的地区之一，形成了多种类型的构造圈闭。

一、冲断带构造圈闭的主要类型及分布

1. 构造圈闭的主要类型

根据构造类型，冲断带的构造圈闭可划分为与盖层滑脱型构造相关和与基底卷入相关两种。盖层滑脱型构造则主要发育背斜圈闭，其次为断层圈闭。而基底卷入型主要发育断层圈闭，其次为背斜圈闭。塔北冲断带、塔西南地区和孔雀河地区发育的构造圈闭主要有背斜型、断背斜型、断鼻型及断块型等。

（1）背斜圈闭

冲断背斜是前陆冲断带常见的圈闭及油气藏类型，它由冲断挤压作用所形成，分布在靠近造山带一侧并呈雁行状平行展布。形态上表现为不对称的长轴背斜，造山带一侧较为平缓，而向深坳一侧较为陡倾，有的甚至发展为轴面倾向于造山带的平卧褶皱。纵向可跨越多层，同时贯穿于老地层和新地层。与断层相关的逆冲背斜又可进一步划分为滑脱背斜、压扭背斜、披覆背斜、牵引背斜、断弯背斜、双冲诱发背斜等，包括断层转折背斜、断层传播背斜、滑脱背斜等。柯克亚气田、克拉2气田、迪那2气田等大中型气田属此类型。

柯克亚气田位于塔西南坳陷，是一个东西向的短轴背斜（图4-46），它在渐新世末已具雏形，中新世克孜洛依期隆起幅度约百余米，上新世末的喜马拉雅运动是构造的急剧隆起期，第四纪沉积前基本定型，隆起幅度达到500m。该构造形态平缓，两翼近似对称，上下继承性较好，在气田主体部位（相当于西河甫组）未见断层，构造完整，圈闭良好，有利于油气聚集。地震剖面显示，深部断层比较发育，自南向北推覆，垂直断距达100～200m以上，而且越向深处断层越多，断距越大，为次生的油气运移提供了运移通道。

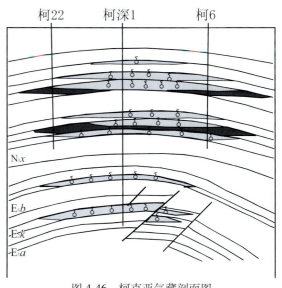

图4-46　柯克亚气藏剖面图

（2）断背斜圈闭

断背斜广泛分布于变形较强的地区，是形成油气藏的主要圈闭类型之一。断背斜圈闭主要分布在断层与背斜构造发育区，一般表现为背斜被断层所夹持或断开，其形态、分布与背斜圈闭相似，但受断裂影响较大。断裂的影响具有两面性，是一把"双刃剑"，它可以对地层进行切割使圈闭与油源沟通条件得到改善，也可以由于其活动性和封堵性而影响到圈闭的保存条件。

（3）断层圈闭

由于前陆冲断带广泛发育逆冲断层，因而断层圈闭也是其主要的圈闭类型之一。该类圈闭的形成时间通常较晚，多见于喜马拉雅晚期，主要发育在和田等断裂上，如合什塔克断鼻。

（4）叠加构造圈闭

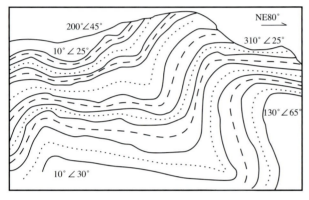

图 4-47　乌恰的叠加褶皱

（据钱一雄等，2001）

受构造运动的多期次和不均衡性控制，圈闭分布受构造带控制，表现在平面上分区分带，垂向上不同时期的圈闭常为相互叠加。叠加构造圈闭即不同期次的圈闭在垂向上叠置，在塔里木盆地有断层转折叠加褶皱、叠加褶皱圈闭等形式。

叠加褶皱圈闭有两种型式（钱一雄等，2001）。一种类型是箱形褶皱，其中一翼常发育小型逆冲断层，另一种类型是宽缓的等倾褶皱，倾角一般在45°之内。不同构造应力场的作用发育了褶皱轴向不同的单个褶皱或叠加褶皱（图 4-47）。

综上所述，塔里木山前冲断带发育了各种各样与挤压冲断相关的构造圈闭类型，在背斜和与断层相关两大类圈闭类型中，在库车坳陷主要以各种背斜-断层复合型圈闭为主，柯克亚气田、克拉 2 气田、迪那 2 气田等大中型气田属此类型。

2. 构造圈闭的形成演化与分布特征

（1）塔西南冲断带

塔西南地区夹持于西昆仑和南天山造山带之间，其形成经历了复杂的地质运动过程。从志留纪开始，塔西南地区逐渐开始由伸展构造环境转变为挤压背景，坳陷背景由被动的大陆边缘性质逐渐转变为周缘前陆性质，整个过程的最终完成一直延续至三叠纪末。从侏罗纪开始，塔西南演变为典型的伸展断陷盆地。从中新世开始，强烈的推覆挤压作用将塔西南坳陷转变为挤压型陆内前陆盆地。

关于塔西南逆冲推覆构造的形成时间存有争议，有学者认为塔西南前陆冲断带主要形成于新生代，冲断作用始于始新世末期—渐新世，经中新世，到上新世—第四纪逐渐增强（何登发，1996，2004），大规模的冲断活动则是在中新世—更新世期间完成的，并且现在可能仍处活动期。但也有研究认为，塔西南这一规模宏大的逆冲推覆构造自加里东期就开始活动（胡建中，2007），海西期西昆仑造山逆冲推覆，但主逆冲推覆构造的形成与定型则主要是始新世以来的喜马拉雅运动，因而逆冲推覆构造具有多期次构造叠加与改造的特征。

受喜马拉雅运动的影响，塔西南和孔雀河地区在喜马拉雅期构造运动强烈，在山前形成了推覆带或冲断带构造，产生了大量的多样性新构造圈闭，包括断裂相关褶皱、盐相关褶皱、走滑-冲断构造组合等，同时也使盆地早—中期多期形成的构造得以改造并重新定型，为油气成藏创造了良好的圈闭条件。

（2）孔雀河地区

结合区域构造运动特点，孔雀河地区的圈闭形成及演化可分为两大阶段，即早期的古构造圈闭形成阶段和晚期的调整改变与定型阶段。

在早奥陶世至中泥盆世期间，塔里木盆地北部的造山带持续向北扩展，形成了区域性挤压作用环境，导致了塔北隆起及北部孔雀河斜坡带的隆升。晚奥陶世末，随着南天山洋的逐渐关闭，区块大部褶皱隆升并进一步遭受不同程度的剥蚀，在区内形成了巴里英、尉犁、维马克等古鼻隆构造；进入海西期构造运动期，孔雀河斜坡主体开始形成。海西运动早期，在库鲁克塔格向南逆冲的作用下，孔雀河地区形成一系列北西向大型逆冲断裂。断裂与孔雀河地区古生界自西而东发育的库尔勒、尉犁、龙口－维马克－开屏三个NNE向大型鼻隆相切，形成了一系列大型断背斜；自晚泥盆世至早石炭世，造山带发育达到高峰，满东构造、群克构造、大西海以及孔雀河斜坡等构造得到定型；海西运动晚期，由于板块边缘的完全闭合，再次挤压隆升剥蚀，区内中、上石炭统及二叠系地层整体剥蚀殆尽，在孔雀河斜坡造成了下石炭统的缺失。

自燕山期开始，孔雀河地区进入周缘前陆盆地发展阶段。燕山运动早期的北西向逆冲断裂和近南北向的平移走滑断裂再次活动，形成了一系列受同生断裂控制的北西向和北东向断裂背斜带，它们叠加在古生界三个大型鼻隆之上，使孔雀河地区构造圈闭组合进一步复杂，导致同生断裂形成了对早、中侏罗世沉积地层展布的控制。燕山运动晚期，孔雀河地区演化为陆内盆地发展阶段；进入喜马拉雅构造运动期，强烈的喜马拉雅造山运动形成了巨型的陆间造山带，研究区表现为断陷特点，并在继承早期构造格局基础上形成现今构造格局。

因此，孔雀河的圈闭构造是在NNE向大型鼻隆基础上，经过中生界北西和北东向断裂的影响和改造，形成了新生代的平缓南倾斜坡。由于新生代时期的构造圈闭不甚发育，因此中生代时期所形成的大型断背斜以及古生代时期所形成的大型鼻隆构造对现今构造圈闭的形成和展布具有重要影响。

孔雀河地区是古生代克拉通边缘盆地和中、新生代前陆盆地的叠加复合地区，为一长期南西倾向的斜坡构造带。从加里东—喜马拉雅期的各期构造运动对本区的构造单元有着不同的影响，其中古生界构造层以大型鼻状隆起发育为特征，其上被断层切割，形成一系列断鼻构造；中生界构造主要形成于白垩纪末及其以前，构造具有成排成带展布的特征，形成了多种类型的构造圈闭并以背斜圈闭为主，其次是断鼻和断背斜圈闭（图4-48），背斜主要包括挤压背斜、逆冲背斜、背冲式背斜、潜山披覆背斜等。现今的构造带主要包括库鲁克塔格山前构造带、孔雀河北部斜坡带、维马克－开屏断背斜构造带、龙口背斜构造带、尉犁断鼻构造带。

①孔雀河北部斜坡带：孔雀河北部斜坡带位于孔雀河区块的东北部，主要发育了沿孔雀河北部斜坡带呈带状展布的断鼻型构造圈闭（罗宇，2004），圈闭通常以北西向延伸，主体发育在侏罗系和志留系不整合面之上。

②维马克－开屏背斜构造带：维马克－开屏背斜构造带位于孔雀河斜坡带邻近英吉苏凹陷的东南部，面积约1800km²。圈闭类型主要为背斜（开屏4）、断背斜（维马克2，开屏1、6等）、断鼻（有如开屏5，维北1-3，维马克1、4-6、开屏3等）、断块等，其中断鼻最多，断块较少，为较为典型的挤压成因逆冲褶皱。这些圈闭大多位于侏罗系层内，志留系层内也有较多发育，多沿北东向断裂呈带状延伸和展布。

③龙口背斜构造带：龙口背斜构造带位于孔雀河斜坡带以南，向南与英吉苏凹陷为邻，面积约2100km²。该构造带在古生界时为一向南倾没于满加尔凹陷的近南北向大型古鼻隆，中生界时为一向南

大类	亚类	剖面（油藏）模式	平面模式	主要发育地区
构造圈闭	背斜型	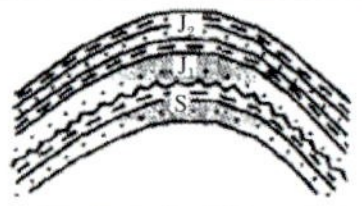 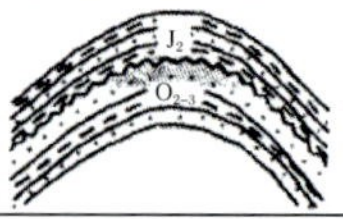	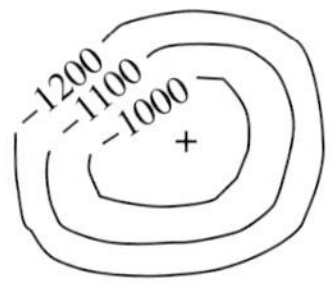	龙口背斜构造带、维马克－开屏背斜构造带、尉犁断鼻构造带
	断背斜型	 	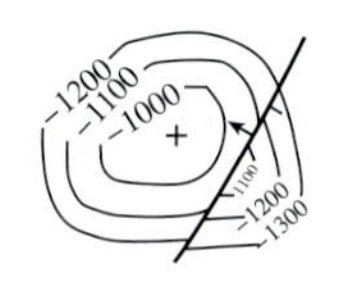	龙口背斜构造带、维马克－开屏背斜构造带、尉犁断鼻构造带
	断鼻、断块型	 	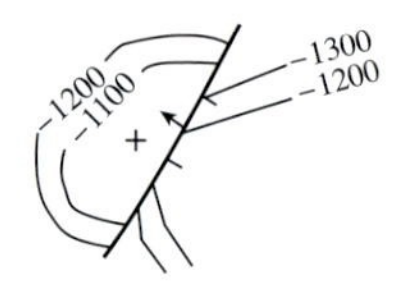	龙口背斜构造带、维马克－开屏背斜构造带、尉犁断鼻构造带、库尔勒鼻隆

图 4-48　孔雀河地区构造圈闭分类示意图

(据罗宇，2004)

东倾没于英吉苏凹陷的北西向断背斜带，主体发育了断背斜（如龙口 3-5）、背斜、断鼻和断块等类型。它们主要发育在侏罗系和志留系层内，大多沿着北西向断裂顺长轴展布。

④尉犁断鼻构造带：尉犁断鼻构造带位于孔雀河斜坡西北，面积 7200km²。所发育的圈闭类型主要为断鼻，其次是背斜和断背斜，断块圈闭少见。这些圈闭多位于奥陶系灰岩顶的不整合面上，大都沿着尉犁断鼻构造带上的鼻状构造背景走向展布。

二、冲断带构造圈闭的油气地质条件与成藏组合

1. 孔雀河地区

（1）烃源岩

研究区分布三套区域性烃源岩，即寒武系—下奥陶统暗色灰岩和暗色泥岩、石炭系以泥岩为主的生油岩和三叠系－侏罗系煤层、碳质泥岩和暗色泥岩，另外也有学者认为震旦系泥质岩也可以作为该区的烃源岩。寒武—下奥陶统烃源岩全区分布广、厚度大（200 ～ 1000m），由斜坡向凹陷逐渐增厚，有机质丰度高（TOC 平均为 2.04%），为 I 类腐泥型干酪根，属于好烃源岩层，但现今基本处于高成熟－过成熟阶段（R_o：1.8% ～ 2.28%）；石炭系烃源岩主要分布于草湖凹陷，探井揭示生油岩以暗色泥岩为主，其次是碳酸盐岩，生油岩厚度 4.0 ～ 104.5m，厚度不大，分布局限，为较差烃源岩，目前尚无探井发现石炭系油气来源的气藏；三叠系烃源岩在研究区西部草湖凹陷、库尔勒鼻状凸起和英吉苏凹陷广泛分布，以暗色泥岩为主，其次为碳质泥岩，有机质含量高，平均为 1.3%。顶面埋深一般大于 3500m，为 II 类干酪根，以生油为主，为本区另一套较好生油岩；侏罗系烃源岩为煤层、碳质泥岩及暗色泥岩，厚度 200 ～ 800m，品质好，但全区大部分地区均处于未熟—低熟阶段（胡建中，2005），只有在南部英吉苏凹陷该套烃源岩进入生烃门限。

（2）圈闭条件

孔雀河地区发育了多种圈闭类型，古生界构造层发育了一系列断鼻构造，中生界构造具有成排成带展布的特征，这两套构造层相互独立、彼此复合，形成了多种类型的构造圈闭，面积大、幅度高、成排成带展布特点明显，在孔雀河北部斜坡带、维马克－开屏断背斜构造带、龙口背斜构造带以及尉犁断鼻构造带等发育。

（3）储、盖组合分析

孔雀河地区主要发育寒武－奥陶系、志留系—石炭系砂岩、侏罗系和白垩系砂岩储层。白垩系储层在全区广泛分布，累积厚度为 272～496m；下志留统在西部和东部均有分布，具有特低孔、特低渗特征，但部分砂体物性较好；侏罗系砂岩、含砾砂岩等储层在研究区广泛分布，物性较好、厚度大；石炭系储层主要分布于研究区西部的草湖凹陷，石炭系底部的东河砂岩段为一套局部发育的较好储层；中上奥陶统以长石杂砂岩为主，储层致密。由于新近系－白垩系的泥岩发育，厚度大、区域连续，可作为良好的区域盖层；此外，侏罗系的克孜努尔组泥岩，杨霞－阿合组泥岩、志留系的致密砂岩、奥陶系的泥页岩等均可成为条件良好的盖层。

研究区内发育三套储盖组合，依次为寒武系－下奥陶统（自生自储）、志留系（储层）－泥盆系（储层）－石炭系（盖）－侏罗系（盖）、侏罗系（储、盖）－白垩系（盖）古近系（盖）。

（4）成藏组合

以构造圈闭的发育情况，将研究区分为古生界和新生界两个成藏组合。由于古生界构造圈闭形成于加里东晚期，不晚于寒武系－下奥陶统烃源岩的主要生排烃期，有利于油气的成藏，但是这类油气藏在后期的构造运动中大多已被破坏或进行二次成藏的改造调整。中生界构造圈闭主要形成于侏罗纪末的燕山期，定型于白垩纪的燕山晚期，下古生界古油藏原油裂解气的大量形成期、寒武－下奥陶统烃源岩的二次生烃和侏罗系烃源岩主要生排烃期都是在喜马拉雅期，圈源时间配置关系较好。燕山晚期－喜马拉雅期，构造变形微弱，有利于油气藏保存，是孔雀河地区的主要成藏期。

2. 塔西南冲断带

（1）烃源岩

塔西南地区主要发育四套烃源岩：寒武系—下奥陶统局限台地相碳酸盐岩夹泥质岩为高有机碳含量的深灰、灰黑色泥质泥晶云岩与泥质泥晶灰岩，烃源岩厚度较大、母质类型好、热演化程度达到高一过成熟；石炭系—下二叠统泥岩和碳酸盐岩分布广、有机质丰度高、成熟度也高；侏罗系煤系地层有机质丰度高但分布比较局限，成熟度中等，有机质类型主要为 III 型和 II 型，现今主要处于凝析油－湿气阶段；古近系－新近系碳酸盐岩和泥岩也进入成熟生油阶段。

（2）圈闭条件

与断裂密切相关的断裂和相关褶皱为该区提供了良好的油气圈闭条件，包括背斜、断背斜、断鼻及断块等。绝大多数构造圈闭发育在断裂带内并与断裂有明显的依存关系，如和田断裂上的褶皱或挤压滑脱背斜是伴随断裂的挤压逆冲而产生的。

（3）储、盖组合

塔西南地区发育了多套储层和盖层组合。储层有寒武一奥陶系碳酸盐岩、石炭系碳酸盐岩和砂岩、石炭系碳酸盐岩与泥质岩、二叠系砂岩与不整合沉积其上的侏罗系泥质岩、侏罗系砂岩与泥质岩、白垩系砂岩与泥质岩、古近系碳酸盐岩、新近系砂岩和泥岩构成自生自储或下生上储的生储盖组合。

（4）成藏组合分析

塔西南地区形成了多套成藏组合，且油气具有前渊凹陷中沿断裂或不整合面向冲断带运移的特征，西昆仑北缘冲断带中大量的断层相关褶皱为该地区提供了良好的油气圈闭，其形成时间大致与油气形成期匹配。由于冲断带断裂的发育，形成了具有良好连通性的烃源岩断裂，进一步促进了油气藏的形成。油气成藏组合的关键时期发生在喜马拉雅期中、晚期。

总之，冲断带构造带具有不同时代的多套优质的烃源岩、大规模的圈闭、良好的储盖层以及它们之间良好的配置关系，发育多套自生自储和下生上储的生储盖组合，并且深大断裂连接烃源岩、储层，为油气的运移起了关键的作用。受冲断带晚期构造运动—即喜马拉雅构造运动的影响，研究区的油气藏具有"构造控藏，晚期成藏"的特点。且由于受古油藏"原油裂解"、古生代烃源岩"二次生烃"和侏罗系煤系源岩的影响，以气藏为主。多样的成藏组合，具备了形成大中型油气藏的地质条件。

参 考 文 献

蔡希源．2005．塔里木盆地台盆区油气成藏条件与勘探方向 [J]．石油与天然气地质．26（5）：590～597

陈践发，孙省利，刘文汇，郑建京．2004．塔里木盆地下寒武统底部富有机质层段地球化学特征及成因探讨 [J]．中国科学 D 辑：地球科学．34（S1）：107～113

陈杰，卢演俦，丁国瑜．2001．塔里木西缘晚新生代造山过程的记录——磨拉石建造及生长地层和生长不整合 [J]．第四纪研究，21（6）：528～539

陈杰，曲国胜，胡军等．1997．帕米尔北缘弧形推覆构造带东段的基本特征与现代地震活动 [J]．地震地质．19（4）：301～311

陈景山、王振宇等．1999．塔中地区中上奥陶统台地镶边体系分析，古地理学报．1（2）：8～16

陈新安，张兴林，屈秋平等．1999．塔西南山前构造特征及含油气前景 [J]．新疆石油地质．20（6）：468～472

陈新军，蔡希源，高志前等．2005．寒武、奥陶纪海平面变化与烃源岩发育关系——以塔里木盆地为例．天然气工业 [J]．25（10）：18～20

陈永武等，1995．储集层与油气分布．北京：石油工业出版社

陈元壮，王毅，张达景，张卫彪．2008．塔里木盆地塔河地区南部志留系油气成藏特征 [J]．石油实验地质．30（1）：32～46

陈正辅，陶一川，张忠先等．1995．新疆塔里木盆地北部油气生成、运移与分布规律研究（国家"八五"攻关报告）

池秋鄂等．2001．层序地层学基础及应用．北京：石油工业出版社

崔军文，郭宪璞，丁孝忠等．2006．西昆仑—塔里木盆盆—山结合带的中、新生代变形构造及其动力学．地学前缘．13（4）：103～118

邓宏文．2002．高分辨率层序地层学．北京：地质出版社

邓万明．1995．喀喇昆仑－西昆仑地区蛇绿岩的地质特征及其大地构造意义 [J]．岩石学报．11（增刊）：98～111

丁道桂，刘伟新，崔可锐等．1997．塔里木中新生代前陆盆地构造分析与油气领域 [J]．石油实验地质．19（2）：97～107

丁道桂，汤良杰，钱一雄等．1996．塔里木盆地形成与演化 [M]．南京：河海大学出版社．232～256

丁道桂等．1996．西昆仑造山带与盆地 [M]．北京：地质出版社

丁勇，王允诚，徐明军．2005．塔河油田志留系成藏条件分析 [J]．石油实验地质．27（3）：232～237

杜治利，王飞宇，张水昌，张宝民，梁狄刚．2006．库车坳陷中生界气源灶生气强度演化特征 [J]．地球化学．35（4）：419～431

樊太亮，刘金辉，徐怀大等．1997．新疆塔里木盆地北部应用层序地层学．北京：地质出版社

樊太亮，徐怀大，刘金辉．1998．塔里木盆地北部显生宙基准面升降运动规律与沉积演化．地球科学 [J]．23（6）：573～578

樊太亮，于炳松，高志前．2007．塔里木盆地碳酸盐岩层序地层特征及其控油作用．现代地质．21（1）：57～65

范嘉松等．1996．中国生物礁与油气．北京：海洋出版社

方爱民，李继亮，刘小权等．2003．新疆西昆仑库地混杂带中基性火山岩构造环境分析 [J]．岩石学报．19（3）：409～417

付晓飞，杨勉，吕延防，孙永河．2004．库车坳陷典型构造天然气运移过程物理模拟 [J]．石油学报．25（5）：38～43

傅强，叶茂林．2005．塔里木盆地草湖凹陷－库尔勒鼻凸烃源岩演化 [J]．同济大学学报（自然科学版）．33（4）：535～539

高波，刘文汇，范明等．2006．塔河油田成藏期次的地球化学示踪研究 [J]．石油实验地质．28（3）：276～280

高岗，黄志龙，刚文哲．2002．塔里木盆地库车坳陷依南 2 气藏成藏期次研究 [J]．古地理学报．4（2）：98～104

高锐，肖序常，高弘等．2002．西昆仑－塔里木－天山岩石圈深地震探测综述 [J]．地质通报．21（1）：11～18

高岩等．2003．塔里木盆地层序地层特征与非构造圈闭勘探．北京：石油工业出版社

高志前，樊太亮，焦志峰等．2006．塔里木盆地寒武—奥陶系碳酸盐岩台地样式及其沉积响应特征 [J]．沉积学报．24（1）：19～27

高志勇，朱如凯，张兴阳．2006．塔里木盆地中上奥陶统碳酸盐岩烃源岩沉积环境 [J]．新疆石油地质．27（6）：708～711

顾家裕，朱筱敏，贾进华等．2003．塔里木盆地沉积与储层．北京：石油工业出版社

顾家裕．1996，塔里木盆地石炭系东河砂岩沉积环境分析及储层研究，地质学报．70（2）：153～161

顾家裕．1996．塔里木盆地沉积层序特征及其演化．北京：石油工业出版社

顾家裕．1999．塔里木盆地轮南地区下奥陶统碳酸盐岩岩溶储层特征及形成模式，古地理学报．1（1）：54～60

顾忆，黄继文，邵志兵．2003．塔河油田奥陶系油气地球化学特征与油气运移 [J]．石油实验地质．25（6）：746～750

顾忆，邵志兵，陈强路，黄继文等．2007．塔河油田油气运移与聚集规律 [J]．石油实验地质．29（3）：224～230

顾忆．2000．塔里木盆地北部塔河油田油气藏成藏机制 [J]．石油实验地质．22（4）：307～312

郭建华，翟永红，刘生国．1996．轮南下奥陶统碳酸盐岩储层类型与测井响应，中国海上油气（地质）．10（4）：266～270

郭建华，吴智勇，翟永红等．1995．塔中 4 井区东河砂岩中的河口湾沉积．江汉石油学院学报．17（4）：5～11

郭建华、曾允孚、翟永红等．1996．塔中地区石炭系东河砂岩层序地层研究．沉积学报．14(2)：56～65

何登发，李德生．1996．塔里木盆地构造演化与油气聚集 [M]．北京：地质出版社

何向阳，演怀玉．1992．塔里木盆地北部地区油气富集规律及成藏模型．石油与天然气地质．13(3)：303～313

胡望水，刘学锋，陈毓遂等．1996．塔里木西南坳陷新生代构造演化与油气的关系 [J]．石油实验地质．18(3)：244～251

黄第藩，赵孟军，张水昌．1996．塔里木盆地油气资源及勘探方向 [J]．新疆石油地质．20(3)：189～192

黄海平，任芳祥，Larter S R．2002．生物降解作用对原油中苯并咔唑分布的影响 [J]．科学通报．47(16)：1271～1275

贾承造．1997．中国塔里木盆地构造特征与油气 [M]．北京：石油工业出版社

贾承造．1999．塔里木盆地构造特征与油气聚集规律．新疆石油地质．20(3)：177～183

姜春发，王宗起，李锦轶．1992．昆仑开合构造 [M]．北京：地质出版社

姜春发，王宗起，李锦轶．2000．中央造山带开合构造 [M]．北京：地质出版社

姜在兴 主编．2003．沉积学．北京：石油工业出版社

蒋裕强，王招明，王兴志，周新源，王清华．2000．塔里木盆地和田河气田上奥陶统碳酸盐岩储层控制因素，天然气工业．20(5)：29～31

解启来，周中毅，施继锡等．2004．塔里木盆地塔中地区下古生界二次生烃的类型及其特征 [J]．地质论评．50(4)：377～383

康玉柱．1987．塔里木盆地古生代油气资源 [J]，中国地质．(3)：3～7

康玉柱．2007．中国古生代大型油气田成藏条件及勘探方向．天然气工业．27(8)：1～6

康玉柱．2007．中国古生代海相大油气田形成条件及勘探方向．新疆石油地质．28(3)：263～265

康玉柱．2007．中国古生代海相油气田发现的回顾与启示．石油与天然气地质．28(5)：570～575

康玉柱．2008．我国古生代海相碳酸盐岩成藏理论的新进展．海相油气地质．13(4)：8～11

康玉柱．2008．中国古生代碳酸盐岩古岩溶储集特征与油气分布．天然气工业．28(6)：1～12

康玉柱．2008．中国西北地区石炭—二叠系油气勘探前景．新疆石油地质．29(4)：415～419

孔金平，刘效曾．1998．塔里木盆地塔中地区奥陶系碳酸盐岩储层空隙研究．矿物岩石．18(3)：25～33

李慧莉，金之钧，何治亮等．2007．海相烃源岩二次生烃热模拟实验研究．科学通报．52(11)：1322～1328

李剑，谢增业，李志生，罗霞，胡国艺，宫色．2001．塔里木盆地库车坳陷天然气气源对比 [J]．石油勘探与开发．28(5)：29～32

李景贵，刘文汇，郑建京，陈国俊，孟自芳．2004．库车坳陷陆相烃源岩及原油中的氧芴系列化合物 [J]．石油学报．25(1)：40～47

李梅，包建平，汪海等．2005．库车前陆盆地烃源岩和烃类成熟度及其地质意义 [J]．天然气地球科学．15(4)：367～378

李谦，王飞宇，孔凡志，肖中尧，陈开远．2007．库车坳陷恰克马克组烃源岩特征 [J]．石油天然气学报．(6)：38～42

李嵩龄，张志德，杨德朴．1985．西昆仑山—阿尔金山地区晚元古代超基性岩岩石化学特征与成岩地质环境 [J]．西安地质学院学报．7(3)：58～70

李贤庆，侯读杰，肖贤明等．2004．应用含氮化合物探讨油气运移和注入方向 [J]．石油实验地质．26(2)：120～126

李贤庆，肖贤明，Tang Y，米敬奎，肖中尧，申家贵．2003．库车坳陷侏罗系煤系源岩的生烃动力学研究 [J]．新疆石油地质．24(6)：487～489

李贤庆，肖贤明，米敬奎，TANG Yongchun，肖中尧，刘德汉，申家贵，刘金钟．2005．塔里木盆地库车坳陷烃源岩生成甲烷的动力学参数及其应用 [J]．地质学报．79(1)：133～142

李向东，王克卓．2000．塔里木盆地西南及邻区特提斯格局和构造意义 [J]．新疆地质．18(2)：113～120

李小地，张光亚，田作基．2000．塔里木盆地油气系统与油气分布规律 [M]．北京：地质出版社．1～136

梁狄刚，张水昌，张宝民等．2000．从塔里木盆地看中国海相生油问题．地学前缘 (中国地质大学，北京)．(4)：534～547

林忠民．2002．塔河油田奥陶系碳酸盐岩储层特征及成藏条件．石油学报．23(3)：23～26

刘存革，李国蓉，吴勇．2004．新疆塔河油田下奥陶统碳酸盐岩储层成因类型与评价．沉积与特提斯地质．24(1)：91～96

刘光祥．2008．塔里木盆地 S74 井稠油热模拟实验研究 (一)——模拟产物地球化学特征 [J]．石油实验地质．30(2)：179～185

刘洛夫，霍红，李超等．2006．利用咔唑类化合物研究油气的运移——以塔里木盆地环阿瓦提凹陷志留系古油藏为例 [J]．石油实验地质．28(4)：366～369

刘全有，秦胜飞，李剑等．2007．库车坳陷天然气地球化学以及成因类型剖析 [J]．中国科学D辑：地球科学．37(S2)：149～156

刘生国，胡望水，刘泽锋等．2001．塔里木盆地前震旦 - 石炭纪构造与地层组合特征 [J]．西安科技学院学报．21(2)：136～139

刘胜，邱斌，尹宏等．2005．西昆仑山前乌泊尔逆冲推覆带构造特征 [J]．石油学报．26(6)：16～19

刘胜，汪新，伍秀芳等．2004．塔西南山前晚新生代构造生长地层与变形时代 [J]．石油学报．25(5)：24～28

刘石华，匡文龙，刘继顺等．2002．西昆仑北带蛇绿岩的地球化学特征及其大地构造意义 [J]．世界地质．21(4)：332～339

刘文汇，张殿伟，王晓峰等．2004．天然气气源对比的地球化学研究 [J]．沉积学报．22(S1)：27～32

刘文汇，张建勇，范明等．2007．叠合盆地天然气的重要来源——分散可溶有机质．石油实验地质．No.1

刘学锋，陈毓遂，肖安成．1995．塔西南坳陷北缘新生代构造形变特征 [J]．石油与天然气地质．16(3)：234～239

刘增仁，袁文贤，奚伯雄等．2002．齐姆根—桑株河地区构造特征及演化 [J]．新疆地质，20(增刊)：51～57

刘忠宝，于炳松，陈晓林等．2003．塔里木盆地塔东地区中—上奥陶统海底扇浊积岩层序地层格架及沉积特征．现代地质．4

鲁新便，何发岐，赵洪生．1997．塔里木盆地西南缘构造带的地球物理特征、构造及其演化 [J]．石油物探．36(1)：43～52

鲁新便，石彦，田春来．1995．塔里木盆地西南部—西昆仑地区构造电性特征与 A 型俯冲模式 [J]．石油实验地质．17(3)：238～248

吕修祥，周新源，皮学军等．2002．塔里木盆地巴楚凸起油气聚集及分布规律 [J]．新疆石油地质．23(6)：489～492

罗金海，何登发．1999．西昆仑北缘冲断带和田段的构造特征 [J]．石油与天然气地质．20(3)：237～241

罗金海，周新源，邱斌等．2004．塔里木盆地西部喀什凹陷褶皱冲断带的构造特征 [J]．石油与天然气地质．25(2)：199～203

罗顺社，高振中．1995．塔西南考库亚泥盆系浪控陆棚和浪控三角洲微相，石油天然气地质．16(3)：227～233

马安来，金之钧，王毅．2006．塔里木盆地台盆区海相油源对比存在的问题及进一步工作方向 [J]．石油与天然气地质．27(3)：356～362

马安来，金之钧，张水昌等．2006．塔里木盆地寒武—奥陶系烃源岩的分子地球化学特征．地球化学 [J]．35(6)：594～601

马安来，张水昌，张大江等．2004．轮南、塔河油田稠油油源对比 [J]．石油与天然气地质．25(1)：31～38

潘裕生，王毅．1994．青藏高原叶城—狮泉河路线地质特征及区域构造演化 [J]．地质学报．68(4)：295～307

潘裕生．1994．青藏高原第五缝合带的发现与论证 [J]．地球物理学报．37(2)：184～191

钱一雄，马安来，陈强路等．2007．塔中地区西北部中 1 井区志留系油砂的地球化学分析．石油实验地质．29(3) 286～292

秦胜飞，戴金星．2006．库车坳陷煤成油、气的分布及控制因素 [J]．天然气工业．26(3)：16～18

秦胜飞，贾承造，李梅．2002．和田河气田大然气东西部差异及原因 [J]．石油勘探与开发．29(5)：16～18

秦胜飞，贾承造，陶士振．2002．塔里木盆地库车坳陷油气成藏的若干特征 [J]．中国地质．29(1)．103～108

秦胜飞，李先奇，肖中尧，李梅，张秋茶．2005．塔里木盆地天然气地球化学及成因与分布特征 [J]．石油勘探与开发．32(4)：70～78

秦胜飞，潘文庆，韩剑发等．2005．库车坳陷油气相态分布的不均一性及其控制因素 [J]．石油勘探与开发．32(2)：19～22

邱中健，龚再升．1999．中国油气勘探．北京：地质出版社、石油工业出版社

曲国胜，李亦纲，张宁等．2004．塔里木西南缘（齐姆根弧）前陆构造及形成机理 [J]．地质论评．50(6)：567～576

曲国胜，李亦纲，李岩峰等．2005．塔里木盆地西南前陆构造分段及其成因 [J]．中国科学 D 辑．35(3)：193～202

尚新璐，陈新卫，吴超等．2004．塔里木盆地西部喀什地区的新生代冲断构造 [J]．地质科学．39(4)：543～550

邵志兵．2005．塔里木盆地塔河油区奥陶系原油中性含氮化合物特征与运移研究 [J]．石油实验地质．27(5)：496～501

沈军，汪一鹏，赵瑞斌等．2001．帕米尔东北缘及塔里木盆地西北部弧形构造的扩展 [J]．地震地质．23(3)：381～389

宋岩，方世虎，赵孟军等．2005．前陆盆地冲断带构造分段特征及其对油气成藏的控制作用 [J]．地学前缘．12(3)：31～38

汤良杰．1996．塔里木盆地演化和构造样式 [M]．北京：地质出版社

万景林，王二七．2002．西昆仑北部山前普鲁地区山体抬升的裂变径迹研究 [J]．核技术．25(7)：565～567

汪玉珍．1983．西昆仑山依莎克群的时代及其构造意义 [J]．新疆地质．(1)：1～8

王大锐，宋力生．2002．论我国海相中上奥陶统烃源岩的形成条件——以塔里木盆地为例．石油学报．23(1)：31～35

王东安，陈瑞君．1989．新疆库地西北一些克沟深海蛇绿质沉积岩岩石学特征及沉积环境 [J]．自然资源学报．4(3)：212～221

王飞宇，边立曾，张水昌．2001．塔里木盆地奥陶系海相源岩中两类生烃母质 [J]．中国科学．31(2)：96～102

王鸿祯．1981．从活动论观点论中国大地构造分区 [J]．地球科学－中国地质大学学报．6(1)：42～46

王杰，顾忆，饶丹，楼章华．2007．塔河油田奥陶系天然气地球化学特征、成因及运移充注规律研究 [J]．地球化学．36(6)：633～637

王军．1998．西昆仑卡日巴生岩体和苦子干岩体的隆升——来自磷灰石裂变径迹分析的证据 [J]．地质论评．44(4)：435～442

王世虎，徐希坤，宋国奇．2001．塔西南坳陷和田凹陷前陆逆冲带构造特征 [J]．石油实验地质．23(4)：378～383

王铁冠，王春江，何发岐等．2004．塔河油田奥陶系油藏两期成藏原油充注比率测算方法 [J]．石油实验地质．26(1)：74～79

王彦斌，王永，刘训．2001．天山、西昆仑山中、新生代幕式活动的磷灰石裂变径迹记录 [J]．中国区域地质．20(1)：94～99

王元龙，李向东，毕华等．1997．西昆仑库地北构造带两侧地质特征对比及其大地构造意义 [J]．地质地球化学．2：53～59

王元龙，李向东，毕华等．1997．西昆仑库地蛇绿岩的地质特征及其形成环境 [J]．长春地质学院学报．27(3)：304～309

王招明，肖中尧．2004．塔里木盆地海相原油的油源问题的综合述评 [J]．科学通报．12(49)：1～8

王志洪，李继亮，侯泉林等．2000．西昆仑库地蛇绿岩地质、地球化学及其成因研究 [J]．地质科学．35(2)：151—160

吴超，尚新璐，陈军等．2004．新疆西部苏盖特构造带构造特征及勘探前景 [J]．地质科学．39(4)：571～579

吴世敏，马瑞士，卢华复等．1996．西昆仑早古生代构造演化及其对塔西南盆地的影响 [J]．南京大学学报．32(4)：650～657

吴因业等．2002．油气层序地层学．北京：石油工业出版社

伍秀芳，刘胜，汪新等．2004．帕米尔—西昆仑北麓新生代前陆褶皱冲断带构造剖面分析 [J]．地质科学．39(2)：260～271

肖安成，陈毓遂，胡望水等．1995．塔里木盆地西南坳陷的构造类型 [J]．新疆石油地质．16（2）：102 ~ 108

肖安成，杨树锋，陈汉林等．2000．西昆仑山前冲断系的结构特征 [J]．地学前缘．7（增刊）：128 ~ 136

肖安成．1996．塔里木盆地西南缘西昆仑前陆逆冲—褶皱带主滑脱面深度 [J]．江汉石油学院学报．18（1）：19 ~ 23

肖序常，刘训，高锐等．2002．西昆仑及邻区岩石圈结构构造演化——塔里木南—西昆仑多学科地学断面简要报道 [J]．地质通报．21（2）：63 ~ 68

肖序常，王军，苏犁等．2003．再论西昆仑库地蛇绿岩及其构造意义 [J]．地质通报．22（10）：745 ~ 750

肖中尧，黄光辉，卢玉红等．2004．塔里木盆地塔东 2 井原油成因分析 [J]．沉积学报．第 22 卷增刊．66 ~ 72

肖中尧，卢玉红，桑红等．2005．一个典型的寒武系油藏：塔里木盆地塔中 62 井油藏成因分析 [J]．地球化学．34（2）：155 ~ 160

肖中尧，张水昌，赵孟军等．1997．简析塔中北坡 A 井志留系油气藏成藏期 [J]．沉积学报．15（2）：150 ~ 154

徐怀大，樊太亮，韩革华等．1997．新疆塔里木盆地层序地层特征．北京：石油工业出版社

许效松，汪正江，万方等．2005．塔里木盆地早古生代构造古地理演化与烃源岩 [J]．地学前缘．12（3）：49 ~ 57

杨威，魏国齐，王清华等．2004．塔里木盆地寒武系两类优质烃源岩及其形成的含油气系统 [J]．石油与天然气地质．25（3）：263 ~ 267

杨海军，韩剑发．2007．塔里木盆地轮南复式油气聚集区成藏特点与主控因素 [J]．中国科学 D 辑：地球科学．37（S2）：53 ~ 62

杨杰，黄海平，张水昌等．2003．塔里木盆地北部隆起原油混合作用半定量评价 [J]．地球化学．32（2）：105 ~ 110

杨克明．1994．论西昆仑大陆边缘构造演化及塔里木西南盆地类型 [J]．地质论评．40（1）：9 ~ 18

杨树锋，陈汉林，董传万等．1999．西昆仑山库地蛇绿岩的特征及其构造意义 [J]．地质科学．34（3）：281 ~ 288

杨松玲，高增海，赵秀歧，2002，塔里木盆地东河砂岩层序特征与分布规律，新疆石油地质．23（1）：35 ~ 37

杨威，魏国齐，王清华，赵仁德，刘效曾．2003．和田河气田奥陶系碳酸盐岩储层特征及建设性成岩作用．天然气地球科学．14（3）：191 ~ 195

姚卫江，陈文利，肖燕等．2002．塔里木盆地西南坳陷周边山前的典型构造模式建立 [J]．新疆地质．20（增刊）：47 ~ 50

于炳松，Hailiang Dong，陈建强等．2004．塔里木盆地下寒武统底部高熟海相烃源岩中有机质的赋存状态 [J]．29（2）：198 ~ 202

于炳松，陈建强，李兴武．2002．塔里木盆地下寒武统底部黑色页岩地球化学及其岩石圈演化意义 [J]．中国科学 D 辑．31（5）：374 ~ 382

于炳松，樊太亮，黄文辉等．2007．层序地层格架中岩溶储层发育的预测模型．石油学报．28（4）：41 ~ 45

袁超，孙敏，李继亮等．2002．西昆仑库地蛇绿岩的构造背景：自玻安岩系岩石的新证据 [J]．地球化学．31（1）：43 ~ 48

翟晓先，顾忆，钱一雄等．2007．中国陆上最深井－塔里木盆地塔深 1 井寒武系油气地球化学特征，石油实验地质．29（4）1 ~ 6

张宝民，张水昌，尹磊明等．2005．塔里木盆地晚奥陶世良里塔格型生烃母质生物 [J]．微体古生物学报．22（3）：243 ~ 250

张传林，于海锋，沈家林等．2004．西昆仑库地伟晶辉长岩和玄武岩锆石 SHRIMP 年龄：库地蛇绿岩的解体 [J]．地质论评．50（6）：639 ~ 643

张光亚，王红军，宋建国等．2002．塔里木盆地满西寒武系—下奥陶统油气系统的确定及其在勘探上的应用 [J]．中国石油勘探．7（4）：18 ~ 24

张光亚．2000．塔里木古生代克拉通盆地形成演化与油气 [M]．北京：地质出版社

张守安，杨克明，苟华伟等．1996．塔里木盆地不整合油气藏特征．海洋地质与第四纪地质．16（3）：91 ~ 99

张水昌，Moldowan J M.，Li M.等．2001．分子化石在寒武－前寒武纪地层中的异常分布及其生物学意义．中国科学（D 辑）．31（4）：299 ~ 304

张水昌，R L Wang，金之钧等．2006．塔里木盆地寒武纪—奥陶纪优质烃源岩沉积与古环境变化的关系：碳氧同位素新证据 [J]．地质学报．80（3）：460 ~ 466

张水昌，梁狄刚，黎茂稳等．2002．分子化石与塔里木盆地油源对比 [J]．科学通报．第 47 卷增刊．16 ~ 23

张水昌，梁狄刚，张宝民等．2004．塔里木盆地海相油气的生成 [M]．北京：石油工业出版社

张水昌，梁狄刚，张大江．2002．关于古生界烃源岩有机质丰度的评价标准．石油勘探与开发 [J]．29（2）：8 ~ 12

张水昌，王飞宇，张保民等．2000．塔里木盆地中上奥陶统油源层地球化学研究 [J]．石油学报．21（6）：23 ~ 281

张水昌，王招明，王飞宇等．2004．塔里木盆地塔东 2 油藏形成历史—原油稳定性与裂解作用实例研究 [J]．石油勘探与开发．31（6）：25 ~ 31

张水昌，张宝民，边立曾．2005．中国海相烃源岩发育控制因素 [J]．地学前缘．12（3）：39 ~ 48

张水昌，张保民，王飞宇等．2001．塔里木盆地两套海相有效烃源层——I．有机质性质、发育环境及控制因素 [J]．自然科学进展．11（3）：261 ~ 268

张先康，赵金仁，张成科等．2002．帕米尔东北侧地壳结构研究 [J]．地球物理学报．45（5）：665 ~ 671

张新海，王晓东，阳国进等．2002．巴楚地区上寒武—下奥陶统丘里塔格群碳酸盐岩储层特征．地质力学学报．8（3）：257 ~ 264

张一伟，李京昌等．2000．原型盆地剥蚀量计算的新方法——波动分析法 [J]．石油与天然气地质．21（1）：88 ~ 91

赵孟军，黄第藩．1996．塔里木盆地古生界油源对比．见：童晓光等主编．塔里木盆地石油地质研究新进展．北京：科学出版社．300～310

赵孟军，张宝民，边立曾等．1999．奥陶系类Ⅲ型烃源岩及其生成天然气的特征．科学通报．44（21）：2333～2336

赵孟军，张宝民，肖中尧等．1998．塔里木盆地奥陶系偏腐殖型烃源岩的发现．天然气工业［J］．18（5）：32～35

赵文光等．2003．塔里木盆地台盆区志留系层序划分及其特征．新疆石油学院学报．15（4）

赵文智，王红军，单家增，王兆云，赵长毅，汪泽成．2005．库车坳陷天然气高效成藏过程分析［J］．石油与天然气地质．26（6）：703～710

赵文智，王兆云，张水昌等．2006．油裂解生气是海相气源灶高效成气的主要途径［J］．科学通报．51（5）：589～595

赵宗举，周新源，郑兴平等．2005．塔里木盆地主力烃源岩的诸多证据．石油学报．26（3）：10～15

钟大康、朱筱敏、周新源等．2003．塔里木盆地中部泥盆系东河砂岩成岩作用与储集性能控制因素．古地理学报．5（3）：378～390

周辉，李继亮，侯泉林等．1998．西昆仑库地蛇绿混杂带中早古生代放射虫的发现及其意义［J］．科学通报．43（22）：2448～2451

周新源，贾承造，王招明等．2002．和田河气田碳酸盐岩气藏特征及多期成藏史［J］．科学通报．47（增刊）：131～136

朱光有，赵文智，梁英波等．2007．中国海相沉积盆地富气机理与天然气的成因探讨［J］．科学通报．52（S1）：46～57

朱蓉，楼章华，金爱民．2006．库车坳陷中新生界天然气成藏动力学研究［J］．天然气工业．26（5）：4～7

朱筱敏，王贵文，谢庆宾．2002．塔里木盆地志留系沉积体系及分布特征．石油大学学报（自然科学版）．26（2）：5～11

朱筱敏，张强、赵澄林等．2004．塔里木中部地区东河砂岩段沉积特征和沉积环境演变．地质科学．39（1）：27～35

朱扬明，张洪波，傅家谟，盛国英．1998．塔里木不同成因原油芳烃组成和分布特征［J］．石油学报．19（3）：33～37

Allen A P, Allen J R. 1990. Basin analysis, principles and applications [M]. Oxford: Blackwell Scientific Publication

Boyer S E, Elliott D. 1982. Thrust systems[J]. AAPG, 66: 1196～1230

Busby C J.Ingersoll R V. 1995. Tectonics of sedimentary basin[M]. Oxford: Blackwell Science, 1～460

Dahlstrom C D A. 1970. Structural geology in the eastern margin of the Canadian Rocky Mountains[J].Bull Canadian Petroleum Geology, 18: 332～406

Droser M L and Bottjer D J. 1989. Ichnofabric of sandstones deposited in high energy nearshore environments: measurement and utilization. Palaios, 4: 598～604

Gao Zhiqian, Yu Bingsong. 2007. The equilibrium between diagenetic calcites and dolomites and its impact on reservoir quality in the sandstone reservoir of Kela 2 gas field. Progress in Natural Science, 17（9）: 1051～1058

Grovelli R A, Balay R H. 1986. FASP an analytic resource appraisal program for petroleum play analysis[J]. computers &Geoscience, 12（4B）: 423～475

Howard J D and Reineck H E. 1972. Physical and biogenic sedimentary structures of the nearshore shelf. Senckenbergiana Maritima, 4: 81～123

Machel, H. G. Mountjoy, E. W. and Amthor. J.E. 1996. Mass Balance and fluid flow constraints on regional-scale dolomitiztion, Late Devonian.Western Canada Sedimentary Basin: Discussion. Bulletin of Canadian Petroleum Geology. v. 44. p.566～571

Pearce, J.A. 1980. Geochemical evidence for the genesis and eruptive setting of lavas from Tethyan ophiolites. Proceeding of the International Ophiolite Symposium, Cyprus 1979, 261～272

Pearce, J.A. 1982. Trace element characteristics of lavas from destructive plate boundaries. In: Thorpe, R.S. （Ed.）, Orogenic Andesites. Wiley, Chichester, U.K., pp. 528～548

Pearce, J.A., Cann, J.R. 1973. Tectonic setting of basic volcanic rocks determined using trace element analyses. Earth Planet. Sci. Lett. 19, 290～300

Qing, H. 1998. Petrography and geochemistry of early-stage, fine and medium-crystalline dolomites in the Middle Devonian Presqu'ile at Pine Point, Canada. Sedimentoloty, v.45, （in April issue）

Scott Durocher and Ihsan S. Al-Aasm. 1997. Dolomitization and neomorphism of Mississippian （visean） Upper Debolt Formatin, Blueberry field, Northeasterern British Columbia: Geologic, Petrologic, and chemical evidence, AAPG Bulletin, v.81, No. 6, P. 954～977

Suppe J, Chou G T, Hook S C. 1992. Rates of folding and faulting determined from growth strata[A]. In: McClay K R, ed. Thrust Tectonics[C]. London:Chapman and Hall, 105～121

Taylor A M and Goldring R. 1993. Description and analysis of bioturbation and ichnofabrics. Journal of the Geological Society, London, 150:141～148

Taylor SR and Mclennan SM. 1985. The continental crust: its composition and evolution. London: Blackwell, 57～72

White D A. 1980. Assessing oil and gas plays in facies-cycle : wedges[J]. AAPG Bull, 64（8）:1158～1178

White D A. 1988. Oil and gas play maps in exploration and assessment [J]. AAPG Bull, 72（7）:940～949

Wood, D. A. 1980. The application of a Th–Hf–Ta diagram to problems of tectonomagmatic classification and to establishing the nature of crustal contamination of basaltic lavas of the British Tertiary volcanic province. Earth Planet. Sci. Lett. 50, 11～30